U0342178

冶金工业出版社

普通高等教育"十四五"规划教材

新能源材料与技术

邢鹏飞　高波　都兴红　王帅　主编

北　京

冶金工业出版社

2023

内 容 提 要

本书主要介绍了新能源和储能材料制备、技术原理和实际应用等。全书分 10 章，内容包括绪论、太阳能材料与技术、先进二次电池材料与技术、氢能材料与技术、燃料电池材料与技术、核能材料与技术、生物质能材料与技术、风能材料与技术、石墨烯材料与技术和其他能源材料与技术。全书内容重点突出，理论联系实际，实用性强。

本书可供高等院校新能源和储能相关专业的本科生和研究生教材，也可供有关科研和工程技术人员参考。

图书在版编目 (CIP) 数据

新能源材料与技术/邢鹏飞等主编. —北京：冶金工业出版社，2023.5
普通高等教育"十四五"规划教材
ISBN 978-7-5024-9474-2

Ⅰ.①新… Ⅱ.①邢… Ⅲ.①新能源—材料技术—高等学校—教材
Ⅳ.①TK01

中国国家版本馆 CIP 数据核字 (2023) 第 065658 号

新能源材料与技术

出版发行	冶金工业出版社	**电　话**	(010) 64027926
地　址	北京市东城区嵩祝院北巷 39 号	**邮　编**	100009
网　址	www.mip1953.com	**电子信箱**	service@mip1953.com

责任编辑　任咏玉　杨　敏　美术编辑　吕欣童　版式设计　郑小利
责任校对　范天娇　责任印制　禹　蕊
三河市双峰印刷装订有限公司印刷
2023 年 5 月第 1 版，2023 年 5 月第 1 次印刷
787mm×1092mm　1/16；21 印张；505 千字；319 页
定价 50.00 元

投稿电话　(010)64027932　投稿信箱　tougao@cnmip.com.cn
营销中心电话　(010)64044283
冶金工业出版社天猫旗舰店　yjgycbs.tmall.com
(本书如有印装质量问题，本社营销中心负责退换)

编　委　会

主　编　邢鹏飞　高　波

　　　　都兴红　王　帅

副主编　（按姓氏笔画排序）

　　　　冯忠宝　庄艳歆　刘　慧　闫　姝　孙　蔷

　　　　陈　刚　陈　进　胡贤忠　高宣雯

前　言

新能源是相对于常规化石能源石油、煤炭和天然气而言的，它是在采用新技术和新材料基础上系统开发利用的能源，如太阳能、储能、氢能、风能、核能、生物质能等。新能源因其绿色、清洁、可持续等优势符合世界各国的能源需求，新能源取代传统化石能源是大势所趋，是未来发展的必然方向。

我们将长期在一线从事新能源领域教学和科研的工作者组织起来，结合他们的教学心得体会、科技研发实践和授课讲义等，共同编写了本书。本书力求概念准确，理论联系实际，深入浅出，示范性强，有利于阅读、理解和应用；本书是面向新能源和储能专业的本科生和研究生的基础教材，也是面向从事新能源和储能专业科技工作者实用的参考书。

本书具有鲜明的特点："全、新、精"。"全"是指内容全面，包括了太阳能、储能、氢能、核能、风能、生物质能、石墨烯、其他能源等新能源材料与技术的内容；"新"是指荟萃了当代国内外新能源的最新研究进展和技术应用现状；"精"是本书侧重材料制备理论与技术应用原理的讲解，理论决定应用，在讲清理论的基础上讲解实际技术，可让本书读者更容易理解并记忆，事半功倍。

本书的编写人员均为长期在一线从事新能源领域的教学和科研工作者，编写分工为：第1章由邢鹏飞和庄艳歆编写；第2章由邢鹏飞、都兴红和王帅编写；第3章由高宣雯和孙蔷编写；第4章由冯忠宝编写；第5章由陈刚编写；第6章由都兴红和刘慧编写；第7章由孙蔷和胡贤忠编写；第8章由陈进和邢鹏飞编写；第9章由高波编写；第10章由闫姝、陈进和王帅编写。博士生杜红兵、王耀萱参与了部分编写工作。全书由邢鹏飞、高波、都兴红、王帅统稿。

本书在编写过程中，得到很多新能源企业、高校和设计院的大力支持和帮助，在此深表感谢。

　　由于编者水平所限，书中难免会存在一些疏漏和不妥之处，敬请读者批评指正。

编　者

2022 年 10 月

目　　录

1 绪 论

　　能源、新材料、生物技术、信息技术是文明社会的四大支柱。在人类历史长河中，技术的重大进步和经济的迅速发展都与能源的应用密切相关。从 18 世纪欧洲的蒸汽机工业文明，到 19 世纪内燃机驱动的可移动机械，再到 20 世纪下半叶新能源的绿色风潮，每一次的能源变革都意味着人类文明大踏步地向前迈进。从当前能源格局和演变来看，新能源取代传统化石能源是大势所趋。国际能源署预计：到 2050 年，可再生的清洁新能源将满足全球全部的能源需求。我国也适时地提出了"双碳"的战略发展目标，即到 2030 年，我国要实现"碳达峰"，到 2060 年，要实现"碳中和"，我国"双碳"目标的实现主要依赖于新能源。目前我国能源资源的格局是富煤、贫油、少气、可再生能源丰富。国家能源局提出了"加快提升水能、风能、太阳能、生物质能等可再生能源比重，安全高效发展核能，优化能源生产布局"的战略目标。大力发展新能源，是未来发展的必然趋势。

1.1　能源的概念、分类及应用

1.1.1　能源的概念

　　自然界中可直接或通过转换提供某种形式能量的资源称为能源。能源是人类生产和生存的重要基础，也是社会发展的重要基础，它是可产生各种能量（如热能、电能、光能和机械能等）或可做功的物质的统称，或者是能够直接取得以及通过加工、转换而取得有用能的各种资源。能源主要包括石油、煤炭、天然气、水能、核能、风能、太阳能、生物质能、地热能等一次能源以及电力、热力、成品油等二次能源，还包括其他的新能源和可再生能源。尚未开采的能量资源只能被称为资源，不能列入"能源"的范畴。

1.1.2　能源的分类

　　按形成条件、可否再生、利用状况、技术水平以及对环境污染程度，能源被分为以下几种。

　　（1）一次能源与二次能源。一次能源，即直接从自然界取得的天然能源，如煤炭、石油、天然气、核燃料、太阳能、水力、风能等。一次能源包括：1）来自地球以外天体的能量，主要是太阳能；2）地球本身蕴藏的能量，包括海洋和陆地内储存的燃料、地球的热能等；3）地球与天体作用产生的能量，如潮汐能。二次能源是指由一次能源直接或间接加工转换而成的能源，如热能、机械能、电能等。

　　（2）化石能源与非化石能源。化石能源是指在漫长的地质年代里，由于海、陆的沉积和多次的构造运动以及温度和压力作用大，促使深部地层中长期保存下来的有机和无机物质转化产生的不可再生能源，如石油、天然气和煤炭。非化石能源是指除化石能源外，其他一切可供利用的能源，如太阳能、风能、生物质能、核能、地热能等。

（3）可再生能源与非可再生能源。可重复产生的一次能源称为可再生能源，如太阳能、水能、风能、海洋能、生物质能等，由此看出可再生能源都属于新能源。有些能源的形成必须经过亿万年的时间，短时间无法得到补充，被称为非可再生能源，如化石燃料、核燃料、地热能等。

（4）常规能源与新能源。常规能源是指技术上已经成熟、已大量生产并广泛利用的能源，如化石燃料、水能等。新能源是指技术上正在开发、尚未大量生产并广泛利用的能源，如太阳能、风能、海洋能、生物质能等。核燃料及地热能也常被看作新能源。

（5）清洁能源与非清洁能源。在开发和利用中对环境无污染或污染程度很轻的能源被称为清洁能源，否则被称为非清洁能源。清洁能源主要包括太阳能、水能、核能、风能、生物质能、海洋能等新能源。气体燃料中的氢是一种清洁能源。

1.1.3　能源的应用

人类应用能源的本质是应用其能量做功。做功能力强的能源被称为高品位能源，反之称为低品位能源。如机械能、电能是高品位能源，接近环境状态的热能是低品位能源。

据统计，目前全球每年一次能源的消耗量超过 5×10^{20} J，其中化石能源约占 85%，新能源仅占 15%。随着化石能源的逐渐消耗殆尽，从生态环境保护的必要性考虑，新能源的开发变得尤为重要，它将促进世界能源结构的转变。随着技术的不断进步，新能源的应用水平将不断提高，应用范围也将不断扩大，人类将逐渐获得更充足的清洁能源。国际能源署预测，至 2050 年，新能源占世界能源消耗量的比例将上升至 90% ~ 100%。

1.2　新能源技术及其应用

1.2.1　新能源的定义

新能源是相对于常规能源，特别是相对于石油、天然气和煤炭化石能源而言的，以采用新技术和新材料而获得的并在新技术基础上系统地开发利用的能源，如太阳能、风能、海洋能、地热能等。与常规能源比，新能源生产规模较小。在广义上它们通常具有以下特征：（1）尚未大规模作为能源开发利用，有的甚至还处于初期研发阶段；（2）资源赋存条件和物理化学特征与常规能源有明显区别；（3）可以再生与持续发展，但开发利用或转化技术较复杂，利用成本暂时较高；（4）清洁环保，可实现二氧化碳等污染物零排放或低排放；（5）这类能源通常资源量大、分布广泛，但大多具有能量密度低和发热量小的缺点。根据技术发展水平和开发利用程度，不同历史时期以及不同国家和地区对新能源的界定也会有所区别。

目前各国对新能源的称谓有所不同，但共同的认识是，除常规化石能源与核能之外，其他的能源都可称为新能源或可再生能源，主要为太阳能、风能、水能、生物质能、地热能、海洋能、氢能等。由不可再生能源逐渐向新能源和可再生能源过渡，是当代能源利用的一个重要特点。

1.2.2 新能源技术应用现状

1.2.2.1 太阳能

太阳能是指地球所接收的来自太阳的辐射能量。每年到达地球表面的太阳辐射能大约相当于 $1.8×10^{14}$ t 标准煤燃烧产生的热量，即约为目前全世界每年所消费的各种能量总和的 1 万倍。大体上说，我国有三分之二的地域太阳能资源较好，特别是青藏高原、新疆、甘肃、内蒙古一带，利用太阳能的条件非常优良。

目前太阳能利用技术主要包括太阳能光伏发电技术、太阳能热利用技术、太阳能制冷与热泵技术等。太阳能发电（光伏发电）具有取之不尽、用之不竭、绿色环保、安全可靠、分布广泛等优点。但存在着能量密度低，且受昼夜和天气条件的影响，其产能具有一定的不稳定性和不连续性。因此，有关太阳能储存及输送等的技术问题，已成为太阳能领域研究和发展的重点。

1.2.2.2 风能

风能是一种可再生能源，究其产生的原因是由于太阳辐射，实际上是太阳能的一种能量转换形式。据估计到达地球的太阳能中虽然只有大约 2% 转化为风能，但其总量仍十分可观。全球的风能总量约为 $2.74×10^9$ MW，其中可利用风能为 $2×10^7$ MW。风能的利用主要是以风能作为动力和风力发电两种形式，其中以风力发电为主。

目前风能发电的主要形式如下：一是离网型风力发电系统，发电机组容量较小，为远离电网的偏远地区居民（如农牧民）提供电力；二是风力并网发电，一般都是中大型风机。目前最大的单台风力发电机的装机容量为 8MW，在用机组以 1.5MW、2MW 及 3MW 为主，多为岸上风机，离岸风机容量一般在 5MW 以上。风力发电常与其他发电方式相结合，例如与柴油机发电结合，该类型多见于小型独立风力发电系统；对于大型风机或风力发电场，则与火电、核电等共同调度作为目前的主要策略。

1.2.2.3 储能电池

太阳能、风能、水能、地热能、潮汐能等大多数新能源存在间歇性和地域性的问题，使其难以直接利用，因此迫切需要开发稳定的能源存储技术来充分利用这些能源。电化学储能系统，特别是二次电池，因其能量转换效率高、安全性能好、长循环稳定性和绿色环保等优点，成为储能系统的首选。

20 世纪 90 年代，索尼公司将锂离子电池商业化后，锂离子电池便开始在人们生产生活中的各个方面得到广泛的应用，极大地改善了人们的生活。如今，锂离子电池在智能电子产品、电动工具和新能源电动汽车方面已经得到大量应用，并占有主导地位。Na 与 Li 位于元素周期表第一主族，两者具有相似的物理化学性质。与金属锂相比，钠资源储量丰富、分布广泛且价格低廉。由于钠离子电池和锂离子电池结构相似，已报道的锂离子电池优化策略对钠离子电池材料电化学性能的研究发展具有一定的促进作用，例如，改进锂离子电池材料，同样能够有效促进钠离子电池的迅速发展。

1.2.2.4 燃料电池

燃料电池（fuel cell）是一种将持续供给的燃料和氧化剂中的化学能连续不断地转化成电能的电化学转化装置。燃料电池一般是由阴极、阳极和电解质这几个基本单元构成。

燃料电池的工作原理是燃料气（氢气、甲烷等）在阳极催化剂的作用下发生氧化反应，生成阳离子并给出电子；氧化剂（通常为氧气）在阴极催化剂的作用下发生还原反应，得到电子并产生阴离子；产生的阳离子或者阴离子通过电解质传导到相对应的另外一个电极上并发生电化学反应，电子通过外电路由阳极传导到阴极，使整个反应过程达到物质平衡与电荷平衡，外部用电器就获得了燃料电池所提供的电能。燃料电池的功能类似于传统物理发电装置，原则上只要不断地向其阳极和阴极供给燃料和氧化剂，燃料电池就能一直发电，因此其容量是无限的。

1.2.2.5　氢能

在地球上，氢主要以其化合物（水和烃）形式存在。氢的来源具有多样性，可以通过一次能源（化石燃料如天然气、煤、煤层气，或者可再生能源如太阳能、风能、生物质能、地热能等）或二次能源（如电力）获得氢能。按氢能释放形式（化学能和电能），可将氢的应用分为直接燃烧和燃料电池两类。

氢能作为一种清洁、安全、高效、可再生的能源，是人类摆脱对"石油、煤炭和天然气三大能源"依赖的最经济、最有效的替代能源之一。同时，氢气作为一种洁净的能源载体，具有资源丰富、利用率高、燃烧热值高、能量密度大、无污染及可储可输等优点。而氢气可储存和可再生的特点也可满足资源、环境和可持续发展的需求。氢能除在化工、炼油和食品等领域的常规用途外，作为一种清洁新能源，在新能源领域取得了更为广泛的应用。氢能开发与利用已成为发达国家能源体系中的重要组成部分。

1.2.2.6　核能

核能是通过核反应从原子核释放的能量。核能可通过核裂变、核聚变和核衰变来释放。核裂变指较重原子核分裂过程释放能量的核反应方式；核聚变指较轻原子核聚合过程释放能量的核反应方式；核衰变指原子核自发衰变过程释放能量的核反应方式。当今世界上，核能发电站都是利用核裂变反应而发电，以目前核电站最常用的核燃料铀 235 为例，1kg 铀 235 裂变所产生的能量大约相当于 2500t 标准煤燃烧所释放的热量。铀分布在地壳与海水中，在地壳中的含量只有百万分之二，加上提取难度大，所以铀资源稀有。未来如果可控核聚变技术得以实现，从海水中提取氘、氚作为核聚变反应原料则成为可能。

核能具有清洁、环保、低耗、占地面积小等优势。发展核能对满足能源需求、改善能源结构及控制环境污染等有显著贡献。但核能利用的一大问题是核安全问题。核泄漏及核电站运行时会有放射性物质产生，必须严加控制。核能及其燃料循环的问题、核能燃料资源保证问题、新型核反应堆的研发问题也是发展核能需关注的重点。

1.2.2.7　生物质能

生物质能是植物通过叶绿素将太阳能转化为化学能而贮存在生物质内部的能量，本质是太阳能的有机储存。每年，地球上仅通过光合作用生成的生物质总量就达 1440 亿～1800 亿吨（干重），其能量相当于 20 世纪 90 年代初全世界一年总能耗的 3～8 倍。生物质通常包括：木材及森林工业废弃物、农业废弃物、水生植物、油料植物、城市和工业有机废弃物、动物粪便等。生物质能具有蕴藏量大、易取得、燃烧充分等优点。但由于其分布分散、能量密度低、热值及热效率低等特点，目前其利用率不高。

生物质能的利用主要有物理转化、热化学转化和生物化学转化三种途径。生物质物理转化是指将松散的生物质通过压缩成型转化成固态成型燃料。生物质热化学转化包括直接燃烧、气化、液化和热解等转化方式，通过热化学转化生物质转变成热能、气态燃料、液态燃料、固定碳和化学物质等。生物质的生物化学转化包括生物质-沼气转化、生物质-乙醇转换以及微生物制氢等方式。

1.2.2.8 其他能源

其他能源主要包括海洋能 A（潮汐能、波浪能、海风能、温差能等）、海洋能 B（盐差能及热核燃料和氢）、地热能及可燃冰等。海洋能 A 指依附在海水中的可再生能源，是海洋通过各种物理过程接收、储存和散发的能量，如潮汐能、波浪能等，海洋能 A 的利用主要把它转换成电能或其他形式的能，如潮汐能发电、温差能发电等。海洋能 B 包括通过盐差能进行化学电势发电和收集热核燃料进行核反应发电。地热能是把地壳中的热量通过换热器供给用户，地热能分为直接利用和地热发电两种。氢及可燃冰，一般作为燃料，直接燃烧产热或作为燃料电池的燃料，其本质是氧化反应。

（1）潮汐能：指在涨潮和落潮过程中产生的势能。潮汐能的强度和潮头数量、落差有关。通常潮头落差大于 3m 的潮汐具有利用价值，潮汐能目前主要用于发电，它具有可再生性和无污染等优点，因此是一种亟待开发的新能源。据估计全球潮汐能约有 10 亿多千瓦，每年可发电 2 万亿~3 万亿千瓦·时。我国海岸线长达 18000km，潮汐资源巨大。

（2）波浪能：指海洋表面波浪所具有的动能和势能，波浪能来自风和海面的相互作用，它是一种风作用下产生的、以位能和动能形式存在的、短周期波储存的机械能。波浪能的大小取决于风速、风与海水作用时间及作用路程。海浪力量惊人，5m 高的海浪每平方米压力就有 10t。大浪能把 13t 的岩石抛至 20m 高处，能翻转 1700t 重的岩石，甚至能把上万吨巨轮推上岸。波浪能主要用于发电，也可用于输送和抽运水、供暖等。

（3）温差能：是指利用表、深层海水的温度差（20~24℃）进行发电的能源。具有全年无休供电、无环境污染等特点，适用于中国南海、夏威夷等热带沿海地区。具体的工作过程为利用表层温海水（24~28℃）汽化液氨等低沸点物质，或者通过降低压强汽化表层温海水，从而驱动汽轮机发电。

（4）地热能：指来自地球深处的可再生性热能，它来源于地球的熔融岩浆和放射性物质的衰变。据测算，从地表向下，每深入 100m，温度就升高约 3℃，地面下 35km 处的温度为 1100~1300℃。地热能拥有数倍于风能、太阳能的能量转化率，被广泛应用于能源工业中。地热能的利用方式一般包括高温地热发电和中低温地热能直接应用。地热能可用于发电、加热、干燥、制冷、采暖、温室、洗浴、养殖和种植等。

（5）可燃冰：可燃冰的学名是天然气水合物，是在高压与低温条件下，由天然气和水分子合成的一种透明无色固态结晶物质，以甲烷为主成分（约 99%），是一种新型烃类资源，又称作天然气干冰、气体水合物、固体瓦斯等。可燃冰接近并稍低于冰的密度，在标准温压条件下，$1m^3$ 的可燃冰可以释放出 160~180 标准立方米天然气，其能源密度是煤的 10 倍、天然气的 2~5 倍，可供全球人类使用 1000 年。如今，全球 100 多个地区与国家已得到可燃冰实物样品，各国专家也都正在开始对其勘探与研究。

1.2.3 新能源技术发展趋势

新能源的开发利用打破了以石油、煤炭为主体的传统能源观念。长期以来，各国都一直关注低碳和环境友好的能源。随着全球环保意识提高，除了发达国家，中国和印度等国也成了新能源发展的重要力量。基于新能源、氢能与互联网技术相结合的能源产业的重大发展与飞跃被称为第三次工业革命。目前新能源在一次能源中的占比偏低，一方面与不同国家的重视程度有关，另一方面与新能源技术的成本偏高有关，尤其是技术含量较高的太阳能、生物质能、风电等成本偏高。

对于我国来讲，新能源产业的目标是积极推进新能源技术的产业化，大力发展技术成熟的太阳能、风电、核电、生物质能等。2004 年前，我国新能源发展速度一直比较缓慢。2006 年的《中国可再生能源法》的出台实施有力地推动了新能源产业的发展。尤其是近10 年来，我国的光伏、风电等新能源的成本大幅下降，竞争力也不断增强，发展也越来越快，光伏、风电等新能源在一次能源中的占比越来越高。

1.3 新能源材料及其应用

1.3.1 新能源材料应用现状

新能源的开发和利用离不开新材料。新能源材料是指实现新能源转化和利用所要用到的关键材料，它是发展新能源技术的核心和基础。随着新能源的飞速发展，新能源材料及相关技术也将发挥巨大作用。新能源材料覆盖了太阳能电池材料、储能电池材料、燃料电池材料、氢能材料、核能材料、生物质能材料等重要材料。

新能源材料涉及金属、半导体、陶瓷、高分子材料（如塑料）以及复合材料等。新能源的发展一方面依靠新的原理（如光伏效应、聚变核反应等），另一方面依赖新能源材料。新能源的类型不同，其涉及的新能源材料也不同。新能源材料学科主要研究内容包括材料的制备、微观组织、物化性质、材料效能等。重点研发的有以下几方面。

（1）研究新材料、新结构、新效应以提高能量的利用与转换效率。例如，研究不同的半导体材料及各种结构以提高太阳能电池的效率与寿命；研究不同的电解质和催化剂以提高燃料电池的转换效率等。

（2）资源的合理利用。新能源大量的应用必然涉及新材料原料的资源问题，例如，太阳能所需的半导体材料、锂电池所需的锂资源和钴资源、核电所需的核燃料等。当新能源发展到一定规模时，还须考虑废料中有价元素的回收与循环使用。

（3）安全与环境保护。这是新能源材料能否大规模应用的关键，例如，锂离子电池在应用中易出现短路着火燃烧的情况，为此研究出了用碳素体等作为负极载体，使锂离子电池得到了飞速发展。另外，有些新能源材料在生产过程中会产生环境污染，以及服务期满后产生的废弃物会对环境造成污染，这些都是新能源材料科学必须解决的问题。

（4）材料生产与加工。材料的生产、加工及设备是新能源材料得以工程化应用的关键。例如，在太阳能生产中通过完善生产工艺与设备，使太阳能成本可以与常规发电成本相比拟；在锂离子电池生产中开发电极膜片制作新技术以提高电池容量和使用寿命等。

（5）延长材料使用寿命。新能源技术能否大规模取代常规发电技术，取决于其成本。从材料角度考虑，需要提高材料性能，延长材料寿命，以降低新能源的成本。同时也要研究解决材料性能的退化问题，包括研究材料组成结构、材料表面改性、合理使用条件等，如研究降低燃料中的有害杂质以提高燃料电池催化剂寿命就是一个例子。

1.3.2 新能源材料发展趋势

新能源发展过程中发挥重要作用的新能源材料有太阳能电池材料、储能电池材料、燃料电池材料，氢能材料、核能材料、生物质能材料、石墨烯等关键材料。

1.3.2.1 太阳能电池材料

基于太阳能在新能源领域的龙头地位，世界各国都将太阳能的研发放在新能源开发的首位。目前多晶硅电池的转换效率达到了 18% 以上；单晶硅电池的转换率已达到了 20% 以上；GaAs 太阳能电池的转换率目前已经达到 24% 以上；采用多层复合的 GaAs 太阳能电池的转换效率高达 40%。在世界太阳能电池市场上，目前晶硅太阳能电池占据了 90% 以上，晶硅太阳能电池的绝对优势地位在相当长的时期里仍将继续保持。此外钙钛矿太阳能电池、有机太阳能电池等也在开发中。

1.3.2.2 风能材料

风能利用的装置材料与风的特性密切相关，也与材料技术的发展密不可分。现代风力发电是复杂的系统工程，涉及多门学科，其使用的材料也涵盖了很多种类。风力发电机的组成主要包括了基础、塔筒、风轮（含叶片、轮毂等）、传动系统（主轴、主轴承、齿轮箱和连接轴、机械刹车）、偏航系统、电气系统（发电机、控制系统、电容补偿柜和变压器）和机舱等。这些组成中，基础部分涉及建筑类行业，材料包括钢筋、混凝土等；塔筒部分有钢材和混凝土等材料制造；风轮中的叶片主要是玻璃钢、碳纤维等高强度、低密度的材料；传统、偏航系统等机械部件则以各种高端钢种为主，如轴承钢、齿轮钢；电气类部件则包含了绝缘保护层、金属导线等材料。

1.3.2.3 储能电池材料

小型锂离子电池在手机、笔记本电脑及数码摄像机中的应用已占据垄断性的地位，我国也已成为全球三大锂离子电池的制造国和出口国。新能源汽车用锂离子动力电池和新能源大规模储能用锂离子电池的生产制造技术已日渐成熟。近 10 年来，锂离子电池技术发展迅速，其比能量由 $100W \cdot h/kg$ 增加到 $300W \cdot h/kg$，循环寿命达 2000 次以上。如何进一步提高锂离子电池性价比及其安全性是目前的研究重点，其中开发具有优良综合性能的正负极材料、工作温度更高的新型隔膜和加阻燃剂的电解液是提高锂离子电池安全性和降低成本的重要途径。

目前钠离子电池的比能量可达 $160W \cdot h/kg$，接近锂电池的能量密度。钠电池的成本将比锂电池低 30%，但由于其能量密度相对较低，因此不会全面取代锂离子电池，预期在低速新能源汽车、储能电站等应用领域具有较大市场。未来钠离子电池与锂离子电池可能会同时存在、部分替代或者互补协同。

1.3.2.4 燃料电池材料

将燃料电池作为电动汽车的电源是汽车发展的目标之一。对燃料电池的研究主要集中在材料方面，如电解质材料合成及薄膜化、电极材料合成与电极制备、密封材料及催化材料等。催化剂 Pt 是质子交换膜燃料电池（proton exchange membrane fuel cell，PEMFC）的关键材料，对电池效率、寿命和成本有较大影响，Pt 的用量为 $1 \sim 1.5g/kW$，当燃料电池

汽车达到 10^6 辆（总功率为 $4×10^7\,kW$）时，Pt 用量将超过 40t，而世界 Pt 总储量约为 56000t，我国 Pt 族总保有储量仅为 310t。Pt 的稀缺与高价已成为燃料电池发展的瓶颈。如何降低铂的用量，开发非铂催化剂，已成为当前质子交换膜燃料电池的研究重点。

传统的固体氧化物燃料电池（solid oxide fuel cell，SOFC）通常在 800～1000℃ 的高温条件下工作，由此带来电堆系统材料选择困难、制造成本高等问题。如将 SOFC 的工作温度降至 700℃ 以下，便可扩大电堆材料的选择范围，减缓电池组件材料间的相互反应，抑制电极材料结构变化，从而提高 SOFC 系统寿命和降低系统成本。开发新型的中低温固体电解质材料、电极材料和连接板材料，如能将 SOFC 工作温度降至 600℃ 以下，就有望实现 SOFC 的快速启动，为 SOFC 进军燃料电池汽车、军用潜艇及便携式移动电源等领域打开大门。

1.3.2.5　储氢材料

根据吸氢机理的差异，储氢材料可分为物理吸附储氢材料和化学储氢材料两大类。现阶段得到实际应用的储氢材料主要有 AB5 型稀土系储氢合金、AB 型钛系合金和 AB2 型 Laves 相合金，但这些储氢材料的储氢质量分数大多都低于 2.2%。当前，储氢材料大规模商业化的主要瓶颈集中在材料的储氢容量方面，因此必须大力发展新型高容量的储氢材料。金属氢化物、配位氢化物、氨基化合物和有机金属骨架（metal organic framworks，MOFs）等高容量储氢材料是目前的研究热点。在金属氢化物储氢材料方面，北京有色金属研究总院近期研制出 $Ti_{32}Cr_{46}Ce_{0.4}$ 合金，其室温最大储氢质量分数可达 3.65%，在 70℃、101MPa 条件下的有效放氢质量分数可达 2.5%。目前文献报道的钛钒系固溶体储氢合金，大多以纯钒为原料，成本偏高，使其大规模应用受到限制。因此，关于高性能低钒固溶体合金和以钒铁为原料的钛钒铁系固溶体储氢合金的研究也日益受到重视。

1.3.2.6　核能材料

美国的核电约占全国总发电量的 20%，法国、日本两国核能发电所占份额分别为 77% 和 29.7%。目前，中国核电工业由原先的适度发展进入加速发展阶段，同时我国核能发电量创历史最高水平，到 2021 年，运行核电机组累计发电量占全国总发电量的 5.02%。核电工业的发展离不开核材料，任何核电技术的突破都有赖于核材料的首先突破。目前比较重要的核电材料有：（1）裂变反应堆材料，如铀、钍等核燃料、反应堆结构材料、慢化剂、冷却剂及控制棒材料等；（2）聚变堆材料：包括热核聚变燃料、第一壁材料、氚增值剂、结构材料等。其中，先进核动力材料、先进核燃料、高性能燃料元件、新型核反应堆材料、铀浓缩材料、耐高温材料、超导材料等是发展核能的关键材料。

1.3.2.7　生物质能材料

开发利用生物质能等可再生的清洁能源对建立可持续的能源系统、促进国民经济发展和环境保护具有重大意义。生物质能在工业生成过程中可以用作能源和化工原料。在利用生物质能的过程中，应该采用既充分利用资源，又不污染环境的绿色化学方法。目前人类对生物质能的利用，包括直接用于燃料的有农作物的秸秆、薪柴等；间接作为燃料的有农林废弃物、动物粪便、垃圾及藻类等，它们通过微生物作用生成沼气，或采用热解法制造液体和气体燃料，或用于制造生物炭。现代生物质能的利用包括生物质的厌氧发酵制取甲烷；用热解法生成燃料气、生物油和生物碳；用生物质制造乙醇和甲醇燃料；利用生物工程技术培育能源植物，发展能源农场。其中生物质高效转化发电技术、定向热解气化技术和液化油提炼技术是当前生物质能利用的主要发展方向。

1.3.2.8 石墨烯材料

21 世纪新型材料——石墨烯，是一种以 sp^2 杂化连接的碳原子紧密堆积成单层二维蜂窝状晶格结构。在光学、电学、力学、材料学、微纳加工、能源、生物医学和药物传递等领域有广泛的应用前景，被认为是一种未来革命性的材料。2018 年 3 月，中国首条全自动量产石墨烯有机太阳能光电子器件生产线在山东菏泽启动，该项目主要生产可在弱光下发电的石墨烯有机太阳能电池，破解了应用局限、角度敏感、不易造型这三大太阳能发电难题。石墨烯的理论杨氏模量达 1.0TPa，固有的拉伸强度为 130GPa。石墨烯在室温下的载流子迁移率约为 $15000cm^2/(V \cdot s)$，纯的无缺陷的单层石墨烯的导热系数高达 5300W/(m·K)，是目前导热系数最高的碳材料，高于单壁碳纳米管（3500W/(m·K)）和多壁碳纳米管（3000W/(m·K)）。当它作为载体时，导热系数也可达 600W/(m·K)。具有优异特性的石墨烯是当前重要的改性材料。

1.3.2.9 其他新能源材料

我国风能资源较为丰富，但与世界先进国家相比，我国风能利用技术和发展差距较大，其中最主要的问题是尚不能制造大功率风电机组的复合材料和叶片材料。

电容器材料和热电转换材料一直是传统能源材料的研究范围。现在随着新材料技术的发展和能源领域的拓展，一些新的热电转换材料也可以作为新能源材料。节能和储能技术的发展也使得相关材料的研究成为热点，一些新型的利用传统能源和新能源的储能材料也成为人们关注的对象。利用材料的相变潜热来实现能量的储存和利用，也是近年来能源材料领域中一个十分活跃的研究方向。

提高能效、降低成本、节约资源和环境友好将成为新能源发展的永恒主题，新能源材料将在其中发挥越来越重要的作用。如何针对新能源的重大需求，解决新能源材料相关的基础科学研究和重要工程技术问题，是新能源工作者的重要研究课题。

参 考 文 献

[1] 朱继平，罗派峰，徐晨曦．新能源材料技术［M］．北京：化学工业出版社，2015.
[2] 杨天华，李延吉，刘辉副．新能源概论［M］．2 版．北京：化学工业出版社，2020.
[3] 王新东，王萌．新能源材料与器件［M］．北京：化学工业出版社，2019.
[4] 艾德生，高喆．新能源材料：基础与应用［M］．北京：化学工业出版社，2019.
[5] 王革华，艾德生．新能源概论［M］．北京：化学工业出版社，2012.
[6] 陈砺，严宗诚，方利国．能源概论［M］．北京：化学工业出版社，2019.
[7] 翟秀静，刘奎仁，韩庆．新能源技术［M］．北京：化学工业出版社，2017.
[8] 张玉兰，蔺锡柱．新能源材料概论［M］．北京：化学工业出版社，2022.
[9] 新能源材料科学与应用技术编委会．新能源材料科学与应用技术［M］．北京：科学出版社，2019.

2 太阳能材料与技术

2.1 太阳能概述

太阳是位于太阳系中心的恒星，它几乎是一个热等离子体与磁场交织着的理想球体。约占太阳质量四分之三的是氢，剩下的几乎都是氦，氧、碳、氖、铁和其他的重元素质量少于2%。太阳通过内部的氢聚变成氦的原子核反应释放出巨大能量：

$$_1^2H + _1^3H \rightarrow _2^4He + n (核聚变过程产生 17.58MeV 能量) \tag{2-1}$$

热量的传播有传导、对流和辐射三种形式，太阳主要以辐射的形式向广阔的宇宙传播热量和微粒。太阳辐射又可分为两类，一类是从光球表面发射出来的光辐射，以电磁波形式传播光热，太阳辐射主要是光辐射，又叫电磁波辐射。另一类是微粒辐射，它是由带正电荷的质子和带负电荷的电子以及其他粒子所组成的粒子流，微粒辐射能量低，不到地球就已经被耗散殆尽。

太阳发射出来的总辐射能量大约为 $3.75×10^{23}kW$，是巨大的。地球轨道上的平均太阳辐射强度为 $1.37kW/m^2$，地球赤道周长为 40076km，从而可计算出，地球范围内获得的太阳辐射能可达 $1.73×10^{14}kW$，占太阳总辐射能量的二十二亿分之一。地球范围内获得的太阳辐射能中的23%($4.0×10^{13}kW$) 被大气层吸收；30%($5.2×10^{13}kW$) 被大气和尘粒反射回宇宙空间；47%($8.1×10^{13}kW$) 穿过大气层到达地球表面。到达地球表面的太阳辐射能中，约10%($1.7×10^{13}kW$) 到达了地球陆地表面，这 $1.7×10^{13}kW$ 相当于全世界一年内消耗的各种能源所产生的总能量的3.5万多倍。在陆地表面所接受的这部分太阳辐射能中，被植物吸收的仅占0.015%，被人们利用作为燃料和食物的仅占0.002%。可见，已利用的太阳能的比例微乎其微，开发利用太阳能为人类服务大有可为。

地球范围内获得的太阳辐射能可达 $1.73×10^{14}kW$，即太阳每秒照射到地球的能量则为 $1.73×10^{14}J$，相当于590万吨标准煤燃烧产生的热量，是地球上所有人使用的总能量的1万倍。仅太阳1年辐射到地球的能量就超过了地球所有类型能量储存量的总和。与常规能源相比，太阳能是人类可以利用最为丰富的、分布广泛的，且可再生的能源。它在地球上的开发、利用基本上不受地域限制，它是一种对环境和生态均不产生负面影响的洁净能源。

太阳能利用基本分为四大类：太阳能发电、光热利用、光化学利用、光生物利用。

2.1.1 太阳能发电

（1）光-电转换：光-电转换的基本原理是利用光生伏特效应，即光照使不均匀半导体或半导体与金属结合的不同部位之间产生电位差的现象。首先，它是光子（光波）转化为电子、光能量转化为电能量的过程，将太阳辐射能直接转换为电能；其次，它是形成电压的过程，如果两极之间连通，就会形成电流的回路。

太阳能光伏发电系统主要由太阳能电池阵列、控制器、逆变器、蓄电池、负载和安装固定结构等设施构成。太阳能电池是太阳能光伏发电系统的核心部件，它能够将太阳能直接转换成电能。太阳能电池单体通过串并联形成太阳能电池的基本单元——太阳能电池组件，太阳能电池组件再经过串并联形成太阳能电池阵列，它实现负载需要的电流、电压和功率输出。

太阳能光伏发电系统按照其运行方式可分为三类：独立光伏发电系统、并网光伏发电系统，以及混合型光伏发电系统。

（2）光-热-电转换：光-热-电转换即利用太阳辐射所产生的热能发电，它是一个将太阳能转化为热能，再将热能转化为电能的过程。利用聚光镜等聚热器采集太阳热能，将传热介质加热到几百摄氏度的高温，传热介质经过换热器后产生高温蒸汽，从而带动汽轮机产生电能。

通常将整个的光热发电系统分成四部分：集热系统、热传输系统、蓄热与热交换系统、发电系统。目前常见的光热发电系统主要有塔式光热发电系统、槽式光热发电系统、菲涅尔式光热发电系统等。

2.1.2 光热利用

热量传播有传导、对流和辐射三种形式，太阳主要以辐射的形式向广阔的宇宙传播热量和微粒。光热利用的基本原理是将太阳辐射能收集起来，通过与物质的相互作用将太阳辐射能转换成热能，由于太阳能比较分散，需要将其集中起来并转化成热能。

太阳能光热利用的主体结构为太阳能集热器。太阳能集热器是吸收太阳辐射，产生热能，并将产生的热能传递到传热工质的装置。

目前常见的太阳能集热器主要有平板集热器、真空管集热器、热管集热器等。

2.1.3 光化学利用

这是一种利用太阳辐射能直接外解水制氢的光-化学转换方式。

2.1.4 光生物利用

通过植物的光合作用将太阳能转换成为生物质的过程。目前主要有速生植物（如薪炭林）、油料作物和巨型海藻等。

2.2 太阳辐射学基础

2.2.1 太阳光谱

人们眼睛所能看见的太阳光，叫可见光，可见光只是太阳光谱中一个极窄的波段。太阳光不是单色光，而是由红、橙、黄、绿、青、蓝、紫七种颜色的光所组成的，是一种复色光。各种颜色的光都有相应的波长范围，且不同频率或波长光具有不同的能量，频率越高，能量越大。通常人们把太阳光的各色光按频率或波长大小的次序排列成的光带图，称为太阳光的电磁波频谱图，如图 2-1 所示。表 2-1 所示为不同颜色可见光的波长。

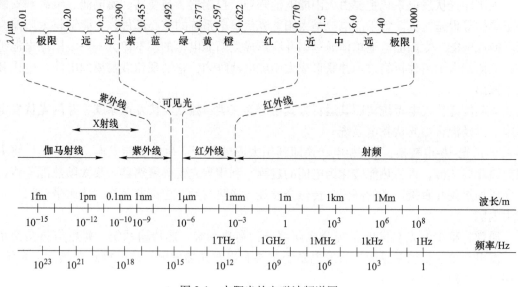

图 2-1　太阳光的电磁波频谱图

表 2-1　不同颜色可见光的波长

颜　色	波长/μm	标准波长/μm
紫	0.390~0.455	0.430
蓝	0.455~0.485	0.470
青	0.485~0.505	0.495
绿	0.505~0.550	0.530
黄~绿	0.550~0.575	0.560
黄	0.575~0.585	0.580
橙	0.585~0.620	0.600
红	0.620~0.760	0.640

太阳不仅发射可见光，还发射人眼看不见的光，可见光的波长范围只占整个太阳光谱的一小部分。整个太阳光谱包括紫外区、可见光区和红外区三个部分。但其主要部分，即能量很强的主干部分，是由 $0.3~3.0μm$ 的波长所组成的。表 2-2 列出了不同光区太阳能辐射能量数值。

表 2-2　不同光区太阳能辐射能量数值

光　区	紫外光区	可见光区	红外区
波长范围/μm	0~0.40	0.40~0.76	0.76~∞
相应的辐射能流密度/W·m⁻²	95	640	618
所占总能量的百分数/%	8.3	40.3	51.4

2.2.2 太阳辐照度及太阳常数

太阳辐照度是指太阳以辐射形式发射出的功率投射到单位面积上的数值，可根据不同波长范围的能量的大小及其稳定程度，划分为异常辐射和常定辐射两类。异常辐射，包括光辐射中的无线电波部分、紫外线部分和微粒子流部分，它的特点是随着太阳活动的强弱而发生剧烈地变化，在极大期能量很强，在极小期能量则很微弱。常定辐射，则包括可见光部分、近紫外线部分和近红外线部分三个波段的辐射，是太阳光辐射的主要部分，它的特点是能量大且稳定，它的辐射占太阳辐射能的90%左右，受太阳活动的影响很小。表示这种常定辐照度的物理量，称为太阳常数。太阳常数是一个表征到达大气顶的太阳辐射总能量的数值，其定义为：地球位于日地平均距离处，在大气层外垂直于太阳辐射束平面上，单位时间单位面积上所获得太阳总辐射能的数值，常用单位为 W/m^2，太阳常数取得为 $(1367 \pm 7) W/m^2$，这个数值在太阳活动的极大期和极小期变化都很小，仅为2%左右。

2.2.3 中国太阳能资源

我国幅员辽阔，太阳能资源十分丰富。其分布主要特点有：青藏高原是高值中心，四川盆地是低值中心，西部地区高于东部地区，而且除西藏和新疆两个自治区外，基本上是南部低于北部。根据太阳年辐射量的大小，全国可分为五个太阳能资源带，相关数据如表2-3所示。

表2-3 中国太阳能资源带及太阳辐射总量分类

类别	全年日照数/h	太阳能总辐射量/MJ	地　区
一	3200~3300	6680~8400	宁夏北部、甘肃北部、新疆南部、青海西部、西藏西部
二	3000~3200	5852~6680	河北西北部、山西西部、内蒙古南部、宁夏南部、甘肃中部青海东部、西藏东南部、新疆南部
三	2200~3000	5016~5852	山东、河南、河北东南部、山西南部、新疆南部、吉林、辽宁、云南、陕西北部、甘肃东南部、广东南部、福建南部、江苏北部、安徽北部、台湾西南部
四	1400~2200	4190~5016	湖南、湖北、广西、江西、浙江、福建北部、广东北部、陕西南部、江苏南部、安徽南部、黑龙江和台湾东北部
五	1000~1400	3344~4190	四川、贵州

2.3　半导体材料

2.3.1 半导体材料的种类

半导体材料是一类导电性能介于导体和绝缘体之间的固体材料。半导体基本上可分为两类：位于元素周期表ⅣA族的元素半导体材料和化合物半导体材料。大部分化合物半导体材料是ⅢA族和ⅤA族元素化合形成的。表2-4是元素周期表的一部分，包含了最常见的半导体元素，表2-5列出了一些半导体材料（半导体也可通过ⅡA族和ⅥA族元素化合得到）。

表 2-4　部分元素周期表

ⅢA		ⅣA		ⅤA	
5	B	6	C		
13	Al	14	Si	15	P
31	Ga	32	Ge	33	As
49	In			51	Sb

表 2-5　半导体材料

元素半导体	
Si	硅
Ge	锗
化合物半导体	
AlP	磷化铝
AlAs	砷化铝
GaP	磷化镓
GaAs	砷化镓
InP	磷化铟

由一种元素组成的半导体称为元素半导体，如 Si 和 Ge。硅是目前集成电路中最常用的半导体材料，而且应用将越来越广泛。

双元素化合物半导体，比如 GaAs 或 GaP，是由ⅢA 族和ⅤA 族元素化合而成的。GaAs 是其中应用最广泛的一种化合物半导体。它良好的光学性能使其在光学器件中广泛应用，同时也应用在需要高速器件的特殊场合。

当前科技也支持三元素化合物半导体的制造，例如 $Al_xGa_{1-x}As$，其中的下标 x 是低原子序数元素的组分。甚至还可形成更复杂的半导体，这为选择材料属性提供了灵活性。

2.3.2　半导体材料的允带与禁带

量子力学证明，原子中的电子在原子核势场的作用下运动，且能量是不连续的，只能处于一系列特定的运动状态。某一个量子状态，最多只能容纳一个电子，即不能有两个或两个以上的电子处于完全相同的状态，这就是泡利不相容原理。原子中的电子，首先填充到最低能量状态，然后填充到较高能量状态，组成电子层结构，电子分布在一系列电子层上。每一电子层中可有 $2n^2$ 个量子状态，所以该电子层最多可容纳 $2n^2$ 个电子。

Si 原子共有 14 个电子，电子排布为 $1s^22s^22p^63s^23p^2$，最外层有 4 个电子，图 2-2 显示了一个独立 Si 原子电子能量与原子间距间的关系。如果 Si 原子间相互距离很远，相邻 Si

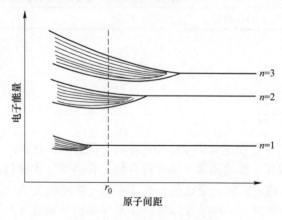

图 2-2　独立的 Si 原子示意图

原子的 4 个外层电子没有互相影响而各自占据分立能级。由于 Si 原子的最外层（即 $n=3$）的 3s 和 3p 轨道的能量相近，所以当 Si 原子相互靠近时，3s 和 3p 轨道就会相互作用并产生交叠，形成了 sp^3 杂化轨道和 8 个量子态，每个量子态只能容纳 1 个电子，最多可容纳 8 个电子。在平衡状态原子间距 a_0 位置，每个 Si 原子的 sp^3 杂化轨道产生了能带分裂，其中 4 个量子态处于较低的能带，即价带；另外 4 个量子态处于较高的能带，即导带，图 2-3 显示了 Si 原子的能带分裂。价带和导带统称为能带，又称允带。在绝对零度时，每个 Si 原子的 4 个价电子填充到了能级低（价带）的 sp^3 成键轨道，而能级高（导带）的 sp^3 反键轨道没有电子。价带顶和导带底之间形成了具有一定能量差的禁带宽度，用 E_g 表示，Si 原子的 $E_g = 1.1242eV$。禁带就是两个能带间的区域，价电子可以在一个能带中运动，也可以在不同能带间跃迁，但不能在禁带中运动。

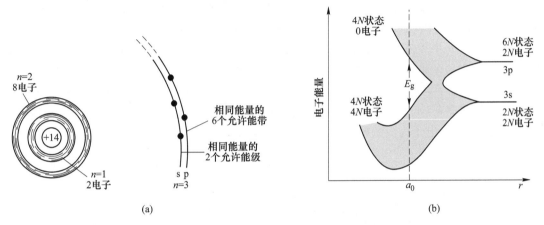

图 2-3　Si 原子的 3s 和 3p 轨道分裂为导带、价带和禁带

（a）孤立硅原子的示意图；（b）3s 和 3p 态分裂为允带和禁带

对于半导体，禁带宽度（能量）不是很大，有一些电子可以从外界获得能量从价带跃迁到导带中。由于导带几乎是空的，所以电子跃迁到导带后就可以自由地移动，因此，半导体材料在一定条件下具有导电性能。对于绝缘体，由于禁带宽度太大，基本上不可能有电子跃迁过去。对于金属，导带和价带直接重合，没有禁带，因而电子不需要跃迁即可导电。

2.3.3　半导体材料的载流子

在绝对零度或没有外界能量激发时，半导体中的价电子是被束缚的，不能成为自由运动的电子，此时半导体是不导电的。当温度升高或受到外界能量的激发，被束缚的价电子吸收能量，有可能跃迁到导带而成为自由电子。电子脱离的区域就带正电，其电荷量与电子相等，该区域称之为"空穴"，空穴可看作带单位正电荷的粒子。

载流子是电荷的载体，是能够移动的带电粒子。对金属导体而言，载流子就是电子；而对半导体而言，导电的粒子除了电子外还有空穴，所以半导体中的电子、空穴都是载流子。

没有外电场作用时，半导体中两种载流子（电子和空穴）在晶格中与晶格原子频繁碰撞而做无规则的运动，所以对外不显电性。如有外电场作用，电子和空穴将逆向运动，形成电子电流和空穴电流，这两者都是漂移电流，由于电子与空穴电性相反，漂移方向相反，故产生的电流方向相同。

2.3.4 本征半导体和非本征半导体

根据半导体材料纯度的不同，把半导体分为本征半导体和杂质半导体。不含杂质原子的半导体被称为本征半导体；而掺入了定量的特定杂质原子，造成电子和空穴浓度不同于本征载流子浓度的半导体被称为非本征半导体，也被称为掺杂半导体。

纯 Si 半导体是本征半导体，每个 Si 原子附近都有 4 个 Si 原子，相互形成了 8 个电子、4 个电子对共价键的稳定结构。当 Si 原子受到光激发时，如果价电子获得的能量超过了禁带宽度 E_g 能量（即 $E = h\nu \geq E_g$），价电子就会从价带跃迁进入导带，形成了价带上的"空穴"和导带上的"自由电子"，从而形成光生电流。但这种本征半导体，"空穴"和"自由电子"总是成对出现且数目很少，所以没有实际意义。

为了增加 Si 半导体材料载流子数量，可向 Si 晶体中掺杂ⅢA 族元素或者ⅤA 族元素。如果向纯 Si 中掺杂ⅢA 族杂质元素，如硼（B）、铝（Al）、镓（Ga）等，ⅢA 族元素最外层有 3 个价电子，都与 Si 原子结合形成了 3 个共价键，还有 1 个共价键位置是空的，即"空穴"，如图 2-4（a）所示，Ⅲ族元素成为"受主"杂质，这就形成了空穴为多数载流子（简称多子）、电子为少数载流子（简称少子）的 p 型半导体。

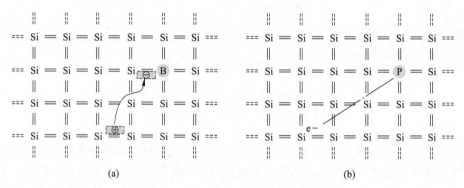

图 2-4　Si 晶体中掺杂其他元素

（a）掺杂 B 原子电离生成空穴；（b）掺杂 P 原子电离生成电子

如果向纯 Si 半导体中掺杂Ⅴ族杂质元素，如氮（N）、磷（P）、砷（As）等，Ⅴ族元素最外层有 5 个价电子，其中 4 个与 Si 原子结合形成了共价键，剩下 1 个成为自由"电子"，如图 2-4（b）所示，Ⅴ族元素成为"施主"杂质，这就形成了电子为多数载流子（多子）、空穴为少数载流子（少子）的 n 型半导体。

这里说的杂质是有选择的，其数量也是确定的。实际上的半导体几乎都是掺杂半导体。掺杂半导体一般掺杂数量较小，即使重掺杂也就每百万个晶体原子中掺入几百个杂质原子，例如硅半导体中掺入百万分之一的杂质，其电阻率从 $10^5 \Omega \cdot cm$ 降到几个 $\Omega \cdot cm$。

2.3.5 pn 结

图 2-5（a）给出了 pn 结的原理图。图 2-5（a）所示的整个半导体材料是一块单晶材

料，它的一部分掺入受主杂质原子形成了 p 区，相邻的另一部分掺入施主杂质原子形成了 n 区。分隔 p 区和 n 区的交界面被称为冶金结。

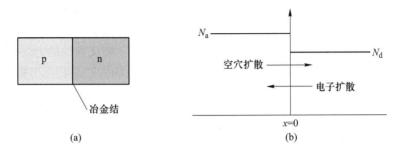

图 2-5　pn 结原理图与掺杂剖面图

（a）pn 结的简化结构图；（b）理想均匀掺杂 pn 结的掺杂剖面

图 2-5（b）给出了半导体 p 区和 n 区的掺杂浓度曲线。在交界面处，电子与空穴的浓度都有一个很大的浓度梯度。由于两边的载流子浓度不同，n 区的多子电子向 p 区扩散，p 区的多子空穴向 n 区扩散。若半导体没有接外电路，则这种扩散过程就不可能无限地延续下去。随着电子由 n 区向 p 区扩散，带正电的施主离子被留在了 n 区。同样，随着空穴由 p 区向 n 区扩散，p 区由于存在带负电的受主离子而带负电。n 区与 p 区的净正电荷和净负电荷在冶金结附近感生出了一个内建电场，方向是由正电荷区指向负电荷区，也就是由 n 区指向 p 区。

当 p 型半导体和 n 型半导体刚结合时，电子和空穴多数载流子的扩散运动占优势，随着电子和空穴的不断扩散，空间电荷区域逐渐加宽，内建电场也不断增强，多子扩散运动受到阻碍，少子漂移运动逐渐增强。当载流子的漂移运动和扩散运动相抵消时（即大小相等，方向相反），空间电荷区载流子不再增加，达到了动态平衡，这就形成了所谓的"pn 结"。

图 2-6 给出了半导体内部净正电荷与净负电荷区域，通常把这两个带电区称为空间电

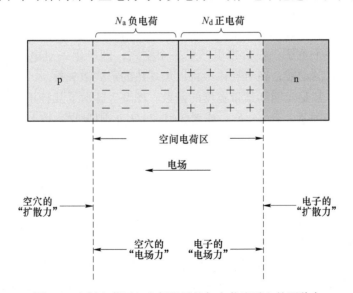

图 2-6　空间电荷区、电场以及施加在载流子上的两种力

荷区。最重要的一点是，在内建电场的作用下，电子与空穴被扫出空间电荷区。正因为空间电荷区内不存在任何可动的电荷，所以该区也称为耗尽区。在空间电荷区边缘处仍然存在多子浓度的浓度梯度。由于浓度梯度的存在，多数载流子便受到了一个"扩散力"。图2-6显示了上述作用在空间电荷区边缘电子与空穴上的"扩散力"。空间电荷区内的电场作用在电子与空穴上，这样便产生了一个与上述"扩散力"相反方向的力。在热平衡条件下，每一种粒子（电子与空穴）所受的"扩散力"与"电场力"是相互平衡的。

2.4　太阳能电池

2.4.1　光学吸收

光具有波粒二相性，表明了光能够被看作粒子，也就是我们常说的光子，光子的能量是 $E=h\nu$，其中 h 是普朗克常数，ν 是频率。光子的波长和能量有如下关系：

$$\lambda = \frac{c}{\nu} = \frac{hc}{E} = \frac{1.24}{E}\mu m \tag{2-2}$$

式中　λ——光子波长；

　　c——光速；

　　E——光子能量。

有几种可能的光电半导体的作用机理。例如，光子能够和晶格作用，并将能量转换成焦耳热。光子也能够和杂质、施主或者受主作用，或者还可以和半导体内部的缺陷作用。但是，光子最容易的还是和价电子发生作用。当光子和价电子发生碰撞时，释放的能量足够将电子激发到导带，这就产生了电子-空穴对，形成过剩载流子浓度。

当用光照射半导体时，光子可以被半导体吸收，也有可能穿透半导体，这将取决于光子能量和半导体禁带宽度 E_g。如果光子能量小于 E_g，将不能够被吸收，在这种情况下，光将会透射过材料，此时半导体表现为光学透明。

如果吸收的光子能量 $E=h\nu>E_g$，光子能和价电子作用，把电子激发到导带，这种作用能够在导带里产生一个电子，在价带里产生一个空穴，即产生一对电子-空穴对，额外的能量作为电子或空穴的动能，在半导体中将以焦耳热的形式散失掉。

半导体的吸收系数是光能和禁带宽度的函数。图2-7显示了几种不同的半导体材料的吸收系数 α 与波长的关系。若 $h\nu>E_g$，或者 $\lambda<1.24/E_g$，则吸收系数上升得很快。

2.4.2　太阳能电池的发电原理

太阳能电池是一种在 pn 结处没有施加外电压的半导体器件。太阳能电池将光能转换成电能并传递给负载。

太阳能电池的基本结构和发电过程如图2-8和图2-9所示。图2-8是一个带有负载的 pn 结太阳能电池。当太阳光照射到太阳能电池表面时，光子首先透过减反射膜被 pn 结附近的电子吸收，电子吸收光子能量跃迁成为自由电子，并产生对应的空穴。如图2-9所示，在内建电场作用下，电子向 n 型区漂移，空穴向 p 型区漂移，从而使 n 区有过剩的电子，p 区有过剩的空穴，于是就在 pn 结附近形成了与内建电场相反方向的光生电场。光

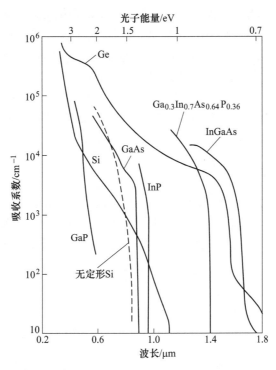

图 2-7 各种半导体材料中波长与吸收系数的关系

生电场一部分用来抵消内建电场,其余部分使 n 区带正电,p 区带负电。如果用导线将电池片正负极通过负载相连接,此时就会有光电流流过负载,即负载开始工作。

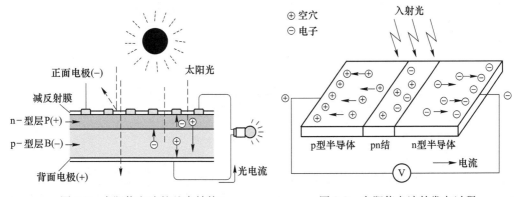

图 2-8 太阳能电池的基本结构   图 2-9 太阳能电池的发电过程

  太阳能电池的光电转换效率定义为输出电能和入射光能的比值。常见的 pn 结太阳能电池只有一个禁带宽度。当电池暴露在太阳光下时,能量小于 E_g 的光子对电池的输出功率没有影响,但能量大于 E_g 的光子对电池的输出功率会有影响。大于 E_g 的那部分能量最终将以焦耳热的形式耗散掉。硅 pn 结太阳能电池的最大转换效率大约为 28%。

  由于半导体不是电的良导体,如果电子在通过 pn 结后在半导体中流动,电阻非常大,损耗也就非常大。但如果在上层全部涂上金属,阳光就不能通过,电流就不能产生,因此一般用金属网格覆盖 pn 结,以增加入射光的面积。另外硅表面非常光亮,会反射掉大量的太阳光，不能被电池利用。为此，科学家给它涂上了一层反射系数非常小的保护膜（减反射膜），实际工业生产基本都是用化学气相沉积一层氮化硅膜，厚度在 100nm 左右。将反射损失减小到 5%甚至更小。或者采用制备绒面的方法，即用碱溶液（一般为 NaOH 溶液）对硅片进行各向异性腐蚀，在硅片表面制备绒面。入射光在这种表面经过多次反射和折射，降低了光的反射，增加了光的吸收，提高了太阳电池的短路电流和转换效率。一个电池所能提供的电流和电压毕竟有限，于是人们又将很多电池（通常是 36 个）并联或串联起来使用，形成太阳能光电板。

2.4.3　太阳能电池的种类

太阳能电池是通过光电效应或者光化学效应直接把光能转化成电能的装置。太阳能电池的种类如图 2-10 所示。由图可知，根据所用材料的不同，太阳能电池可分为第一代的晶体硅太阳能电池，第二代的薄膜太阳能电池和第三代的新型太阳能电池。

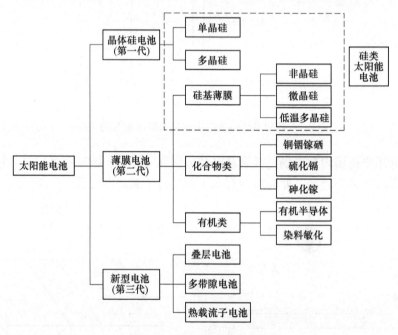

图 2-10　太阳能电池的种类

晶体硅太阳能电池的光电转换效率最高可达到 24%（最大理论值为 28%），晶体硅太阳能电池又可以分为单晶硅和多晶硅太阳能电池。薄膜太阳能电池主要包括硅基薄膜、化合物类和有机类太阳能电池，其光电转换效率尚不及传统的晶体硅太阳能电池。新型太阳能电池主要包括叠层、多带隙以及热载流子的太阳能电池。

由于第二代化合物类和有机类太阳能电池存在原材料稀缺、有毒、转换效率低和稳定性差等缺点，而第三代新型太阳能电池技术尚未成熟，因此目前国内外市场上应用的主要是硅基的太阳能电池，包括晶体硅（单晶硅和多晶硅）和非晶硅薄膜太阳能电池。非晶硅薄膜太阳能电池具有可以弯曲、可以与不同形状的建筑相结合等优点，但是它存在着生产成本高、光电转换效率低且衰减快等缺点，所以只是在少量的范围内应用。目前应用最多的还是晶体硅太阳能电池，它目前占国内外太阳能电池总量的90%以上，由此可见，在相当长的一段时期内，晶体硅太阳能电池的绝对主导地位不会改变。

2.4.4 太阳能（光伏）发电简介

太阳能（光伏）发电具有资源无限、清洁环保、安全可靠等优点，光伏发电的潜力巨大，被认为是21世纪最重要的新能源之一，世界各国纷纷发展光伏新能源。国际能源署预计，到2050年，人类将100%使用清洁新能源，在所有的清洁能源中，太阳能发电将约占66%而成为主要的新能源。与传统化石燃料相比，光伏发电的竞争力越来越强，目前在我国光伏能源的成本已低于传统能源的成本，光伏能源"平价上网"的时代已经来临，光伏新能源呈现出了快速增长的形势。

光伏能源的产业链如图2-11所示，由图可知，其主要包括上游、中游和下游三部分。

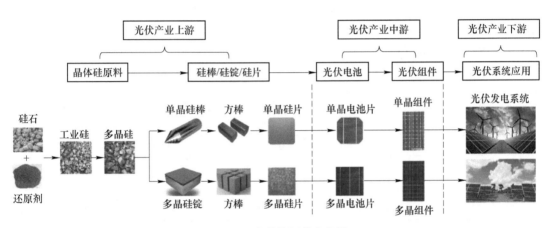

图 2-11　光伏能源的产业链

光伏产业上游主要包括晶硅原料的制备、晶硅棒（锭）的制备以及硅片的制备。首先，硅石高温下被碳还原制备出工业硅；其次，将工业硅通过改良西门子法或者硅烷流化床法制备出硅纯度6N以上的太阳能级多晶硅；然后，将多晶硅料拉成单晶硅棒或铸成多晶硅锭；再次，将硅棒或硅锭经打磨或开方成方棒；最后，将方棒切割成单晶硅片或多晶硅片。

光伏产业中游主要包括光伏电池的制备和光伏组件的制备。为了将单晶或多晶硅片制备成单晶或多晶电池片，需要将硅片进行清洗制绒、掺杂制备pn结、硅片边缘的蚀刻、减反射膜的制备、电极丝网印刷和烧结等工序。由于单个电池片输出的功率很小，几乎不能够满足用电设备的需求，需要将电池片进行串联和并联。同时，由于电池片本身易破碎、易被腐蚀，光电转换效率还会受到潮湿、灰尘、酸雨等影响，因此太阳能电池片需要进行封装形成太阳能光伏组件（模组）。

光伏产业下游主要是将光伏组件用于光伏发电系统。将若干个光伏组件根据实际需要，通过串并联组成功率较大的供电装置，这样就构成了光伏阵列。只有将光伏组件组成光伏阵列，才能很好地发挥光伏发电的优势，光伏阵列既可以成为独立电站和发电系统进行单独供电，也可以并入电网系统进行集中供电。

2.5　太阳能级多晶硅的制备技术

地壳中硅的含量极为丰富，其元素丰度在26%以上，居地壳元素丰度的第二位。自然界硅的存在形式主要是硅酸盐和二氧化硅，它不以单质形式出现。

硅（Si）是一种化学元素，旧称矽。原子序数为14，相对原子质量为28，属于元素周期表上第三周期、ⅣA族的类金属元素。硅有无定形硅和晶体硅两种同素异形体。无定形硅为黑色，晶体硅为灰黑色且有金属光泽，密度为$2.32 \sim 2.34g/cm^3$，熔点为1410℃，沸点为2355℃，晶体硅属于原子晶体。硅不溶于水、硝酸、盐酸和硫酸，会溶于氢氟酸和碱溶液。

硅的纯度可用"9"的个数和"N"的数目来表示（N是英文单词Nine的缩写）。比如5N硅，表示硅纯度为99.999%；5N6的硅则表示硅的纯度是99.9996%。按照纯度不同，硅可以分为冶金级硅、化学级硅、太阳能级硅和电子级硅，而冶金级硅和化学级硅又统称为工业硅（又称金属硅）。硅的分类和标准见表2-6。

表2-6　硅的分类和标准

统　称	分　类	硅纯度(质量分数)/%	缩写（N-Nine）	主要用途
工业硅/金属硅	冶金级硅	97.0~98.5	1N	制备铝硅合金
	化学级硅	99.0~99.3	1~2N	制备有机硅等
高品质硅	—	99.4~99.999	2~5N	生产白炭黑等
多晶硅	太阳能级硅	≥99.99999	≥7N	制备太阳能电池
	电子级硅	99.9999999~99.9999999999	9~12N	用于电子芯片制备

太阳能级多晶硅的主要生产方法有：改良西门子法、硅烷法和冶金法。其中改良西门子法生产多晶硅占据了市场上的绝对主导地位。硅烷法是最近兴起的多晶硅生产技术，与改良西门子法相比，具有能耗低、生产周期短、成本低的优点。冶金法生产多晶硅目前还仅仅处于研发阶段和试生产阶段。

2.5.1　工业硅冶炼

工业硅冶炼就是指通过一定的技术手段将硅元素从硅石或其氧化物中提取出来的过程。目前电热还原法是世界上生产工业硅最常用的方法，其基本工艺流程见图2-12（a），生产示意图如图2-12（b）所示。

工业硅生产的基本原理是，在矿热炉内（埋弧电弧炉）、高温下（≥1820℃），用碳质还原剂（如石油焦、煤炭、木炭等）还原硅石（SiO_2）得到工业硅。总的反应如下：

$$SiO_2(s) + C(s) \xrightarrow{1820℃} Si(s) + CO(g) \qquad (2-3)$$

在实际生产中，在矿热炉内用C还原SiO_2生产工业硅是一个"一高三多"非常复杂的过程：首先炉内是一个"高温"还原过程，炉底温度大于2000℃；其次炉内是一个固-液-气"多相"共存和反应体系，包括硅石从固体熔化成液体、还原产生的液体Si和气体CO以及还原产生的中间产物固体SiC和气体SiO；再次炉内产生的液相是一个"多组元"

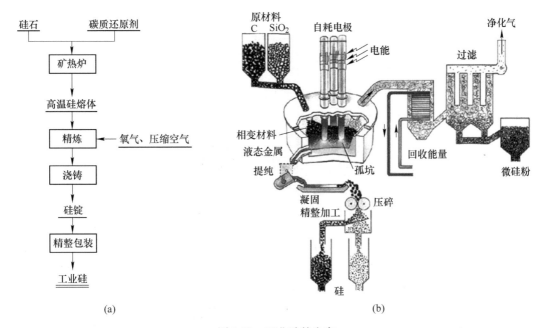

图 2-12 工业硅的生产

（a）工业硅生产基本工艺流程图；（b）工业硅生产物流示意图

的体系，Si 液中除了 Si 以外，还含有 Fe、Al、Ca 等杂质元素，构成了"多组元"的单相溶液；炉内还是一个"多个独立反应"共存体系。

硅石原料中除了含有 SiO_2（含量约为 95%～99%）外，还含有少量 Fe_2O_3、Al_2O_3 和 CaO 等杂质；碳质还原剂中除了 C 外，都含有一定量的灰分，其主要成分是金属氧化物杂质。这些杂质在工业硅的冶炼中也会被部分还原进入工业硅中，电热还原法制备的工业硅的纯度只有 1～2N，主要的杂质是 Fe、Al、Ca、B、P 等。其中纯度为 97.0%～98.5%（1N）的被称为冶金硅（1N），纯度为 99.0%～99.3%（2N）的被称为化学级硅。

2.5.2 改良西门子法生产太阳能级多晶硅

西门子法由德国 Siemens 公司 1954 年发明并于 1965 年左右实现了工业化，其生产流程是将冶金硅粉与 HCl 在一定温度下合成 $SiHCl_3$，分离精馏提纯后的 $SiHCl_3$ 进入氢还原炉被 H_2 还原，通过化学气相沉积反应生产多晶硅。经过几十年的发展，先后出现了第一代、第二代和第三代技术，第三代技术也称改良西门子法，它增加了还原尾气干法回收系统、$SiCl_4$ 回收氢化工艺，实现了完全闭环生产，是生产多晶硅的最新技术。

改良西门子法最初是用来生产电子级硅的（9～12N）。目前改良西门子法是世界上制备多晶硅的主流方法，全球大约有 90% 的多晶硅是由该方法制得的。具体工艺流程如图 2-13 所示。该方法主要包含四个工序：三氯氢硅的合成、三氯氢硅的提纯、三氯氢硅的还原和尾气的干法回收。

（1）三氯氢硅的合成：将冶金级硅块经过破碎、球磨、过筛后变成硅粉，然后将硅粉加入流化床反应器内，当流化床的温度升高到 280～350℃ 时，从底部通入 HCl 气体对硅粉进行加氢氯化处理，硅粉中的 Si 被氯化生成 $SiHCl_3$ 气体，主要反应式见式（2-4），此外

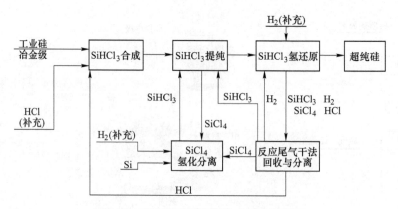

图 2-13　改良西门子法制备多晶硅流程图

还有副产物 $SiCl_4$、SiH_2Cl_2 等气体；而硅粉中的 Fe、Al、Ca、B、P 等杂质在这个过程也被同时氯化为 $FeCl_3$、$AlCl_3$、$CaCl_2$、BCl_3、PCl_5 等气体杂质。

$$Si(s) + 3HCl(g) \Longrightarrow SiHCl_3(g) + H_2(g) \tag{2-4}$$

（2）三氯氢硅的提纯：将第一步制得的气体通过多级粗馏塔和精馏塔（如图 2-14 所示），对 $SiHCl_3$ 进行提纯，其原理就是根据不同氯化物的沸点不同而去除 $SiCl_4$、SiH_2Cl_2 等副产物和 $FeCl_3$、BCl_3、PCl_5 等杂质，得到纯度大于 6N 的 $SiHCl_3$ 气体。

图 2-14　用于 $SiHCl_3$ 的粗馏和精馏塔

（3）三氯氢硅的还原：将提纯后的 $SiHCl_3$ 和 H_2 按一定比例送入含有细硅棒作为硅芯晶种的立式钟罩式还原炉，在钟罩反应器内发生化学气相沉积反应（CVD），在 1080 ~ 1100℃温度下，$SiHCl_3$ 被 H_2 还原生成多晶硅，反应式见式（2-5），生成的多晶硅沉积在硅芯上，待硅棒长大到一定尺寸后被移出钟罩反应器，如图 2-15 所示。

$$SiHCl_3(g) + H_2(g) \Longrightarrow Si(s) + 3HCl(g) \tag{2-5}$$

$SiHCl_3$ 被 H_2 还原除了生成多晶硅外，还会生成副产物 $SiCl_4$ 和 SiH_2Cl_2，见反应式（2-6）和反应式（2-7）。

$$2SiHCl_3(g) \Longrightarrow Si(s) + SiCl_4(g) + 2HCl(g) \tag{2-6}$$

$$2SiHCl_3(g) \Longrightarrow SiCl_4(g) + SiH_2Cl_2(g) \tag{2-7}$$

还原工序作为整个工艺中最重要的一环，其电耗占综合电耗的 40%~50%，占多晶硅直接生产成本的 15%~30%。

（4）尾气的干法回收：尾气干法回收系统承担着多晶硅生产全过程的物料回收循环，它不是单一的设备组合，而是依据物料的理化特性，在设定的控制参数下，完成物料再循环、回收利用的完整体系。

在 $SiHCl_3$ 的还原工序和 $SiCl_4$ 氢化工序产生的尾气中都含有未反应的原料和反应副产物，如 H_2、HCl、$SiHCl_3$、SiH_2Cl、$SiCl_4$ 等，其中在还原工序中，只有 15% 左右的 $SiHCl_3$ 转化成多晶硅，每产 1t 多晶硅会产生 10~15t 的 $SiCl_4$ 副产物。这些原料和副产物如果得不到有效利用，将会造成严重的环境污染和经济损失。改良西门子法采用干法回收尾气，采用闪蒸罐、吸收塔、精馏塔等设备，在 -90~-15℃ 下对尾气加压冷凝分离，把分离出来的 H_2、HCl、$SiHCl_3$ 提纯后分别送入相应的工序重复利用，把分离出来的 $SiCl_4$ 氢

图 2-15　$SiHCl_3$ 还原制备多晶硅

化为 $SiHCl_3$ 再循环利用，实现闭路循环和零排放。$SiCl_4$ 的氢化主要可分为热氢化法、冷氢化法（氢氯化法）。

热氢化法也称为高温低压氢化法，它是以 $SiCl_4$ 和 H_2 为原料，在 1200~1250℃ 的高温和 0.6MPa 的条件下，在氢化炉内进行热还原反应生成 $SiHCl_3$，主要反应式如下：

$$SiCl_4(g) + H_2(g) \Longrightarrow SiHCl_3(g) + HCl(g) \tag{2-8}$$

冷氢化法也称为低温高压氢化法，它是采用铜基、镍基或者铁基为催化剂，在温度 550℃ 左右、压力 3.7MPa 左右的条件下，向流化床补入 Si 粉、H_2 并与 $SiCl_4$ 反应生成 $SiHCl_3$。主要反应式如下：

$$3SiCl_4(g) + Si(s) + 2H_2(g) \Longrightarrow 4SiHCl_3(g) \tag{2-9}$$

2.5.3　硅烷流化床法生产太阳能级多晶硅

硅烷流化床法是 20 世纪 70 年代美国联合碳化合物公司在改良西门子法基础上开发的新一代多晶硅生产技术。它的主要优势是能耗低、成本低、转化率高、可连续生产、副产物污染小，但存在安全性较差、产品纯度控制等问题。

它的主要原理是以硅烷（SiH_4）为反应原料，通入以多晶硅晶种为流化颗粒的流化床中，进行化学气相沉积（CVD），使 SiH_4 裂解并在晶种上沉积，从而得到颗粒状多晶硅。该工艺主要分为两个工序：硅烷的制备和硅烷的热解。硅烷流化床法制备多晶硅流程图如图 2-16 所示。

2.5.3.1　硅烷的制备

冶金硅粉先与 HCl 反应生成 $SiCl_4$。在流化床内，冶金 Si 粉与 $SiCl_4$、H_2 通过高温高压

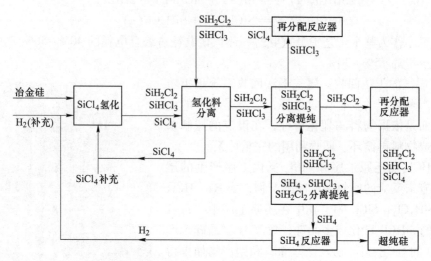

图 2-16　硅烷流化床法制备多晶硅流程图

生成 $SiHCl_3$，然后将 $SiHCl_3$ 经歧化反应生成 SiH_2Cl_2，最后由 SiH_2Cl_2 经过催化歧化反应生成 SiH_4，主要的反应式如下：

$$Si(s) + 3SiCl_4(g) + 2H_2(g) \Longrightarrow 4SiHCl_3(g) \tag{2-10}$$

$$2SiHCl_3(g) \Longrightarrow SiH_2Cl_2(g) + SiCl_4(s) \tag{2-11}$$

$$3SiH_2Cl_2(g) \Longrightarrow SiH_4(g) + 2SiHCl_3(g) \tag{2-12}$$

2.5.3.2　硅烷的热解

在流化床内，SiH_4 被加热到 $500 \sim 800 ℃$ 时，热分解形成单质 Si 和 H_2，单质 Si 沉积到硅籽晶上形成颗粒硅，主要反应式如下：

$$SiH_4(g) \Longrightarrow Si(s) + 2H_2(g) \tag{2-13}$$

流化床反应器结构如图 2-17 所示。多晶硅籽晶颗粒 $(0.2 \sim 0.5mm)$ 从流化床反应器上部持续地加入，堆积形成晶种颗粒床层，将床层加热到 $650 \sim 700 ℃$ 后，SiH_4 和 H_2 气体以一定的流速从反应器底部通入，气流使籽晶床层沸腾起来，达到流化悬浮的状态，而预热的 SiH_4 和 H_2 气体在加热的床层发生化学气相沉积反应（CVD），SiH_4 热分解形成单质 Si 沉积到硅籽晶表面，类似于滚雪球，悬浮的籽晶颗粒不断外延长大，硅颗粒长大到 2mm 左右，由于重力作用沉降到反应器的底部，最后从底部排出，H_2 夹带部分 Si 粉尘从反应器的顶部排出。在生产中，硅晶种的加入和颗粒硅的排出同步进行，实现了连续化的生产。

流化床反应器的特点是温度分布比较均一，反应器内硅沉积的表面积大，沉积速率快，可以实现连续进料、出料，这给多晶硅的生产带来了优势。

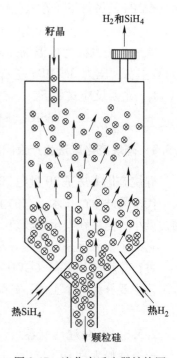

图 2-17　流化床反应器结构图

流化床内的分解温度是一个关键参数，SiH_4 的稳定性差，非常容易分解，SiH_4 起始分解温度约为 300℃。当反应温度达到 420℃时，此时生成的 Si 难以形成晶体结构，只有温度达到 610℃ 以上时，生成的多晶硅才有稳定的晶体结构。当温度高于 800℃时，就会产生大量的 Si 粉尘。因此，流化床的适宜操作温度为 650~700℃。

硅烷流化床生产的颗粒硅，形似球状，圆形度大于 0.92，且流动性好，颗粒的中位粒径在 2mm 左右。硅烷流化床生产的颗粒硅如图 2-18 所示。

图 2-18　硅烷流化床生产的颗粒硅形貌

2.5.4　改良西门子法与硅烷流化床法对比

改良西门子法与硅烷流化床法生产多晶硅的路线非常类似，只是中间产物有所不同，改良西门子法的中间产物是 $SiHCl_3$；而硅烷法的中间产品是 SiH_4，不含 Cl 元素，正是由于 $SiHCl_3$ 和 SiH_4 这两个中间产物的物理化学性能的不同，造成了改良西门子法和硅烷法生产多晶硅路线的不同，两条路线各有优势也各有缺点，现就两者的优缺点进行对比和分析。

（1）多晶硅的纯度：在硅烷法中，由于籽晶处于沸腾状态，会不断地与反应器内壁碰撞，而内壁主要由碳组成，使得产品含碳量高；另外，颗粒硅由于表面积大，易于吸附杂质，因此硅烷法生产的多晶硅的纯度不如改良西门子法高，难以生产电子级的多晶硅。

（2）多晶硅的电耗：硅烷法生产的多晶硅综合电耗约为 18~20kW·h/kg，改良西门子法的综合电耗为 60~65kW·h/kg。这主要是因为：首先，硅烷法中颗粒硅表面积大，形成的单质硅沉积效率远比西门子法高。其次，硅烷法的中间产物 SiH_4 分解温度低，只需要 550~700℃即可，且 SiH_4 一次几乎全部分解，单程转化率可达 99%；而改良西门子法的中间产物 $SiHCl_3$ 热稳定性好难还原，所以需要的还原温度高达 1080℃；单程转化率只有 15%，需要中间物料的多程循环。再者，硅烷法中的 SiH_4 的 Si 含量高（87.5%可用于制备 Si 单晶），沉积效率高；而改良西门子法中的 $SiHCl_3$ 的 Si 含量低（20.3%），沉积效率低。

（3）多晶硅的形状：硅烷法生产的是颗粒硅，呈球形，后续使用时不需要破碎，直接加料，能更好地满足后续 RCZ 法（复投直拉法）和 CCZ 法（连续直拉法）拉单晶和铸锭的需求，同一坩埚可多装约 20%~30%的填料量，复投效率得到提升。加料、熔化、晶棒拉制可同时进行，提升了生产效率。而改良西门子法生产的是棒状硅，如图 2-19 所示，后续使用时需要进行破碎才能使用，此过程造成硅料浪费，还可能造成硅料的污染。

（4）尾气的处理：硅烷法生产多晶硅的尾气中只有未分解的 SiH_4 和 H_2，成分单一，容易处理，只需深冷即可分离，不需要配置尾气处理系统；而改良西门子法中的尾气中含有 H_2、HCl、$SiHCl_3$、SiH_2Cl_2、$SiCl_4$ 等，成分复杂，需要配置复杂的尾气处理系统，大量副产物需要蒸馏精馏和循环处理。

（5）生产的连续性：硅烷法由于没有尾气处理系统，生产流程短，可实现连续生产，而改良西门子法是一个间歇式生产过程。

（6）安全性能：相比较于改良西门子法的 $SiHCl_3$，硅烷法中的 SiH_4 由于性质活泼，沸点低，易于自燃和爆炸，安全隐患大、控制难度高，所以反应设备必须密闭，特别注意要防火和防爆等。

（7）其他性能：硅烷法中的 SiH_4 由于沸点低，且低于所有的氯硅烷、杂质氯化物和氢化物的沸点，因此更容易提纯，可将 SiH_4 提纯至比任何氯硅烷更高的纯度。

图 2-19　改良西门子法生产的多晶硅形貌

2.5.5　冶金法制备太阳能级多晶硅

改良西门子法和硅烷法可统称为化学法或化工法。冶金法主要是通过多种冶金技术的耦合从而去除冶金级硅中的杂质，在不改变硅本质的条件下提纯得到多晶硅。典型的冶金法制备多晶硅的技术路线如图 2-20 所示。

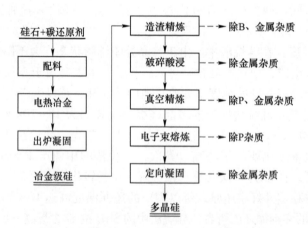

图 2-20　典型的冶金法制备多晶硅的技术路线

由图 2-20 可知，冶金法利用的冶金技术主要包括造渣精炼、破碎酸浸、真空精炼、电子束熔炼和定向凝固。

（1）造渣精炼。造渣精炼指的是向熔融的冶金级硅中加入造渣剂 $MeO\text{-}SiO_2$ 进行精炼，除去硅中的杂质，其中 MeO 可以为 Ca、Mg、Al、Na 等金属的氧化物。造渣精炼的原理是利用硅中部分杂质元素（Al 和 Ca 等）对 O 元素的亲和力比 Si 元素对 O 元素的亲和力更高，从而在精炼过程中，杂质元素将造渣剂中 SiO_2 的 O 夺走后被氧化，生成的杂质氧化物将被渣相俘获，还原所得的单质硅进入硅相中，最终达到去除硅中杂质的目的。

（2）破碎酸浸。破碎酸浸是指首先将冶金级硅块破碎成粉，使得富集在晶界处的金属杂质暴露出来，然后向硅粉中加入酸溶液，使金属杂质与酸溶液反应变成金属离子进入溶液中，最后对酸溶液进行过滤，金属离子会进入滤液中，从而达到去除硅中杂质的目的。

（3）真空精炼。真空精炼是指将硅置于高温和高真空环境中，使得硅中部分饱和蒸气压较大的杂质（P、Al、Ca、Na 和 Mg 等）从硅熔体中挥发出来，从而达到提纯硅的目的。真空精炼除杂效果主要取决于杂质的饱和蒸气压、体系的真空度和温度，对于同一物质，在不同温度下有着不同的饱和蒸气压，且随着温度的升高而增大。因此，提高精炼温度有助于硅中杂质的挥发。

（4）电子束熔炼。电子束熔炼是指利用高能量密度的电子束对硅表面进行轰击，电子动能转化为热能后把硅熔化，高的熔炼温度和高的真空度，使得饱和蒸气压较高的杂质从硅熔体中挥发出来，从而达到提纯硅的目的。因此，电子束熔炼与真空精炼除杂原理相似，但是电子束熔炼有电子枪的辅助，可以加速杂质的挥发。

（5）定向凝固。由两种或两种以上元素构成的固溶体，在高温熔化后，随着温度的降低将重新结晶形成固溶体。再结晶过程中，浓度小的元素（作为杂质）在浓度高的元素固相及液相中的浓度是不同的，称为分凝现象。如果固相和液相接近平衡状态，即以无限缓慢的速度从熔体中凝固出固体，固相中某杂质的浓度为 C_S，液相中该杂质的浓度为 C_L，两者的比值 (k_0)，称为该杂质在此晶体中的平衡分凝系数或平衡分配系数。表达式如式（2-14）所示。

$$k_0 = \frac{C_S}{C_L} \tag{2-14}$$

图 2-21 所示为 A、B 两组元形成的固溶体的相图，L 表示液相，S 表示固相。当组分为 M 的熔体从高温降到温度 T_1 时，有固体析出，组分为 N，此时固相中 B 组元的浓度要小于组分为 M 的液相中的 B 组元，这就是分凝现象。此时固相和液相中的 B 组元浓度的比值就是 B 组元在 A 晶体中的平衡分凝系数。

通常 A、B 体系的固相线和液相线都不是直线，但是当 B 组元的浓度极小时，固相线和液相线都可以近似为直线，此时 B 组元的分凝系数为固相线和液相线的斜率之比。因此，不同的

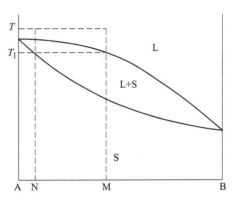

图 2-21　A、B 两组元形成的固溶体的相图

k_0 具有不同形态的固、液相线。图 2-22 所示为 $k_0>1$、$k_0<1$ 和 $k_0=1$ 时，A、B 两组元固溶体的相图。

对于硅中不同的杂质，$k_0<1$ 意味着晶体生长时，杂质在固相中的浓度始终小于在液相中的浓度，即杂质在硅液中富集，最终导致晶体尾部的杂质含量高于晶体头部；反之，$k_0>1$ 意味着晶体生长时，杂质在固体中的浓度始终大于在液体中的浓度，即杂质在硅液中的浓度会越来越小，使得晶体尾部的杂质含量低于晶体头部；$k_0=1$ 时，杂质在固体和液体中的浓度始终保持一致，导致晶体生长完成后，从晶体的头部到尾部，浓度都一致。

硅中部分杂质的分凝系数见表 2-7。一般来说，硅中的金属杂质分凝系数大多都较小且在固相中具有较低的浓度，所以定向凝固能够有效去除其中绝大多数金属杂质，如 Fe、

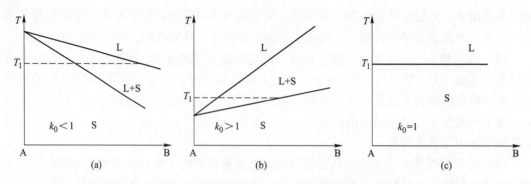

图 2-22　不同平衡分凝系数时 A、B 两组元形成的固溶体的相图

(a) $k_0 < 1$；(b) $k_0 > 1$；(c) $k_0 = 1$

Al、Ca、Ti 等杂质，而 B、P、Li 等这些杂质在硅中的分凝系数较大接近 1，难以通过定向凝固的方法去除。

表 2-7　杂质在硅中的分凝系数

杂质	分凝系数	杂质	分凝系数	杂质	分凝系数
Al	2.8×10^{-3}	Fe	6.4×10^{-6}	Pb	0.023
As	0.3	In	4.0×10^{-4}	Ti	2.0×10^{-6}
Au	2.5×10^{-5}	Li	0.01	Ta	2.1×10^{-6}
B	0.8	Mo	4.5×10^{-8}	V	4.0×10^{-6}
Ca	8.0×10^{-3}	Nb	4.4×10^{-7}	W	1.7×10^{-8}
Cr	1.1×10^{-5}	Ni	1.0×10^{-4}	Zn	1.0×10^{-5}
Cu	4.0×10^{-4}	P	0.35	Zr	1.0×10^{-5}

　　与改良西门子法和硅烷流化床法相比，冶金法制备多晶硅具有：（1）流程短、能耗低，成本低、投资少等优点；（2）环境友好，冶金法不排放 $SiCl_4$ 等有害物质；（3）生产操作比较安全，化学法涉及的 $SiHCl_3$ 和 SiH_4 等中间产物，这些物质不但有毒而且极易发生爆炸。但是冶金法生产太阳能多晶硅目前还只是处于研发阶段或者是少量生产阶段，目前生产多晶硅的技术仍然以改良西门子法和硅烷法为主。

2.6　直拉单晶硅和铸造多晶硅的制备

　　制备晶硅太阳能电池，需要先将改良西门子法生产的块状的多晶硅或者硅烷法生产的颗粒多晶硅拉制成单晶硅棒或铸成多晶硅锭，然后将硅棒或者硅锭切割成硅片，最后将硅片制成太阳能电池。本节主要介绍直拉单晶硅和定向凝固多晶硅晶体生长的基本原理和生长工艺，以及单晶硅棒或多晶硅锭切割制备成硅片的技术。

2.6.1　单晶和多晶

　　无定形、多晶和单晶是固体的三种基本类型。每种类型的特征是用材料中有序化区域的大小加以判定的。有序化区域是指原子或者分子有规则或周期性几何排列的空间范畴。

无定形材料只在几个原子或分子的尺度内有序。多晶材料则在许多个原子或分子的尺度上有序，这些有序化区域称为单晶区域，彼此有不同的大小和方向。单晶区域称为晶粒，它们由晶界将彼此分离。单晶材料则在整体范围内都有很高的几何周期性。单晶材料的优点在于其电学特性通常比非单晶材料的好，这是因为晶界会导致电学特性的衰退。图 2-23 是无定形、多晶和单晶材料的二维示意图。

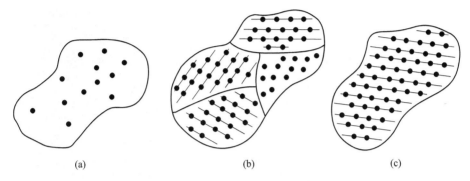

(a)　　　　　　　　(b)　　　　　　　　(c)

图 2-23　晶体的三种类型的示意图

（a）无定形；（b）多晶；（c）单晶

2.6.2　直拉单晶硅技术

波兰人 J. Czochralski 在 1918 年最先使用直拉单晶法制备出单晶，因而直拉单晶法又称 Czochralski 法，简称 CZ 法，目前 CZ 法是单晶硅制备的主要方法。

直拉单晶炉原理图如图 2-24 所示。由图可知，直拉单晶炉的最外层是保温层，里面是石墨加热器。在炉体下部有一石墨托，固定在支架上，可以上下移动和旋转，在石墨托

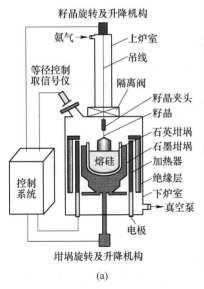

(a)　　　　　　　　(b)　　　　　　　　(c)

图 2-24　直拉单晶炉及其原理

（a）直拉单晶炉原理图；（b）单晶炉；（c）拉制的单晶硅棒

上放置圆柱形的石墨坩埚，在石墨坩埚上再放置圆柱形的石英坩埚，在坩埚的上方，是籽晶旋转和升降机构。所有的石墨件和石英坩埚都是高纯材料，以防止对单晶硅的污染。在晶体生长时，通常通入低压的氩气作为保护气。

直拉单晶硅的制备工艺一般包括：多晶硅的装料、加热熔化、种晶、缩颈、放肩、等径和收尾，如图 2-25 所示。

图 2-25　直拉单晶硅制备工艺图

2.6.2.1　装料

首先将多晶硅破碎至适当大小，并用氢氟酸与硝酸的混合液腐蚀清洗单晶硅表面，以除去可能的金属等杂质，再用纯净水清洗至中性，然后烘干。一般情况下 HNO_3 与 HF 的比例为 5:1（体积比）。根据室温及反应速度的快慢，可做适当调整。反应式为：

$$Si + 2HNO_3 + 6HF \longrightarrow 3H_2[SiF_6] + NO\uparrow + NO_2\uparrow + 3H_2O \qquad (2-15)$$

石英坩埚若为已清洁处理的免洗坩埚，拆封后即可使用，否则也需要腐蚀清洗。将石英坩埚放置在石墨坩埚中，将清洗后的硅块及所需掺入的杂质料放入石英坩埚中，装料时要注意大小尺寸的搭配，尽量减少空隙，也不得堆得太高，以免熔料时硅料搭桥垮塌溅料。装炉要注意热场各部件垂直、对中，从内到外、从下到上逐一对中，对中时注意不要使加热器变形。

将经过腐蚀清洗后的籽晶固定在籽晶轴上，籽晶杆与一个机械传动机构连接，一是可以实现平稳的上下移动，控制晶体生长过程的提拉运动；二是实现籽晶杆的轴向转动以利于坩埚中硅液的混合和温度场对称性的控制。石英坩埚固定在支架上，也同样可以进行旋转和上下移动。

2.6.2.2　熔化

装完炉后，首先将炉子抽成真空，排出炉体内部空气，然后再通入氩气保护，使炉内保持一定的氩气压力，然后开启电源向石墨加热器送电，加热至 1420℃ 以上后硅料熔化。加热温度不可太高也不可太低，太低熔化时间加长，影响生产效率；太高会加剧 Si 与石英坩埚的反应，杂质易于进入硅液。熔化时要随时观察是否有硅料挂边、搭桥等现象，若有须及时处理。

2.6.2.3 种晶

待硅料熔化后，保温一段时间使熔硅的温度和流动达到稳定，然后进行晶体生长。缓慢下降籽晶，距液面数毫米处暂停片刻，使籽晶温度尽量接近硅液，以减少可能的热冲击；接着将籽晶轻轻浸入硅液，使头部少量溶解，完成熔接并和硅液形成一个固液界面；随后，缓慢向上旋转提拉籽晶，与籽晶相连并离开固液界面的硅温度降低，形成单晶硅，此阶段称为"种晶"。

把晶种微微的旋转向上提升，Si 液中的 Si 原子会在前面形成的单晶体上继续结晶，并延续其规则的原子排列结构，若整个结晶环境稳定，就可形成一根圆柱形的原子排列整齐的单晶硅晶体。当结晶加快、直径变粗时，可通过提高拉速和增加温度来控制。反之，若结晶变慢、直径变细时，则可通过降低拉速和降低温度去控制。

籽晶一般是已经精确定向好的单晶，可以是长方形或圆柱形，直径在 5mm 左右。籽晶截面的法线方向就是直拉单晶硅晶体的生长方向，一般为［111］或（100）方向。籽晶制备后，需要化学抛光，去除表面损伤，避免表面损伤层中的位错延伸到生长的直拉单晶硅中，同时，化学抛光可以减少由籽晶带来的可能的金属污染。

2.6.2.4 缩颈

去除了表面机械损伤的无位错籽晶，虽然本身不会在新生长的晶体中引入位错，但是在籽晶刚碰到液面时，由于热振动可能在晶体中产生位错，这些位错甚至能够延伸到整个晶体。因此 20 世纪 50 年代 Dash 发明了"缩颈"技术，可以生长无位错的单晶。

单晶硅为金刚石结构，其滑移系为（111）滑移面的［110］方向。通常单晶硅的生长方向为［111］或［100］，这些方向和滑移面（111）的夹角分别为 $36.16°$ 和 $19.28°$；一旦产生位错，将会沿滑移面向体外滑移，如果此时单晶硅的直径很小，位错很快就滑移出单晶硅表面，而不是继续向晶体体内延伸，以保证直拉单晶硅能无位错生长。

因此，"种晶"完成后，籽晶应快速向上提升，晶体生长速度加快，新结晶的单晶硅的直径将比籽晶的直径小，可达到 3mm 左右，其长度约为此时晶体直径的 6~10 倍，称为"缩颈"阶段。但是，缩颈时单晶硅的直径和长度会受到所要生长单晶硅的总重量的限制，如果重量很大，缩颈时的单晶硅的直径就不能很细，否则容易断裂。

2.6.2.5 放肩

在"缩颈"完成后，晶体硅的生长速度大大放慢，此时晶体硅的直径急速增大，从籽晶的直径增大到所需的直径，形成一个 $150°$ 左右的夹角。此阶段称为"放肩"。放肩角度必须适当，角度太小会影响生产效率，而且会由于晶冠部分较长，导致晶体实收率低。但角度又不能太大，太大容易造成熔体过冷，严重时将产生位错和位错增殖，甚至变为多晶。

2.6.2.6 等径

当放肩达到预定晶体直径时，晶体生长速度加快，并保持几乎固定的速度，使晶体保持固定的直径生长，此阶段称为"等径"。

晶体硅等径生长时，在保持硅晶体直径不变的同时，要注意保持单晶硅的无位错生长。有两个重要因素可能影响晶体硅的无位错生长：一是晶体硅径向的热应力；二是单晶炉内的细小颗粒。在晶体硅生长时，坩埚的边缘和坩埚的中央存在温度差，有一定的温度梯度，使得生长出的单晶硅的边缘和中央也存在温度差。一般而言，该温度梯度随半径增大而呈指数变化，从而导致晶体硅内部存在热应力；同时，晶体硅离开固液界面后冷却时，晶体硅边缘冷却得快，中心冷却得慢，也加剧了热应力；如果热应力超过了位错形成的临界应力，就能形成新的位错。另一方面，从晶体硅表面挥发的 SiO_2 气体，在炉体的壁上冷却，形成了 SiO_2 颗粒，如果这些颗粒不能及时排出炉体，就会掉入硅熔体，最终进入晶体硅，破坏晶格的周期性生长，导致位错的产生。

在等径生长阶段，需要不断地调整拉速和温度，使硅棒的直径误差维持在 ±2mm 之间。随着晶棒的增长，拉速要递减，这主要是因为硅熔体在不断地下降，而硅棒受到坩埚热辐射能量增加，所以需要减小拉速来增加散热。控制直径，保证晶体等径生长是单晶制造的重要环节。固态晶体与液态熔液的交界处会形成一个明亮的光环，亮度很高，称为光圈。它其实是固液交界面处的弯月面对坩埚壁亮光的反射。当晶体变粗时，光圈直径变大，反之则变小。通过对光圈直径变化的检测，可以反映出单晶直径的变化情况。

此外，保证硅棒无位错是至关重要的。一旦生成位错就会导致晶体硅棒外形的变化，俗称"断苞"，外形变化是判断位错最直观的方法。通常单晶硅棒外形上会有一定的规则的小平面（棱线）和生长条纹（苞丝）。如果是［100］晶向生长，单晶硅棒则有 4 条互成 90°夹角的棱线；如果是［111］晶向生长，硅棒上则有苞丝和 3 条互成 120°夹角的扁平棱线。无位错时，棱线和苞丝应该是连续的，如果出现中断，则说明在该处出现了位错。

2.6.2.7　收尾

等径生长完成后，晶体硅的生长速度再次加快，同时升高硅熔体的温度，使得晶体硅的直径不断缩小，最终形成一个圆锥形而与液面分离，单晶硅生长完成，这个阶段被称为"收尾"。

单晶硅生长完成时，如果晶体硅突然脱离硅熔体液面，断处则会受到很大热应力，超过硅中位错产生的临界应力，导致大量位错在界面处产生，同时位错会沿着单晶硅滑移面向上延伸，延伸的距离一般能达到一个直径。位错上移使得单晶等径部位在位错位置被切除，不能加工为合格硅片，降低了单晶的成品率。因此晶体硅生长结束时需要"收尾"，要逐渐缩小晶体硅的直径，直至很小的一点，然后再脱离液面，完成单晶硅生长。"收尾"可以根据晶体长度、晶体重量、剩余硅料多少来判断。收尾太早，剩料太多，拉晶不完全；收尾太晚，容易断苞，合格率降低。

上面简要地叙述了直拉单晶硅的生长过程，实际生长过程很复杂。除了坩埚的位置、转速和上升速度，以及籽晶的转速和上升速度等常规工艺参数外，热场的设计和调整也是至关重要的。

2.6.2.8　停炉

收尾完毕，停止坩埚旋转并使其下降 30～50mm，停止晶体旋转并使其以 2mm/min 速度上升 30～60mm。加热功率在 1～2min 内降到 0，或者先将功率降至 30kW，半小时后降至 0。停炉后 3～4h 关闭氩气阀，继续抽真空到 10Pa 以下，关闭真空阀，停机械泵，自然冷却到约 5h，取出单晶，单晶硅如图 2-24（c）所示。

目前直拉单晶硅技术已经进一步升级了，出现了复投直拉单晶硅技术（RCZ）和连续直拉单晶硅技术（CCZ）。复投直拉技术（RCZ）就是在不更换石英坩埚情况下，拉制完一根单晶棒，这时坩埚剩余的硅料只有起初的1/3，这时从单晶炉上口再补充2/3的硅料，接着拉制第二根棒，第三根棒……直至石英坩埚不能再用或者是锅底料中杂质累积到了一定程度，才停炉，目前复投料单晶硅技术得到了广泛的应用。连续直拉单晶硅技术（CCZ）就是在不停炉和不更换石英坩埚的条件下，加料、熔化和晶棒拉制可同时进行，这就进一步地提升了生产效率。

2.6.3 铸造多晶硅技术

利用铸造技术制备的多晶硅称为铸造多晶硅。铸造多晶硅技术和直拉单晶硅技术都属于定向凝固过程。铸造多晶硅主要有三种方法：直熔法、浇铸法和电磁铸造法，其中直熔法最为常用，而另外两种方法很少使用，所以这里重点介绍直熔法铸造多晶硅技术。

直熔法就是直接熔融后定向凝固的方法，又称布里奇曼法。直熔法生产铸造多晶硅的示意图如图 2-26、图 2-27 所示。将硅料装入方形石英陶瓷坩埚内，然后放入铸锭炉内进行熔化，待硅料熔化后，通过坩埚底部热交换等方式，使硅液逐渐冷却，达到定向凝固的效果，因此也有人称此法为热交换法。热交换的方式如：将坩埚慢慢下降而离开加热器，缓慢脱离加热区；或者将隔热装置上升，使得石英坩埚与周围环境进行热交换；或者在坩埚底安装散热开关，熔化时散热开关关闭，凝固时开启散热开关（如水冷装置开关），达到硅液从底部开始定向凝固的效果。

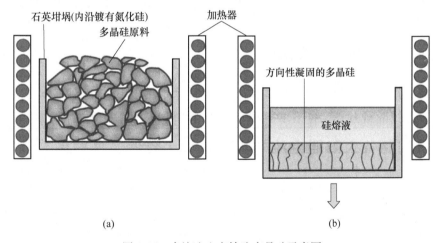

图 2-26　直熔法生产铸造多晶硅示意图
（a）多晶硅原料置于镀有氮化硅的方形石英坩埚内，等待熔化的示意图；
（b）熔化后，将石英坩埚向下降，自坩埚底部向上发生方向性凝固的示意图

直熔法可以通过控制垂直方向的温度梯度，使固液界面尽量保持在同一水平面上，从而控制晶粒定向生长，获得宽度约为数毫米到数厘米的柱状排列晶粒，得到取向性好的高质量柱状多晶硅锭。

晶体生长完成后，保持一段时间高温，对硅锭进行了"原位"热处理，使内热应力降低，降低晶体内位错密度。然后再降温冷却，但冷却速度不可过快，否则容易导致已凝固

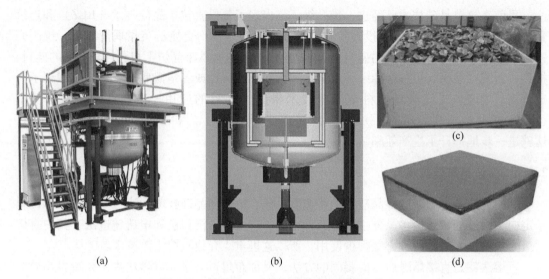

图 2-27　铸锭炉、石英陶瓷坩埚及铸锭多晶硅
（a）铸锭炉；（b）铸锭炉内部结构；（c）石英陶瓷坩埚；（d）铸锭多晶硅

的多晶硅破裂。

　　铸造多晶硅使用的是方形高纯石英陶瓷坩埚，如图 2-27（c）所示。在铸造过程中，硅液与石英坩埚接触时间长，常发生黏滞作用，造成石英坩埚腐蚀，硅液氧污染；且硅液与坩埚热膨胀系数不同，凝固过程会导致坩埚破裂。为解决上述问题，常在坩埚内部涂有一层氮化硅涂层。

2.6.4　直拉单晶硅与铸造多晶硅技术的比较

　　表 2-8 所示为铸造多晶硅与直拉单晶硅性质比较。

表 2-8　铸造多晶硅与直拉单晶硅比较

单体性质	直拉单晶硅（CZ）	铸造多晶硅（MC）
晶体形态	单晶	多晶
晶体质量	无位错	高密度位错
能耗/kW·h·kg^{-1}	>30	<10
晶体大小/mm	ϕ300	1200×1200
晶体形状	圆形	方形
电池效率/%	18~25	17~20

　　直拉单晶硅工艺的优点是：（1）在生产中可方便地观察晶体的生长状态；（2）单晶硅是在硅液表面生长而成，不与坩埚接触，能显著减少晶体的应力，并防止了坩埚壁的寄生成核；（3）较快的生长速度和较短的生长周期，过程易控制；（4）通过使用定向籽晶和"缩颈"工艺，使得缩颈后面的籽晶位错大大减少，这样可使放大后生长出来的单晶体，其位错密度显著降低；（5）可获得较高纯度的单晶硅棒；（6）单晶硅电池的光电转换的效率高、衰减慢。

直拉单晶硅工艺的缺点是：（1）高温下，石英容器会污染熔体，造成晶体的纯度降低；（2）虽然直拉单晶炉实现了自动化控制，但是引晶、放肩、收尾等关键步骤还需要熟练技工进行监控操作，人力成本较高；（3）单晶硅为圆柱状，其硅片制备的圆形太阳电池不能最大程度地利用太阳电池组件的有效空间；（4）即便将圆柱状单晶硅棒切成方柱，也会造成硅材料的浪费；（5）单台设备的产出量低进而使得电力消耗偏高。

铸造多晶硅工艺的优点是：（1）不需要籽晶；（2）生长简便，可实现大尺寸和自动化的生长控制；人力成本低；（3）硅晶锭的形状为方锭，因此很容易切成方形硅片，切割生产中硅损耗小且能耗低；（4）对硅料的纯度要求比较低，可以是电子工业的硅剩余料、多晶硅片制备过程中的剩余料、单晶硅棒的头尾料以及拉晶时在石英坩埚中的坩底料等。

铸造多晶硅工艺的缺点是：（1）具有晶界、高密度的位错、微缺陷；（2）纯度比单晶硅略低，因而多晶硅电池的光电转换效率要略低、衰减也略高；（3）使用寿命比较短。

2.6.5 晶体硅的掺杂、杂质及其分布

单晶硅和多晶硅可以统称为晶体硅。直拉单晶硅和铸造多晶硅中都存在杂质和缺陷，杂质来源分为两类，一类是有意掺杂的电活性杂质，如硼（或镓）和磷；另一类是晶体生长时引入的不需要的杂质，如氧、碳等。缺陷的形成则是由晶体生长时的热场不稳定或多个形核点（铸造多晶硅）导致，这些杂质和缺陷会对电池性能产生影响，需严格控制。

2.6.5.1 电活性杂质的掺杂

实际上太阳能电池的 pn 结不是 p 型硅材料与 n 型硅材料的简单物理结合，而是通过拉晶或铸锭先形成 p 型或 n 型的基底硅材料，然后在基底硅材料上通过合金法、扩散法、离子注入法或薄膜生长法等，形成一层与基底硅材料导电类型相反的材料层，从而构成 pn 结，其中最简单的办法就是扩散法。根据基底硅材料和扩散杂质的不同，太阳能电池的基本结构分为两类：一类是在 p 型基底硅材料的表面上扩散能提供电子的电活性杂质，从而形成 pn 结，受光面为 n 型材料；另一类则相反，在 n 型基底硅材料的表面上扩散能提供空穴的电活性杂质，从而形成 pn 结，相应地受光面为 p 型材料。

单晶硅为ⅣA 族元素半导体，要得到 p 型硅，需要掺杂ⅢA 族元素，如 B、Al、Ga 和 In；要得到 n 型硅，需要掺杂ⅤA 族的 P、As 和 Sb。但是，在实际应用中，选择何种掺杂剂则取决于掺杂剂在硅液的分凝系数、蒸发系数以及所需的掺杂量。对于 p 型掺杂，由于 Al 和 In 在硅中的分凝系数很小，难以得到所需的晶体电阻率，所以很少作为晶体硅的 p 型掺杂剂，而 B 在硅中的分凝系数为 0.8，且它的熔点和沸点都高于硅的熔点，在硅液中很难蒸发，是晶体硅最常用的 p 型掺杂剂。对于 n 型掺杂，P、As 和 Sb 在硅中的分凝系数较大，都可以作为掺杂剂，它们各有优势，应用于不同的场合，相对而言 As 的分凝系数比 Sb 大，原子半径接近硅原子，掺入后不会引起晶格失配，是比较理想的 n 型掺杂剂，但是 As 及其氧化物都有毒，在晶体硅生长时对废气处理和晶体生长设备都有特殊要求，否则会对人体和环境造成伤害。

目前常规的太阳能电池制备技术中，通常采用 B（或 Ga）和 P 分别作为 p 型和 n 型晶体硅棒的电活性掺杂剂。在晶体生长时，加入一定量的高纯掺杂剂，当多晶硅熔化时，掺杂剂也就溶入硅熔体中，通过拉晶或者铸锭时晶体生长的分凝作用重新结晶形成固体进入晶体硅，达到掺杂的目的，一般掺杂的基底硅材料的电阻率控制在 $0.001 \sim 0.005\Omega \cdot cm$。

在固溶体结晶时，如果固相和液相接近平衡状态，即以无限缓慢的速度从熔体中凝固出固体，固液相中某杂质的分凝系数如公式（2-14）所示。但实际晶体生长时，不可能达到平衡状态，即固体很难以无限缓慢速度从熔体中析出，因此熔体中杂质不是均匀分布。对 $k_0<1$ 的杂质，参见图 2-22，由于 $C_s<C_1$，晶体凝固时有较多的杂质从固液界面被排进熔体，如果杂质在熔体中扩散的速度低于晶体凝固的速度，则在固液界面熔体一侧会出现杂质的堆积，形成一层杂质富集层。此时固液界面处固体侧杂质浓度 C_s 和液体侧杂质浓度 C_1 的比值，称为有效分凝系数，称为有效分凝系数 k_{eff}：

$$k_{eff} = \frac{C_s}{C_1} \qquad (2-16)$$

有效分凝系数 k_{eff} 和平衡分凝系数 k_0 遵守如下关系式：

$$k_{eff} = \frac{k_0}{(1-k_0)e^{-v\delta/D} + k_0} \qquad (2-17)$$

式中　v——固液界面移动的速度，即晶体生长速度；

　　　δ——扩散层厚度；

　　　D——扩散系数。

显然，当晶体生长非常缓慢时，v 接近于零，则 k_{eff} 趋近于 k_0。

在实际生产时，由于多晶硅料熔化和长晶都需要相当长的时间，掺杂剂会在硅熔体中挥发进而影响晶硅的掺杂浓度。蒸发系数大的杂质在高温下就会不断从硅液的表面蒸发，导致硅熔体中的杂质浓度下降，所以有时也会采用延长多晶硅熔料时间来达到降低某些杂质浓度的目的。

2.6.5.2　其他杂质的引入及分布

由于直拉单晶硅及铸造多晶硅原材料来源复杂，包含电子级和太阳能级晶硅废料，导致较多杂质的引入；此外气氛、坩埚等环境中的杂质也会进入硅液中。在太阳能电池用晶体硅中，主要的杂质是氧、碳和金属杂质，在铸造多晶硅中还包含氮、氢杂质。

（1）氧杂质。氧是直拉单晶硅和铸造多晶硅中的主要杂质之一，氧主要来源于两方面：一是来源于硅料中含的氧；二是硅液与石英坩埚的作用，生成挥发性的 SiO（$SiO_2 +$ $Si = 2SiO$），部分 SiO 会溶解在硅熔体中（$SiO = Si+O$）。

氧在晶体硅的浓度分布中存在一定规律，由于氧在硅中的分凝系数为 1.25，氧在硅中存在分凝现象，即先凝固部分的氧浓度高，后凝固部分的氧浓度低。对于直拉单晶硅，氧浓度头部高、尾部低；对于铸造多晶硅，氧浓度为先凝固的晶锭底部高、顶部低。

氧在晶体硅中以间隙态存在，呈过饱和状态。在适当时间的热处理中，氧会形成沉淀体、与硼形成 B—O 对复合体，从晶体硅中析出。析出的氧沉淀可能引入诱生缺陷，氧也可能与空位结合形成微缺陷。但是太阳能电池用晶体硅的生长速度快，热过程时间短，氧沉淀和相关缺陷形成的数量少，对太阳能电池的影响很少。

（2）碳杂质。碳是晶体硅中另一重要杂质，碳在硅中一般占据替代位置，由于碳是四价元素，因此在硅中不引入电活性缺陷，不会影响载流子浓度。但碳可以与氧作用，也可以与自间隙硅原子和空位结合，以条纹状存在于晶体中，当碳浓度超过固溶度时，会有微小沉淀生成，或者形成 SiC 颗粒。碳半径比硅小，容易引入晶格畸变，吸引氧原子在碳原子附近偏聚，形成氧沉淀核心，促进氧沉淀形核，因而可能对太阳能电池性能产生影响。

碳主要来源于硅料、气氛、石墨加热器或者石英坩埚与石墨加热件之间的反应（$SiO_2+C \Longrightarrow SiO+CO$，$Si+CO \Longrightarrow SiO+C$）。铸造多晶硅中碳含量高于直拉单晶硅。

碳在晶体硅中的浓度分布也存在一定规律。碳的分凝系数为 0.07，远小于 1，对于直拉单晶硅，碳浓度分布为晶体头部低、尾部高；对于铸造多晶硅，碳浓度分布为底部首先凝固部分低、上部最后凝固部分高。

（3）氮杂质。氮是晶体硅中的非主要杂质，其主要来源于石英坩埚的 Si_3N_4 涂层。氮在晶体硅中主要以氮对形式存在，这种氮对有两个未配对电子，和相邻两个硅原子以共价键结合，形成中性氮对，对晶体硅不提供电子。它和晶体硅中的其他 VA 族元素（如磷、砷）不同，在硅中不呈施主特性，通常不引入电学中心。氮具有增加机械强度、抑制微缺陷、促进氧沉淀的特点，当晶硅中氮浓度超过固溶度时，可能产生 Si_3N_4 颗粒，影响电池性能。

氮分凝系数较小，为 7×10^{-4}，在铸造多晶硅晶体生长时，氮在固液相中的分凝现象特别明显，氮浓度自先凝固的晶体底部到晶体上部逐渐增加。

（4）氢杂质。氢是晶体硅中重要的轻元素杂质，氢原子可以与杂质、缺陷结合，导致杂质、缺陷电学性能钝化。原生铸造硅锭中不含氢杂质，只有制备电池后期的钝化过程中才引入氢。氢钝化已成为铸造多晶硅太阳能电池制备工艺中必不可少的步骤，可大大降低晶界两侧的界面态，从而降低晶界复合，降低位错复合作用，最终明显改善太阳能电池的开路电压。

（5）金属杂质。金属，特别是过渡族金属是晶体硅中非常重要的杂质，它们一般以间隙态、替位态、复合体或沉淀存在，往往会引入额外的电子或空穴，导致晶体硅载流子浓度的改变；还会直接引入深能级中心，成为电子、空穴的复合中心，大幅度降低少数载流子寿命，增加 pn 结的漏电流，导致太阳能电池性能的降低。

原子态的金属从两方面影响硅材料和器件的性能：一是影响载流子的浓度；二是影响少数载流子的寿命。就金属原子具有电活性而言，当其浓度很高时，就会与晶体中的掺杂剂起补偿作用，影响总的载流子浓度。金属在晶体硅中更多的是以沉淀形式出现，分为金属沉淀和复合沉淀（如 MSi_2 和 Fe—B 对等，M 为金属），一旦沉淀，它们并不影响晶体硅中载流子的浓度，但是会严重影响少数载流子的寿命。

金属杂质的来源分为三类，一类是原料中的金属杂质，一类是晶体硅制备过程中引入的杂质，还有一类是硅片加工中如滚圆、切片、倒角、磨片中引入的杂质。

控制金属含量需要从以下方面入手：首先避免晶体硅与金属制品直接接触；其次对晶体表面的金属污染可以通过化学清洗去除，使用高纯清洗剂并定期更换；最后对于内部杂质，可以采用"外吸杂"工艺，尤其对于金属杂质含量高的铸造多晶硅，吸杂工艺必不可少。

"吸杂技术"是指在硅片的内部或背面有意造成各种晶体缺陷，以吸引金属杂质在这些缺陷处沉淀，从而在器件所在的近表面区域形成一个无杂质、无缺陷的洁净区。根据吸杂点（即缺陷区域）位置的不同，可以分为内吸杂和外吸杂两种。内吸杂是指通过高温+低温等多步热处理工艺，利用氧在热处理时扩散和沉淀的性质，在晶体硅内部产生大量的氧沉淀，诱生位错和层错等二次缺陷，造成晶体缺陷，吸引金属杂质沉淀；而在硅片近表面，由于氧在高温下的外扩散，形成低氧区域，从而在后续的热处理中不会在此近表面区域形成氧沉淀及二次缺陷，使得近表面区域成为无杂质、无缺陷的洁净区。而外吸杂是指利用磨损、喷砂、多晶硅沉积、磷扩散等方法，在硅片背面造成机械损伤，引起晶体缺陷，从而吸引金属杂质沉淀。与外吸杂相比，内吸杂具有很多有利因素，它不用附加的设备，也不会因吸杂而引起额外的金属杂质污染，而且吸杂效果能够保持到最后工艺，因此，内吸杂技术在集成电路制备中最具吸引力。但是，对于太阳能电池而言，其工作区域是整个截面，与集成电路的工作区域仅仅是近表面不同。当太阳能电池中的 pn 结产生光生载流子时，需要经过晶体的整个截面扩散到前后电极，而内吸杂产生的缺陷区域恰好在体内，会成为少数载流子的复合中心，大大降低太阳能电池的光电转换效率。因此，对于晶硅太阳能电池，内吸杂技术是不合适的。对于铸造多晶硅而言，磷吸杂和铝吸杂是常用的吸杂技术。

晶硅太阳能电池通常是利用 p 型材料，然后进行磷扩散，在硅片表面形成一层高磷浓度的 n 型半导体层，构成 pn 结。而磷吸杂则是利用同样的技术，在制备 pn 结之前，在 $850\sim900$℃左右热处理 $1\sim2h$，利用三氯氧磷（$POCl_3$）液态源，在硅片两面扩散高浓度的磷原子，产生磷硅玻璃（PSG），它含有大量的微缺陷，成为金属杂质的吸杂点；在磷扩散的同时，金属原子也扩散并沉积在磷硅玻璃层中；然后通过 HPO_3、HNO_3 和 HF 等化学试剂，去除磷硅玻璃层，将其中的金属杂质一并去除，然后再制备 pn 结，达到金属吸杂的目的。磷吸杂对间隙固溶体具有良好的吸杂效果。一般认为金属杂质能够被吸除，需要经历三个主要步骤：一是原金属沉淀的溶解；二是金属原子的扩散，扩散到吸杂位置；三是金属杂质在吸杂点处的重新沉淀。吸杂机理主要有两种：一种是松弛机理，它需要在器件有源区之外制备大量的缺陷作为吸杂点，同时金属杂质要有过饱和度，在高温处理后的冷却过程中进行吸杂；另一种是分凝机理，它是在器件有源区之外制备一层具有高固溶度的吸杂层，在热处理过程中，金属杂质会从低固溶度的晶体硅中扩散到吸杂层内沉淀，达到金属吸杂和去除的目的，其优点是不需要高的过饱和度。理论上可以将晶体硅内的金属杂质浓度降到很低。

除了磷吸杂外，铝吸杂也是铸造多晶硅太阳电池工艺常用的吸杂技术。因为铝薄膜的沉积可以作为太阳能电池的背电极，也可以起到铝背场的作用。铝吸杂一般是利用溅射、蒸发等技术在硅片表面制备一薄铝层，然后在 $800\sim1000$℃下热处理，使铝膜和硅合金化，形成 AlSi 合金，同时铝向晶体硅体内扩散，在靠近 AlSi 合金层处形成一高铝浓度掺杂的 p 型层。在铝合金化或后续热处理中，硅中的金属杂质会扩散到 AlSi 合金层或高铝浓度掺杂层沉淀，从而导致体内金属杂质浓度大幅度减小。然后，将硅片在化学溶液中去除 AlSi 层、高铝浓度掺杂层，达到去除金属杂质的目的。铝吸杂的机理和磷吸杂相似。研究认为，AlSi 合金层中的高缺陷密度、AlSi 层中高的金属杂质固溶度，或者高铝浓度掺杂层中的大量位错缺陷，是金属能被从体内吸除的主要原因。

在实际铸造多晶硅太阳能电池工艺中，常常将铝吸杂和磷吸杂结合使用，以提高金属吸杂的能力。

2.6.5.3　晶体缺陷

直拉单晶硅和铸造多晶硅中都含有缺陷。

直拉单晶硅中主要的缺陷是位错，位错的引入主要通过三种途径：一是热冲击导致的位错，如在拉晶时，由于籽晶的热冲击，会在晶体中引入原生位错，这种位错一旦产生，会从晶体的头部向尾部延伸，甚至能达到晶体的底部，但如果采用控制良好的"缩颈"技术，位错可以在引晶阶段排除出晶硅。另外，在拉晶时，如果热场不稳定，也能从固液界面处产生位错，延伸进入晶体硅。二是在晶体滚圆、切片等工艺中，由于硅片表面存在机械损伤层，也会引入位错，在随后的热加工过程中，也可能延伸进入硅片体内。三是热应力引入位错，这是由于在硅片热加工过程中，硅片中心部位和边缘温度不均匀也可能导致位错。位错尤其是刃型位错，具有悬挂键，可能在晶体硅中引入深能级中心；位错还可能吸引其他杂质原子（如金属杂质）在此沉淀；另外，位错还可能直接影响 pn 结的性能，导致漏电流或 pn 结软击穿。这些因素导致晶体硅性能的下降，降低太阳能电池的光电效率，所以在拉晶及后续加工中应尽量避免位错产生。

铸造多晶硅中的缺陷除了位错之外还有晶界。铸造多晶硅在冷却过程中，由于散热不均以及与石英坩埚热膨胀系数不匹配等原因会导致热应力产生，进而产生大量位错。与拉晶中的位错一样，铸造多晶硅中的位错具有高密度的悬挂键，具有电活性，可以直接作为复合中心，导致少数载流子寿命或扩散长度降低。如果金属、氧和碳等杂质在此类位错上偏聚、沉淀，就会造成新的电活性中心，导致电池电学性能的严重下降，最终影响材料的质量。铸造多晶硅中还存在大量晶界缺陷，这是因为铸造多晶硅有多个形核点（形核中心），在凝固后，会形成许多晶向不同、尺寸不一的晶粒。在晶粒的相交处，硅原子有规则、周期性的重复排列被打断，存在着晶界，出现大量的悬挂键，导致界面势垒，形成界面态，影响太阳能电池的光电效率。清洁的晶界电活性较弱，对材料电学性能影响不大，但是晶界处容易造成杂质（主要是金属杂质）沉淀，当杂质偏聚在晶界上，晶界将具有电活性，会影响少数载流子的扩散长度，从而影响材料的光电效率。一般而言，金属杂质浓度越高，对晶界的影响越大，导致材料的性能越差。同类的晶界对不同金属有不同的吸杂能力；而不同的晶界吸引金属杂质沉积的能力也不同，最终形成的电活性也不同。晶粒越细小，晶界的总面积就越大，对材料性能的影响越大，当晶粒较小时，晶界对铸造多晶硅的光电转换效率有严重限制。前述可知氢原子可以与杂质、缺陷的未饱和的悬挂键结合，导致杂质、缺陷和电学性能钝化；氢钝化可以降低晶界态密度和晶界势垒，改善铸造多晶硅电性能。

晶体硅是否合格，主要是通过检测以下指标进行评价：

（1）电阻率：随着载流子数量变化。杂质越多，电阻率越小，也可反应掺杂剂浓度。

（2）少子寿命：非平衡态少数载流子在导带平均停留时间。

（3）间隙氧与替位碳的含量：采用傅里叶转换红外光谱（FTIR）进行测量。

（4）微量元素含量：采用 GD-MAS/ICP-MAS 可测到 $10^{-9}/10^{-6}$ 级的杂质含量。

2.6.6 硅片切割技术

晶硅的切片主要采用的是多线切割技术。多线切割技术具有切缝损失小、加工效率高、产品质量高以及能加工较大尺寸硅棒等优点，多线切割技术如图 2-28 所示，把一根钢线缠在若干个导轮上，形成一排以相应等间距排列的切割线网，钢线的两头分别由供线轴和收线轴拉紧，导轮高速正反向有节奏地旋转，从而实现钢线的高速往复切割运动。在切割过程中，切割液喷洒在钢线和硅棒切割口上，硅棒给进器将硅棒匀速压向高速往复运动的钢线，钢线带动磨料对硅棒进行磨削和切片。根据磨料的不同，可分为碳化硅切割技术和金刚线切割技术。如果磨料是 SiC 颗粒，它分散在切割液中，由钢线黏附切割液对硅棒进行磨削，就称为碳化硅切割技术，也称为砂浆切割技术；如果磨料是金刚石颗粒，它直接黏附在钢线上形成了金刚线，由金刚石对硅棒进行磨削，就成为金刚线切割技术。碳化硅切割属于游离磨料切割技术，而金刚线切割属于固结磨料切割技术。

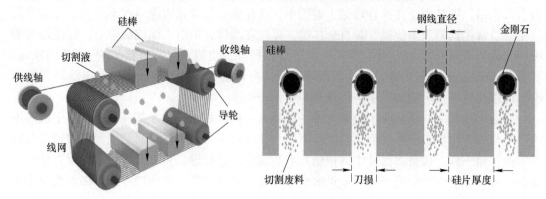

图 2-28　多线切割技术示意图

2.6.6.1　碳化硅切割技术

碳化硅切割技术主要以 SiC 作为切割磨料，聚乙二醇作为切割液，切割时将 SiC 与聚乙二醇按一定配比混合成砂浆，用钢线带动含有 SiC 颗粒的砂浆对硅棒进行切割。图 2-29（a）为 SiC 切割技术示意图。该方法主要是利用了 SiC 的硬度（莫氏硬度 9.5）远高于硅棒的硬度（莫氏硬度 6.5），且 SiC 颗粒具有锋利的棱角来实现晶硅棒切割的。聚乙二醇作为切割液的主要作用，一方面是聚乙二醇黏附力强，用于黏附 SiC 磨料和黏附在钢线上，另一方面也是为了带走切削过程中产生的热量。

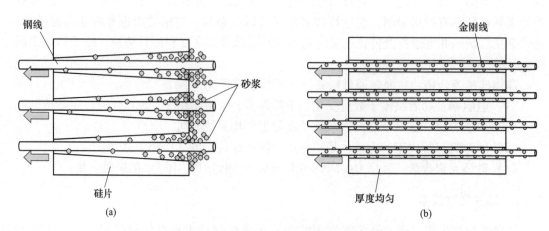

图 2-29　碳化硅、金刚线切割技术示意图

（a）碳化硅切割技术示意图；（b）金刚线切割技术示意图

随着切割的进行，导致 SiC 颗粒由棱角形状逐渐趋向球形，使得 SiC 切削效果下降，另外由于切割产生的大量硅粉和从钢线磨损下来的铁屑进入砂浆中，导致了砂浆不能满足

切割要求而成为砂浆废料，这就需要更换新的砂浆切割液。

2.6.6.2 金刚线切割技术

由于碳化硅切割技术污染严重、成本较高等缺点，一种新兴的金刚线切割技术在 2009 年首先应用于单晶硅切片，随着技术的发展，该技术在 2017 年完全取代了碳化硅切割技术。金刚线切割技术是指将金刚石颗粒通过电镀或者树脂黏结固结到钢线上，制成金刚线，然后用金刚线去切割晶硅棒，同时采用水基的切割液进行冷却。图 2-29（b）为金刚线切割示意图。目前常用的金刚线主要由电镀法制成，即在钢线表面同时沉积一层镍和金刚石颗粒。

与碳化硅切割技术相比，金刚线切割技术主要有以下几个优点：

（1）硅损少，出片率高。金刚线的直径只有 $60\mu m$ 左右，切割的硅片厚度为 $170\mu m$ 左右，而碳化硅切割所用钢线的直径约为 $80\mu m$，切割的硅片厚度为 $190\mu m$ 左右。

（2）切割效率高。金刚线切割的线速度约为砂浆切割的线速度的 2 倍；金刚石的莫氏硬度为 10，而 SiC 的莫氏硬度为 9.5。

（3）钢线损失小。切割过程中钢线本身不参与磨削。

（4）产品质量好。金刚线切割的硅片表面损伤比碳化硅切割小约 $5\mu m$。

（5）环境污染小。金刚线切割只需要水基的冷却液；不需要 SiC 颗粒和有机聚乙二醇切割液。

硅片质量可以从以下两个方面进行判断：

（1）硅片外观：尺寸、线痕、翘曲弯曲、厚度等。

（2）硅片性能：电阻率、少子寿命、氧碳含量等。

随着光伏产业的发展，硅片呈现了薄片化趋势。p 型单晶硅片的厚度经历了 $350\mu m$、$250\mu m$、$220\mu m$、$200\mu m$、$180\mu m$、$175\mu m$、$170\mu m$ 等多个节点，预计到 2025 年有望达到 $160\mu m$。n 型单晶硅片比 p 型硅片更容易减薄，2021 年达到了 $160\sim165\mu m$，预计到 2025 年可以达到 $100\sim120\mu m$。

随着光伏产业的发展，硅片也呈现了大尺寸的趋势。硅片的尺寸先后出现了 M1（厚度 156.75mm、直径 205mm）、M2（厚度 156.75mm，直径 210mm）、G1（厚度 158.75mm） 等小尺寸硅片，也出现了 M6（厚度 166mm）、M10（厚度 182mm）、G12（厚度 210mm） 等大尺寸硅片。目前硅片市场多款尺寸共存。预计 2025 年，小尺寸硅片将被基本淘汰。

2.7 太阳能电池片的制造技术

晶体硅切割成硅片后，就可以用于制备太阳能电池片，制造工艺包括如下步骤：清洗制绒、制备 pn 结、硅片边缘刻蚀、减反射膜沉积、电极的丝网印刷与烧结。下面将详细介绍各工艺。

2.7.1 清洗制绒

切割的硅片表面有一层厚 $10\sim20\mu m$ 的损伤层，在制备太阳能电池时首先需要利用化学腐蚀将损伤层去除，然后制备表面绒面结构。

当一束太阳光照射在平整的硅片表面时，30% 以上的太阳光会被反射出去。为了减少硅表面对太阳光的反射，通常采用在硅片表面制绒、沉积减反射膜来增加电池对太阳光能的吸收。硅片表面制绒又称表面织构化，通过在硅片表面制作出凸凹不平的形状，硅片表面积增加了约 1.732 倍，如图 2-30 所示。当光线照射在金字塔形的绒面结构上，反射的光线会进一步照射在相邻的绒面上，减少了太阳光的反射；同时，光线斜射入晶硅，从而增加太阳光在硅片内部的有效运动长度，增加了光线被吸收的机会。

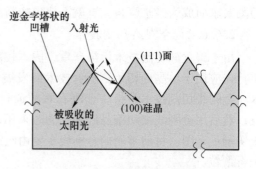

图 2-30　绒面陷光示意图

对于单晶硅片而言，如（100）晶面的 p 型硅片，最常用的择优腐蚀剂是 NaOH 或 KOH，在 80~90℃下发生反应，生成物 Na_2SiO_3 溶于水而除去，从而硅片被腐蚀，反应式为：

$$Si + 2NaOH + H_2O \Longrightarrow Na_2SiO_3 + 2H_2 \tag{2-18}$$

由于 NaOH 或 KOH 腐蚀具有各向异性，可以制成绒面结构。因为在晶体硅中，（111）面是原子最密排面，腐蚀速率最慢，所以腐蚀后的 4 个与（100）面相交的（111）面构成了金字塔形的结构，硅片表面的反射率大大降低，表面呈现黑色。

对于多晶硅片而言，由于硅片表面具有不同的晶向，择优腐蚀的碱液显然不再适用，所以采用非择优腐蚀的酸性腐蚀剂进行硅片制绒，常用的腐蚀剂是 HF 和 HNO_3 混合液，其中 HNO_3 作氧化剂，它先与 Si 发生反应生成 SiO_2，生成的 SiO_2 又与 HF 反应，生成的 $H_2(SiF_6)$ 溶于水而除去，从而硅片表面被腐蚀成绒面，反应式如下：

$$3Si + 4HNO_3 \Longrightarrow 3SiO_2 + 2H_2O + 4NO \tag{2-19}$$

$$SiO_2 + 6HF \Longrightarrow H_2(SiF_6) + 2H_2O \tag{2-20}$$

2.7.2　制备 pn 结

为了制备出太阳能电池的 pn 结，一般是利用掺 B 或 Ga 的 p 型硅作为基底材料，然后通过热扩散或者是离子注入一层 n 型的 P 掺杂，最后形成 pn 结。

2.7.2.1　热扩散法制备 pn 结

900℃左右，在 p 型硅的表面通过扩散五价的 P 原子形成 pn 结。扩散工艺有多种，如气态扩散、固态扩散和液态扩散。

由于液体扩散 P 源可以得到较高的表面浓度而被广泛使用。通常利用的 P 源为 $POCl_3$ 液体。通过保护气体 N_2 和 O_2，将 $POCl_3$ 蒸气携带进入扩散炉，其中氧气促进 $POCl_3$ 分解。扩散分两步进行：第一步是 $POCl_3$ 在 1000℃左右分解生成 P_2O_5，沉积在硅片表面；第二步是 P_2O_5 在 800~900℃下与 Si 反应形成 P 单质扩散到硅片体内，形成 pn 结，为了得到较浅的 pn 结，控制第二步 P 扩散的时间一般不大于 1h。反应式如下：

$$4POCl_3 + 3O_2 \xrightarrow{\text{过量氧}} 2P_2O_5 + 6Cl_2 \tag{2-21}$$

$$2P_2O_5 + 5Si \Longrightarrow 5SiO_2 + 4P \downarrow \tag{2-22}$$

对于晶硅太阳能电池，为使 pn 结处有尽量多的光线到达，pn 结的结深要尽量浅，一般为 250nm 甚至更浅。

2.7.2.2 离子注入法制备 pn 结

将具有一定能量的荷电粒子在强电场的加速作用下，注射进硅片等半导体基底，以改变这种材料表层的物理或化学性质。与热扩散掺杂技术相比，离子注入掺杂技术有许多优点：

（1）可以在室温下注入掺杂，不会沾污背表面；

（2）可选取单一杂质离子，确保注入杂质的纯度；

（3）可通过准确控制注入离子的能量和剂量，获得所需的掺杂浓度和注入深度，特别适合于制作结深 $0.2\mu m$ 以下的浅结；

（4）掺杂均匀、重复性好、成品率高，适用于批量自动化连续生产。

2.7.3 硅片边缘刻蚀

硅片经过扩散制结后，$POCl_3$ 分解产生的 P_2O_5 淀积在硅片周边的表面，形成由 P 原子、SiO_2 和残留的 P_2O_5 组成的混合物，通常称为磷硅玻璃（PSG）。硅片制结后形成的扩散层和磷硅玻璃分布在硅片的正面、反面和四周边缘。当光照射到电池上时，电池正面的光生载流子沿着边缘扩散层和磷硅玻璃层流到硅片背面，这会降低电池的并联电阻，甚至会造成电池的电极短路，因此必须将磷硅玻璃层及边缘和背面的扩散层除去。

去除磷硅玻璃层和边缘扩散层的方法中，最常用的为采用等离子体干法刻蚀电池周边扩散层，然后采用氢氟酸湿法腐蚀去除电池表面的磷硅玻璃层。

2.7.4 减反射膜制备

晶硅电池的绒面结构可以减少硅片表面的太阳光反射，增加光能吸收。除此之外，在硅片表面增加一层减反射膜也是一种有效地减少太阳光反射的方法。减反射膜的基本原理是利用光在减反射膜上、下表面反射所产生的光程差，使得两束反射光干涉相消，从而减弱反射，增加透射。减反射的效果取决于减反射膜的折射率及厚度。在硅片表面制绒的基础上再沉积减反射膜可使硅表面的反射率从 33% 降至 5% 以下。作为减反射的薄膜材料，要求有良好的透光性，对光线的吸收越少越好，同时具有良好的耐化学腐蚀性、良好的黏结性，最好还具有导电性能。

由理论计算可知，对于用玻璃封装的晶硅电池，玻璃的折射率 $n_o = 1.5$，晶体硅的折射率 $n_{Si} = 3.6$，最合适的减反射膜的光学折射率为：

$$n = \sqrt{n_o n_{Si}} \approx 2.4 \tag{2-23}$$

而减反射膜的最佳厚度为：$d = \lambda/4 = 70nm$，这里 λ 为波长。

常用的减反射膜有 TiO_2、SiO_2、SnO_2、ZnS、MgF_2 和 SiN_x，其厚度一般为 $60 \sim 100nm$，化学气相沉积（CVD）、等离子化学气相沉积（PECVD）、喷涂热解、溅射、蒸发等技术，都可以用来沉积不同的减反射膜。对于单层减反，虽然热氧化 SiO_2 有良好的表面钝化作用，有利于提高电池效率，但折射率偏低，其减反射效果欠佳；TiO_2 的折射率合适，减反射效果较好，但是没有钝化作用。

SiN_x 膜具有良好的减反射效果，也具有良好的绝缘性、致密性、稳定性和对杂质离子的屏蔽能力。氮化硅光学性能极好，波长 $\lambda = 632.8\mathrm{nm}$ 时，折射率在 $1.8 \sim 2.5$，而且在 SiN_x 制备过程中，还能对硅片生产氢钝化的作用，明显改善晶硅电池的光电转换效率，因此目前生产中采用 SiN_x 薄膜作为晶硅电池的减反射膜已经成为应用的重点。

SiN_x 膜的制备方法很多，有直接氮化法、溅射法和热分解法等，但一般在工业上、实验室内使用等离子化学气相沉积（PEVCD）来生成 SiN_x 膜，这是因为，PEVCD 法制备薄膜的沉积温度低，对晶硅中的少数载流子的寿命影响小，沉积速度快，能耗低，效率高。此外，形成的 SiN_x 膜的质量好、薄膜均匀且缺陷密度低，在波长 $600 \sim 800\mathrm{nm}$ 范围内，具有 SiN_x 的减反射膜的硅片表面的反射率低于 5%。

PECVD 制备 SiN_x 膜的温度一般在 $400 \sim 500℃$，反应气体为硅烷和高纯氨气。它是利用辉光放电产生低温等离子体，在低压下将硅片置于辉光放电的阴极上，借助辉光放电或另加发热体加热硅片，经过反应在硅片表面形成氮化硅固态薄膜，反应式为：

$$3SiH_4 + 4NH_3 \xrightarrow{\text{等离子体 } 450℃} Si_3N_4 + 12H_2 \uparrow \tag{2-24}$$

实际上，所形成的薄膜并非严格按氮化硅的化学计量比 3∶4 构成，氢的原子数百分含量高达 40%，写作（简写为 SiN_x）：

$$SiH_4 + NH_3 \xrightarrow{\text{等离子体 } 350 \sim 450℃} SiN_x : H + H_2 \uparrow \tag{2-25}$$

采用 PECVD 技术在电池表面沉积一层 SiN_x 减反射膜，不仅可以显著减少光反射，而且因为在制备 SiN_x 膜层过程中存在大量氢原子，可对硅片表面和体内进行钝化，这项技术可将电池转化效率提高一个百分点左右。

2.7.5　电极的丝网印刷与烧结

为了将晶体电池产生的电流引导到外加负载，需要在硅片 pn 结的两面形成紧密欧姆接触的金属电极。目前，金属电极主要是采用丝网印刷技术制备的。首先在晶硅电池的两面丝网印刷金属导体浆料，形状为栅线状；然后通过高温烧结，使浆料中的有机溶剂挥发，金属颗粒与硅片表面形成牢固的硅合金，与硅片形成良好的欧姆接触，从而形成太阳电池的上、下电极。

所谓丝网印刷电极，就是利用丝网印刷的方法，把金属导体浆料按照所设计的图形，印刷在已扩散好杂质的硅片的正面和背面。由于硅片的正面（受光面）的金属电极会遮挡太阳光线，影响光的吸收，为了减少金属电极所占的面积，因此硅片正面印刷的丝网比背面的要细小得多。

将硅片放在带有模板的丝网下面，将金属浆料放在丝网上，用刮刀把浆料通过丝网的网孔挤压到硅片上制成栅格状的电极，然后进行烘干，这一过程的温度、压力、速度等变量都需要严格控制。

晶硅电池的正面电极由主栅线和副栅线两部分构成。主栅线是一边连接副栅线，另一边直接连接到电池外部引线的粗栅线；副栅线是为了收集电池扩散层内的电流并传输到主栅线的宽度很窄的细栅线。

金属浆料通常是由超细的高纯银、铅等导电金属粉体组成的功能组分，低熔点玻璃等材料组成的黏结组分和有机载体混合而成的膏状混合物。功能组分决定了成膜后的电性能和机械性能；黏结组分决定了黏结性能；有机载体包括有机高分子聚合物、有机溶剂和有机添加剂，它调节了浆料的流变性、固体粒子的浸润性、金属粉料的悬浮性和流动性以及浆料整体的触变性，决定了印刷质量的优劣。浆料中的固体颗粒具有很大的比表面积，不规则的表面状态和严重的晶格缺陷等，导致浆料系统具有很高的表面自由能，处于不稳定状态。通过烧结，浆料中的颗粒经过由接触到结合，自由表面收缩，晶体之间的间隙减小和晶体中的缺陷消失等过程，降低了系统的自由能，使浆料系统转变为热力学中稳定的状态，最终形成密实的厚膜结构。

晶硅电池的正面电极因为需要减少电极遮光面积，由于先前的减反射膜已经形成正面的电性绝缘，所以银浆一般会掺有含 Pb 的硼酸玻璃粉（$PbO-B_2O_3-SiO_2$），在高温烧结时 B_2O_3 与 SiN_x 反应并刻蚀穿透 SiN_x 薄膜，此时 Ag 可以渗入其下方并与 Si 形成局部区域性的电性接触，Pb 的作用是 Ag-Pb-Si 共熔而降低 Ag 的熔点。Ag 的熔点是 961℃，Ag 具有良好的导电性、导热性、柔韧性、延展性和化学稳定性，能与 Si 形成牢固的欧姆接触，接触电阻小。

在烧结过程中，有机物挥发后，硼酸玻璃料中的 PbO 和 Ag_2O 腐蚀穿过减反射膜后与 Si 发生氧化还原反应：

$$2PbO + Si \stackrel{}{=\!=\!=} 2Pb + SiO_2 \tag{2-26}$$

$$2Ag_2O + Si \stackrel{}{=\!=\!=} 4Ag + SiO_2 \tag{2-27}$$

由于硅片表面的 Si 被氧化成 SiO_2 融入了玻璃料中，所以在 Si 表面形成了腐蚀坑。在腐蚀坑处，被还原出的 Pb 和 Ag 形成了 Pb-Ag 熔体，而 Pb-Ag 熔体腐蚀 Si 的［100］晶面。在冷却过程中 Pb 和 Ag 分离，Ag 在腐蚀坑处的［111］晶面上结晶。Ag 晶粒与 Si 表面接触的一侧呈倒金字塔形，而与玻璃料接触的一侧则成圆形。

晶硅电池的背面（背光面）和正面的印刷要求是不同的，技术上也不那么严格。背面印刷的第一步工序是淀积一层的铝浆，而不是非常细的导电栅。同时，能够将没有捕捉到的光反射回电池上。这一层也能"钝化"太阳能电池，封闭多余分子路径，避免流动电子被这些空隙所捕捉。背面印刷的第二步是制造母线，与外部电路系统相连接。

烧结时有机溶剂挥发，少量的 Al 扩散进入 p 型 Si 的底层，形成一层高铝浓度、空穴重掺杂的 p-p+ 层作为背场，其作用是减少少数载流子在背面复合的概率，提高少子寿命和开路电压 V_{oc}。烧结时 Al 和 Si 熔融为硅铝合金，形成了牢固的欧姆接触。Al-Si 合金对 Si 片可进行有效地吸杂，提高效率。由于硅片吸收系数差，但厚度变薄时对入射光的吸收减少，Al 背场的存在对抵达硅片较深的长波长光吸收有帮助。

Al 的熔点为 660℃，具有良好的导热性、导电性、延展性和化学稳定性。Al 板对光的反射性能也很好。Al 的熔点较低，有利于烧结。577℃ 是 Al-Si 合金的共晶温度。当 $T <$ 577℃ 时，Al 和 Si 不发生作用，当 $T \geqslant$ 577℃ 时，在界面处，Al 原子和 Si 原子相互扩散，随着温度的升高，Al-Si 合金熔化速度加快，最后整个界面都变成 Al-Si 熔体，在交界处形成由 11.3%Si 原子和 88.7%Al 原子组成的熔体，成为牢固的欧姆接触。

2.8 太阳能光伏发电系统

太阳能电池片制造完成之后，需要将其组成太阳能光伏发电系统（PV System），方可在实际中用于发电。太阳能光伏发电系统的应用范围广泛，小到消耗功率仅数毫瓦的手表或计算器，大到数千瓦的发电系统。太阳能光伏发电系统的组成除了需要用到数组太阳能电池外，还需要搭配一些辅助组件，包括蓄电池、充电控制器、逆变器、配线箱、并网保护装置等。而太阳能光伏发电系统根据储能形态，分为独立型系统（Of-Grid 或 Stand-Alone）、并网发电型系统（Grid-Connected）与混合型系统（Hybrid）。由于太阳能光伏发电系统可以设计成前述的三种电路连接方式，所以在应用上可依其特性发挥。以下分别介绍太阳能光伏发电系统的构成及系统分类。

2.8.1　太阳能光伏发电系统的构成

太阳能光伏发电系统主要由太阳能光伏阵列、蓄电池、电力调节系统、配线箱、负载和安装固定结构等周边设施构成，电力调节系统由逆变器、充电控制器及并网保护装置等组成。图 2-31 所示为太阳能光电系统的主要组成组件。

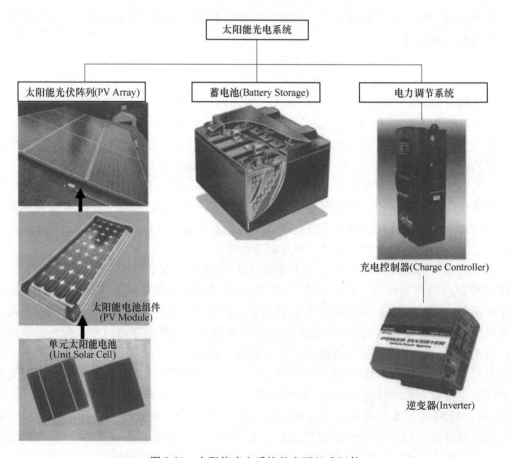

图 2-31　太阳能光电系统的主要组成组件

2.8.1.1　太阳能光伏阵列

太阳能光伏阵列（PV Arry）是太阳能光伏发电的核心部件，它能够将太阳能直接转换成电能。虽然太阳能电池片已经可以实现电功率的输出，但是单个电池片输出电压很小（仅为 0.5~0.7V）、电流很小，几乎不能够满足现实用电设备的需求，需要根据要求将一些太阳能电池片进行串并联。同时，由于太阳能电池片本身易破碎、易被腐蚀，如果直接暴露在大气中，光电转化效率会因为潮湿、灰尘、酸雨等影响而降低，也会造成太阳能电池寿命缩短，甚至失效。因此，太阳能电池片需通过串并联并进行封装形成太阳能电池基本单元——太阳能电池组件，太阳能电池组件再经过串并联形成光伏阵列，实现负载需要的电流、电压、功率输出，其关系图如图 2-31 左侧部分所示。光伏阵列中最核心的单元为太阳能电池组件，其性能直接影响光伏阵列的整体质量。

（1）太阳能电池组件。太阳能电池组件也称光伏组件，是一种具有外部封装及内部连接、能单独提供直流电输出的最小不可分割的太阳能电池组合装置。图 2-32 所示为典型的太阳能电池组件结构示意图。模板的最上面一层为面板，材质为强化玻璃，它必须有足够的透光性及机械强度，因此它的含铁量必须很低。现代化的模块使用的玻璃里常掺有铈原子，以吸收紫外线辐射及增加可靠性。在太阳能电池的正反面，各有一层保护层，它的材质为 EVA 的高分子塑料。背面保护层通常是一层复合塑料，它具有防止水汽及腐蚀的作用。以下分别介绍太阳能电池组件的各部分。

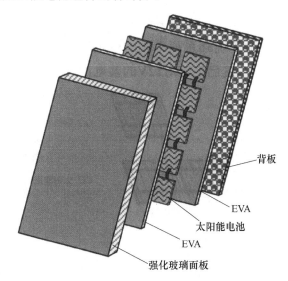

图 2-32　太阳能电池组件结构示意图

1）太阳能电池。由于单体太阳能电池输出电压低，输出电流小，不足以供应一般电器产品的需求，太阳能电池组件中的电池需经过串并联获得适宜的电压电流。太阳能电池的串并联符合以下规律：

① 当 n 个参数不同的太阳能电池串联时，其电池组的开路电压 U_{oc} 为各子电池开路电压之和；短路电流在各子电池的最大、最小短路电流之间；工作电压 U_m 近似为子电池的工作电压之和，如出现有性能特别差的电池，估算工作电流时通常将其剔除，即有：

$$U_{oc} = \sum_{i=1}^{n} U_{oci} \tag{2-28}$$

$$I_{scimin} < I_{sc} < I_{scimax} \tag{2-29}$$

$$U_m \approx \sum_{i=1}^{n} U_{mi} \tag{2-30}$$

② 当 n 个参数不同的太阳能电池并联时，其电池组的短路电流 I_{sc} 为各子电池短路电流 I_{sci} 之和；开路电压 U_{oc} 在各子电池的最大、最小短路电流之间；工作电流 I_m 近似为子电池的工作电流之和，如出现有性能特别差的电池，估算工作电流时通常将其剔除，即有：

$$I_{sc} = \sum_{i=1}^{n} I_{sci} \tag{2-31}$$

$$U_{ocimin} < U_{oc} < U_{ocimax} \tag{2-32}$$

$$I_m \approx \sum_{i=1}^{n} I_{mi} \tag{2-33}$$

分选电池时，单体电池必须经过测试、分选，尽可能将性能接近的电池封装配对。

太阳能电池片在串并联时需要焊接，以串联为例，通常将铜箔焊接在正面的金属电极上，而铜箔的另外一端则接到另一个电池的背面，由于金属电极的电导率比较低，所以铜箔必须与金属电极重叠一定的长度。图 2-33 所示为太阳能电池的串联与模板电路安排的示意图。

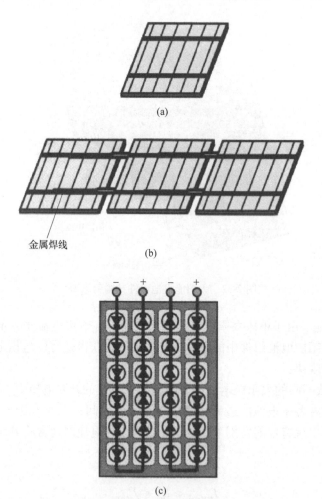

图 2-33　太阳能电池的串联与模板电路安排的示意图

(a) 单一太阳能电池；(b) 太阳能电池的串联；(c) 太阳能电池模板的接线

2）太阳能电池组件的封装材料。

① 面板：面板采用低铁钢化绒面强化玻璃，低铁玻璃透过率高，也称白玻璃，厚度为（3.2±0.2）mm。钢化玻璃要求有足够的机械强度，内部无夹杂物，400~1100nm 的光谱范围内的光透过率在 91% 以上。

② 胶黏剂：晶体硅太阳能电池与玻璃面板和背板之间的黏结材料是 EVA——乙烯与醋酸乙烯酯的共聚物。EVA 是一种热熔胶黏剂，厚度为 0.4~0.6mm。EVA 在常温下无黏性，表面平整，厚度均匀，内含胶黏剂、抗紫外剂和抗氧化剂等，在 140℃ 左右热压条件下抽真空，会发生熔融交联固化，变成有弹性的透明材料，具有优良的柔韧性、耐候性和化学稳定性。

③ 背板：聚氟乙烯复合膜 TPT 是现在使用最多的电池背面的封装保护膜。TPT 也称热塑聚氟乙烯弹性薄膜。除 TPT 背板外，还有 TPE、BBF 等背板。TPT 有三层结构：一是外层保护层 PVF（氟化乙烯薄膜），具有良好的抗环境侵蚀能力；二是中间层 PET 聚酯薄膜，具有良好的绝缘性能；三是内层 PVF，需经表面处理，与 EVA 具有良好的黏结性能。

④ 互连条和汇流条：互连条和汇流条的作用相同，都是在电极之间连接作用的金属连件，常用涂锡的铜合金带，也称涂锡铜带、涂锡带或焊带。互连条收集电池片上的电荷，并将电池片互相连接成电池串；汇流条收集电池串的电流，并将电流汇集到组件接线盒的铜合金带。互连条和汇流条载流能力一般为 7A/mm^2，其性能要求可焊性、耐腐蚀性能优良，长期工作在 -40~100℃ 的热振情况下不脱落。

⑤ 助焊剂：助焊剂的作用是在焊接时除去互连条和汇流条上的氧化层，减小焊锡表面张力，提高焊接性能。晶体硅太阳电池电极性能退化是造成组件性能退化或失效的根本原因之一。助焊剂的 pH 值接近中性，不能选用一般电子工业使用的有机酸助焊剂，否则会对电池片产生较严重的腐蚀。

⑥ 铝合金边框：铝合金边框的主要作用是提高组件的机械强度，便于组件的安装和运输；保护玻璃边缘；结合在其周边注射硅胶，增加组件的密封性能。

⑦ 接线盒：用于连接组件的正、负电极与外接电路，增加连接强度和可靠性。接线盒的结构要求是接触电阻小，电极连接牢固、可靠。

⑧ 硅胶：用于黏结并密封铝合金和电池层压件、黏结固定组件背板 TPT 上的接线盒，并具有密封作用。选用硅胶的要求：固化后黏结牢固的、密封性能好，有一定的弹性；具有优良的耐候、抗紫外线、耐振动、耐高低温冲击、防潮、防臭氧性能，在恶劣环境下化学稳定性好；单组分胶，使用方便。

3）光伏组件的封装制备。

太阳电池组件的封装工序可在全自动或半自动的封装设备中进行，自动组件封装设备中制成的产品性能一致性好、生产效率高，但设备价格比较高。

目前还有较多企业采用人工为主的封装方式。对于人工封装方式，应按图 2-34 所示的技术流程进行。其中，层压需在层压机上进行真空封装，封装示意图及层压机照片如图 2-35 所示。真空封装过程中，需加热到 EVA 熔点（约 120℃）以上，使得 EVA 软化覆盖在太阳能电池上，然后再加热到 150℃ 左右使其产生化学键结，接着使其冷却即完成封装程序。之后进行去毛边、焊接接线及装边框等程序，得到完整的太阳能电池组件，如图 2-36 所示。

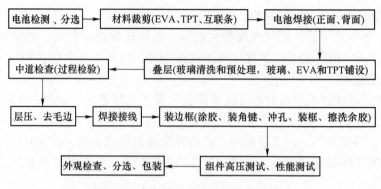

图 2-34　太阳能电池组件封装技术流程

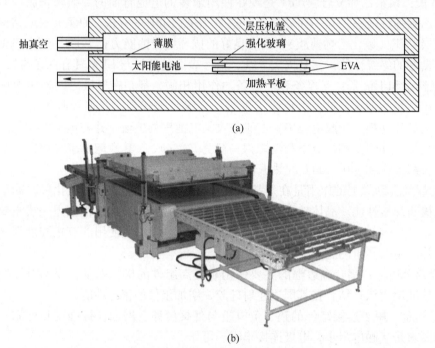

图 2-35　封装示意图及层压机照片

（a）太阳能电池组件在层压机内真空封装示意图；（b）层压机实际照片

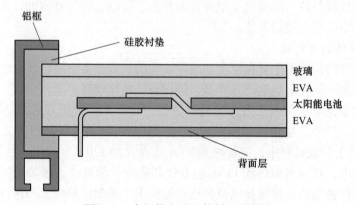

图 2-36　太阳能电池组件剖面示意图

（2）光伏阵列的输出特性。在一个光伏组件中，太阳能电池片标准的数量是 36 片，即可以产生最大约 18V 的电压（每片电压约 0.5V），考虑到防反充二极管和电路的损耗，该组件正好可以保证为一个额定电压为 12V 的蓄电池进行有效充电，是能够单独作为电源使用的最小单元。将若干个光伏组件根据实际工程的需要，通过串并联组成功率较大的供电装置，这样就构成了光伏阵列。只有将光伏组件按照实际的需要，通过串并联的方式组成光伏阵列，才能很好地发挥光伏发电的优势，它既可以对小型系统单独供电，又可以为大型用电装置进行集中供电，缓解用电高峰的需求，降低供电系统的经济投入。

在实际应用的过程中，光伏阵列的输出特性将受到许多现实因素的影响，例如：光伏电池的分布、太阳光照射不均引起的温度差异、阴影部分遮挡太阳能电池引起接收的太阳能的量减少等因素。如果忽略这些因素，在理想状态下，光伏阵列的输出特性满足这样的关系：

$$U = N_S U_{cell} \tag{2-34}$$

$$I = N_P I_{cell} \tag{2-35}$$

$$P = N_S N_P P_{cell} \tag{2-36}$$

式中　U，I，P——光伏阵列输出电压、电流和功率；

U_{cell}，I_{cell}，P_{cell}——单个电池输出电压、电流和功率；

　　N_S，N_P——光伏阵列电池组件串联、并联数量。

光伏组件的输出功率主要取决于太阳能电池的温度、阴影、晶体结构、光照强度等。

2.8.1.2　蓄电池

蓄电池（battery storage）是整个系统的储能元件，它将光伏电池产生的电能储存起来，当需要时就将电能释放供负载使用。太阳能电池发电系统对蓄电池的基本要求是：自放电率低、使用寿命长、深放电能力强、充电效率高、少维护或免维护、工作温度范围宽、价格低廉。目前我国与太阳能电池发电系统配套使用的蓄电池主要是铅酸蓄电池，其构造如图 2-37 所示，在铅酸电池中的阳极为二氧化铅（PbO_2），阴极为铅（Pb），电解质

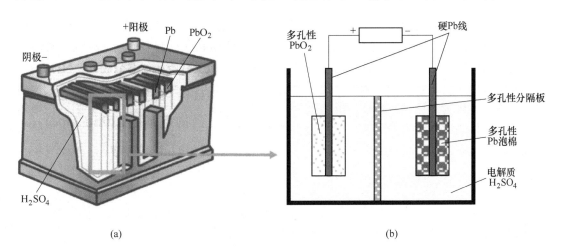

(a)　　　　　　　　　　　　　　　　　　(b)

图 2-37　铅酸电池

（a）铅酸电池构造的示意图；（b）铅酸电池操作原理示意图

为稀释的硫酸（H_2SO_4）时，其工作原理如下：

阳极反应：$PbO_2+3H^++HSO_4^-+2e^-\!=\!\!=\!\!=\!PbSO_4+2H_2O$

阴极反应：$Pb+HSO_4^-\!=\!\!=\!\!=\!PbSO_4+H^++2e^-$

配套 200A·h 以上的铅酸蓄电池，一般选择固定式或工业密封免维护铅酸蓄电池；配套 200A·h 以下的铅酸蓄电池，一般选择小型密封免维护铅酸蓄电池。

2.8.1.3　电力调节系统

（1）充电控制器。在太阳能光电系统中，充电控制器就像是一部汽车中的电压调节器一样，它可以调控由太阳能电池面板进入蓄电池内的电压及电流。当蓄电池已完全充电后，充电控制器就不再允许电流继续流入蓄电池内。当蓄电池的电力被使用到剩下一定程度，大部分的控制器就不再允许更多的电流由蓄电池输出，直到它再被充满电为止。

以一个"12V"规格的面板为例，它的输出电压会在 16～20V，如果没有使用充电控制器（如图 2-38 所示），蓄电池可能会被过度充电而造成损坏，甚至导致危险现象的发生。大部分的蓄电池仅需 14～14.5V 就可完全充电。对于一个小型或滴流充电型面板（trickle charge panels），如小于 5V 的面板，则可以不需要使用充电控制器。

图 2-38　开关式充电控制器实物图

（2）逆变器。逆变器（inverter）的作用是将太阳能电池输出的直流电转换为交流电，如图 2-39 所示。根据输出的电源形式，可将其分为单相光伏转换器与三相光伏转换器；根据输出的波形，则可分为方波式与正弦波式；按照运行方式来分，可分为独立发电系统式和并网发电系统式。由于太阳能电池的输出可串联成高压输出，若此直流电压高于输出电压的峰值，则为降压型转换器，反之则为升压型转换器。为了提高效率，太阳光转换器一般并不提供输入与输出的隔离，同时为了降低因功率组件所造成的损失，通常采用降压型反流器的电路架构。

2.8.2　太阳能光伏系统的种类

太阳能光伏发电系统按照其运行方式的不同可分为三类：独立太阳能光伏发电系统、并网太阳能光伏发电系统，以及混合型太阳能光伏发电系统。

2.8.2.1　独立系统

独立系统又称为离网发电系统，它没有与公共电网连接，一般都需要有蓄电池，在零

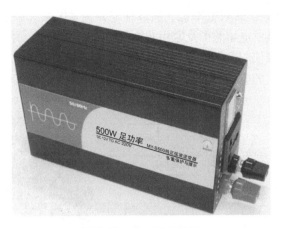

图 2-39　逆变器实物图

负载或低负载时，光伏组件的过剩电能为蓄电池充电，而在无光照或弱光照时，蓄电池放电以供应负载。充电控制器能对充/放过程进行管理以保证蓄电池的长寿命，在必需的时候，也要用逆变器将直流电转换为交流电。独立发电系统示意图如图 2-40 所示。

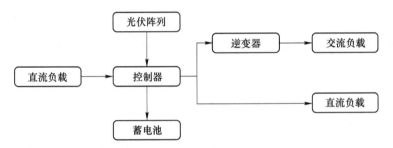

图 2-40　太阳能光伏独立发电系统示意图

独立系统为在远离电网的偏僻地带或经常无人问津的特殊用电点，如山区、海岛、高原、荒漠等公共电网难以覆盖的地区提供生活用电，为内海航标与气象台等特殊场所提供电源。这种发电系统在我国已经有一定程度的发展，对于解决一些不通电地区人们的基本生活用电问题提供了保证。此外，独立系统的应用还包括通信基站、交通灯、水泵、节能灯、收音机、计算器、装饰品、娱乐产品等。

独立供电系统最大的优点就是可以为电网无法触及的地区供电，而缺点是供电不稳定，需要蓄电池，光伏阵列寿命可达 25~30 年，而蓄电池只有 5 年，因此需要经常更换电池，导致成本增加。

2.8.2.2　并网系统

并网太阳能光伏发电系统又称为联网系统，是电力工业的重要组成部分。按照发电系统的大小，并网系统可分为大型并网发电系统和小型并网发电系统。其中小型发电系统由于投资小，容易建设，成为并网发电系统发展的主流。根据住宅并网系统是否允许通过供电区向主电网回馈电，又可分为可逆流和不可逆流系统。住宅并网系统由于受各种条件影响，为保证电力平衡，一般均设计为可逆流系统。根据并网系统是否带有蓄电池等储能装置，可分为带有蓄电池的并网系统和不带蓄电池的并网系统。无储能装置并网发电系统的优点是能量损耗低并且负载的缺电率低，所以住宅并网发电系统一般选择可逆流不带储能装置的光伏发电系统，其发电示意图及家用实物图如图 2-41 所示。并网系统中光伏系统产生的电力，会优先供应负载使用，但当负载用量无法完全消耗太阳能电力时，多余电力会传输到电网系统上，而当产生的电力无法满足负载需求时，电网系统会实时供应不足电力。

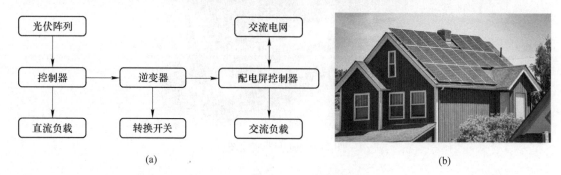

图 2-41　太阳能光伏并网发电系统

(a) 示意图；(b) 家用实物图

并网系统具有以下优点：

(1) 无蓄电池，降低使用和维护成本。

(2) 输电稳定，发电效率高。光伏电池可一直处于最高效率发电状态，多余电输向电网，当电量少时又可从电网取电，供电稳定。

(3) 可以与建筑结合，洁净美观。

并网系统具有以下缺点：

(1) 地域性依赖较强，太阳光充足地方应用广泛，太阳光不足地方应用较少。

(2) 孤岛效应。供电电网出现故障需停电维修时，虽切断输电线，但并网发电系统不能立即检测出停电状态而脱离当地电网，仍向负载供电，形成一个电力公司无法控制的、由并网发电系统与本地负载连接组成能够自给供能的、处于独立运行的状态。其会对检修人员产生电击危害；系统中频率和电压无法控制，损坏设备；供电恢复后易产生不同步供电相位。

2.8.2.3　混合系统

鉴于前述两种系统设置的优缺点考虑，太阳能光电系统发展出第三种形式，称为混合型系统，又称为紧急防灾型系统。所谓的混合型系统，是将电路和逆流器设计成可以与电网系统相互并接的形式，同时也配备了蓄电池和充、放电控制器，以及辅助发电机系统。图 2-42 是太阳能光伏混合发电系统配置示意图。这种系统在平时由太阳能光电系统发电来提供负载使用，并进行蓄电池的充电动作，而夜间的电能则由电网并联系统来提供。一旦发生灾难或事故，且日照又不够的时候，可以自动切换使用蓄电池中的电力。此外，风力好的地方发电机系统可以采用风力发电机，成为风光混合系统。

混合型系统的优点是供电平稳，比较适合安装在有防灾需求的公共设施上，如医疗院所、防灾中心等，在发生重大危难时可以产生实时的功效。

混合型系统的缺点是系统设计比较复杂，所以系统建置成本较高，此外，这种系统也有蓄电池必须定期更新的缺点。

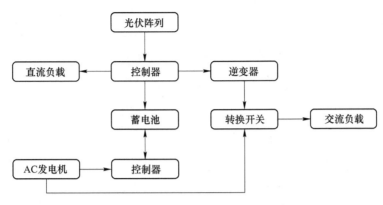

图 2-42 太阳能光伏混合发电系统示意图

2.9 太阳能集热器

2.9.1 太阳能利用中传热的基本知识

传热学是研究不同温度的物体，或同一物体的不同部分之间热量传递规律的学科。热传递有三种基本方式：热传导、对流和辐射。

2.9.1.1 热传导

热传导是依靠物体质点的直接接触来传递能量的，其是指在不涉及物质转移的情况下，热量从高温物体传递给相接触的低温物体的过程。在透明固体中，热传导是热能传递的唯一方式。傅里叶（Joseph Fourier）通过实验研究证明，物体中热传导速率（亦称热流率）与温度梯度及热流通过的截面积成比例，即：

$$q = -\lambda A \frac{\mathrm{d}T}{\mathrm{d}X} \tag{2-37}$$

式中　q——热导率速率，W；

　　　λ——热导率，W/(m·K)；

　　　A——截面积，m^2；

　　　T——温度，K；

　　　X——沿热流方向的距离。

热导率又称导热系数，是物质固有的重要热物性参数，其大小表示物质导热能力的大小。热导率与材料的种类有关，对同一类材料，热导率还与材料所处温度有关。表 2-9 给出几种常见材料的热导率。

表 2-9　常用材料的热导率

材料名称	热导率λ/W·(m·K)$^{-1}$	材料名称	热导率λ/W·(m·K)$^{-1}$
纯铜	387	混凝土	1.84
纯铝	237	平板玻璃	0.76

材料名称	热导率λ/W·(m·K)$^{-1}$	材料名称	热导率λ/W·(m·K)$^{-1}$
硬铝	177	玻璃钢	0.50
铸铝	168	聚四氟乙烯	0.29
黄铜	109	玻璃棉	0.054
碳钢	54	石棉	0.0355
镍铬钢	16.3	珠光砂	0.035
不锈钢	29	水	约 0.58
木材	0.12	空气	0.023

热导率越小，绝热效果越好，常温下热导率小于 0.23W/(m·K) 的材料称为绝热材料。受潮后绝热材料的热导率会大大增加，因而对于绝热材料而言，防潮是重要的工作。

2.9.1.2　对流传热

热对流是指不同温度的流体各部分由相对运动引起的热量交换，对流传热只能在流体（液体和气体）中发生。对流传热过程可分为自然对流传热和强迫对流传热两大类。自然对流传热是指流体中因密度不同而产生浮升力所引起的换热现象，强迫对流传热是指流体在外力作用下流体与所接触的温度不同的壁面所发生的换热现象。对流传热过程总是伴随着质点与质点直接接触的热传导过程。

$$\Phi = - hA(T_w - T_f) \tag{2-38}$$

式中　T_w，T_f——物体表面温度和流体温度，K；

　　　　A——换热表面的面积，m^2；

　　　　Φ——对流换热，W；

　　　　h——对流换热系数，W/(m^2·K)。

h 大小表征了材料对流换热能力的强弱，表 2-10 给出了几种工作流体在不同换热方式下对流换热系数的量级及近似值。

表 2-10　对流换热系数 h 的量级及近似值

工作流体及换热方式	h/W·(m^2·K)$^{-1}$	工作流体及换热方式	h/W·(m^2·K)$^{-1}$
空气，自然对流	6~30	水，强迫对流	3000~6000
过热蒸汽或空气，强迫对流	30~300	水，沸腾	3000~60000
油，强迫对流	60~1800	蒸汽，凝结	6000~120000

2.9.1.3　辐射传热

（1）辐射传热定理及材料的法向发射率。辐射传热的过程是物体的部分热能转变成电磁波辐射能向外发射，当电磁波碰到其他物体时，又部分地被后者吸收重新转变成热能。

所有的物体只要其温度高于绝对零度，总可以发出电磁波，与此同时，所有的物体也吸收来自外界的辐射能。与传导和对流不同，电磁波的传递即使在真空中也可进行，例如到达地面的太阳辐射。

物体因有一定温度而发射的辐射能称为热辐射。热辐射包括的波长范围近似 0.3~50μm。在这个波长范围内有紫外波段、可见波段和红外波段三个波段，其中 0.4μm 以下为紫外波段，0.4~0.7μm 为可见波段，0.7μm 以上为红外波段。热辐射绝大部分集中在红外波段。

斯蒂芬-玻耳兹曼（Stefan-Boltzmann）定律表明物体的辐射功率是跟物体温度的 4 次方及物体的表面积成比例，即：

$$q_R = \varepsilon \sigma A T^4 \qquad (2\text{-}39)$$

式中　q_R——辐射功率，W；

　　　σ——斯蒂芬-玻耳兹曼常数，$5.669 \times 10^{-8}\,W/(m^2 \cdot K^4)$；

　　　ε——发射率；

　　　A——表面积；

　　　T——表面温度，K。

发射率是物体发射的辐射功率与同温度下黑体发射的辐射功率之比值。发射率有法向发射率和半球向发射率的区分。在工程应用情况下，一般可用法向发射率近似代表半球向发射率。表 2-11 所示为几种常见材料法向发射率 ε 数值。

表 2-11　常见材料表面法向发射率 ε

材料名称及表面状态	ε	材料名称及表面状态	ε
金：高度抛光的纯金	0.02	钢：抛光的	0.07
铜：高度抛光的电解铜	0.02	钢：轧制的	0.65
铜：轻微抛光	0.12	钢：严重氧化的钢板	0.80
铜：氧化变黑	0.76	各种油漆	0.90~0.96
铝：高度抛光的纯铝	0.04	平板玻璃	0.94
铝：工业用铝板	0.09	硬质橡胶	0.94
铝：严重氧化	0.20~0.31	碳：灯黑	0.95~0.97

（2）辐射能的吸收、反射和透射。热辐射投射到物体表面，一部分能量被物体吸收，一部分被反射，还有一部分能量穿透物体。假定单位时间内外界投射到物体单位表面辐射能量为 $G(W/m^2)$，由能量守恒可知，被物体表面反射的部分 G_ρ、吸收部分 G_α 和穿透部分 G_τ 存在如下关系：

$$G_\alpha + G_\rho + G_\tau = G \qquad (2\text{-}40)$$

等式两端同时除以 G 可得：

$$\alpha + \rho + \tau = 1 \qquad (2\text{-}41)$$

式中　α——物体的吸收率，$\alpha = G_\alpha / G$；

　　　ρ——物体的反射率，$\rho = G_\rho / G$；

　　　τ——物体的透射率，$\tau = G_\tau / G$。

α、ρ、τ 是无因次量，其数据在 0~1 之间变化。

（3）黑体。能全部吸收投射在其上的所有波长及投射方向的辐射的物体称为黑体，是一种理想的物体，自然界中并不存在真正的黑体，炭黑、铂黑、金黑等物质对某些波段辐射的吸收能力接近于黑体。黑体可作为标准体来衡量实际物体对辐射的吸收能力，是衡量实际物体辐射能力大小的标准体。

2.9.2　常见太阳能集热器

太阳能热利用就是将太阳辐射能转换成热能，由于太阳能比较分散，需要将其集中起来并转化成热能，完成这一任务的器件就是太阳能集热器。太阳能集热器是吸收太阳辐射并将产生的热能传递到传热工质的装置，这句话包含四层意思：（1）太阳能集热器是一种装置；（2）太阳能集热器可以吸收太阳辐射；（3）太阳能集热器可以产生热能；（4）太阳能集热器可以将热能传递到传热工质。

目前常见的集热器主要有平板集热器、真空管集热器、热管集热器等。

2.9.2.1　平板集热器

平板集热器结构示意图如图 2-43 所示。其主要由吸热板、透明盖板、隔热层等几部分组成。当平板型集热器工作时，太阳辐射穿过透明盖板后，投射在吸热板上，被吸热板吸收并转换成热能，然后将热量传递给吸热板内的传热工质，使传热工质的温度升高，作为集热器的有用能量输出；与此同时，温度升高后的吸热板不可避免地要通过传导、对流和辐射等方式向四周散热，成为集热器的热量损失。

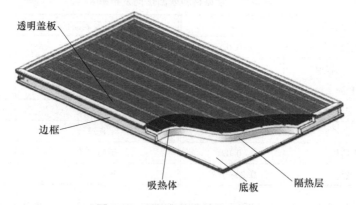

图 2-43　平板集热器结构示意图

（1）吸热板。吸热板是平板型集热器内吸收太阳辐射能并向传热工质传递热量的部件，其基本上是平板形状。

1）对吸热板的技术要求。根据吸热板的功能及工程应用的需求，对吸热板有以下主要技术要求：

① 太阳能吸收比高。吸热板可以最大限度地吸收太阳辐射能。

② 热传递性能好。吸热板产生的热量可以最大限度地传递给传热工质。

③ 与传热工质的相容性好。吸热板不会被传热工质腐蚀。

④ 一定的承压能力。便于将集热器与其他部件连接组成太阳能系统。

⑤ 加工技术简单。便于批量生产及推广应用。

2）吸热板的结构形式。

在平板形状的吸热板上，通常布置有排管和集管。排管是指吸热板纵向排列并构成流体通道的部件；集管是指吸热板上下两端横向连接若干根排管并构成流体通道的部件。吸热板的主要结构形式如图 2-44 所示。

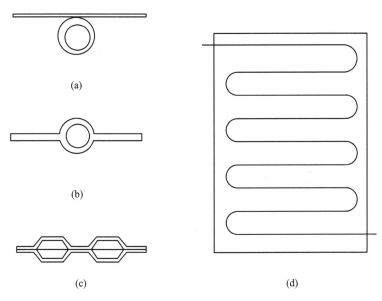

图 2-44 吸热板结构形式
（a）管板式；（b）翼管式；（c）扁盒式；（d）蛇管式

① 管板式：管板式吸热板是将排管与平板连接构成吸热条带，如图 2-44（a）所示。优点有：热效率高、水质清洁、保证质量、耐压能力强。

② 翼管式：翼管式吸热板是利用模子挤压拉伸技术制成金属管两侧连有翼片的吸热条带，如图 2-44（b）所示。其优点是：热效率高、侧压能力强。缺点是：水质不易保证、材料用量大、动态特性差。

③ 扁盒式：扁盒式吸热板是将两块金属板分别模压成型，然后再焊接成一体构成吸热板，如图 2-44（c）所示。优点是：热效率高、不需要焊接集管。缺点是：焊接技术难度大、耐压能力差、动态特性差、水质不易保证。

④ 蛇管式：蛇管式吸热板是将金属管弯曲成蛇形，如图 2-44（d）所示。优点是：不需要另外焊接集管、热效率高、水质清洁、保证质量、耐压能力强。缺点是：流动阻力大、焊接难度大。

（2）吸热板上的涂层。为要使吸热板可最大限度地吸收太阳辐射能并将其转换成热能，在吸热板上应盖有深色的涂层，这称为太阳能吸收涂层。太阳能吸收涂层可分为两大类：非选择性吸收涂层和选择性吸收涂层。非选择性吸收涂层是指其光学特性与辐射波长无关的吸收涂层；选择性吸收涂层是指其光学特性随辐射波长不同有显著变化的吸收涂层。目前主要使用选择性涂层，涂层材料应对不同波长范围的辐射具有不同辐射特性，选择既有高的太阳吸收比又有低的发射率的涂层材料，可保证多吸收太阳辐射的同时，又减少吸热板本身的热辐射损失。

选择性吸收涂层可以用多种方法来制备，如喷涂方法、化学方法、电化学方法、真空蒸发方法、磁控溅射方法等。采用这些方法制备的选择性吸收涂层，绝大多数的太阳吸收比都可达到 0.90 以上，但是它们可以达到的发射率范围却有明显的区别，如表 2-12所示。

表 2-12 　不同方法制备的选择性吸收涂层的发射率 ε

制备方法	涂层材料举例	ε
喷涂方法	硫化铅、氧化钴、氧化铁、铁锰铜氧化物	0.30~0.50
化学方法	氧化铜、氧化铁	0.18~0.32
电化学方法	黑铬、黑镍、黑钴、铝阳极氧化	0.08~0.20
真空蒸发方法	黑铬/铝、硫化铅/铝	0.05~0.12
磁控溅射方法	铝-氮/铝、铝-氮-氧/铝、铝-碳-氧/铝、不锈钢-碳/铝	0.04~0.09

（3）透明盖板。透明盖板是平板型集热器中覆盖吸热板，并由透明（或半透明）材料组成的板状部件。它的功能主要有三个：透过太阳辐射，保护吸热板，以及形成温室效应，阻止散热。

1）对透明盖板的技术要求。根据透明盖板的上述几项功能，对透明盖板有以下主要技术要求：太阳透射比高、红外透射比低、导热系数小、冲击强度高、耐候性能好。

2）透明盖板的材料。透明盖板的材料主要有两大类：平板玻璃和玻璃钢板。目前国内外使用更广泛的是平板玻璃。由于我国玻璃中 Fe_2O_3 含量较高，因而太阳透射比不高。而且普通平板玻璃的冲击强度低，易破碎。因而我国太阳能行业面临的一项任务是：专门生产用于太阳能集热器的低铁平板玻璃。尽量选用钢化玻璃，以确保集热器可以经受防冰雹试验的考验。

3）透明盖板的层数及间距。绝大多数情况下，都采用单层透明盖板；当太阳能集热器的工作温度较高或者在气温较低的地区使用，宜采用双层透明盖板，很少采用三层或三层以上透明盖板。目前认为透明盖板与吸热板之间的距离应大于 20mm。

（4）隔热层。隔热层是集热器内抑制吸热板通过传导向周围环境散热的部件。

1）对隔热层的技术要求。根据隔热层的功能，要求隔热层的导热系数小，不易变形，不易挥发，更不能产生有害气体。

2）隔热层的材料。用于隔热层的材料有：岩棉、矿棉、聚氨酯、聚苯乙烯等。根据国家标准 GB/T 6424—1997 的规定，隔热层材料的导热系数应不大于 0.055W/（m·K），因而上述几种材料都能满足要求。目前使用较多的是岩棉。

3）隔热层的厚度。隔热层的厚度应根据选用的材料种类、集热器的工作温度、使用地区的气候条件等因素来确定。应当遵循这样一条原则：材料的导热系数越大、集热器的工作温度越高、使用地区的气温越低则隔热层的厚度就要求越大。一般来说，底部隔热层的厚度选用 30~50mm，侧面隔热层的厚度与之大致相同。

（5）外壳。外壳是集热器中保护及固定吸热板、透明盖板和隔热层的部件。

1）对外壳的技术要求。根据外壳的功能，要求外壳有一定的强度和刚度，有较好的密封性及耐腐蚀性，而且有美观的外形。

2）外壳的材料。用于外壳的材料有铝合金板、不锈钢板、碳钢板、塑料、玻璃钢等。为了提高外壳的密封性，有的产品已采用铝合金板一次模压成型技术。

2.9.2.2 　真空管集热器

真空管型太阳能集热器是在平板集热器基础上发展起来的，是由若干支真空太阳能集热管按一定规则排成阵列，与联集管、尾架和反射器等组成的太阳能集热器。其中，真空太阳能集热管采用透明的罩玻璃管，罩玻璃管与吸热体间具有足够低的气体压强。按照吸热体的材料分类，可分为玻璃吸热体真空管（或称为全玻璃真空管）集热器和金属吸热体（玻璃-金属）真空管集热器两大类，金属吸热体真空管集热器中最具代表性的是热管式真空管集热器。

（1）全玻璃真空集热管。

1）全玻璃真空集热管的构造。全玻璃真空集热管是由内玻璃管、外玻璃管、选择性吸收涂层、弹簧支架、消气剂等部件组成，其形状犹如一只细长的暖水瓶，如图2-45所示。

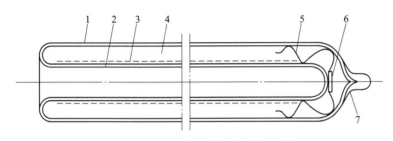

图 2-45　全玻璃真空集热管的基本结构
1—外玻璃管；2—内玻璃管；3—选择性吸收涂层；4—真空；5—弹簧支架；6—消气剂；7—保护帽

全玻璃真空集热管一端开口，将内玻璃管和外玻璃管一端的管口进行环状熔封，另一端都密闭成半球形圆头，内玻璃管用弹簧支架支撑，而且可以自由伸缩，以缓冲它热胀冷缩引起的应力；内玻璃管和外玻璃管之间的夹层抽成高真空。全玻璃真空集热管的结构跟制冷技术常用的杜瓦瓶十分相似，因而国外也有将全玻璃真空集热管称为"杜瓦管"（Dewar tube）。内玻璃管的外表面涂有选择性吸收涂层。弹簧支架上装有消气剂，它在蒸散以后用于吸收真空集热管运行时产生的气体，保持管内真空度。

① 玻璃：全玻璃真空集热管所用的玻璃材料应具有太阳透射比高、热稳定性好、热膨胀系数低、耐热冲击性能好、机械强度较高、抗化学侵蚀性较好等特点。

根据理论分析和实践证明，硅玻璃3.3是生产制造全玻璃真空集热管的首选材料。其热膨胀系数为 $3.3 \times 10^{-6}/℃$，玻璃中的 Fe_2O_3 含量为0.1%以下，耐热温差大于200℃，机械强度较高，完全可以满足全玻璃真空集热管的要求。

② 真空度：确保全玻璃真空集热管的真空度是提高产品质量、延长使用寿命的重要指标。真空集热管内的气体压强很低，常用来描述真空度，管内气体压强越低，说明其真空度越高。

③ 选择性吸收涂层：全玻璃真空集热管又一重要特点是采用选择性吸收涂层作为吸热体的光热转换材料。要求选择性吸收涂层有高的太阳吸收比、低的发射率，可最大限度地吸收太阳辐射能，同时又尽量抑制吸热体的辐射热损失；另外，还要求选择性吸收涂层有良好的真空性能、耐热性能，在涂层工作时不影响管内的真空度，本身的光学性能也不下降。全玻璃真空集热管的选择性吸收涂层都采用磁控溅射技术。目前我国绝大多数生产企业采用铅-氮/铅选择性吸收涂层，也有少数生产企业采用不锈钢-碳/铝选择性吸收涂层。

2）全玻璃真空集热管的改进形式。尽管全玻璃真空集热管有许多优点，但由于管内装水，在运行过程中若有一支管破损，整个系统就要停止工作。为了弥补这个缺点，可以在全玻璃真空集热管的基础上，采用两种方法进行改进：一种是将带有金属片的热管插入真空集热管中，使金属片紧紧靠在内玻璃管的内表面，如图 2-46（a）所示；另一种是将带有金属片的 T 形管插入真空集热管中，也使金属片紧紧靠在内玻璃管的内表面，如图 2-46（b）所示。这两种改进形式的全玻璃真空集热管，由于管内没有水，不会发生因一支管破损而影响系统的运行，因而提高了产品运行的可靠性，可以广泛应用于家用太阳能热水器或太阳能热水系统中。

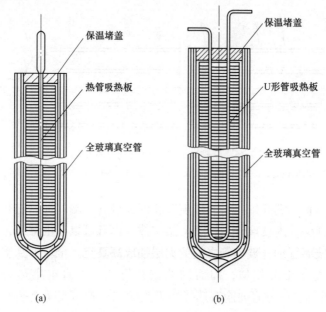

图 2-46　两种改进形式的全玻璃真空集热管
（a）带热管的全玻璃真空集热管；（b）带 U 形管的全玻璃真空集热管

（2）热管式真空管集热器。

1）热管式真空集热管的构造。图 2-47 为管式真空集热管的构造。

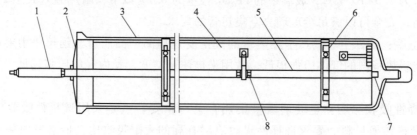

图 2-47　管式真空集热管的构造
1—热管冷凝段；2—金属封盖；3—玻璃管；4—金属吸热板；
5—热管蒸发段；6—弹簧支架；7—蒸散型消气剂；8—非蒸发型消气剂

2）热管。热管是利用汽化潜热高效传递热能的强化传热元件。在热管式真空集热管中使用的热管一般都是重力热管，其特点是管内没有吸液芯，因而结构简单，制造方便，工作可靠，传热性能优良。

3）玻璃-金属封接。玻璃-金属封接技术大体可分为两种：一种是熔封，利用火焰将玻璃熔化后封接在一起；另一种是热压封，利用塑性较好的金属焊料，在加热加压的条件下将金属封盖和玻璃管封接在一起。目前大多采用热压封技术，它具有以下优点：封接温度低、封接速度快、封接材料匹配要求低。

4）真空度与消气剂：为了使真空集热管长期保持良好的真空性能，热管式真空集热管内一般应同时放置蒸散型消气剂和非蒸散型消气剂两种。蒸散型消气剂用来提高真空集热管的初始真空度；非蒸散型消气剂保持真空集热管的长期真空度。

（3）其他形式集热器。

1）聚光集热器。聚光集热器主要由聚光器、吸收器和跟踪器系统三大部分组成。按聚光原理区分，聚光集热器基本可分为反射聚光和折射聚光两大类，每一类按聚光器的不同又可分为若干种。为了满足太阳能利用的要求，简化跟踪机构，提高可靠性，降低成本，研制开发出的聚光集热器品种很多，但推广应用远比平板集热器少，商业化程度也低。在反射式聚光集热器中应用较多的是旋转抛物面镜聚光集热器（点聚焦）和槽形抛物面镜聚光集热器（线聚焦）。前者可获得高温，但要进行二维跟踪；后者可获得中温，只要进行一维跟踪即可。经过几十年的研究开发，现在两种抛物面聚光集热器完全能满足各种中高温太阳能利用要求，但由于造价高，其二者的广泛应用仍遭到限制。

2）空气集热器。空气太阳能集热器是用空气作为传热介质的太阳能集热器，其主要应用范围是太阳能干燥和太阳能采暖。在太阳能采暖应用中，如果太阳能加热液体后再将热量传递到空气，会引起一定的热量损失，因此直接采用空气作为介质，通过空气太阳能集热器进行循环，可以提高系统的效率。

与通常用液体作为传热介质的液体太阳能集热器相比，空气太阳能集热器具有以下优点：①不存在冬季结冰问题；②微小的渗漏不会严重影响空气集热器的工作和性能；③空气集热器承受压力小，可以利用较薄的金属板制造；④经过加热的空气可以直接用于干燥或者房屋取暖，不需要增加中间热交换器，所以成本低廉。

与液体太阳能集热器相比，空气太阳能集热器也有自身不足之处：①空气导热率小，只有水的 $1/25 \sim 1/20$，因此其对流换热系数远小于液体的对流换热系数，所以在相同条件下，空气集热器的效率要比普通平板集热器低；②与液体相比，空气密度小得多，只有水的 $1/300$ 左右，以致在热量相同的情况下要消耗较大的风机输送功率，才能使空气在加热系统中流动；③由于空气的比热容小，只有水的 $1/4$ 左右，因此当空气作为传热介质时，为了储存热能，需要用石块或者鹅卵石等蓄热材料。而当以水作为传热介质时，水同时可以兼作热容量很大的蓄热介质。

2.10　太阳能热水系统

太阳能热水系统是太阳能热利用中，技术最成熟、效率最高、使用领域最广、经济效益最好的产品，其突出应用就是太阳能热水器。

2.10.1　家用太阳能热水器

目前广泛使用的家用太阳能热水器主要分为四类：闷晒式太阳能热水器、平板式太阳能热水器、真空管式太阳能热水器、热管式太阳能热水器。

2.10.1.1　闷晒式太阳能热水器

家用闷晒式太阳能热水器是一种结构比较简单、使用可靠及容易普及推广的太阳能热水器。其特点是集热器和水箱合为一体，冷热水的循环和流动是在水箱内部进行的，经过一天的闷晒（内部自然循环）可将容器中的水加热到一定的温度。闷晒式太阳能热水器又可分为塑料袋式热水器、池式热水器、筒式热水器。

（1）塑料袋式热水器。采用塑料进行热合或粘接成袋式热水器，亦称塑料袋式太阳能热水器（如图 2-48 所示），其制造技术是将符合性能要求的塑料按尺寸大小下料并进行热压黏合技术。可根据用户需求定制。

（2）池式热水器。池式热水器像一个浅水池子，既能储水又能集热（如图 2-49 所示），其优点是水平放置、结构简单、成本低廉；缺点是高纬度地区不能充分利用太阳能辐射。

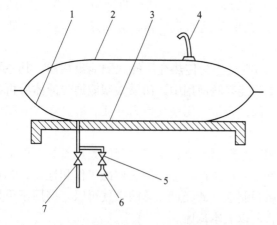

图 2-48　塑料袋式热水器

1—下部黑色塑料；2—上部透明塑料；

3—支撑保温板；4—溢流口；5，7—阀；6—喷头

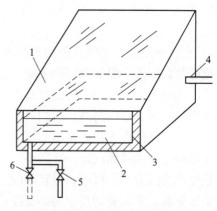

图 2-49　池式热水器

1—玻璃；2—外壳（保温壳体）；3—防水；

4—溢流管；5—热水阀；6—冷水阀

（3）筒式热水器。筒式热水器为密封式，水质洁净不长青苔（如图 2-50 所示），其制备技术主要为筒体的成型及焊接技术，制造方法与水箱加工相同。

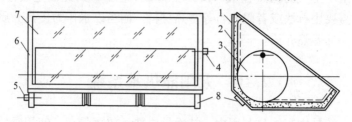

图 2-50　筒式热水器

1—保温壳体；2—反射层；3—筒体；4—出水管口；5—进水管口；6—壳体；7—透明盖板；8—支架

2.10.1.2 家用平板式太阳能热水器

平板式太阳能热水器如图 2-51 所示，靠板芯吸收热量，将热量传递到水箱。优点：承压运行，与建筑结合好，晴天时的热效率高。缺点：热损失较大。

图 2-51 平板式太阳能热水器

2.10.1.3 家用紧凑式全玻璃真空管太阳能热水器

家用紧凑式全玻璃真空管太阳能热水器如图 2-52 所示。该产品水箱的容水量主要取决于真空集热管的质量、直径大小、长度及根数。

2.10.1.4 家用紧凑式热管真空管太阳能热水器

图 2-53 所示为热管真空管太阳能热水器。热管真空管太阳能热水器的性能优劣和使用寿命，主要取决于热管的质量。因此在选用热管时，为保证其长期稳定运行，一定要选择按严格热管技术加工的优质产品，否则会影响使用寿命。

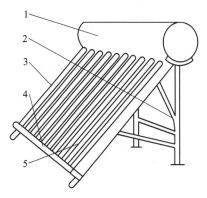

图 2-52 全玻璃真空管太阳能热水器
1—水箱；2—支架；3—管子；4—底托；5—反射板

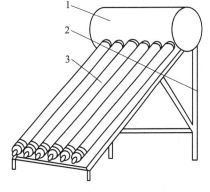

图 2-53 热管真空管太阳能热水器
1—水箱；2—支架；3—热管真空管

2.10.2 太阳能热水系统类别

太阳能热水系统是将太阳辐射能转换为热能来加热水的系统，主要由太阳能集热系统和热水供应系统构成，包括设备与管道支架、太阳能集热器储水箱、管路、泵、阀、设备防腐与保温自动控制系统、辅助能源设备。太阳能热水系统是目前太阳能热应用发展中最具经济价值、技术最成熟且已商业化的一项应用产品。

太阳能集热系统是太阳能热水系统特有的组成部分，是太阳能是否得到合理利用的关键。热水供应系统是将集热系统制成的热水供给用户使用，其设计与常规的生活热水供应系统类似。

太阳能热水系统基本上可分为三类，即自然循环系统、强制（迫）循环系统和直流式循环系统。

2.10.2.1　自然循环太阳能热水系统

自然循环太阳能热水系统如图 2-54 所示。该系统依靠集热器与水箱中的水温不同产生的温度差进行温差循环（热虹吸循环），水箱中的水经过集热器被不断加热。由补水箱与蓄水箱中的水位差产生压头，通过补水箱中的自来水将蓄水箱中的热水顶出供用户使用，与此同时也向蓄水箱中补充了冷水，其水位由补水箱内的浮球控制。

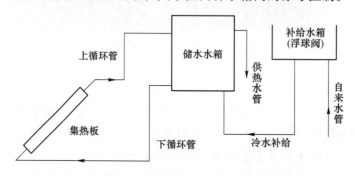

图 2-54　自然循环式热水系统

2.10.2.2　强制循环太阳能热水系统

（1）温差控制直接强制循环系统。该系统如图 2-55 所示。它靠集热器出口端水温和水箱下部水温的预定温差来控制循环泵（一般是离心泵）进行循环。当两处温差低于预定值时，循环泵停止运行，这时集热器中的水会靠重力作用流回水箱，集热器被排空。在集热器的另一侧管路中的冷水，则靠防冻阀予以排空，以避免系统管路被冻坏。

（2）光电控制直接强制循环系统。光电控制直接强制循环系统如图 2-56 所示，由太阳光电池板所产生的电能来控制系统的运行。当有太阳时，光电板就会产生直流电启动水泵，系统即进行循环。无太阳时，光电板不会产生电流，系统停止工作。因此整个系统每天所获得的热水取决于当天的日照情况，日照条件好，热水量多，温度也高；日照差，热水量少。

2.10.2.3　直流式太阳能热水系统

直流式太阳能热水系统如图 2-57 所示。该系统是在自然循环及强制循环的基础上发展成直流式。水通过集热器被加热到预定的温度上限，集热器出口的电接点温度计立即给控制器讯号，并打开电磁阀后，自来水将达到预定温度的热水顶出集热器，流入蓄水箱；当电接点温度计降到预定的温度下限时，电磁阀关闭。因此，系统时开时关不断地获得热水。

该系统优点是水箱不必高架于集热器之上。由于直接与具有一定压头的自来水相接，

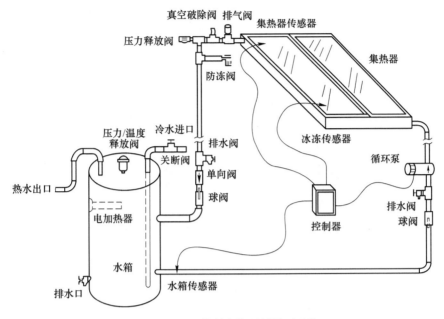

图 2-55 温差控制直接强制循环系统

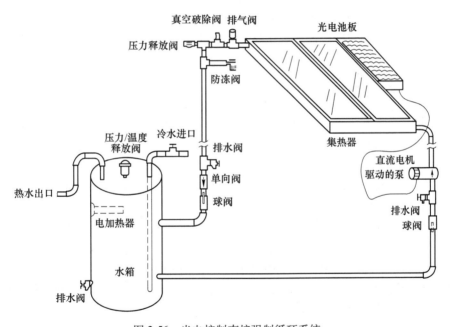

图 2-56 光电控制直接强制循环系统

故适用于自来水压力比较高的大型系统，布置较灵活，便于与建筑结合。直流式太阳能热水系统适合白天需要用热水的用户。

直流式太阳能热水系统缺点是须安装一套较复杂的控制装置，初投资有所增加。有的单位改用手工操作阀门开度代替电磁闪控制，效果同样很好。操作人员需要每天及时根据太阳辐射强度来调节阀门的开度。

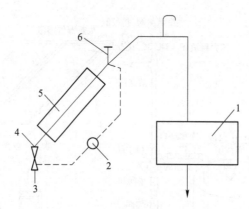

图 2-57　直流式太阳能热水系统

1—蓄水箱；2—控制器；3—自来水；4—电磁阀；5—集热器；6—电接点温度计

2.11　太阳能采暖系统

与常规能源采暖系统相比，太阳能采暖系统有如下几个特点：系统运行温度低，有储备热量的设备，与辅助热源配套使用，适合在节能建筑中应用。

按使用传热介质的种类，太阳能采暖系统可分为液体太阳能采暖系统和空气太阳能采暖系统。太阳能集热器回路中循环的传热介质为液体，则为液体太阳能采暖系统；空气太阳能集热器回路中循环的传热介质为空气，则为空气太阳能采暖系统。

2.11.1　液体太阳能采暖系统

液体太阳能采暖系统，是利用太阳能集热器收集太阳辐射并转换成热能，以液体（通常是水或一种防冻液）为传热介质，以水为储热介质，热量经由散热部件送至室内进行采暖的采暖系统。

液体太阳能采暖一般由太阳能集热器、储热水箱、辅助热源、散热部件及控制系统等组成，如图 2-58 所示。

若在集热器循环回路中采用水作为介质，则在冬季夜间或阴雨雪天都需采取防冻措施；若采用防冻液，则需在集热器和储热水箱之间采用一个液热交换器，将加热后的防冻液的热量传递给采暖用的热水；若应用热水采暖，则需要一个水-空气热交换器（称为负载热交换器），将加热后水的热量传递给采暖用的热空气。当储热水箱的热量不能满足需要时，则由辅助热源供给采暖负荷。

2.11.2　空气太阳能采暖系统

所谓空气太阳能采暖系统，是利用太阳能集热器收集太阳辐射能并转换成热能，以空气作为集热器回路中循环的传热介质，以岩石堆积床作为储热介质，热空气经由风道送至室内进行采暖的采暖系统。

空气太阳能采暖系统一般由太阳能集热器、岩石堆积床、辅助加热器、管道、风机等部分组成，如图 2-59 所示。

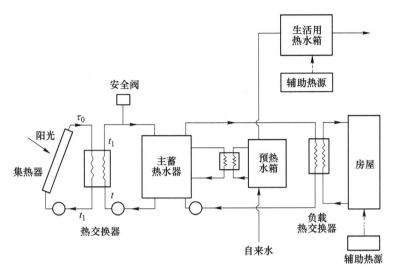

图 2-58   液体太阳能采暖系统示意图

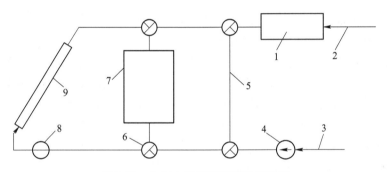

图 2-59   空气太阳能采暖系统示意图

1—辅助加热器；2—送风管道；3—回风管道；4，8—风机；5—旁通管；

6—三通阀；7—岩石堆积床；9—太阳能集热器

空气太阳能采暖系统的优点是：无须防冻措施，腐蚀问题不严重，系统没有过热汽化的危险，热风采暖控制使用方便等；其缺点是管道投资较大，风机电力消耗大，储热体积大以及不易与吸收式制冷机配合使用等。

2.12   其他太阳能应用系统

2.12.1   太阳灶

太阳灶是利用太阳能辐射，通过聚光获取热量，进行炊事烹饪食物的一种装置。它不烧任何燃料，没有任何污染，正常使用时比蜂窝煤炉的加热速度快，和煤气灶速度一致。太阳灶基本上可分为箱式太阳灶、平板式太阳灶、聚光式太阳灶、室内太阳灶、储能太阳灶和菱镁太阳灶。前三种太阳灶均在阳光下进行炊事操作。

（1）太阳灶具有以下优缺点：

1）优点：

① 经济效益：不用煤，不用电，不用液化气，不用柴草，不用花一分钱，只利用太阳光就可以烧水、做饭。在有阳光的地方使用，既方便又省钱，一次投资长期收益。

② 社会效益：一省劳力，不用砍柴；二节柴省煤；三改善吃饭条件，提高健康水平，烧水做饭为纯天然、无污染，清洁，无烟尘和油垢。

③ 生态效益：对环境无任何污染。节约煤炭和柴草，减少二氧化碳排放量，不仅解决燃料问题，还可以大量减少焚烧，保护了农村环境，维持生态平衡，是国家提倡的节能环保品。

2）缺点：

① 阴天下雨不能用；

② 室内不能用；

③ 虽然在国外（例如南非等国家）很畅销，但大城市用量少。

（2）太阳灶的技术要求：

1）太阳灶按采光面积划分规格，其优先系列为 $1.0m^2$、$1.3m^2$、$1.6m^2$、$2.0m^2$、$2.5m^2$、$3.0m^2$、$3.5m^2$；

2）太阳灶焦距推荐采用下列值：$50 \sim 95cm$（每 $5cm$ 为一个梯度）；

3）太阳灶应按规定程序批准的图样和技术文件制造；

4）太阳灶的热性能指标应符合：抛物面太阳灶不低于 55%，菲涅尔太阳灶不低于 45%，温度在 400℃ 以上的光斑面积在 $50 \sim 200cm^2$ 之间，边缘整齐，呈圆形或椭圆形；

5）尺寸参数应符合：最大操作高度 $\leq 1.25m$，最大操作距离 $\leq 8m$，最小使用高度角 $\leq 25°$，最大使用高度角 $\geq 70°$；

6）保证太阳灶在使用时间内太阳光的照射不受遮挡，在使用过程中，一般需每隔 $10min$ 左右调整一次太阳灶，使反射光团始终落在锅底。

2.12.2　太阳能制冷空调

太阳能转换成热能后，人们不仅可以利用这部分热能提供热水和采暖，还可以利用这部分热能提供制冷空调。按上述消耗热能及消耗机械能这两大类补偿过程进行分类，太阳能制冷系统主要有以下 5 种类型：

（1）太阳能吸收式制冷系统（消耗热能）；

（2）太阳能吸附式制冷系统（消耗热能）；

（3）太阳能除湿式制冷系统（消耗热能）；

（4）太阳能蒸汽压缩式制冷系统（消耗机械能）；

（5）太阳能蒸汽喷射式制冷系统（消耗热能）。

2.12.2.1　蒸汽压缩式太阳能制冷空调技术

蒸汽压缩式太阳能制冷空调技术如图 2-60 所示。当蒸汽压缩式制冷机工作时，压缩机将蒸发器所产生的低压（低温）制冷剂蒸汽吸入压缩机气缸内，经压缩后，制冷机蒸汽压力升高（温度也升高）到稍大于冷凝压力，然后再将高压制冷剂蒸汽排至冷凝器。在冷凝器内，温度和压力较高的制冷剂蒸汽与温度较低的冷却介质（水或空气）进行热交换而冷凝成液体。

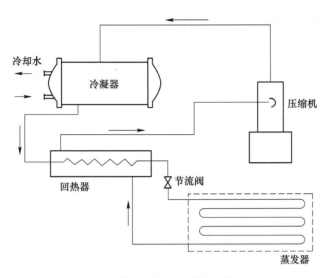

图 2-60　蒸汽压缩式制冷机工作原理

　　这部分液体经节流阀降压（同时降温）后进入蒸发器，在蒸发器内吸收待冷却物体的热量而汽化，待冷却物体便得到冷却，从而实现了制冷的目的。蒸发器所产生的制冷剂蒸汽又被压缩机吸走。制冷机在系统中经过压缩、冷凝、节流、汽化四个过程，完成一个制冷循环。如果循环不断进行，便实现连续制冷。

　　太阳能蒸汽压缩式制冷系统主要由太阳能集热器、蒸汽轮机和蒸汽压缩式制冷机三大部分组成，它们分别依照太阳能集热器循环、热机循环和蒸汽压缩式制冷机循环的规律运行，如图 2-61 所示。

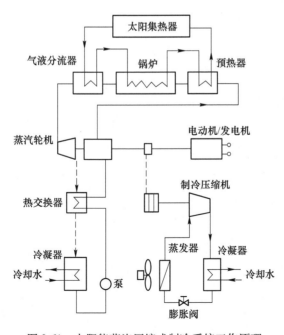

图 2-61　太阳能蒸汽压缩式制冷系统工作原理

2.12.2.2　吸收式太阳能制冷空调技术

吸收式制冷机主要由发生器、冷凝器、蒸发器和吸收器组成，如图 2-62 所示。

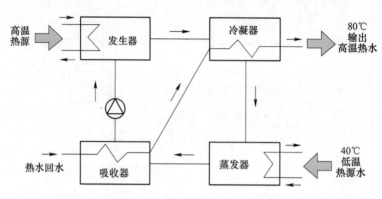

图 2-62　吸收式制冷机组成原理

在制冷机运行过程中，当溴化锂水溶液在发生器内受到热媒水加热后，溶液中的水不断汽化；水蒸气进入冷凝器，被冷却水降温后凝结；随着水的不断汽化，发生器内的溶液浓度不断升高，进入吸收器；当冷凝器内的水通过节流阀进入蒸发器时，急速膨胀而汽化，并在汽化过程中大量吸收蒸发器内冷媒水的热量，从而达到降温制冷的目的。

在此过程中，低温水蒸气进入吸收器，被吸收器内的浓溴化锂溶液吸收，溶液浓度逐步降低，由溶液泵送回发生器，完成整个循环。常规的吸收式空调系统主要包括吸收式制冷机、空调箱（或风机盘管）、锅炉等部分，而太阳能吸收式空调系统在此基础上增加太阳能集热器、储水箱和自动控制系统。太阳能吸收式空调系统可以实现夏季制冷、冬季采暖、全年提供生活热水等多项功能，其工作原理如图 2-63 所示。

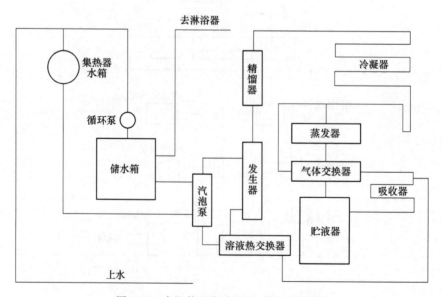

图 2-63　太阳能吸收式空调系统工作原理

2.12.3 太阳能干燥技术

太阳能干燥的过程是利用热能使物料中水分汽化，并扩散到空气中的过程，是一个传热传质的过程。太阳能干燥就是使被干燥物料直接吸收太阳能，或通过太阳能空气集热器所加热的空气进行对流传热，间接地吸收太阳能，物料表面获得热能后，再传至物料内部，水分从物料内部以液态或气态方式扩散，透过物料层而达到表面，然后通过物料表面的气膜扩散到热气流中，通过这样的传热传质过程，使物料逐步干燥。完成这个过程的条件是必须使被干燥物料表面产生水汽（或其他水蒸气）的压强大于干燥介质中水汽（或其他水蒸气）的分压，压差越大，干燥过程进行得越迅速。所以，干燥介质要能及时地将汽化的水汽带走，保持一定的汽化水分推动力。如果压差等于零，就意味着干燥介质与物料的水汽达到平衡，干燥完成。最常用的干燥介质是空气，由于空气中含有水蒸气，因此称之为"湿气"。湿空气的性质和干燥过程中湿空气状态参数的变化规律，是掌握干燥过程的必备知识。干燥过程的物料衡算和热量衡算、物料所含水分的性质和汽化过程的特征等，是干燥过程的理论基础。太阳能干燥一般以空气为工质，空气在太阳能集热器中被加热，在干燥器与干燥的湿物料接触过程中，热空气把热量传给湿物料，使其中水分汽化，并把水蒸气带走，从而使物料干燥。整个过程是传质传热的过程。

太阳能干燥器按接收太阳能及能量输入方式进行分类，主要可分为三种类型，即温室型太阳能干燥系统、集热器型太阳能干燥系统和集热器温室热太阳能干燥系统。

参 考 文 献

[1] 杨德仁. 太阳电池材料 [M]. 北京：化学工业出版社，2006.

[2] 刘秀琼. 多晶硅生产技术——项目化教程 [M]. 北京：化学工业出版社，2019.

[3] 翟秀静，刘奎仁，韩庆. 新能源技术 [M]. 北京：化学工业出版社，2016.

[4] 梁宗存，沈辉，史珺. 多晶硅与硅片生产技术 [M]. 北京：化学工业出版社，2014.

[5] 唐琳，魏奎先，邢鹏飞，等. 工业硅生产使用技术手册 [M]. 北京：冶金工业出版社，2020.

[6] 林明献. 太阳能电池新技术 [M]. 北京：科学出版社，2012.

[7] 陈哲艮，郑志东. 晶体硅太阳能电池制造工艺原理 [M]. 北京：电子工业出版社，2017.

[8] 尹建华，李志伟. 半导体硅材料基础 [M]. 北京：化学工业出版社，2011.

[9] Donald A. Neamen，赵毅强，姚素英，等. 半导体物理与器件 [M]. 北京：电子工业出版社，2018.

[10] 罗运俊. 太阳能利用技术 [M]. 北京：化学工业出版社，2005.

[11] 王晓梅. 太阳能热利用基础 [M]. 北京：化学工业出版社，2014.

[12] 王慧，胡晓花，程洪智. 太阳能热利用概论 [M]. 北京：清华大学出版社，2013.

[13] 孙如军，卫江红. 太阳能热利用技术 [M]. 北京：冶金工业出版社，2017.

[14] 何梓年. 太阳能热利用 [M]. 合肥：中国科学技术大学出版社，2009.

[15] 郑宏飞，苏跃红. 太阳能应用中的热物理问题 [M]. 北京：科学出版社，2016.

3 先进二次电池材料与技术

在全球经济实力迅速发展以及人口迅速增长的趋势下，煤、石油、天然气等不可再生能源濒临枯竭，并且大量使用上述化石燃料也会对环境造成破坏，如大气污染、温室效应等。从资源可持续利用的角度出发，大力开发新能源，如水能、风能、太阳能、地热能、潮汐能等，是缓解这些问题的重要途径。但是，大多数新能源存在间歇性和地域性的问题，使其难以直接利用，因此需要良好的储能系统来充分利用这些能源。电化学储能系统，特别是二次电池，因其高能量转换效率、高安全性能、长循环稳定性和绿色环保的优点，成为储能系统的首选。

20 世纪 90 年代索尼公司将锂离子电池商业化后，锂离子电池便开始在人们生产生活中的各个方面得到广泛的应用，极大地改善了人们的生活。如今，锂离子电池在智能电子产品和新能源电动汽车方面已经得到大量应用，并占有主导地位。Na 与 Li 位于第一主族，两者具有相似的物理化学性质。与锂相比，钠资源储量丰富、分布广泛且价格低廉。利用钠离子电池和锂离子电池结构相似性这一特点，用改进锂离子电池的方法去改进钠离子电池的各个方面，可以促进钠离子电池迅速发展，加快产业化进程。综上，本章主要介绍锂离子电池和钠离子电池相关材料与技术。

3.1 锂离子电池

在诸多新能源技术中，锂离子电池以其清洁、安全和便利等优点在国民经济和日常生活中发挥着越来越重要的作用。为表彰约翰·古迪纳夫（John B. Goodenough）、斯坦利·惠廷厄姆（M. Stanley Whittingham）、吉野彰（Akira Yoshino）三人在锂离子电池领域所做的卓越贡献，瑞典皇家科学院宣布将 2019 年诺贝尔化学奖颁发给以上三人。锂电池已经对人类生活带来了很大的变化，将来必在交通电气化、能源低碳化和设备智能化的社会中起更重要的作用。

3.1.1 锂离子电池发展历史概述

金属锂，元素符号为 Li，是瑞典化学家阿尔夫维特桑于 1817 年分析透锂长石时发现的。锂是自然界中最轻的金属元素，其密度低至 $0.534g/cm^3$，只有同体积铝的质量的五分之一、水的二分之一。锂元素具有最低的标准电极电势（$-3.045V$ vs 标准氢电极（standard hydrogen electrode，SHE）），以金属锂为负极的电化学储能器件理论比容量高达 $3.86A \cdot h/g$，而其他碱金属，比如金属锌和铅却只有 $0.82A \cdot h/g$ 和 $0.26A \cdot h/g$（如表 3-1 所示）。

表 3-1 主要电池负极金属材料的物理化学性质比较

金属	原子量	25℃标准电位 (vs. SHE)	密度 /g·cm^{-3}	熔点 /℃	电化学当量		
					A·h/g	g/(A·h)	A·h/cm^3
Li	6.94	−3.045	0.534	180.5	3.86	0.259	2.08
Na	23.0	−2.7	0.97	97.8	1.16	0.858	1.12
Mg	24.3	−2.4	1.74	650	2.20	0.454	3.80
Al	26.9	−1.70	2.7	659	2.98	0.335	8.10
Ca	40.1	−2.87	1.54	851	1.34	0.748	2.06
Pd	207	−0.13	11.3	327	0.26	3.85	2.90
Zn	65.4	−0.76	7.13	419	0.82	1.22	5.80

20 世纪 70 年代初，能源危机促进了以 Li 或 Li-Al 合金作为负极材料的锂原电池的研究，包括 Li/MnO_2、Li/I_2、$Li/SOCl_2$、Li/FeS_2 等锂原电池相继出现。1970 年日本松下（Panasonic）公司在美国获得锂氟化碳 $[Li/(CF)_n]$ 电池的专利，放电过程中 $(CF)_n$ 被锂化生成 C 和 LiF，但是该反应不具有可逆性，所以锂原电池是一次电池。后来性能更好、价格更低的 Li/MnO_2 体系代替了 $Li/(CF)_n$ 体系，目前仍在大规模使用的锂一次电池体系还包括 $Li-I_2$、$Li-SOCl_2$ 电池和 $Li-FeS_2$ 电池等。

真正意义上的锂离子电池最早是 1976 年由 Exxon 公司的 Whittingham 提出来的，该类电池内部已经没有单质锂的存在，锂的来源由锂离子化合物提供。Whittingham 发现在室温下，层状的 TiS_2 可以与金属锂发生电化学反应，并且首次把能量存储和插入反应有机结合在一起。Li/TiS_2 电池的工作电压约为 2V，循环性能非常优越，1000 次循环内每次容量衰减仅为 0.05%。Exxon 公司采用 LiAl 合金代替金属锂作为锂离子电池的负极后于 1977 年推向市场，用于手表和小型电子设备。此后，以 VSe_2、MoO_3、$CuTi_2S_4$、V_2O_5、V_6O_3、LiV_3O_8 为代表的可以与锂发生可逆脱嵌反应的化合物相继出现。1980 年加拿大 Moli Energy 公司将 1mol 的 MoS_2 通过化学法插入 1mol 的锂形成 $LiMoS_2$ 用以改善 MoS_2 的电化学循环性能，并且将其产业化，这也最接近现代锂离子电池的雏形。

20 世纪 80 年代后，锂离子电池的研究取得了突破性的进展：1980 年，Goodenough 课题组制成了 $LiCoO_2$ 正极材料；1981 年，贝尔实验室将石墨用于锂离子电池的负极材料；1983 年，Goodenough 课题组制备了正极材料 $LiMn_2O_4$；1989 年，Manthiram 和 Goodenough 报道了聚阴离子的诱导效应能够改善金属氧化物的工作电压；1990 年，Sony 公司的商品化锂离子二次电池（石墨/钴酸锂）成为真正意义上的锂离子电池，实现了以石墨化碳材料为负极的锂二次电池；1994 年，Tarascon 和 Guyomard 研制了基于碳酸乙烯酯和碳酸二甲酯的电解液体系；1997 年，Goodenough 报道了一种正极材料 $LiFePO_4$。到此，锂离子电池已完全成型。

3.1.2 锂离子电池电化学性能的各项指标

（1）电压：任何电化学反应都与电极电势 E 有关，其可以根据吉布斯自由能（ΔG）来计算，ΔG 的基本热力学方程计算公式为：

$$\Delta G = \Delta H - T\Delta S \tag{3-1}$$

式中　ΔH——热晗，J/mol；

　　　　T——绝对温度，-273.15℃；

　　　　ΔS——热熵，J/K。

假设吉布斯能量全部转化为电功，然后有：

$$\Delta G^{\ominus} = W = -nFE^{\ominus} \tag{3-2}$$

式中　n——电子转移数；

　　　　F——法拉第常数，$F=96485C$；

　　　　$E^{\ominus}$——标准电极电势。

（2）内阻：锂离子电池中的内阻由欧姆内阻与极化内阻两部分组成。欧姆内阻主要是指由电极材料、电解液、隔膜电阻及各种零件的接触电阻组成，受电池的材料、制造工艺、电池结构等因素的影响。极化内阻指的则是电池的正极与负极在进行电化学反应时极化所引起的内阻。在大电流充放电时，内阻对充放电特性的影响尤为明显。内阻对温度最为敏感，不同温度下，内阻值可以发生极大变化。电池内阻值大，会导致电池放电工作电压降低，放电时间缩短。比如低温下电池性能下降，其重要的原因之一就是低温下电阻内阻过大。因此，锂离子电池内阻是衡量电池性能的一个重要参数。

（3）理论容量和实际容量：电池的容量有理论容量和实际容量之分。理论容量是假设电极上的活性物质全部参加电化学反应，根据法拉第电解定律计算，电极应能放出的安时电量称为电极的理论容量。

$$Q_{理论容量} = \frac{n \times F}{3600M} \tag{3-3}$$

式中　n——电化学反应中转移的电子摩尔数；

　　　　F——法拉第常数，$F=96485C$；

　　　　M——活性物质的分子量；

　　　　Q——容量，mA·h/g 或 A·h/kg。

电池的实际容量电量，主要受放电倍率和温度的影响，由实际充放电的电流和时间计算。

$$Q_{实际容量} = \frac{I \times t}{M} \tag{3-4}$$

式中　I——电流密度，A 或 mA；

　　　　t——时间，h。

（4）能量密度（energy density）：锂离子电池单体的能量密度是指单位质量或者单位体积电芯的充放电能力，主要以体积比能量或者质量比能量来表示。

$$体积比能量(W·h/L) = \frac{电池容量 \times 电压}{电池内腔体积} \tag{3-5}$$

$$质量比能量(W·h/kg) = \frac{电池容量 \times 电压}{电池重量} \tag{3-6}$$

（5）容量保持率（capacity retention）：容量保持率通常用于评估电池的循环稳定性，是指首圈到第 n 个循环的放电容量的损失率。

$$容量保持率 = \frac{n\,圈放电容量}{首圈放电容量} \times 100\% \tag{3-7}$$

（6）倍率性能：倍率性能指在多种不同倍率充放电电流下表现出来的容量大小、保持率和恢复能力，一般来说，大电流情况下放出的容量较少，所以高倍率能放出多少容量，就成了电池性能的一个指标。高倍率放出的容量越大，电池性能越好。电池中所有的容量1h 放电完毕，称为 1C 放电，即：

$$充放电倍率(C) = \frac{充放电电流}{额定容量} \tag{3-8}$$

例如：额定容量为 100mA/h 的电池用 20mA 放电时，则 5 小时放电完毕，其放电倍率为 1/5×1C＝0.2C。

（7）库伦效率（coulombic efficiency，CE）：库伦效率，也叫放电效率，是指在一定的充放电条件下，放电时释放出来的电荷与充电式充入的电荷的百分比

$$正极材料:库伦效率 = \frac{放电容量}{充电容量} \times 100\% \tag{3-9}$$

$$负极材料:库伦效率 = \frac{充电容量}{放电容量} \times 100\% \tag{3-10}$$

（8）高低温性能：2017 年国家工信部印发的《促进汽车动力电池产业发展行动方案》中提出了锂离子动力电池的使用环境的目标温度为低温-30℃到高温 55℃。一般而言，外部温度越低，电池电解液的电导率越低，当电导率下降之后，溶液传导活性离子的能力就会下降，表现为电池内部反应的阻抗增加。当温度小于-10℃时，锂离子电池中正负极活性材料的界面阻抗会快速增加，而电解液的阻抗在-20℃左右会快速上升，这两个阻抗综合结果就表现为电池内阻会在-10℃左右快速上升，放电容量迅速下降。

一般而言，化学反应在高温下比在低温下更容易发生，这是由于电池中的正负极活性材料为多孔材料，其在高温下的内部阻抗会变得更小，导电率变大。然而，高温下电解液中的酸性物质在高温下更容易腐蚀电池壳和正负极活性物质，电池会产生膨胀效应。另外在高温下，电解液与活性物质更容易发生化学反应，消耗更多的活性锂离子，生成了更多更厚的 SEI 膜，造成了容量的下降。因此一般认为锂离子电池中的化学反应可以在小于45℃下保持良好状态，超过此温度则可能导致电池性能的退化。

（9）安全性能：由于锂离子电池普遍采用易燃烷基碳酸酯有机溶剂作为电解液，而作为负极的石墨碳在充电态时化学活性接近于金属锂（0~0.4V，vs. Li$^+$/Li），这两个因素导致锂离子电池异常容易起火和爆炸。在高温下负极表面的 SEI 膜会发生分裂，嵌入石墨的锂离子与电解液、黏结剂 PVDF 都会发生化学反应，这些都伴随着大量热的释放。作为正极的过渡金属氧化物在充电态时具有较强的氧化性，在高温下易分解释放出氧，而释放出的氧容易与电解液发生燃烧反应，继而持续释放出大量的热。因此锂离子电池的安全性能绝对是锂离子电池的第一项考核指标，为此国际上制定了非常严格的各种环境考核实验，包括外部短路、过充、热箱试验（150℃恒温 10min）、针刺（用 Φ3mm 钉子穿透电池）、焚烧（煤气火焰烧烤电池）等来考察电池的安全性能。同时也会对电池进行平板冲击（10kg 重物由 1m 高处砸向电池）、高空跌落等力学性能试验，考察电池在实际使用环境下的性能情况。

（10）贮存性能：贮存性能是指电池贮存期间容量的下降率，电池容量下降是由两个电极的自放电引起的。自放电的大小用电池容量下降到某一规定容量所经过的时间来表

示,其称为搁置寿命或贮存寿命。锂电池经过长时间的存放,电池性能下降,表现为电池的内阻变大并伴随着一定的电压下降现象,从而导致电池放电容量降低。因此,电池的常温贮存、高温贮存的自放电率、内阻和电池的开路电压是分析电池储存性能的主要指标。对于长期搁置的锂离子电池,其容量的降低包括由电池内部化学体系消耗反应造成的不可逆衰减的容量,可以通过再次充电恢复的容量。锂离子自放电率很低,这是锂电子电池最突出的优点之一,目前一般可以做到1%/月以下,不到镍氢电池的1/20。

3.1.3 锂离子电池的特点和应用范围

锂离子电池的理论能量密度约为380W·h/kg,现今市场上的锂离子二次电池能量密度为150~300W·h/kg,功率密度在500~2000W/kg,效率约为70%。由于Li$^+$的离子半径较小,能够快速扩散穿过电极材料,提供快速充放电倍率。现今快充电流可达2C,在专用型充电条件下充电40min就可以充满电池,启动电流密度可以达到2C,而其他铅酸蓄电池现阶段不具有这类特性。表3-2显示在同样容积下,锂离子电池的比能量比铅酸蓄电池高3~4倍,比镍镉、镍氢电池高一倍,在相同的输出功率下,锂离子电池比铅酸蓄电池、镍镉、镍氢电池体型小20%,并且质量轻一半。高电压开路电压通常为3.6V,而镍氢、镍镉电池开路功率仅为1.2V。

表3-2 各种能源存储体系的性能对比

电池种类	工作温度 /℃	能量密度		功率密度 /W·h·kg^{-1}	自放电率 /%·月$^{-1}$	工作电压/V
		W·h/L	W·h/kg			
铅酸电池	−30~60	50~70	20~40	150	4~8	2.1
镍氢电池	−20~50	200	50~60	250	20	1.2
镍镉电池	−30~50	150	45~50	170	25	1.2
锂离子电池	−30~65	120~250	100~200	800~3000	1~5	<3.6

普通铅酸蓄电池可循环系统使用时间约为150次,常温下1C充电的磷酸铁锂离子电池动力锂离子电池,单个经过2000次循环系统后容积仍超过80%,3C循环系统使用寿命达到800次之上。铅酸电池对工作温度有着很严格的规定,高温时,其使用寿命不会超过五年。在同样条件下,磷酸铁锂电池充电电池的使用寿命更长,操作温度范围能够达到−20~75℃,在高温(60℃)时仍能释放100%容量。此外,锂离子电池几乎没有记忆性,充电电池可以随充随用,不用先放后充。可以充放电不充分而不降低其容量。

然而,锂离子电池也存在不容忽视的缺点,归结起来主要有以下几点:

(1)锂离子电池的内部阻抗较高。由于锂离子电池电解液为有机溶剂,其电导率比镍镉电池的电解质溶液要低得多,所以锂离子电池内部阻抗是镍氢、镍镉电池的11倍左右。

(2)工作电压变化较大。当电池放电到额定容量的80%,镍镉电池的电压变化只有20%左右,锂离子电池电压变化为40%,这是电池供电的严重缺陷。另一方面,由于锂离子放电电压变化大,又令人很容易检测到电池的剩余电量,这是锂电池的优势之一。

(3)锂离子电极材料成本比较高。

(4)锂离子电池的装配要求较严格,在注射电解液过程中,需要严格控制氧气含量和湿度。

（5）现阶段商业锂离子电池需要有机电解液，因此，相比于其他电池，锂离子有一定的安全隐患，在产品组装中需要特殊的保护电路。

锂离子电池自 1990 年由日本 Sony 公司商业化开始便迅速发展。2000 年以前，世界上的锂离子电池产业基本由日本独霸。近年来，随着中国和韩国的崛起，日本一枝独秀的局面被打破。近几年，我国锂离子电池产量以年平均 30% 以上速度高速增长。到 2019 年，国内锂电全年产量已经超过 157.2 亿只。根据下游应用行业的不同，通常将锂离子电池分为动力锂离子电池，消费锂离子电池及储能锂离子电池三种，电池种类不同，其电池内阻、电流及电容均不同，具体参见表 3-3。2013 年前，锂离子电池主要应用于电子类快销产品，其占据锂电池近 90% 的市场份额。之后由于新能源汽车的快速发展，3C 类产品（手机、电脑、数码相机）发展减缓，而动力锂离子电池销量高速度增长。工业储能电池目前市场较小，而消费类锂电池虽然目前占比较大，但下游 3C 电子需求趋于饱和，近年来占比逐渐下滑，所以从整体来看，锂离子电池未来发展以动力电池为主。

表 3-3 锂离子二次电池的分类及技术要求

技术要求	消费锂离子电池	动力锂离子电池	储能锂离子电池
比功率/$W \cdot h \cdot kg^{-1}$	200~230	300	200
寿命/年	2~3	5~8	>10
循环次数/次	300~500	1000~2000	3500
应用范围	消费电子产品类	电动交通工具、电动工具、航空航天等	风力发电、光伏发电等储能电站

3.1.4 锂离子电池原理

锂离子电池的工作原理实际上是一类固态浓差电池，只要正负极材料中的至少一个材料能够储存锂，且其电化学势存在显著的差异（>1.5V），就可以形成锂离子电池。锂离子电池主要由四部分组成：正极材料、负极材料、隔膜和电解液。正极材料为锂离子电池提供锂离子；负极材料在锂电池中的主要作用是储存锂离子。在充电时，电流将正极嵌合物中的锂离子赶了出来，锂离子经过正极与负极之间的电解液"游"到负极嵌合物中；而放电时，锂离子又从负极嵌合物中经过电解液"游"回正极嵌合物中。嵌入的锂离子越多，充放电容量就越高。锂在整个脱落和嵌入的循环过程中，都保持稳定的离子形式，锂离子能在电池两极的嵌合物中摇摆。正负极材料的结构中存在着可控锂离子占据的空位，空位组成一维、二维、三维或无序的离子输运通道。如图 3-1 所示，$LiCoO_2$ 和石墨碳都为具有二维通道的层状结构的典型的嵌入化合物。分别以这两种材料为正负极活性材料组成锂离子电池，则充电时电极反应可表示为：

正极： $$LiCoO_2 \Longleftrightarrow Li_{1-x}CoO_2 + xLi^+ + xe^-$$ （3-11）

负极： $$C + xLi^+ + xe^- \Longleftrightarrow Li_xC$$ （3-12）

电池总反应： $$LiCoO_2 + C \Longleftrightarrow Li_{1-x}CoO_2 + Li_xC_6$$ （3-13）

3.1.5 锂离子电池正极材料

目前商业使用的锂离子二次电池正极材料按晶体结构主要分为以下三类。

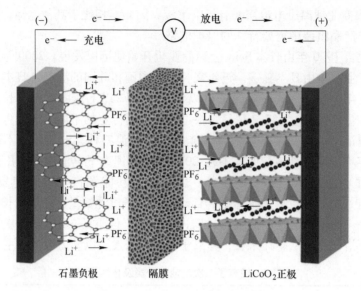

图 3-1　$LiCoO_2/C$ 电池工作原理

（1）六方层状晶体结构的 $LiCoO_2$、$LiNiO_2$，其中又演化出三元正极材料 $Li(Co_xNi_yMn_{1-x-y})O_2(x+y+z=1)$（NCM），镍钴铝正极材料 $LiNi_{0.8}Co_{0.15}Al_{0.05}O_2$（NCA）和富锂材料 $xLi_2MnO_3\cdot(1-x)Li(Ni_xCo_yMn_z)O_2$；

（2）立方尖晶石结构的 $LiMn_2O_4$，以及高电压的镍锰酸锂类 $LiNi_{0.5-x}M_xMn_{1.5-x}O_4$（M = Cr、Fe、Co 等）；

（3）正交橄榄石晶体结构的 $LiFePO_4$，其中又包括铁锰化合物 $Li(Fe_{1-x}Mn_x)PO_4$ 以及 $LiMPO_4$（M = Mn、Co、Ni 等）材料。

这三种典型正极材料的技术指标参见表 3-4。

表 3-4　常见锂离子电池正极材料及其性能

技术参考	钴酸锂（$LiCoO_2$）	锰酸锂（$LiMn_2O_4$）	磷酸铁（$LiFePO_4$）
晶体结构			
空间点群	R-3m	Fd-3m	Pmnb
表面扩散系数/$cm^2\cdot s^{-1}$	$10^{-11}\sim10^{-12}$	$10^{-12}\sim10^{-14}$	$1.8\times10^{-16}\sim2.2\times10^{-14}$
理论容量/$mA\cdot h\cdot g^{-1}$	275	148	170
实际容量/$mA\cdot h\cdot g^{-1}$	$135\sim220$	$100\sim120$	$130\sim160$
体积容量/$A\cdot h\cdot L^{-1}$	808	462	592
放电曲线形状	平直	平直	非常平直

技术参考	钴酸锂（$LiCoO_2$）	锰酸锂（$LiMn_2O_4$）	磷酸铁（$LiFePO_4$）
平均电压/V	3.7	3.8	3.4
电压范围/V	3.0~4.5	3.0~4.3	3.2~3.7
循环性/次	500~1000	500~2000	2000~6000
理论密度/g·cm^{-3}	5.1	4.2	3.6
振实密度/g·cm^{-3}	3.6~4.2	2.2~2.4	0.8~1.10
压实密度/g·cm^{-3}	3.6~4.2	>3.0	2.20~2.30
环保性	钴有毒	无毒	无毒
安全性	良好	好	好
温度范围/℃	-20~55	>55 时快速衰减	-20~75
成本价格/万元·t^{-1}	20~40	3~12	6~20
主要应用领域	传统 3C 产品	电动工具、电动自行车、电动汽车及大规模储能	电动汽车及大规模储能

3.1.5.1 层状材料

α-$NaFeO_2$ 型二维层状结构的 $LiCoO_2$，属于六方晶系 R3m 空间群，充放电过程中 Li^+ 在 Co-O 层间进行二维迁移，因此其锂离子扩散系数高达 $10^{-12} \sim 10^{-11} cm^2/s$。钴酸锂具有性能稳定、合成过程简单且工艺成熟等特点，但也存在实际比容量低、钴元素资源有限价格偏高且毒性大等特点。虽然 $LiCoO_2$ 的理论比容量为 274mA·h/g，但是研究者发现当 Li_xCoO_2 脱锂原子百分数达到 55%（$x<0.55$）时，材料会发生失氧反应，会导致电解液分解和集流体腐蚀，从而发生电极材料结构的不可逆相变，令正极材料完全失效，因此钴酸锂的实际容量只有 130~160mA·h/g。通常，掺杂和包覆是能将更多的锂离子从钴酸锂晶体结构中可逆脱嵌的有效改性方法。比较成功的包覆材料是固态电解质材料（比如 $Li_{1.5}Al_{0.5}Ti_{1.5}(PO_4)_3$、$AlPO_4$）、导电高分子聚合物（聚吡咯、聚苯胺等）和金属氧化物（Al_2O_3、MgO 等），包覆层能在材料表面转化成具有较高稳定性以及优良导电特性的均匀界面层，从而有效地解决了钴酸锂材料在高电压充电过程中的表面稳定性问题。在痕量掺杂方面，较成功的 Mn、Al 单掺杂或是 Ti-Al、Mn-Al、Ti-Mg-Al 共掺杂系统。掺杂元素可以调控钴酸锂颗粒内部的缺陷及其分布，进而抑制钴酸锂材料在高电压充放电过程中导致电化学性能衰减的结构相变。

钴、锰和镍是位于同一周期的相邻元素，具有相似的核外电子排布，且 $LiNiO_2$ 和 $LiCoO_2$ 有相似的理论容量且同属于 α-$NaFeO_2$ 型化合物。日本 Ohzuku 发现 $LiMnO_2$、$LiNiO_2$ 和 $LiCoO_2$ 在一定条件下可相互形成固溶体，形成 Li-Co-Ni-Mn-O 系列层状物（NCM）。它们合成的 $Li(Ni_{1/3}Co_{1/3}Mn_{1/3})O_2$ 有着与 $LiCoO_2$ 相似的容量和电化学性能，然而它的电化学窗口则可高达 3.6~4.7V。在 NCM 晶体中，Mn^{4+} 起到了稳定结构的作用，Co^{3+} 能够提高材料的导电率，同时抑制 Ni 和 Li 的互占位缺陷，Ni^{2+} 降低材料成本的同时可以提高安全性。充电过程中，Mn 始终保持+4 价，并没有化学活性，Ni、Co 元素价态的变化依次为：Ni^{2+}→Ni^{3+}，Ni^{3+}→Ni^{4+}，Co^{3+}→Co^{4+}。NCM 相比于 $LiCoO_2$ 有成本上的优势，200 次循环后容量保持率高达 90%以上，20℃下容量保持率 84%，在 55℃下容量保持率高达 80%，目前已经在商品锂离子电池中大量使用。市场上常见的三元材料根据不同实际需求开发的镍钴锰的比例主要有 424、333、523、262、811 等。考虑到 Co 的价格以及 Mn 的非活性，能量密度随着镍含量的增加而提升。图 3-2 展示了三元材料中 Ni 含量升高对电芯能量密度的影响。

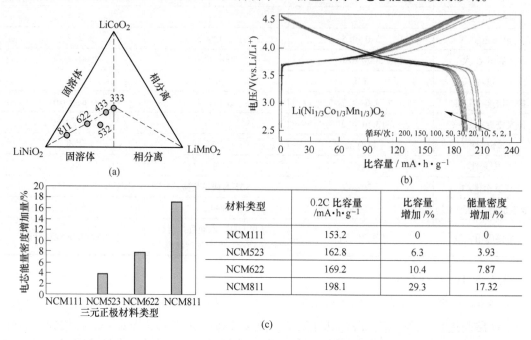

图 3-2　三元材料中 Ni 含量升高对电芯能量密度的影响

（a）NCM 系列正极材料示意图；（b）$Li(Ni_{1/3}Co_{1/3}Mn_{1/3})O_2$ 在室温下的循环曲线；

（c）电芯能量密度与 NCM 的关系

材料类型	0.2C 比容量 /$mA\cdot h\cdot g^{-1}$	比容量 增加 /%	能量密度 增加 /%
NCM111	153.2	0	0
NCM523	162.8	6.3	3.93
NCM622	169.2	10.4	7.87
NCM811	198.1	29.3	17.32

现阶段镍原子百分数含量在 60% 以下的技术已经被基本掌握，然而镍含量更高的 NCM 三元正极材料在空气中的循环过程不稳定，且制备较困难，因此高镍正极 NCM 是目前的研究难点。研究人员发现用痕量 Al 代替 Mn 来改善上述情况，Al 的掺杂可以起到以下作用：（1）适量掺杂的 Al 以固溶体的形式存在，可以改变 Ni 系层材料的晶胞参数，降低锂镍氧的合成难度；（2）适量 Al 掺杂可稳定层状结构，从而提高材料的充放电性能；（3）有效提高电荷在电极界面间转移，并且能抑制高压循环过程中电荷转移阻抗的增加。NCM 和 NCA 目前技术路线见表 3-5。

表 3-5　NCM 和 NCA 的技术对比

理论能量密度	NCM	NCA
	NCM811 为 300W·h/kg	约为 350W·h/kg
成本	随着 Ni 含量降低，目前成本小于 NCA	在钴使用量差不多的情况下，成本略高于 NCM
生产工艺	相较于 NCA 简单	对生产设备的密封性较高，对温度、湿度都敏感，生产管理成本高
循环寿命	1000~2000 次，一旦长时间放置循环性能衰减很快	1000~2000 次，但不会出现 NCM 需要经常使用才能保证寿命的问题
下游应用	电动汽车、消费类产品等	电动汽车、电动工具、园林工具等

在提高材料稳定性的同时，科研人员发现增加层状正极材料中锂离子含量可以明显提高电池容量。2001 年，加拿大 Dahn Jeff 小组合成出一系列富锂层状材料，即 $Li[Li_{(1/3-2x/3)}Ni_xMn_{(2/3-x/3)}]O_2$，它们可以被看作为由 Li_2MnO_3 与 $LiMO_2$ 按不同比例组成的连续固溶物，也表示为 $yLi_2MnO_3(1-y)LiMO_2$（其中 M 为一种或一种以上的过渡金属，如：Mn、Ni、Co）。例如富锂材料 $Li[Li_{1/9}Ni_{1/3}Mn_{5/9}]O_2$ 中一个 $Ni_{1/3}Mn_{5/9}O_2$ 晶胞中可以插入一个以上的锂离子，因此理论容量可以超过 $200mA \cdot h/g$。其中多余出来的锂离子位于层状过渡金属层中，被 5 或 6 个 Mn 包围。富锂正极材料首次充电过程分为两个阶段，第一阶段是电压在 4.5V 以下时，$LiMO_2$ 锂层结构中的 Li^+ 与其分离，并伴随着过渡金属离子的氧化（$Ni^{2+/3+}$，$Ni^{3+/4+}$，$Co^{3+/4+}$）；第二阶段是充电电压大于 4.5V 时，充电曲线具有一个特殊的平台（如图 3-3 所示）。

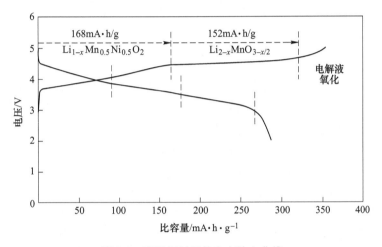

图 3-3 富锂相材料首次充放电曲线

在充电 4.5V 以上时，Li 会从 Li_2MnO_3 结构中脱出，而材料为了保持充电平衡，氧将提供更多的电子，并以 Li_2O 形式脱出，在材料表面分离，同时过渡金属离子从表面向内迁移，占据了过渡金属层中的八面体。因此与传统层状材料不同之处是，普通材料在充放电过程中只有过渡金属离子发生氧化还原反应，提供容量，而层状富锂正极材料中氧离子也参与氧化还原反应提供容量。尽管富锂正极材料能够提供高达 $200 \sim 330mA \cdot h/g$ 的质量比容量，目前还存在电压和功率衰减、倍率性能、循环性能差等问题，研究者正在通过掺杂、包覆、非计量比来对其进行改性。

3.1.5.2 尖晶石类材料

尖晶石型 $LiMn_2O_4$ 具有较高的工作电压平台，图 3-4 给出了该材料充放电循环曲线。充电时，Li^+ 会从晶体结构中脱出，直到充电状态结束，Li^+ 全部脱出。此时，$LiMn_2O_4$ 变成了 $[Mn_2O_4]$，其中锰离子从三价和四价共存状态变成了单一 Mn^{4+} 状态。当处于放电状态时，Li^+ 又会中心嵌入晶体结构中，Mn^{4+} 也会被逐渐还原为 Mn^{3+}。

图 3-4 表明在放电初期，重新嵌入晶格的 Li^+ 会先占据晶体结构 $[Mn_2O_4]$ 中氧四面体的 8a 位处，此时，会因为少量 Li^+ 的嵌入处于能量最低的状态，表现出第一个工作平台，电压约为 4.1V，当重新嵌入晶格的 Li^+ 达到甚至超过一半时，该材料的晶体机构会出现两

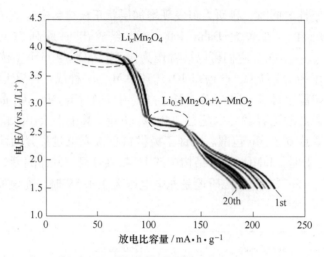

图 3-4 尖晶石型 $LiMn_2O_4$ 的充放电曲线

个立方相 $Li_{0.5}Mn_2O_4$ 和 λ-MnO_2 共存现象。随着 Li^+ 进一步嵌入，会出现第二个工作平台，电压约为 3.95V。当 Li^+ 完全嵌入尖晶石中氧四面体时，由初期的 $[Mn_2O_4]$ 变成 $LiMn_2O_4$，整个充放电过程电化学反应如下所示：

$$LiMn_2O_4 \longrightarrow Li_{1-x}Mn_2O_4 + xLi^- + xe^- \qquad (3\text{-}14)$$

高温容量低，循环寿命短是尖晶石状 $LiMn_2O_4$ 商业化应用的主要障碍。其主要由以下两个原因引起：首先是 Jahn-Teller 效应及钝化层的形成，尖晶石材料中，Mn^{3+} 和 Mn^{4+} 原子百分数含量相等，Mn^{3+} 属于质子型 Jahn-Teller 离子，具有较高的自旋和较大的磁矩。在放电过程中，容易引起 $[MnO_6]$ 八面体的 Jahn-Teller 扭曲。由于材料表面畸变的四方晶系与颗粒内部的立方晶系不相容，会严重破坏正极结构的完整性和颗粒间的有效接触，影响锂离子扩散系数和颗粒间的电导性，造成容量衰减。具体情况如图 3-5 所示，$LiMn_2O_4$ 低于 3V 放电时，锰酸锂中 Mn^{3+} 的原子百分数含量超出临界值（$Mn^{3+}/Mn^{4+}=1$），此时在材

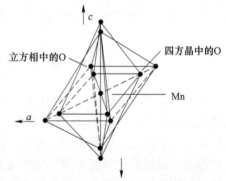

图 3-5 Jahn-Teller 效应机制图

料的内部发生了晶体内立方相向四方晶系的转变，两相共存时结构不相容，导致晶胞膨胀，在空间 c 轴方向的 2 个 Mn—O 键被拉长了。共价键的键长与键能成反比，随着键被拉长，共价键的强度被削弱，尖晶石骨架的稳固性下降，多次充放电过程中被削弱的金属-氧键极易发生断键，这将使骨架中的 Mn 受到电解液的侵蚀而发生溶解，Mn 的位错现象也可能发生。这种由 Jahn-Teller 畸变引起的尖晶石结构的破坏是不可逆的。现阶段主要是利用低价态的金属离子取代部分晶格中的 Mn 或制备缺阳离子型的非整比化合物，减少 Mn^{3+} 的原子百分数含量，提高锰离子的平均氧化态，为 $Li_{1+x}Mn_{2-x}O_4$ 提供尖晶石的缓冲区，抑制 John-Teller 效应。其次是锰的溶解，这里主要涉及 Mn^{3+} 的歧化反应和电解液中 HF 对材料颗粒的腐蚀。当材料处于放电状态时，晶体结构中的 Mn^{4+} 会被逐渐还原为 Mn^{3+}，而且随

着放电过程的进行，Mn^{3+} 的量会越来越多。当进入放电末期，尤其是过度放电时，晶体结构中 Mn^{3+} 量很大，浓度也变高，此时不仅会引起严重 Jahn-Teller 效应，还会在材料颗粒的表面发生歧化反应，如公式（3-15）所示。不仅如此，电解液中 HF 对材料的侵蚀也会造成 Mn 的溶解，如公式（3-16）、公式（3-17）所示。主要是电解液中存在的痕量水分会与电解液中的 $LiPF_6$ 反应生成 HF，H^+ 和 $LiMn_2O_4$ 特别容易发生歧化引起锰的溶解，尖晶石结构被破坏变成了没有电化学活性的质子化的 $\lambda\text{-}MnO_2$。$LiMn_2O_4$ 和电解液高温下还容易在电极表面形成一层钝化膜，阻止了电子传递，导致材料高温下可逆容量大幅衰减。

歧化反应：

$$2Mn^{3+}（固）\longrightarrow Mn^{4+}（固）+ Mn^{2+}（溶液）\tag{3-15}$$

电解液腐蚀：

$$LiPF_6 + H_2O \longrightarrow POF_3 + 2HF + LiF \tag{3-16}$$

$$4HF + 2LiMn_2O_4 \longrightarrow 3\lambda\text{-}MnO_2 + MnF_2 + 2LiF + 2H_2O \tag{3-17}$$

目前改进尖晶石高温性能主要措施是在活性颗粒的表面，包覆一层保护膜，将电解液与活性物质隔开，这样既可抑制电解液的分解和 Mn 的溶解，还可延长寿命。据报道包覆酞菁类大环过渡金属、锂化硼盐或导电高聚物等都可有效抑制尖晶石的自放电和 Mn^{2+} 的溶解。同时，研究人员在对尖晶石 $LiMn_2O_4$ 进行掺杂改性过程中发现，当 $LiMn_2O_4$ 中的 Mn 被 3d 过渡金属进行掺杂后合成了部分取代的尖晶石结构 $LiM_xMn_{2-x}O_4$（M = Cr，Co，Fe，Ni，Cu 等），在 4.5V 以上出现了新的电压平台，并且随着掺杂比例的提高而增加。图 3-6 显示不同元素掺杂后尖晶石 $LiM_xMn_{2-x}O_4$ 正极材料的电压变化，由于 Ni 掺杂后尖晶石 $LiM_xMn_{2-x}O_4$ 材料的电压平台在 5V 以下，在电解液中具有较好的稳定性，所以 $LiNi_{0.5}Mn_{1.5}O_4$ 成为近年来研究的重点。充放电过程中 $LiNi_{0.5}Mn_{1.5}O_4$ 主要存在一个 4.7V 左右的平台，对应于 Ni^{2+}/Ni^{4+} 的氧化-还原过程，可以基本消除 Mn^{3+}/Mn^{4+} 氧化-还原过程的 4.0V 平台，所以其能量密度比 $LiMn_2O_4$ 材料高出约 18%，具有良好的应用前景，是高能量密度锂离子电池的首选正极材料。然而高温下镍化锂和氧化镍杂质不可避免地存在，会导致了晶体结构中少量 Mn^{3+} 引起的氧缺失，其反应表达式如式（3-18）所示，因此纯相的 $LiNi_{0.5}Mn_{1.5}O_4$ 难以得到。

$$LiNi_{0.5}Mn_{1.5}O_4 \longrightarrow q\,Li_xNi_{1-x}O + rLiNi_{0.5-w}Mn_{1.5+w}O_4 + sO_2 \tag{3-18}$$

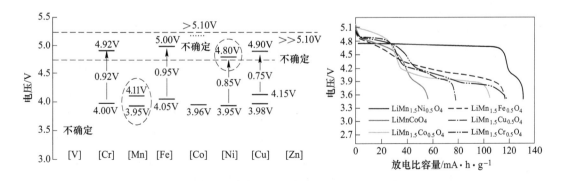

图 3-6　不同元素掺杂后尖晶石 $LiM_xMn_{2-x}O_4$ 的电压变化和首次放电曲线

　　另外在高电压的循环过程中，电解液容易发生分解反应，在材料表面形成 Li_2CO_3 膜，使电池极化增大，从而造成 $LiNi_{0.5}Mn_{1.5}O_4$ 的容量衰减。目前改进其高温高电压性能的措施主要有：（1）控制材料的比表面，减少颗粒表面与电解液的接触面积；（2）尖晶石表面修饰，在表面形成保护膜防止钝化膜的附着；（3）采用富锂尖晶石或添加其他金属阳离子 Cr^{3+}、Al^{3+}、Mg^{2+} 等或阴离子 F^-、S^{2-} 等，以起到改变或者稳定结构的作用；（4）对其使用电解液修饰，并严格控制电解液中 H_2O 的含量等。

3.1.5.3　橄榄石类材料

　　早在 20 世纪 80 年代，科学家就发现橄榄石（硅酸铁镁）氧阴离子结构材料可以调整过渡金属氧化还原电位。比如磷酸根聚阴离子 PO_4^{3-} 化合物中，Fe^{3+}/Fe^{2+} 和 V^{4+}/V^{3+} 氧化还原电对比其相应的氧化物形式的电位会有所提高。1997 年，Goodenough 小组首次报道了橄榄石结构磷酸铁锂（$LiFePO_4$）正极材料，并且证明该材料可以脱嵌锂离子。由于其理论放电比容量高（170mA·h/g）、放电电压平稳、结构稳定（P—O 以极强的共价键结合）、安全性能好、循环寿命长、原材料来源丰富、对环境无污染，迅速成为国内外研究的热点。$LiFePO_4$ 在充放电过程中分为两相，分别为 $LiFePO_4$ 和 $FePO_4$。在充电时，$LiFePO_4$ 中的 Fe^{2+} 被氧化为 Fe^{3+}，锂离子从其晶格中脱出，放电过程则完全相反，充放电反应的方程式表达为：

充电过程：

$$LiFePO_4 - xLi^+ - xe^- \longrightarrow xFePO_4 + (1-x)LiFePO_4 \tag{3-19}$$

放电过程：

$$FePO_4 + xLi^+ + xe^- \longrightarrow xLiFePO_4 + (1-x)FePO_4 \tag{3-20}$$

　　由于 $LiFePO_4$ 充电脱锂后产生的 $FePO_4$ 相与原有橄榄石型 $LiFePO_4$ 结构相似，同属 Pbnm 空间点群，$LiFePO_4$ 和 $FePO_4$ 晶胞参数又十分接近，相似的结构和晶胞参数，使 $LiFePO_4$ 脱锂后晶胞体积变化较小，仅减少 6.81%。相变之后的结构变化如此之小，保证了 $LiFePO_4$ 正极材料良好的循环稳定性，多次充放电后仍能保持橄榄石型结构不发生变形和坍塌。橄榄石型正极材料循环寿命可达 6000 次以上，快速充放电寿命也可达到 1000 次以上。与其他正极材料相比，磷酸铁锂具有更长循环寿命、高稳定性、更安全可靠、更环保并且价格低廉、更好的充放电倍率性能，因此以橄榄石型做正极的锂离子电池已经被大规模应用于电动汽车、规模储能、备用电源等。

　　$LiFePO_4$ 的缺点是电子电导率很差，在 $<10^{-9}S/cm$ 量级，锂离子在晶体中的活化能在 0.3~0.5eV 之间，表观扩散系数为 $10^{-10} \sim 10^{-15}cm^2/s$，导致材料的倍率性能较差。为提高其倍率性能，Armand 等提出碳包覆的方法，显著提高了 $LiFePO_4$ 的电化学活性，导电碳材的加入可以增强颗粒之间的导电性，给电子提供一个良好的传递通道。目前碳包覆方法主要是通过制备 $LiFePO_4$ 的前驱体中加入碳源，使其在高温作用下碳化包覆在 $LiFePO_4$ 表面。研究发现导电碳质材料的加入除了增加 $LiFePO_4$ 颗粒间的电导率外，还有其他方面的作用：（1）作为还原剂防止 Fe^{3+} 生成，避免杂相的产生；（2）碳附着在 $LiFePO_4$ 颗粒表面，避免了其继续长大，降低了晶粒尺寸；（3）碳存在于 $LiFePO_4$ 颗粒间，可以减少团聚程度并为锂离子提供传统通道。用来作为碳源添加的材料有很多，主要包括：石墨、乙炔黑、石墨烯等无机碳源，糖类、聚丙烯、抗坏血酸等有机碳源，不同碳源最终生成包覆碳

材的量、形貌及石墨化程度都会有差别，对 $LiFePO_4$ 的电化学性能影响也不一样。比如均匀碳包覆比局部碳包覆对 $LiFePO_4$ 的电化学性能改善更有效果，而局部聚集的碳质材料对复合材料电导率提高有限，且会阻碍锂离子迁移。另外，石墨化程度也是影响 $LiFePO_4$ 导电性的重要指标，一般情况下，石墨化程度越高越利于电化学性能的提高。

通过 $LiFePO_4$ 的锂离子脱嵌机理可以知道，充放电过程实际上就是 $LiFePO_4/FePO_4$ 界面的迁移过程，在 Li^+ 扩散速率一定的情况下，颗粒越小，从表面传输到核心的时间越短，极化效应也会越小。所以通过缩短锂离子扩散路径，比如构筑纳米颗粒或高比表面积的多孔材料，来提高 Li^+ 的迁移速率和电子传导率，也是提高 $LiFePO_4$ 离子电导率改善其电化学性能的重要途径。然而，$LiFePO_4$ 颗粒的纳米化也会产生一些负面问题，比如粒径缩小会使颗粒的比表面积增大，造成振实密度降低，而且当 $LiFePO_4$ 粒径减小到 $50 \sim 400nm$ 的区间内，粒径的作用对比容量影响就非常小。所以目前控制颗粒纳米化仍然是在掺杂和包覆改性的基础上进行改进。

磷酸铁锂较低的电压平台（Fe^{3+}/Fe^{2+}，3.4V）也是自身的一个重要缺点，如表 3-6 所示，通过掺杂其他过渡元素（二价掺杂）可以显著提高电压窗口和增强电池能量密度。例如 Co、Mn 和 Ni，$LiMnPO_4$ 的工作电压为 4.1V，$LiCoPO_4$ 电压为 4.8V，而 $LiNiPO_4$ 电压可高达 5.1V。其中 Mn、Co 和 Mg 对 Fe 的掺杂比可以达到百分之百，对于 Zn 和 Cr 等元素只能实现部分取代。

表 3-6　橄榄石型磷酸盐系正极材料的性质

类　型	放电平台（vs. Li^+/Li）	理论容量/$mA \cdot h \cdot g^{-1}$
$LiFePO_4$	3.4	170
$LiMnPO_4$	4.1	170
$LiCoPO_4$	4.8	167
$LiNiPO_4$	5.1	167

3.1.6　锂离子电池负极材料

通常理想的锂离子电池负极材料要求有：（1）具有良好的充放电可逆性和循环寿命；（2）热力学上稳定同时与电解质不发生反应；（3）锂离子在负极的固态结构中有较高的扩散率和电导率；（4）安全，无污染；（5）资源丰富，价格低廉等。根据储锂机制的不同，锂离子电池负极材料目前主要分为以下三类：

（1）嵌入型负极材料：多为具有层状结构或三维网状结构的纳米材料，在充放电过程中，锂离子在层间进行可逆的嵌入/脱出反应。常见的嵌入型负极材料有碳基材料和钛酸锂材料，是目前主要商业锂电池负极。

（2）合金型负极材料：其中主要有硅基、锡基、锗基、铝基和锑基等，该类负极材料普遍具有较高的比容量。

（3）转化型负极材料：主要指过渡金属化合物，包括过渡金属氧化物、硒化物、硫化物、磷化物和氮化物等。

3.1.6.1　嵌入型负极材料

（1）碳基负极材料：通常锂在碳材料中形成的化合物的理论表达式为 LiC_6，按化学计量的理论比容量为 372mA·h/g。目前商品锂离子电池广泛采用碳负极材料，其中研究得较多且较为成功的电池碳负材料主要分为石墨类和无定形碳材料，基体包括石墨、软碳、硬碳等（如图 3-7 所示）。

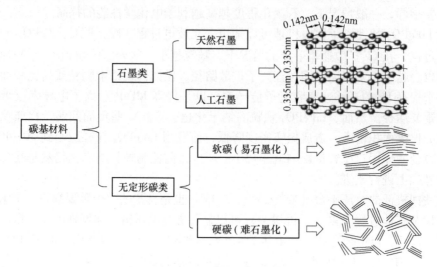

图 3-7　锂离子电池碳基负极材料的分类

石墨材料主要包括天然石墨、人造石墨、石墨碳纤维等。作为典型的层状结构材料，石墨属于六方晶系，是由多组碳碳相连的六边形连接而成的规则层状结构，层内的 C—C 原子之间的距离为 0.142nm，层间以范德华力相连接，层间距（d_{002}）为 0.335nm。在进行大电流密度充放电时，Li^+ 的扩散速率较小从而导致 Li^+ 不易嵌入与脱出，造成可逆容量的衰减以及循环性能的下降。

C-Li 相图比较复杂，可以形成多种化学计量比的嵌锂化合物，如 LiC_{72}、LiC_{36}、LiC_{18}、LiC_{12}、LiC_6、Li_2C_2、Li_4C_2、Li_6C_3、Li_4C 等。在电化学体系中，一般认为最大的锂含量组成是 LiC_6，理论容量为 372mA·h/g。石墨电极有多个放电平台，平台电压分别在 0.1V、0.14V、0.16V 和 0.22V 附近，每个电压平台代表两相平衡，位于 0.1V 附近的平台代表 LiC_{12} 和 LiC_6 两相之间的平衡，即：

$$LiC_{12} + Li \Longleftrightarrow 2LiC_6 \tag{3-21}$$

位于 0.14V 附近的平台代表反应：

$$2LiC_{18} + Li \Longleftrightarrow 3LiC_{12} \tag{3-22}$$

位于 0.16V 附近的平台代表反应：

$$LiC_n + Li \Longleftrightarrow 2LiC_{18}(n = 30 \sim 36) \tag{3-23}$$

位于 0.2V 以上的平台代表反应：

$$Li + C_{72} \Longleftrightarrow LiC_{72} \tag{3-24}$$

$$LiC_{72} + Li \Longleftrightarrow 2LiC_n(n = 30 \sim 36) \tag{3-25}$$

此外在 0.7V 附近也有平台，一般认为是溶剂的还原反应，在首次循环中 0.3～0.8V 范围的不可逆容量都与表面固体电解质界面（solid electrolyte interphase, SEI）的形成有关。从热力学角度分析，凡低于 1.5V 的负极材料都会和有机溶剂发生反应，生成 SEI 膜，而石墨材料得到成功应用主要归因于 SEI 膜的形成，其可以将石墨电极与电解液隔离开，阻止反应进一步进行，并且 SEI 膜具有 Li$^+$ 传输能力，是电子绝缘体，能保证脱嵌锂的可逆进行，从某种程度上讲，这是一种完美的原位形成的核-壳机构电极材料。这种核-壳结构决定着负极材料的库仑效率和循环寿命。SEI 膜的形成机理、组成受到很多因素的影响，包括溶剂、电解质、石墨材料形貌与表面性质。在电池构建过程中需要通过各种手段使石墨表面（或其他负极材料）形成的 SEI 膜尽可能致密、完整，循环过程中保持形貌的完整性，不受电极本体材料体积变化的破坏。

在充放电过程中，石墨层间距会发生较大的变化，Li$^+$ 嵌入石墨中形成 Li$_x$C$_6$ 时的层间距增加到 0.37nm，同时容易发生溶剂共嵌反应造成石墨层的剥落，从而严重地影响循环性能及使用寿命。通过掺杂杂原子（N、S、P 等）、改变结构形貌等方法可以有效地改善电化学性能。比如，将石墨在高温下与适量的水蒸气作用，使其表面无定形化，这样 Li$^+$ 较容易嵌入石墨晶格中，从而提高其嵌 Li 的能力。相对而言，人造石墨负极材料的循环性能、安全性能、大倍率充放电效率、与电解液相容性等均优于天然石墨负极材料；另外，人造石墨负极材料具有更好的结构稳定性，同时具有更高的各向同性特征，这种特征在一定程度上增强了极片的压缩密度，提高了与电解液的浸润性，减少了极片的膨胀，对提高电池的整体寿命具有积极作用。

无定形碳材料根据碳热处理时石墨化难易程度可分为软碳和硬碳两大类。在软碳中常见的有石油焦、针状焦、碳纤维、中间相碳微球（mesocarbon microbeads，MCMB）等。硬碳是指高分子聚合物的热解碳，常见的有树脂碳、有机聚合物热解碳、炭黑等。碳负极的嵌 Li 能力主要是受结构的影响，通常无定形碳具有较大的层间距，如石墨为 0.335nm，焦炭为 0.34~0.35nm，而硬碳则高达 0.38nm，大的层间距更有利于锂离子的嵌入。近年来随着对碳材料研究工作的不断深入，已经发现通过对石墨和各类碳材料进行表面改性和结构调整，或使石墨部分无序化，或在各类碳材料中形成纳米级的孔、洞和通道等结构，锂在其中的嵌入-脱嵌不但可以按化学计量 LiC$_6$ 进行，而且还可以有非化学计量嵌入-脱嵌，其比容量大大增加，由 LiC$_6$ 的理论值 372mA·h/g 提高到 700~1000mA·h/g，因而使锂离子电池的比容量大大增加。对此，研究人员提出了三种储锂机制来解释：Li$_2$ 储锂、单层石墨片储锂和微孔储锂，如图 3-8 所示。

1）Li$_2$ 储锂机理：嵌锂时，Li$^+$ 在电极材料中主要以两种形态存在，以离子的形式存储于芳香化的六元环中或以 Li$_2$ 分子的形式存在。由于锂离子既可以嵌入碳材料中形成层间化合物 Li$_x$C$_6$，又可以以 Li$_2$ 分子的形式存在于临近的碳环里，故而无定形碳材料的容量远高于普通的石墨负极材料。

2）单层石墨片储锂机理：1000℃ 时制备的碳材料中单层的碳原子的排列是无序的，这类结构的碳材料在充放电过程中具有较低的电压平台，由于 Li$^+$ 可以吸附在石墨片的两侧，所以 Li$^+$ 存储位点多于传统石墨材料，故而这类碳材料具有远高于普通的石墨负极材料的容量。

3）微孔储锂机理：Li$^+$ 既可以嵌入碳材料的层间，也可以嵌入碳层的微孔中。无定形碳材料储锂的过程分为两个阶段：Li$^+$ 先嵌入表面的石墨中，再嵌入碳层间的微孔中，形成 Li$_2$ 分子或锂簇。无定形碳材料在嵌锂的过程中存在电压滞后现象，即充电时 Li$^+$ 在 0V（vs. Li$^+$/Li）左右嵌入，而放电时在 1V（vs. Li$^+$/Li）脱嵌，尽管此类电池充电电压有

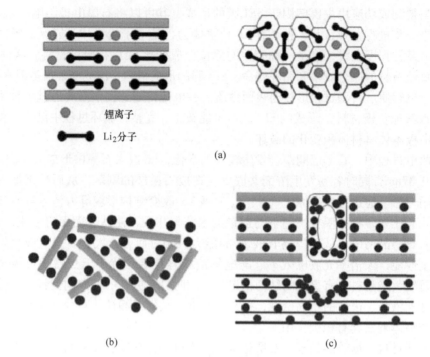

图 3-8　石墨储锂机制

（a）Li_2 储锂机理；（b）单层石墨片储锂机理；（c）微孔储锂机理

4V，但实际上只有 3V 的工作电压。该机理很好地解释了这个现象，由于碳层内部的微孔处有大量的自由基碳存在，而这些自由基碳与 Li^+ 之间会产生强作用力，使得 Li^+ 在嵌入时的嵌锂电压接近 0V，在脱锂的过程中便产生电压滞后的现象。

　　尽管相对金属锂而言，碳材料在安全性能、循环性能等方面有了很大的改进，除了电压滞后之外还存在不少缺陷：碳材料的电位与金属锂的电位很接近，当电池过充时，金属锂可能会在碳电极表面析出而形成锂枝晶，从而引起短路；碳负极在有机电解液中会形成钝化层，引起容量的起始不可逆损失。为了解决以上问题，通常采取以下两种手段来改善碳基材料的电化学性能：一是对传统的碳负极材料进行改性（机械球磨、刻蚀、表面处理等）；二是开发新型的碳基材料（如石墨化、纳米化、官能团化、杂原子掺杂和多孔化等）。

　　（2）钛酸锂负极材料：钛酸锂（$Li_4Ti_5O_{12}$）作为金属锂和低电位过渡金属钛的复合氧化物，为白色固体，在空气中性质稳定，其尖晶石型晶体中氧离子立方密堆构成 FCC 点阵，位于 32e 位置，3/4 锂离子位于四面体 8a 位置，钛和剩下的锂随机地占据八面体 16d 位置，因此，其结构式可表示为 $[Li][Li_{1/3}Ti_{5/3}][O_4]$，在锂离子电池充放电过程中发生如下反应：

　　充电过程：

$$[Li][Li_{1/3}Ti_{5/3}][O_4] + Li^+ + e^- \rightleftharpoons [Li_2][Li_{1/3}Ti_{5/3}][O_4] \tag{3-26}$$

　　放电过程：

$$[Li_2][Li_{1/3}Ti_{5/3}][O_4] - Li^+ \rightleftharpoons [Li][Li_{1/3}Ti_{5/3}][O_4] + Li^+ + e^- \tag{3-27}$$

尖晶石钛酸锂作为锂离子负极材料具有明显的优势，在 Li^+ 脱嵌过程中，晶型不发生变化，体积变化小于 1%，因此被称为"零应变材料"，能够避免充放电循环中由于电极材料的来回伸缩而导致结构的破坏，从而具有比碳负极更为优良的循环性能和使用寿命。$Li_4Ti_5O_{12}$ 虽然理论比容量较低（$175mA \cdot h/g$），但其集中在平台区域，平均电压平台为 1.56V；化学扩散系数为 $2×10^{-8}cm^2/s$，比碳负极材料大一个数量级；有很好的充放电平台，而且不与电解液反应；价格便宜，容易制备，是一种极具潜力的锂离子电池负极材料。$Li_4Ti_5O_{12}$ 在应用时的主要问题是导电性差，大电流放电极化比较严重，因而高倍率下性能不佳。现今 $Li_4Ti_5O_{12}$ 可以与 5V 的 $LiNi_{0.5}Mn_{1.5}O_4$ 材料组成 3.2V 的电池，此电压的电池可以应用在当前主流电子产品中。石墨与 $Li_4Ti_5O_{12}$ 材料的特征对比如表 3-7 所示。

表 3-7　主要商业化锂离子负极材料及其性能

参　数	石　墨	钛酸锂（$Li_4Ti_5O_{12}$）
晶体结构	见图 3-7	
空间点群	P63/mmc（或 R3m）	Fd-3m
表面扩散系数/$cm^2 \cdot s^{-1}$	$10^{-10} \sim 10^{-11}$	$10^{-8} \sim 10^{-9}$
理论容量/$mA \cdot h \cdot g^{-1}$	372	175
实际容量/$mA \cdot h \cdot g^{-1}$	$290 \sim 360$	<165
放电曲线形状	平坦	非常平坦
电压（vs. Li^+/Li）/V	$0.01 \sim 0.2$	$1.4 \sim 1.6$
循环性/次	$500 \sim 3000$	>10000
理论密度/$g \cdot cm^{-3}$	2.25	3.5
振实密度/$g \cdot cm^{-3}$	$1.2 \sim 1.4$	$1.1 \sim 1.6$
压实密度/$g \cdot cm^{-3}$	$1.5 \sim 1.8$	$1.7 \sim 3.0$
环保性	无毒	无毒
安全性	好	很好
温度范围/℃	$-20 \sim 55$	$-20 \sim 50$
成本价格/万元·t^{-1}	$3 \sim 14$	$14 \sim 16$

3.1.6.2　合金类负极材料

合金类负极材料主要是指有硅基、锡基、锗基和锑基等，由于合金类负极材料每个原子都能嵌入多个锂离子，因此其都有极高的理论比容量，如表 3-8 所示。合金材料与锂离子通常发生以下反应：

$$Li_xM \Longleftrightarrow x Li^+ + xe^- + M \tag{3-28}$$

表 3-8   各类合金负极材料性质

材料	密度/$g \cdot cm^{-3}$	嵌锂相	体积变化/%	理论比容量/$mA \cdot h \cdot g^{-1}$	脱锂电位/V
Si	2.3	$Li_{4.4}Si$	420	4200	0.45
Sn	7.3	$Li_{4.4}Sn$	260	994	0.6
Ge	5.3	$Li_{4.4}Ge$	—	1623	0.45
Sb	6.7	Li_3Sb	200	660	0.9

其中硅基和锡基材料因极高的理论储容量、低嵌锂电位、不会与有机溶剂发生共嵌入现象、储量丰富和安全环保等特点而被考虑作为下一代最有希望能取代石墨类的负极材料。

Si 基和 Sn 基材料在高程度脱嵌锂条件下，存在严重的体积膨胀效应，导致晶体结构崩塌和电极材料的逐渐粉化失效，从而造成电极的循环性能急剧下降。同时合金的体积效应导致其表面的 SEI 不断地生成与分解，最终会形成越来越厚的高电阻钝化层，导致电池恶化，如图 3-9 所示。此外，硅基材料电子导电率非常低（6.7×10^{-4} S/cm），严重影响其倍率性能，而且其低温性能也很差。为了改善合金类材料的电化学性能，研究人员通常将合金材料进行纳米化、与碳等材料形成复合材料、制备合金材料等。利用纳米材料可以缩短离子传输距离，而复合材料能缓解硅负极发生体积形变产生的应力，能够在一定程度上提高高容量材料的循环稳定性。但是由于纳米材料非常容易团聚，经过若干次循环后，活性材料的团聚仍不能从根本上解决材料的循环稳定性问题。因此目前纯合金类负极材料并没有商业化产品，只作为负极添加剂使用。目前工业界硅碳负极的应用主要是两种方式，一种是采用纳米硅分散在石墨材料进行混合使用，利用石墨材料硅在充放电过程中的体积变化，另外一种采用氧化亚硅与石墨材料进行复合。Telsra Model 3 采用的松下 18650 电池就在传统的石墨负极材料中复合了质量分数为 10% 的硅，其负极能量密度至少在 550mA·h/g 以上。

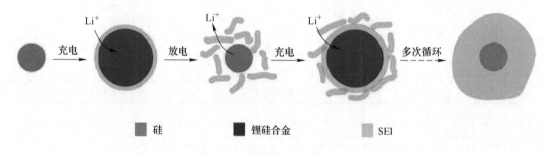

硅   锂硅合金   SEI

图 3-9   硅充放电失效机理图

3.1.6.3   转化型负极材料

转化型负极材料主要指某些过渡金属硫化物和氧化物，一般为 Co、Ni、Fe、Cu、Mn、Nb、Cr、V 等。转化型材料理论比容量远大于石墨的理论容量，在 $500 \sim 1000$ mA·h/g 之间，过渡金属化合物储锂的反应机理如下：

$$M_xO_y + 2yLi^+ + 2ye^- \rightleftharpoons xM^+ + yLi_2O \tag{3-29}$$

$$M_xS_y + 2yLi^+ + 2ye^- \rightleftharpoons xM^+ + yLi_2S \tag{3-30}$$

虽然过渡金属化合物作为负极材料时的储锂性能明显地高于传统碳材料，但是这类材料在脱嵌锂过程中，结构发生巨大变化，给材料的稳定性造成巨大挑战，而且通常氧化物和硫化物电导率都很差，对电池的倍率性能也造成极大的挑战。此外其主要还存在以下几个问题：（1）脱锂电压较高，通常在 $1 \sim 2.5V$；（2）首圈循环过程中会形成较厚的 SEI 膜，导致首周库仑效率低，一般不高于 80%；（3）电极极化大，其中极化最小的 MnO 也有 1V 的过电位。针对以上问题，研究人员对过渡金属化合物进行了改性，如将金属化合物进行纳米化、碳包覆、制备特殊形貌的金属化合物、与其他材料进行复合等。

3.1.7 锂离子电池电解液

电解液作为电池的重要组成部分之一，是电化学反应不可缺少的部分，电池的循环稳定性和安全性很大程度上取决于电解液的稳定性和安全性。目前锂离子电池的电解质为非水有机电解质，未来的发展方向包括全固态无机陶瓷电解质、聚合物电解质等。液体电解质材料一般由锂盐、溶剂和添加剂组成，应当具有如下特性：电导率高，要求电解液黏度低，锂盐溶解度和电离度高；锂离子的离子导电迁移数高，稳定性高；要求电解液具备高的闪点、高的分解温度、低电极反应活性，搁置无副反应等；界面稳定，具有较好的正负极材料成膜特性，能在前几周充放电过程中形成稳定的低阻抗的固体电解质中间相（solid electrolyte interphase，SEI）；电化学窗口宽，能够使电极表面钝化，从而在较宽的电压范围工作；工作温度范围宽；与正负极材料的浸润性好；不易燃烧、环境友好、毒性小、低成本。

3.1.7.1 锂盐

锂离子电解液一般采用锂盐溶解于有机溶剂中构成，其中锂盐溶度通常为 $1.0 \sim 1.2 mol/L$。目前常用的锂盐主要有 $LiPF_6$、$LiClO_4$、$LiBF_4$、$LiAsF_6$、$LiB(C_2H_5)_3(C_4H_4N)$、$LiB(C_6F)_3(CF_3)$、$LiCFSO_3$ 等无机锂盐和 LiBOB（双乙二酸硼酸锂）、LiFSI（双二氟磺酰亚胺锂）、LiTFSI（二（三氟甲基磺酰）亚胺锂）等有机锂盐，其性能如表 3-9 和表 3-10 所示。

表 3-9 常见无机锂盐性能分析

性　能	相对分子质量	熔点/℃	优　点	缺　点
六氟磷酸锂（$LiPF_6$）	151.9	200	电导率高，电化学综合性能好	热稳定差，易吸水而水解
四氟硼酸锂（$LiBF_4$）	93.9	293	低温性能好	溶解度低，成膜性能差
高氯酸锂（$LiClO_4$）	106.28	236	电导率高，稳定性强，溶解度大	强氧化性导致安全性不高
六氟砷酸锂（$LiAsF_6$）	195.85	340	溶解度大，电化学性能好	还原产物毒性大

表 3-10 常见有机锂盐性能分析

性能	结构式	相对分子质量	优　点	缺　点
LiTFSI	$Li^+[N(SO_2CF_3)_2]^-$	286.8	电化学性能好，电导率高，成膜性好	腐蚀 Al 集流体
LiBOB	$Li^+[B(C_2O_4)_2]^-$	193.8	电化学和热稳定性高，成膜性好	溶解度和电导率低，倍率性差
LiODFB	$Li^+[BF_2(C_2O_4)]^-$	143.8	电化学性能好，电导率高，成膜性好	初始放电容量低，合成工艺复杂
Li_2DFB	$Li_2^+[B_{12}F_{12}]_2^-$	371.6	热稳定性好，有氧化穿梭功能	合成复杂，难以推广应用
LiFSI	$Li^+[N(SO_2F)_2]^-$	187.1	电导率高于 $LiPF_6$，热稳定好	腐蚀 Al 集流体

其中有机锂盐含吸电子基团，氧化稳定性较高，但从其有机溶剂中解离和离子迁移的角度来看，一般是阴离子半径较大的无机锂盐最好。在无机锂盐中，$LiPF_6$在碳酸酯类溶剂中溶解度和电导率高，综合性能最为均衡，是目前大规模商业化的锂盐。然而$LiPF_6$对水敏感，当微量水或痕量水存在时，会发生水解反应，产生氟化氢（HF），HF会对电极材料造成严重的破坏：

$$LiPF_6 + H_2O \longrightarrow 2HF + PF_3O + LiF \tag{3-31}$$

$LiPF_6$还容易发生分解产生强路易斯酸PF_5，PF_5会加速电解液组分的分解以及触发副反应：

$$LiPF_5 \longrightarrow PF_5 + LiF \tag{3-32}$$

$$PF_5 + H_2O \longrightarrow POF_3 + 2HF \tag{3-33}$$

3.1.7.2　溶剂

锂离子电池电解液的重要组成部分，对电解液性能的发挥起着至关重要的作用。电解质一般使用有机混合溶剂，它至少由一种挥发性小、介电常数高的有机溶剂（如碳酸亚乙酸 EC、碳酸丙烯酯 PC）和一种较低黏度和易挥发的有机溶剂（如二甲氧基乙烷 DMC、乙二醇二甲醚 DME、甲基四氢呋喃 THF）组成，从而形成优势互补。

常见锂离子电池用有机溶剂的基本物理性质如表3-11所示，在锂离子电池充放电过程中，传统的电解液体系如1mol/L的$LiPF_6$-EC：EMC：DMC，其溶剂在高电压下会发生剧烈的结构变化和界面副反应，分别为：

$$2EC + 2e^- + 2Li^+ \longrightarrow (CH_2OCO_2Li)_2 + 2C_2H_4 \tag{3-34}$$

$$EMC + e^- + Li^+ \longrightarrow CH_3OCO_2Li + C_2H_5 \tag{3-35}$$

$$DMC + 2e^- + 2Li^+ \longrightarrow CH_3OLi + CO \tag{3-36}$$

表 3-11　常见锂离子电池用有机溶剂的基本物理性质

溶 剂		介电常数 ε（25℃）	黏度 η/mPa·s	熔点/℃	沸点/℃	闪点/℃
环状碳酸酯	碳酸乙烯酯（EC）	89.59	0.1814	36.39	238.0	112.0
	碳酸丙烯酯（PC）	66.1	2.513	-49	242	128.0
	碳酸亚乙烯酯（VC）	3.6	0.5	19~22	165	72.8
链状碳酸酯	碳酸二甲酯（DMC）	3.108	0.5805	4.6	80	17.0
	碳酸二乙酯（DEC）	2.82	0.748	-74.3	126.8	25.0
	碳酸甲乙酯（EMC）	2.4	0.65	-55	108	23.0
羧酸酯	γ-丁内酯（BL）	39	1.73	-43.5	204	98.3
	乙酸乙酯（EA）	6.02	0.45	-84	77	-4
	甲酸甲酯（MF）	8.5	0.33	-99	32	-26.7

续表 3-11

溶　　剂		介电常数 ε (25℃)	黏度 η /mPa·s	熔点 /℃	沸点 /℃	闪点 /℃
醚类	四氢呋喃（THF）	7.4	0.46	-109	66	-14.0
	2-甲基四氢呋喃（2-Me-THF）	6.2	0.47	-137	80	-11.1
	二甲氧基甲烷（DMM）	2.7	0.33	-105	41	17.8
	1,2-二甲氧基乙烷（DME）	7.2	0.46	-58	84	1
腈类	乙腈（AN）	35.95	0.341	-48.8	81.6	2
	丙二腈（MDN）	47.0	—	30.5	220.0	112.0

　　锂离子电池有机溶剂一般应具有以下特点：具有较高的介电常数 ε，从而使其有足够高的溶解锂盐的能力；较低的黏度，有利于电解液的传输电荷；化学稳定性和电化学稳定性好；保证电池安全性和良好环境相容性；价格低廉。不同溶剂自身在不同物理化学特性存在差异，为了更好地满足电解液对于高电导率、宽电化学窗口、温度环境和稳定的性能，往往根据各自需求和匹配程度来选取多元溶剂配合使用。

3.1.7.3　电解液添加剂

　　为改善电池的高低温性能、循环性能、安全性能，电解液添加剂始终是研究的热点。传统电解液添加剂主要分为：成膜（SEI）添加剂、控制 HF 和水含量的添加剂以及加宽电解液电化学稳定窗口的添加剂。近年来传统电解液已经无法满足新一代锂离子电池工作的需要，为此科研人员已经开发出更多的添加剂来提高电池高低温性能和安全性能等，如表 3-12 所示。

表 3-12　常见电解液添加剂

种类	代表物	结构式	性能特点
成膜添加剂	碳酸亚乙烯酯（VC）		添加剂优先于溶剂分解，在正极表面形成保护层，抑制电解液的进一步氧化，是综合性能最好的负极成膜添加剂
	氟代碳酸乙烯酯（FEC）		有效促进 SEI 膜生成，也可提高电解液低温性能
控制电解液中 HF、H_2O 的添加剂	Al_2O_3、MgO、BaO、锂或钙的碳酸盐	—	能与电解液中的 HF、H_2O 等发生反应从而稳定电极-电解质界面
加宽电化学稳定窗口的添加剂	二甲基乙酰胺（DMAC）等		添加剂有较高的稳定性和弱极性，可加宽电解液的电化学稳定串口，提高电极与电解液的兼容性

种类	代表物	结构式	性能特点
高温添加剂	1,3-丙烯磺酸内酯（PST）等		改善电池循环性能和高温性能，但低温性能不佳
阻燃添加剂	碳酸乙烯亚乙酯（VEC）等		有良好的阻燃效果，且高温性能较为优异

3.1.7.4 固态电解质

目前，含液体电解质的锂离子电池通过多种技术进步和策略，电池的安全性已经显著提升，但并不能从根本上消除隐患。采用聚合物电解质或无机电解质，发展全固态电解质锂电池是公认的解决大容量锂电池安全性的根本办法。

采用固体电解质，可以避开电解液带来的副反应、泄漏、腐蚀等问题，从而显著延长服役寿命、降低电池整体制造成本、降低电池制造技术门槛，有利于大规模推广使用。其中聚合物电解质主要是含有锂盐（$LiPF_6$ 或 $LiAsF_6$）的聚环氧乙烷（PEO），但是对动力锂电而言，其室温离子电导率较低。通过引入氧化物颗粒（Al_2O_3、TiO_2、SiO_2、ZrO_2 等）设计更多无定形的聚合物基质，抑制链段结晶，从锂盐中吸引更多的锂离子，从而提高锂离子迁移速率和迁移数量。无机固态电解质研究较多的包括氧化物电解质（NASICOM 型、钙钛矿型、石榴石型等）、硫化物电解质 $Li_2S\text{-}F$（$F = SiS_2$、GeS_2、P_2S_5、B_2S_3、As_2S_3）等，其性能如表 3-13 所示。目前准固态电池以聚合物复合电解质为主，薄膜固态电池以氧化物复合电解质为主，而全固态电池以硫化物复合电解质为主。固态电解质研究一直非常火热，但目前固态电解质的量产仍然有许多技术难关，比如固态电解质对于电极活性物质的浸润性较差，与电极形成稳定相容的界面层往往需要更长的时间，这就造成固态锂离子电池在循环性能、倍率性能等方面表现并不理想，需要研究人员继续努力。

表 3-13 固态电解质的分类及特性

种类	主要研究体系	代表物结构式	导电能力室温，应用化 $>10^{-3} S/cm$	研究方向
聚合物	聚环氧乙烷基类（PEO）	$\left[\!CH\!-\!CH\!-\!O\right]_n$	低（$10^{-7} \sim 10^{-5} S/cm$）	将 PEO 与其他聚合物进行共混、共聚或交联，或添加氧化物颗粒形成有机-无机杂化体系，提升性能
	聚碳酸酯基类（PEC、PPC、PTMC）			
	聚硅氧烷基类			

种类	主要研究体系	代表物结构式	导电能力室温,应用化>10^{-3}S/cm	研究方向
氧化物	钙钛矿型	ABO_3	较低 ($10^{-6} \sim 10^{-3}$S/cm)	元素替换和异价元素掺杂来提升电导率
	NASICON 型	$AM_2(PO_4)_3$(A=Li、Na、K; M=Ge、Zr、Ti)		
	Garnet 型	$A_3B_2(SiO_4)_3$ (A=Ca、Mg、Ge、Mn; B=Al、Fe、Cr、Ti、Zr)		
	LiPON 型	非晶态		
硫化物	玻璃及玻璃陶瓷	$Li_2S-P_2S_5$	较高 ($10^{-3} \sim 10^{-2}$S/cm)	降低合成成本,引入多元素掺杂,并充分发挥各个元素特性及协同作用
	晶态电解质	$Li_{10}GeP_2S_{12}$		

3.1.8 非活性物质

除了正负极活性材料和电解液,锂离子电池中还包括隔膜、黏结剂、导电添加剂、集流体、电池壳等非活性材料。非活性物质的存在必不可少,显著影响实际能量密度与理论能量密度之比。$LiCoO_2$/石墨电池理论能量密度为370W·h/kg,锂离子电池发展之初,实际能量密度仅为90W·h/kg,通过近20年在电池技术方面的发展,在不改变材料化学体系的情况下,能量密度提高到今天的220~265W·h/kg。这一方面归因于材料的振实密度和克容量得到了显著提高,另一方面是由于非活性材料的轻量化和薄型化,这是多方面材料物性控制与制作工艺提高的结果。

3.1.8.1 隔膜

锂离子电池隔膜在隔离正负极、防止内部电短路方面起着重要作用,另一方面隔膜还需要保持离子电荷载体在正负极之间快速运输。在实际应用中,隔膜应具有以下基本特性:具有电子绝缘性,保证正负极的机械隔离;有一定的孔径和孔隙率,保证低电阻和高离子电导率,对锂离子有很好的透过性;由于电解质的溶剂为强极性的有机化合物,隔膜必须耐电解液腐蚀,有足够的化学和电化学稳定性;对电解液的浸润性好;具有足够的力学性能,包括穿刺强度、拉伸强度等,但厚度尽可能小;热稳定性和自动关断保护性能好。

聚乙烯(polyethylene,PE)、聚丙烯(polypropylene,PP)微孔因其较高孔隙率,较低的电阻,较高的拉伸强度,良好的耐酸碱能力和弹性,以及能在非质子溶剂保持性能,成为商品化的多孔隔膜。隔膜具有的热熔断性是锂离子电池解决电池安全问题的手段之一,目前所用的聚丙烯膜的闭孔温度为170℃左右,聚乙烯膜的闭孔温度在140℃左右。锂离子电池生产早期应用较多的PP/PE/PP多层复合膜,其闭孔温度较低,自闭时阻抗高,强度和安全性较好,厚度在25~40μm,成本较高。近几年来隔膜的技术已经提高,在保持性能的同时,厚度可以小于20μm。大型工业隔膜的制造主要通过干法和湿法实现,前者通过挤出制备薄膜,后者是通过拉伸形成小孔。由图3-10可以看出通过干法制备的隔膜产品具有扁长裂缝微孔结构，内部是互相连接贯穿的通道，而使用湿法工艺开发的隔膜则是呈现彼此连续的椭圆形微孔结构。

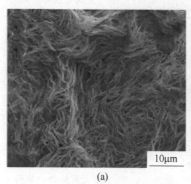 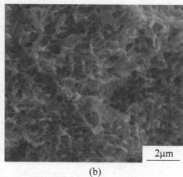 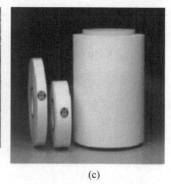

(a)   (b)   (c)

图 3-10   不同微孔结构的聚烯烃 SEM 图和商业化锂离子隔膜实物图
(a) 干法；(b) 湿法；(c) 商业化锂离子隔膜图

　　虽然 PP、PE 隔膜以高强度、优良的化学稳定性及较低的价格占据着目前 3C 电池主要市场。但随着动力锂离子的开发，对锂离子电池的容量要求和安全要求日益提高，在锂离子电池正负极材料更新的同时，隔膜也需要寻找新材料体系来匹配性能要求。通过涂覆、浸渍、喷涂等方式在单层聚烯烃隔膜上加入具有耐高温性能和亲液性能的新材料，可获得性能更为优异的隔膜。目前市场上所采用的是在聚烯烃隔膜的一面或两面涂覆纳米氧化物和聚偏氟乙烯 PVDF 来提高隔膜的耐高温性能和亲液性能，改性后的隔膜安全性更高，循环性能更好，适用于新能源电池系统。

3.1.8.2 黏结剂、导电剂和箔材

　　锂离子电池中的特点是伴随充放电过程，锂离子在活性物质中的嵌入-脱出引起活性物质的膨胀-收缩，因此电极中加入黏结剂能够对此起到缓冲作用。正负极黏结剂的种类和用量会影响电极片的电子导电性，从而影响电池的倍率充放电性能。储锂材料在电化学嵌脱锂过程中都会随着锂离子的嵌入和脱出而不断膨胀和收缩（如石墨的层间距变化达到 $10\% \sim 11\%$），特别是高容量正负极材料。黏结剂必须能够承受充放电过程中较大的体积变化，并且拥有良好的热稳定性和加工性能、不易燃烧、能被有机电解液所润湿等特性。锂离子电池的黏结剂包括油系黏结剂和水性黏结剂。目前工业上常用的是油系黏结剂聚偏氟乙烯（polyvinylidene fluoride，PVDF）溶于 N-甲基吡咯烷酮（N-methyl pyrrolidone，NMP），其稳定性好，抗氧化还原能力强，但杨氏模量高（$1 \sim 4GPa$）、脆性大、柔韧性差、抗拉强度也不够大，以此为黏结剂制备的电极片容易出现剥落现象。水系黏结剂主要是丁苯橡胶（styrene butadiene rubber，SBR）和羧甲基纤维素（carboxymethyl cellulose，CMC）混合，黏结过程中在一定程度上能缓解活性物质颗粒的膨胀与收缩，但这种黏结剂是通过点接触实现活性物质颗粒之间的物理黏结，无法在长距离范围连接和固定活性物质颗粒。

　　锂离子电池锂电池在充放电过程中，正负极极片上都有电流通过，电极电位容易偏离平衡产生极化，极化电压不合理会造成隔膜穿刺导致短路。产业研究显示，目前锂电池常用的正极材料磷酸铁锂/三元（NCM、NCA）仅依靠活性物质的导电性无法满足电子迁移

速率要求，加强材料导电性成为必要处理工序。由于材料改性、纳米化等其他增加导电性的方式成本过高，目前采用导电剂的方式在正极材料中广泛使用。导电剂增加导电性的原理是将高导电材料添加在正极、负极材料活性物质如磷酸铁锂、石墨结构之间，起到相互链接的作用，将活性物质发生反应产生的小电流聚集，最后汇集到集流体铝箔、铜箔上形成大电流。导电剂缺乏时，导电物质无法构建有效的导电网络，导致电池内阻过大，无法正常功率放电。但当导电剂含量过高时，导电性能不会显著提升，但会降低材料中活性物质的含量，导致电池能量密度下降。

目前商业中广泛使用的导电添加剂是导电炭黑或乙炔黑，这类材料粒径小（40nm 左右）、比表面积大、导电性好，且价格低廉。但也存在一些明显问题：（1）密度低，直接影响电极的体积比能量；（2）副反应显著，较大的比表面使负极首次充放电过程中可逆性降低；（3）影响电极片抗拉强度，容易引起电极片在加工和储存中的掉料现象。除此之外，乙炔黑是零维点式导电剂，除非占有足够的体积，否则难以在电极中形成三维导电结构，这些都会在不同程度上影响电极的整体电化学性能。碳纤维、导电石墨以及石墨烯可改变导电碳黑颗粒零维点接触的情况，在电极内部形成三维的导电网络。提高电极片的导电性，降低导电添加剂和乙炔黑的用量，对提高正极片单位面积活性物质的荷载量、提高其电子导电性和倍率性能具有积极的意义。碳纳米管和石墨烯由于表面形成 SEI 膜的原因，不适合大量使用作为负极的添加剂，但在正极里显示较好的效果。表 3-14 总结出各类导电剂的性能。

表 3-14　各类导电剂的综合比较

参数	传统导电剂				新型导电剂		
	导电石墨	炭黑类			气相生长碳纤维	碳纳米管	石墨烯
		炭黑	乙炔黑	科琴黑			
颗粒尺寸	片径 3~6μm	40nm	30~40nm	40nm	直径 150nm	直径<10nm	厚度<3nm
比表面积 /m² · g⁻¹	17	60	55~70	800	13	<200	30
电导率 /S · cm⁻¹	1000	低→高			>1000	>1000	>1000

在满足电化学稳定性的前提下，现有的锂离子电池集流体中正极箔材主要采用铝箔，负极采用铜箔。为了保证电池内部稳定性，二者纯度都要求质量分数在98%以上。随着锂电技术不断发展，无论是用于数码产品的锂电池还是电动汽车的电池，都希望电池的能量密度尽量高，电池的质量越来越轻，而选用密度低、厚度薄的正负极箔材，能从直观上来减少电池的体积和质量。正极铝箔由最初的 $16\mu m$ 降低到 $8\mu m$，负极使用的铜箔本身柔韧性较好，厚度已经由之前的 $12\mu m$ 降低到 $6\mu m$，部分厂家甚至已经在开发 $5\mu m/4\mu m$ 铜箔。表 3-15 列举了集流体对电芯能量密度的影响：铜箔的厚度降低到 $4\mu m$ 可使电芯的能量密度增加 5.08%；铝箔的厚度降低到 $8\mu m$ 可使电芯的能量密度增加 2.02%。由此可知，在正负极材料发展进入瓶颈期时，通过优化辅材提升电芯的能量密度将成为有效的备选途径。

表 3-15 箔材厚度对电池能量密度的影响

铜 箔		铝 箔	
厚度/μm	电芯能量密度增加量/%	厚度/μm	电芯能量密度增加量/%
10	0	16	0
8	1.69	14	0.67
6	3.39	12	1.01
4.5	4.75	10	1.58
4	5.08	8	2.02

3.1.9 锂离子电池的设计

锂离子电池的设计分为微观设计与宏观设计，微观设计主要是指电极参数相关的设计，如电极材料比例、压实密度、孔隙率等相关参数；宏观设计主要是指其形状、活性物质负载量与正负极容量比等参数的设计。

电极的微观结构显著影响电池的性能，其氧化还原反应的载体是活性物质、导电剂与黏结剂相混合形成的浆料，以浆料的形式涂布在收集电流的载体上，成为"电极层"，并经历干燥、辊压、模切储锂，最后形成所需极片。如图 3-11（a）所示，在整个电池极片中，正负极活性物质的质量分数大约为 70%，导电剂的质量分数约为 5%，而黏结剂的质量分数约为 25%。活性物质以颗粒的形式分布在电极层中，助导电剂和黏结剂连接活性物质颗粒形成机械稳定、具有电子导电率的结构，电极层呈多孔结构，电解液可以充分浸润。图 3-11 中电极的微观结构说明了电流在电极层中两种传输路径：离子通路和电子通路。当孔隙率增大时，有助于增加锂离子传输路径以及电极的反应面积，并降低电极反应的界面阻抗，从而提高离子电导率。但是高孔隙率会降低活性物质的比重，牺牲电池比能量。电极的面密度设计直接影响电池的容量，电极厚度保持不变时，随着电极面密度的增加，电极压实密度也增加，这导致离子通道的减小，使离子电导率降低，电池的界面阻抗也会增加，从而直接降低电池的倍率性能。通常以孔隙率、活性物质体积分数、活性颗粒粒径和电极层厚度等描述电极层的多孔结构，根据上述分析，电极层结构参数对电池的性能影响呈权衡模式，电池设计者需要对此慎重权衡。

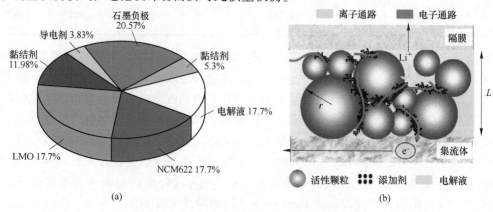

（a）   （b）

图 3-11 锂电电极中质量比例和电流传输示意图

（a）锂电电极中各物质的质量分数；（b）电流传输示意图

　　锂离子电池宏观设计重要参数包括形状、面容量以及正负极容量比例等。其重要形状有纽扣式、圆柱卷绕式、方形卷绕式以及软包叠片式，其中动力电池主要采用圆柱形、方形、纽扣形以及软包四种类型，如图 3-12 所示。圆柱形电池具有工艺成熟、良品率高、型号统一以及整体成本低等优势，但缺点也比较明显，如比能量低、散热性差等；软包具有灵活的外形设计、质量轻、高比能量与低内阻等优点，其缺点是不如圆柱形生产工艺成熟，生产成本高、一致性差以及较差的机械强度等；而方形结合了圆柱形与软包的优点，其劣势在于卷芯的设计与壳体的设计复杂、型号规格不统一等；纽扣形具有使用轻便和体积小等优点，但受制于电量小、造价高等缺点，所以用途多限于精密仪器。无论哪种形状结构，电池的容量都与极片面积和涂层面密度相关。从高能量密度电芯的设计角度，单体电芯做的尺寸越大，原则上能量密度越高。比如 21700 圆柱电芯比 18650 单体电芯能量高出 50%，能量密度可以提升 2%。通常来说，随着尺寸的逐渐增大，电芯的能量密度均逐渐提升，其中圆柱形电芯的质量能量密度增大较为明显，而方形电池的体积能量密度提升显著。此外，电芯厚度的增长对能量密度的增加也有显著促进作用。

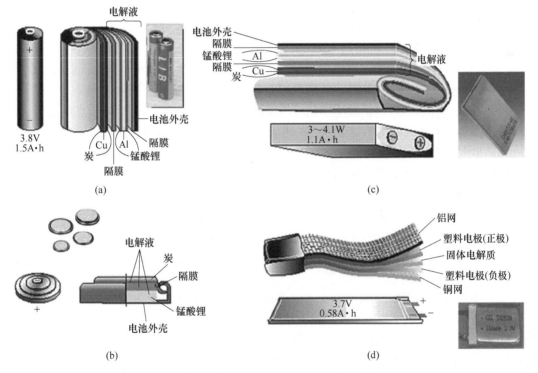

图 3-12　锂离子电池的形状以及内部组件
（a）圆柱形；（b）纽扣形；（c）方形；（d）软包叠片式

3.1.10　锂离子电池管理系统

　　经过长时间的探索，目前锂离子电池已经成为电动汽车的主流电源。2008 年，美国 Tesla 公司将 6831 个笔记本电脑用的 18650 电池组装用于给电动汽车供电，并加入电池管理系统，首次实现单次充电续航里程超过 320km，能量利用效率高达 92%。2018 年，

Tesla、宝马等品牌电动汽车续航里程已经超过 500km。人们在关注续航里程的同时，电动汽车的安全性、电池的耐久性等问题也引起人们的注意。

电动汽车用锂离子电池容量大、串并联节数多，系统复杂，加之安全性、耐久性、动力性能要求高、实现难度大。锂离子电池安全工作区域受到温度、电压窗口限制，超过该窗口的范围，电池性能就会加速衰减，甚至引发安全问题。电动汽车电池管理系统是连接车载动力电池的电动汽车的重要纽带，是纯电动汽车动力电池组的监控管理中心，对动力电池组的温度、电压和充放电电流等相关参数进行事实动态检测，必要时能采取紧急措施保护各单体电池，防止电池出现过充、过放、温度过高以及短路等危险。

电池管理系统（battery management system，BMS）的主要任务是保证电池系统的设计性能，可以分解成 3 个方面：（1）安全性，保护电池单体或电池组免受损坏，防止出现安全事故；（2）耐久性，使电池工作在可靠的安全区域内，延长电池的使用寿命；（3）动力性，维持电池工作在满足车辆要求的状态下。BMS 由各类传感器、执行器、控制器以及信号线等组成，为满足相关的标准或规范，BMS 应该具有以下功能：

（1）电池参数检测。包括总电压、总电流、单体电池电压检测（防止出现过充、过放等现象）、温度检测、烟雾探测、温度检测、碰撞检测等。

（2）电池状态估计。包括荷电状态（state of charge，SOC）和放电深度（depth of discharge，DOD）、健康状态（state of health，SOH）、功能状态（state of function，SOF）、能量状态（state of energy，SOE）、故障及安全状态（state of safety，SOS）等。

（3）在线故障诊断。包括故障检测、故障类型判断、故障定位、故障信息输出等。故障检测是指通过采集到的传感器信号，采用诊断算法诊断故障类型，并进行早期预警。电池故障是指电池组、高压电回路、热管理等各个子系统的传感器故障、执行器故障，以及网络故障、各种控制器软硬件故障等。电池组本身故障是指过压（过充）、欠压（过放）、过电流、超高温、内短路故障、接头松动、电解液泄漏、绝缘能力降低等。

（4）电池安全控制与报警。包括热系统控制、高压电安全控制。BMS 诊断到故障后，通过网络通知整车控制器，并要求整车控制器进行有效处理（超过一定阈值时 BMS 也可以切断主回路电源），以防止高温、低温、过充、过放、过流、漏电等对电池和人身的损害。

（5）充电控制。BMS 中具有一个充电管理模块，它能够根据电池的特性、温度高低以及充电机的功率等级，控制充电机给电池进行安全充电。

（6）热管理。根据电池组内温度分布信息及充放电需求，决定主动加热/散热的强度，使得电池尽可能工作在最适合的温度，充分发挥电池的性能。

（7）电池均衡。不一致性的存在使得电池组的容量小于组中最小单体的容量。电池均衡是根据单体电池信息，采用主动或被动、耗散或非耗散等均衡方式，尽可能使电池组容量接近于最小单体的容量。

（8）网络通信。BMS 需要与整车控制器等网络节点通信，同时，BMS 在车辆上拆卸不方便，需要在不拆壳的情况下进行在线标定、监控、自动代码生成和在线程序下载（程序更新而不拆卸产品）等，一般的车载网络均采用 CAN（controller area network）总线技术。

（9）信息存储。用于存储关键数据，如 SOC、SOH、SOF、SOE、累积充放电 Ah 数、故障码和一致性等。车辆中的真实 BMS 可能只有上面提到的部分硬件和软件。每个电池单元至少应有一个电池电压传感器和一个温度传感器。对于具有几十个电池的电池系统，可能只有一个 BMS 控制器，或者甚至将 BMS 功能集成到车辆的主控制器中。对于具有数百个电池单元的电池系统，可能有一个主控制器和多个仅管理一个电池模块的从属控制器。对于每个具有数十个电池单元的电池模块，可能存在一些模块电路接触器和平衡模块，并且从属控制器像测量电压和电流一样管理电池模块，控制接触器，均衡电池单元并与主控制器通信。根据所报告的数据，主控制器将执行电池状态估计，故障诊断，热管理等。

（10）电磁兼容。由于电动车使用环境恶劣，要求 BMS 具有好的抗电磁干扰能力，同时要求 BMS 对外辐射小。

3.2 钠离子电池

在过去几十年，锂离子电池产业迅速发展，推动了能源的变革。具有高能量密度以及长循环寿命的锂离子电池在便携式、智能电子领域得到了广泛应用。近些年，钠离子电池因成本和性能优势得到研究者的青睐。对其系统性的研究开始于 20 世纪 80 年代前后，与锂离子电池的研究几乎同步进行。但是由于锂离子电池在能量密度和质量上具备明显优势，因此很多研究人员都着重研究锂离子电池，以至于锂离子电池率先完成了工业化，但是随着锂资源的不断减少以及价格的不断升高，人们寻求一种可以替代锂的资源，由于钠和锂相似的物理和化学性质，钠离子电池再次引起了人们的关注，一些优秀的新材料和合成方法也逐渐被研究出来。

3.2.1 钠离子电池的基本概述

3.2.1.1 钠离子电池的工作原理

钠与锂都为碱金属元素，具有相似的物理化学性质，钠离子电池也称为"摇椅式电池"，与锂离子电池的工作原理相似，如图 3-13 所示，钠离子从正极脱出嵌入负极实现充电，发生电能向化学能转化；相反，钠离子从负极脱出嵌入正极实现放电，能量反向转化。

以 $NaMnO_2$ 作为正极材料，硬碳作为负极材料的钠离子电池的各电极反应和电池的总反应过程如下所示：

正极反应：$\qquad NaMnO_2 \Longrightarrow Na_{1-x}MnO_2 + xNa^+ + xe^-$ （3-37）

负极反应：$\qquad C + xNa^+ + xe^- \Longrightarrow Na_xC$ （3-38）

总反应：$\qquad NaMnO_2 + C \Longrightarrow Na_{1-x}MnO_2 + Na_xC$ （3-39）

在充电过程时，电子在外电路中从正极转移到负极，钠离子从正极材料中脱出进入电解液，在电场力的作用下驱使钠离子到达负极，$NaMnO_2$ 被氧化。负极侧接收外电路迁移过来的电子，与电池内部经离子迁移得到的钠离子结合发生还原反应，得到 Na_xC 化合物。充电过程正负极间电压差增大，实现了电能转向化学能储存的目的。电池的放电过程与充电过程相反，电子经由外电路从负极转移到正极，与此同时钠离子从硬碳负极中迁出返回贫钠状态的正极材料内以维持电荷平衡，化学能向电能转化实现电能释放目的。

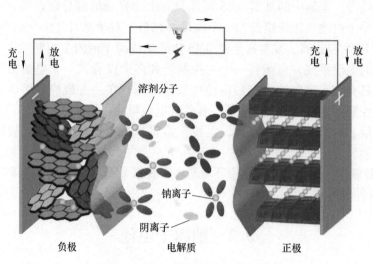

充电↓ 放电↑　　　溶剂分子　　　　　　　　　充电↑ 放电↓

钠离子

阴离子

负极　　　　　　　　电解质　　　　　　　　正极

图 3-13　钠离子电池的工作原理图

3.2.1.2　钠离子电池的研究意义

作为锂离子电池理想的替代产品，目前钠离子电池的比能量可以达到 160W·h/kg，接近磷酸铁锂电池的能量密度。钠离子电池的优势主要表现在：（1）钠元素分布广泛，金属元素丰度位居第四；（2）钠和锂位于第一主族，具有相近的理化性质，可以借鉴锂离子电池的经验发展和生产钠离子电池；（3）钠的标准电极电位比锂高 0.3~0.4V，因此具有更广的电解液的选择空间；（4）电化学性能稳定，安全性相对有所提高。然而钠的相对原子质量比锂高很多，导致理论比容量小，并且钠离子体积较锂离子更大，在材料结构稳定性和动力学性能方面要求更严苛，循环寿命更短，但基于钠离子电池的成本优势，钠离子电池是未来大规模储能最有希望的候选者。

3.2.1.3　钠离子电池的结构及组成

钠离子电池的主要组成部分为正极材料、负极材料、隔膜、电解液和黏结剂。电池的最重要组成部分是电极材料，而电极材料又由活性物质、黏结剂和集流体组成，正负极材料结构和电化学性能的优异与否决定着钠离子电池的能量密度和循环寿命是否优异。电解液一般由钠离子导电盐溶于一种或多种有机溶剂而成，电解液性能在很大程度上也影响着电池的电化学性能。电极材料和电解液之间互相影响，所以钠离子电池的性能由它们的综合作用决定。钠离子电池关键材料的研究现状如图 3-14 所示。

3.2.2　钠离子电池的正极材料

正极材料在整个电池中起到了决定性作用，当电池处于高电位状态时，正极材料中钠离子脱嵌速率直接影响电池性能的优劣，同时正极材料储存电荷的能力也决定了电池容量的大小。开发低成本且性能优异的正极材料是当前推动钠离子电池发展的必然要求，理想的正极材料应该具备以下特点：

（1）合成方法简单且环保，尽可能地使用低成本的原材料；

（2）具有高的比容量，能够提高电池的能量密度；

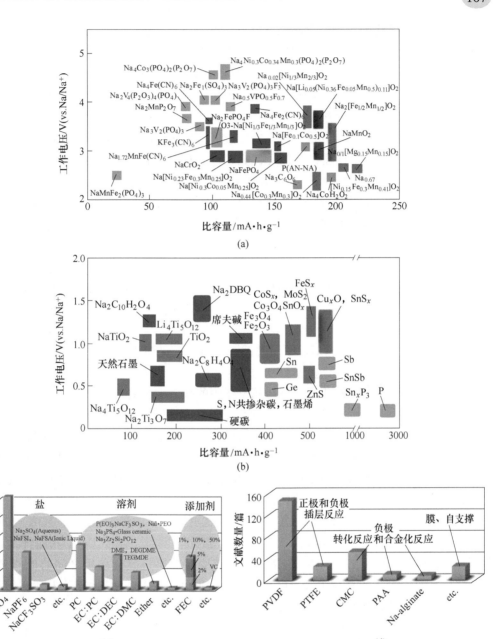

图 3-14　钠离子电池关键材料研究现状

（a）正极；（b）负极；（c）电解液；（d）黏结剂

（3）具有宽阔的钠离子扩散通道，能够提高倍率能力；

（4）在充放电过程中没有较大的体积变化和复杂的不可逆相变，结构稳定；

（5）具有合适的工作电位，电极电势过高会造成电解液分解，而电极电势过低对能量密度会造成影响。

钠离子电池正极材料的主要组成为层状过渡金属氧化物（A_xMO_2）、聚阴离子型化合物、普鲁士蓝类化合物 $\{Na_xM[Fe(CN)_6]\}$ 和有机化合物。在钠离子重复的嵌入/脱出过程中，材料体积变化的大小严重影响着电池的长循环稳定性。钠倾向于六配位，无论是八面体配位还是棱柱配位，而钠的四面体配位在无机材料中是不存在的或者是非常有限的，这种特性固有地限制了正极材料的结构类型。由于层状过渡金属氧化物具有较高的比容量，而聚阴离子型材料可以提供较高的输出电压，因而这两种材料备受关注。

3.2.2.1　层状过渡金属氧化物

层状过渡金属氧化物因其高的能量密度成为锂离子电池正极材料重要的组成部分。因 Li 和 Na 相似的物理化学性质，大部分锂离子电池层状过渡金属氧化物都存在钠类似物。层状 A_xMeO_2（A：碱金属；Me：过渡金属）在钠离子和锂离子体系中表现出不同的电化学行为。虽然 Li 和 Na 的物理化学性质相似，但由于 Na 的尺寸较大，锂/钠离子电池表现出略微不同的结构，也阻止了 Na 占据四面体位置，导致了钠离子在电极材料中脱出和嵌入时难度较大。

分子式为 Na_xMeO_2 的层状氧化物是由过渡金属氧化物层和钠离子层重复交替堆叠组成，主要分为 O3、O2、P2 和 P3 相材料，由钠离子所处的氧配位环境和最小氧原子层堆积的数量决定的，具体晶体结构如图 3-15 所示。字母表示钠离子所处的氧配位环境（O 代表八面体，P 代表三棱柱），数字表示最小单位内氧原子堆积的层数；当 $0.8 \leqslant x \leqslant 1.0$ 时，材料结构表现为 O3 相，氧原子层遵循 ABCABC 的堆积方式；在 $x \approx 0.7$ 时，材料结构一般表现为 P2 相，氧原子层遵循 ABBA 的堆积方式。

钠离子电池的电化学行为受层状金属氧化物的晶体结构的影响，不仅是因为材料原始状态下 Na 的含量，Na 周围环境对各层的稳定性和动力学的影响也会影响到电化学性能。由于 O3 相材料原始状态下 Na 含量较 P2 相材料高，因此 O3 相材料通常会表现出较 P2 相材料更高的首次充电比容量。然而 O3 相中的钠离子在室温下的嵌入/嵌出过程中可能经历一系列相变，因此 P2 相结构被认为比 O3 相结构更稳定。借鉴锂离子电池研究内容，钴酸钠（$NaCoO_2$）首先引起了研究者们的注意。初步研究表明，各种 Na_xCoO_2 晶型材料可以在一定范围内可逆地嵌入钠离子，其中 P2 相结构材料提供的最大容量为 95mA·h/g。

对于层状氧化物，从其他结构过渡到 P2 相比较困难，需要 CoO_6 八面体的旋转和 Co—O 键的断裂，而 P3、O2 和 O3 相之间的转变只需要过渡金属板之间的低能量滑移。当钠离子从 O3-$NaCoO_2$ 材料中进行电化学或化学脱出时，O3、O′3 和 P′3 相可以可逆地相互转变。此外，钠离子在 Na_xCoO_2 中的扩散系数与锂离子在 $LiCoO_2$ 中的扩散系数相当，表明在层状结构中钠离子快速扩散。尽管如此，Na_xCoO_2 仍无法获得与 $LiCoO_2$ 材料相似的高新能，通过阳离子掺杂抑制钠离子/空位的有序性，降低 P2-Na_xCoO_2 中昂贵的 Co 元素的含量是 Na_xCoO_2 材料需要解决的关键问题。

由于 Na 和 Mn 资源价格较低，Na_xMnO_2 氧化物引起了人们的广泛关注。Na_xMnO_2 材料在 Na 含量不同时呈现出不同的晶体结构：当 $x = 0 \sim 0.44$ 时，材料呈现出三维隧道结构；当 $x > 0.5$ 时，材料呈现出二维层状结构。然而，Na_xMnO_2 由于 Mn^{3+}（$t_{2g}^3 e_g^1$）的 Jahn-Teller 效应和存在水分时结构的不稳定性，电池在循环过程中容量迅速衰减，使其难以在钠离子电池中作为电极材料。用 Li^+ 和 Mg^{2+} 取代一定量的 Mn^{3+} 可以稳定 P2 相 Na_xMnO_2 的结构，同时提高其循环寿命，这是由于锂的引入可以部分抑制高电压下的不利相变和 Mn^{3+} 的 Jahn-Teller 畸变，并且掺杂 Li^+ 后比容量还会提高近 20%，而 Mg 在过渡金属层上的存在减

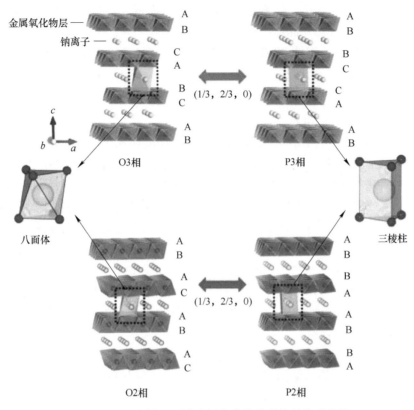

图 3-15　不同类型层状金属氧化物的晶体结构示意图

少了导致 Jahn-Teller 畸变的 Mn^{3+} 离子，并破坏了 Mn^{3+}/Mn^{4+} 的有序性。对于 $Na_{2/3}MnO_2$（$0 \leqslant x \leqslant 0.2$）材料，Al 掺杂亦可减少 Mn^{3+} 的含量，减缓了相变，从而提高了循环寿命。层状 Na_xMnO_2 材料在实际应用前的另一个必要条件是进一步提高其空气稳定性。

O3 相 α-$NaFeO_2$ 由于其制备成本低、容易合成和具有高电化学活性的 Fe^{4+}/Fe^{3+} 电对，因此被广泛研究。当充电截止电压为 3.4V 时，O3 相 $NaFeO_2$ 可提供 80mA·h/g 的可逆容量。然而，当充电至 3.5V 以上时，由于其不可逆的结构转变，容量迅速降低。同时在此过程中，三价铁离子迁移到了相邻的四面体位置。除此之外，其他层状氧化物如 $NaCrO_2$，$NaNiO_2$ 和 $NaVO_2$ 也具有电化学活性。总之，一元层状过渡金属氧化物各有优势，但是它们仍然存在着诸多问题，比如不可逆相变和空气稳定性差，采用阳离子掺杂进一步结合不同过渡金属氧化物的优势，可有效提升其电化学性能。

二元层状过渡金属氧化物 P2 相 $Na_{2/3}Ni_{1/3}Mn_{2/3}O_2$ 材料在 2.0~4.5V 的宽电压范围内，钠离子电池中的所有钠离子都可以通过 Ni^{2+}/Ni^{4+} 氧化还原反应可逆地嵌入/脱出，容量为 160mA·h/g，平均放电电压约为 3.7V。但是，与 P2-$Na_{2/3}MnO_2$ 材料不同，当 $Na_{2/3}Ni_{1/3}Mn_{2/3}O_2$ 充电至 4.22V 时，氧骨架偏移，发生 P2-O2 相变，在与 O2 相变有关的该区域中，不可避免会有大的体积变化，因此，$Na_{2/3}Ni_{1/3}Mn_{2/3}O_2$ 的容量在充电至 4.35V 后会迅速下降，并且在 3.8V 的较低电压下，可用的可逆容量仅为限于 80mAh/g。为了进一步提升其电化学性能，采用 Mg^{2+} 取代部分 Ni^{2+}，得到 $Na_{2/3}Ni_{17/60}Mg_{1/20}Mn_{2/3}O_2$ 材料，可以抑制循环过程中的 P2-O2 相变，显著提高提高其可逆容量和容量保持率。将电化学活性 Fe^{3+} 离子引入 $Na_{2/3}Ni_{1/3}Mn_{2/3}O_2$ 晶格中得到 $Na_{2/3}Ni_{1/3}Mn_{7/12}Fe_{1/12}O_2$ 来抑制 P2-O2 相变，该材料在整个充放电过程中都保持 P2 相结构，可表现出优异的长期循环性能。

3.2.2.2　聚阴离子型化合物

聚阴离子化合物正极材料（表达式 $Na_xM_y[(XO_m)]_z$，M 为具有可变价态的金属离子；X 为 P、S 和 V 等元素）是由钠、过渡金属以及阴离子构成。其中过渡金属主要有铁、钒、钴等，而阴离子主要包括磷酸根、焦磷酸根、氟磷酸根和硫酸根。

与单阴离子化合物相比，聚阴离子磷酸盐中的过渡金属的氧化还原电位可以通过 O—M 键的离子共价特性进行调节，聚阴离子可以改变金属氧化还原对（如 Fe^{3+}/Fe^{4+}），并提供更高的工作电压。聚阴离子磷酸盐以及混合聚阴离子化合物因其结构稳定性好、结构多样性、工作电位高、热安全性高和循环性能好等优点，引起了研究者们的关注。

考虑到 $LiFePO_4$ 材料在锂离子电池中的成功应用，类似的 $NaFePO_4$ 材料也被应用在钠离子电池。在 $NaFePO_4$ 系列材料中，橄榄石结构材料的理论容量高达 154mA·h/g，工作电压为 2.9V。橄榄石型 $NaFePO_4$ 的晶格结构有利于钠离子的嵌入和传输，保证了其优异的可逆性和循环稳定性。但是橄榄石 $NaFePO_4$ 材料导电性差，钠离子扩散速率慢，因此其实际容量往往远低于理论容量。

NASICON 型 $Na_3V_2(PO_4)_3$ 由于其高的能量密度成为具有潜在应用前景的钠离子电池正极材料。与 $NaFePO_4$ 中的低维钠离子通道相比，它可在由 PO_4 四面体和 VO_6 八面体组成的三维结构内提供大的钠离子扩散通道，并可在 1.63V 和 3.4V 电压下发生 V^{2+}/V^{3+} 和 V^{3+}/V^{4+} 电对的可逆氧化还原反应。尽管 $Na_3V_2(PO_4)_3$ 材料具有以上的诸多优势，但仍需在可逆性、循环稳定性以及电导率方面进行提高。通常采用包覆、杂原子掺杂以及结构纳米化等方法来改善材料的电化学性能，促进反应动力学和提高电导率。

焦磷酸盐热力学稳定性远远超过层状氧化物，其高的稳定性得益于稳定的 $[P_2O_4]^{7-}$ 阴离子，为大规模的钠离子电池应用提供了安全保障。氟磷酸盐的研究始于 Barker 等人，他们在 2003 年首次报道了 Na_2VPO_4F，其 3.7V 的平均放电电压可与商业锂离子电池相当。这个发现引发了对钠离子电池氟磷酸盐电极材料的探索，并将氟磷酸盐扩展到其他过渡金属。利用低成本的 Na、Fe、S 和 O 元素，硫酸盐也被认为是有前途的聚阴离子型正极材料。

3.2.2.3　普鲁士蓝类材料

普鲁士蓝是一种发现很早的蓝色染料，后续研究发现其具备优秀的电化学性能和催化性能。近年来人们对它的研究越来越深入，通过调节金属离子组成合成了一系列的普鲁士蓝类似物。普鲁士蓝类似物的化学通式为 $Na_xM[Fe(CN)_6]$（M = Fe、Mn、Ni、Co、Cu 等），是面心立方结构的金属铁氰化物，其晶格中铁氰根和过渡金属排列构成三维结构骨架，钠离子可以储存在框架结构的间隙位置，是钠离子电池的理想正极材料。普鲁士蓝类化合物正极材料具有较高的比容量（理论比容量可高达 170mA·h/g），但晶体骨架中存在较多的空位和大量结晶水，可能在电池循环过程中发生结构坍塌或晶体水与钠离子竞争，削弱正极材料稳定性和循环性能。目前普鲁士蓝类化合物正极材料改进的方法有采用纳米结构、表面包覆、金属元素掺杂、改进合成工艺降低配位水和空位等。

3.2.2.4 有机类化合物

具有氧化还原功能的有机正极材料因其具有较高的理论容量、分子多样性和可持续性等优点而越来越受到人们的关注。但是，它们的比容量和能量密度仍然受到限制。对于有机材料，能量存储是通过碱离子与氧化还原活性官能团的可逆反应实现的。到目前为止，已经开发了一大类包含各种氧化还原活性官能团的有机正极材料。迄今为止报道的主要氧化活性官能团包括羰基（C＝O）官能团、亚胺（C＝N）官能团、二硫化物（S—S）官能团、自由基和偶氮（N—N）官能团。然而，有机化合物普遍具有低的电子电导率且工作电压较低。此外，当有机化合物与有机系的电解液接触时，会出现电极材料溶解等问题难以解决。

3.2.3 钠离子电池的负极材料

钠离子电池负极材料的储钠反应可分为嵌入/嵌出反应、转化反应和合金化/去合金反应。钠离子电池负极材料主要包括碳基材料、转化类材料、合金类材料和有机材料。

3.2.3.1 碳基负极材料

碳基材料因其成本低、结构稳定性好和导电性好而受到越来越多的关注。碳基材料具有不同的结构和形貌，这使得控制碳基材料的这些因素以满足高效钠离子电池储能的需求成为可能。石墨负极材料在锂离子电池中已经被广泛应用，石墨可与锂离子发生插层反应形成一阶石墨插层化合物（LiC_6），理论比容量为 $372mA \cdot h/g$。但应用于钠离子电池时却表现出了极低的可逆容量，主要因为钠离子半径较大，并且钠在石墨中扩散能垒高和钠-石墨插层化合物形成能高导致钠在石墨中无法有效进行插层。直到 2014 年，Adelhelm 等人发现可以通过电解液溶剂和钠离子共嵌入方式提高石墨的储钠性能，可实际容量仍然只有 $90mA \cdot h/g$，达不到可应用水平。

虽然石墨作为钠离子电池负极材料性能不尽如人意，但研究人员却发现石墨化程度较低的软碳和硬碳材料具有较高的储钠容量。硬碳是一种石墨微晶随机取向排列形成的"纸牌屋"结构，存在较多的纳米孔隙，适合半径较大的钠离子嵌入和脱出。2000 年，J. R. Dahn 教授首次报道了钠离子可以在硬碳中可逆地嵌入和脱出，并获得超过 $300mA \cdot h/g$ 的比容量，且展示出良好的循环稳定性。随后，各种结构和形貌的硬碳材料被相继合成和报道，并展示出明显提升的电化学性能。硬碳由于结构的复杂性，具有不同的储钠机理。目前文献中对于硬碳储钠机理尚未有定论。研究人员根据硬碳储钠时充电曲线的特点，将其分为平台和斜坡两个区域，并且针对两个区域提出了不同的储钠机制。这些机理总的来说可以分为"插层-吸附"机理和"插层-嵌入"机理两类。目前的实验数据大多支持"插层-吸附"机理，并且对此机理做出了很多的补充说明和假设，包括"双平台"机制、扩展型"吸附-插层"机制和闭孔机制（如图 3-16 所示）。

此外，软碳也是一种备受关注的钠离子电池负极材料，其微观结构和成分直接影响着储钠性能。软碳材料具有与石墨相近的石墨微晶排列和碳层间距，因此对于具有较大离子尺寸的钠离子来说，软碳材料的容量较低无法达到实际应用的需求。但是软碳材料往往具有液相热解的特性，并且相比于硬碳来说，软碳的比表面积较低。因此软碳材料可以作为硬碳材料的包覆层，减少电极材料与电解液的副反应，增大首次库伦效率。目前用作钠离

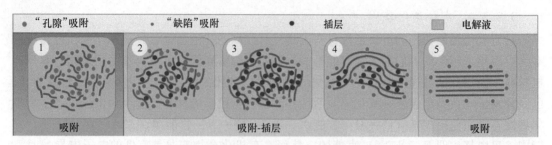

图 3-16　扩展型"吸附-插层"储钠机理图

子电池负极材料时，通常需要对软碳材料采用改性或复合的方式来提升性能。

3.2.3.2　合金类负极

合金型机理负极材料（金属、半金属和 P）是一类具有吸引力的电极材料，通常位于元素周期表中第 4 主族或第 5 主族。它们的工作电势大多低于 1.0V，有利于钠离子电池获得更高的输出功率。然而，合金材料的储钠性能不如储锂性能。例如，Si 在锂离子电池中的理论容量（3579mA·h/g）高于其在钠离子电池中的理论容量（725mA·h/g）；Ge 在钠离子电池中的理论容量为 396mA·h/g，远低于其在锂离子电池中的理论容量（1384mA·h/g）。在目前已知的负极材料中，P 负极是理论容量最高的材料（2596mA·h/g），但是 P 的导电性能差、离子扩散系数低、以及在循环过程中面临着巨大的体积膨胀（>400%），导致了其在钠离子电池中的循环寿命较差。

当前，研究者把目光集中在容易商业化的材料上，如 P、Sn、Sb 和 Bi 等。然而，这几种材料在和钠反应过程中会出现较大的体积膨胀和收缩，极易导致循环过程中活性材料的破裂、团聚和脱落，除此之外，新暴露的表面上将形成新的固体电解质界面（SEI）薄膜，导致 SEI 膜的厚度的增加和首次库仑效率的降低。为解决这一问题，研究者进行了大量的研究，提出的策略主要有两种：一是结构优化，如减小材料尺寸、制备多孔结构、合金化等；二是将合金型材料和碳材料复合。

3.2.3.3　转化类材料

转化类材料主要包括金属氧化物、硫化物和磷化物等。在化学键的结合能方面，金属硫化物中的离子键要比氧化物中的 M—O 键（M 代表金属）要弱。因此，从动力学角度上看，金属硫化物相比对应的金属氧化物，其组成结构在循环过程中更为可逆。此外，金属硫化物还具有更好的导电性和更小的体积变化。

金属硫化物由于其开放的层状结构以及进行转化和合金化反应的能力而表现出高容量，这使其优于类似的层状结构的碳基材料。

3.2.3.4　其他类型负极材料

近年来，嵌入型钛基化合物由于 Ti^{3+}/Ti^{4+} 的氧化还原电位相对较低、安全性高和结构稳定性好等优点，已成为钠离子电池负极材料的研究热点。钛基化合物中最常见的氧化物是二氧化钛（TiO_2），容易合成，并且成本低。TiO_2 在自然界中有三种不同的晶型，这些晶型在室温下都是稳定的，但它们的电化学性能各不相同。在钠离子电池中，通过 TiO_6

八面体中的 Ti^{4+}/Ti^{3+} 氧化还原来实现钠离子在 TiO_2 中的嵌入/嵌出。此外有机化合物也可被用作钠离子电池负极材料。它们成本低，结构灵活性高，结构动力学好，但存在着反应动力学差和溶解度高等问题。

3.2.4　钠离子电池的电解液

电解液是钠离子电池的重要组成部分，可以保证钠离子在正极与负极之间的扩散，为了使电池有效运行，电解液必须具备一些必要的特性，如宽的电化学窗口、高电导率、低黏度和优异的电化学稳定性。

钠离子电池电解液主要包括两个体系：醚类电解液和酯类电解液。酯类电解液的溶剂成分主要为碳酸丙烯酯（propylene carbonate，PC）、碳酸乙烯酯（ethylene carbonate，EC）、碳酸二乙酯（diethyl carbonate，DEC）、碳酸二甲酯（dimethyl carbonate，DMC）和碳酸甲乙酯（ethyl methyl carbonate，EMC）中的一种或几种混合物。酯类溶剂对于钠盐的溶解性较好，以其为溶剂的电解液具有良好的离子传输能力，并且酯类电解液的结构比较稳定，耐氧化，安全性好。

醚类电解液的溶剂成分主要为乙二醇二甲醚（dimethoxy ethane，DME）和二氧戊环（dioxolane，DOL）等。醚类电解液的溶剂化效应可以促进钠离子在碳基负极材料的插入，有助于提升比容量，并且醚类电解液会在负极表面形成覆盖更均匀并且更薄的 SEI 膜，可以降低不可逆反应的容量。然而醚类电解液容易生成过氧化物，耐氧化性差，致使醚类电解液应用于大电池时容易起火，安全性差，并且醚类电解液生成的薄的 SEI 膜会降低材料的循环稳定性，导致材料的循环性能下降。因此目前商业化的电解液溶剂仍选用稳定性较高的酯类电解液。

3.2.5　钠离子电池的黏结剂

黏结剂是钠离子电池关键的组成成分，极大地影响了活性物质之间以及与集流体的接触。钠离子电池中的黏结剂起到了固定活性物质，保证活性物质之间以及与集流体的电子传输通道畅通的作用。优秀的黏结剂还应该具有隔离电解液与活性物质，抑制 SEI 膜生成的作用。

黏结剂具有一定的机械强度并且可以与活性物质形成稳定的共价键，抑制活性物质在循环过程中的粉化。黏结剂主要分为有机系和水系两个体系。商业聚偏氟乙烯（PVDF）黏结剂为有机系黏结剂，其通常用于正极材料。水系黏结剂主要包括海藻酸钠（sodium alginate，SA）、羧甲基纤维素钠（Na carboxymethyl cellulose，NaCMC）和聚丙烯酸钠（Na polyacrylic acid，NaPAA）等。SA 具有丰富的羧基和高杨氏模量，可以与活性物质牢固地结合，从而提升首次库伦效率、倍率性能和循环稳定性。NaCMC 和 NaPAA 混合后具有协同作用，可以在电极上形成有效的保护膜，提高了库仑效率。相比于有机系的 PVDF 黏结剂，水系的黏结剂与活性物质接触更紧密，因此高比表面积负极材料通常利用水系黏结剂来提升电化学性能。

参 考 文 献

［1］ Linden D, Reddy T B e. Handbook of Batteries ［M］. New York：McGraw-Hill, 2002.

［2］ 刘国强, 厉英. 先进锂离子电池材料［M］. 北京：科学出版社, 2015.

［3］ 吴宇平, 袁翔云, 董超, 等. 锂离子电池——应用与实践［M］. 北京：化学工业出版社, 2012.

［4］ 查全性. 化学电源选论［M］. 武汉：武汉大学出版社, 2005.

［5］ 陆天虹. 能源电化学［M］. 北京：化学工业出版社, 2014.

［6］ 管从胜, 杜爱玲, 杨玉国. 高能化学电源［M］. 北京：化学工业出版社, 2005.

［7］ Abraham K M. Prospects and limits of energy storage in batteries ［J］. Journal of Physical Chemistry Letters, 2015, 6（5）：830-844.

［8］ Ohzuku T, Makimura Y. Layered lithium insertion material of $LiCo_{1/3}Ni_{1/3}Mn_{1/3}O_2$ for lithium-ion batteries ［J］. Chemistry Letters, 2001, 1（7）：642-643.

［9］ 李文俊, 徐航宇, 杨琪, 等. 高能量密度锂电池开发策略［J］. 储能科学与技术, 2020, 9（2）：449-476.

［10］ Lu Z H, MacNeil D D, Dahn J R. Layered cathode materials $Li Ni_x Li_{(1/3-2x/3)}Mn_{(2/3-x/3)}O_2$ for lithium-ion batteries ［J］. Electrochemical and Solid-State Letters, 2001, 4（11）：A191-A194.

［11］ Chiu K F, Lin H C, Lin K M, et al. Stability improvement of $LiMn_2O_4$ thin-film cathodes under high rate and over-discharge cycling ［J］. Journal of the Electrochemical Society, 2006, 153（10）：A1992-A1997.

［12］ Amatucci G G, Blyr A, Sigala C, et al. Surface treatments of $Li_{1+x}Mn_{2-x}O_4$ spinels for improved elevated temperature performance ［J］. Solid State Ionics, 1997, 104（1-2）：13-25.

［13］ Kim J H, Myung S T, Yoon C S, et al. Comparative study of $LiNi_{0.5}Mn_{1.5}O_4$-δ and $LiNi_{0.5}Mn_{1.5}O_4$ cathodes having two crystallographic structures：$Fd\bar{3}m$ and $P4332$ ［J］. Chemistry of Materials, 2004, 16（5）：906-914.

［14］ Padhi A K, Nanjundaswamy K S, Masquelier C, et al. Mapping of transition metal redox energies in phosphates with NASICON structure by lithium intercalation ［J］. Journal of the Electrochemical Society, 1997, 144（8）：2581-2586.

［15］ Padhi A K, Nanjundaswamy K S, Goodenough J B. Phospho-olivines as positive-electrode materials for rechargeable lithium batteries ［J］. Journal of the Electrochemical Society, 1997, 144（4）：1188-1194.

［16］ Okamoto H. The C-Li（Carbon-Lithium）system ［J］. Bulletin of Alloy Phase Diagrams, 1989, 10：69-72.

［17］ Sangster J. C-Li（Carbon-Lithium）System ［J］. Journal of Phase Equilibria and Diffusion, 2007, 28：561-570.

［18］ Huggins R A. Lithium alloy negative electrodes ［J］. Journal of Power Sources, 1999, 81：13-19.

［19］ Lu L, Wang J Z, Zhu X B, et al. High capacity and high rate capability of nanostructured $CuFeO_2$ anode materials for lithium-ion batteries ［J］. Journal of Power Sources, 2011, 196（16）：7025-7029.

［20］ Guyomard D, Tarascon J M. Li metal-free rechargeable $LiMn_2O_4$/carbon cells-their understanding and optimization ［J］. Journal of the Electrochemical Society, 1992, 139（4）：937-948.

［21］ 李茜, 郁亚娟, 张之琦, 等. 全固态锂电池的固态电解质进展与专利分析［J］. 储能科学与技术, 2021, 10（1）：77-86.

［22］ Jache B, Adelhelm P. Use of graphite as a highly reversible electrode with superior cycle life for sodium-ion batteries by making use of Co-intercalation phenomena ［J］. Angewandte Chemie International Edition, 2014, 53（38）：10169-10173.

［23］ 胡勇胜，陆雅翔，陈立泉. 钠离子电池科学与技术［M］. 北京：科学出版社，2020.

［24］ Hwang J Y, Myung S T, Sun Y K. Sodium-ion batteries：present and future［J］. Chemical Society Reviews，2017，46（12）：3529-3614.

［25］ Delmas C, Braconnier J J, Fouassier C, et al. Electrochemical intercalation of sodium in Na_xCoO_2 bronzes ［J］. Solid State Ionics，1981，3：165-169.

［26］ Dresselhaus M S, Dresselhaus G. Intercalation compounds of graphite［J］. Advances in Physics，2002，51（1）：1-186.

［27］ Stevens D A, Dahn J R. High capacity anode materials for rechargeable sodium-ion batteries［J］. Journal of the Electrochemical Society，2000，147（4）：1271-1273.

［28］ Sun N, Guan Z, Liu Y, et al. Extended "Adsorption-insertion" model：A new insight into the sodium storage mechanism of hard carbons［J］. Advanced Energy Materials，2019，9（32）：1901351.

4　氢能材料与技术

长期以来，由于煤炭、石油和天然气为主的化石能源的急剧消耗带来了气候变化、环境污染和能源短缺等问题，迫使人类积极寻求安全稳定和清洁高效的替代能源。其中，氢能作为一种清洁、高效、可持续的"零碳能源"，引起了世界各国的普遍关注。氢是自然界中较为丰富的物质，也是应用最广泛的物质之一，自然界中，氢在常温常压下以气态氢分子的形式存在，在超低温或超高压下可成为液态或固态。氢能是指以氢及其同位素为主体的反应中或氢的状态变化过程中所释放的能量，主要包括氢化学能和氢核能两大部分。

氢气作为一种清洁、安全、高效、可再生的能源，是人类摆脱对"三大能源"依赖的最经济、最有效的替代能源之一。同时，氢能作为一种洁净的能源载体，具有利用率高、燃烧热值高、能量密度大、存在广泛以及可储可输等优点。氢来源广泛，既可以通过化石能源制备，又可以由风能、太阳能、生物能、潮汐能以及核能转换而来。

本章主要讨论氢气制备、氢气的安全储存和运输以及氢气的应用。

4.1　氢能简介

氢气（H_2）最早于 16 世纪初被人工制备，当时使用的方法是将金属置于强酸中。1766~1781 年，亨利·卡文迪许发现氢元素，氢气燃烧生成水（$2H_2+O_2 \rightarrow 2H_2O$），拉瓦锡根据这一性质将该元素命名为"hydrogenium"（"生成水的物质"之意，"hydro"是"水"，"gen"是"生成"，"ium"是元素通用后缀）。19 世纪 50 年代，英国医生合信（B. Hobson）编写《博物新编》（1855 年）时，把"hydrogen"翻译为"轻气"，意为最轻气体。

氢通常的形态是氢气（H_2），无色无味，极易燃烧。氢气是最轻的气体，在标准状况下（0℃、101.325kPa）下，每升氢气只有 0.0899g/L，仅相当于同体积空气质量的二十九分之二。氢是宇宙中最常见的元素，氢及其同位素占到了太阳总质量的 84%，宇宙质量的 75% 都是氢。

氢挥发性高、能量密度高，是能源载体和燃料。氢能是通过氢气和氧气反应所产生的能量。氢能是氢的化学能，氢在地球上主要以化合态的形式出现，是宇宙中分布最广泛的物质。工业上生产氢的方式很多，常见的有电解水制氢、煤炭气化制氢、重油及天然气水蒸气转化制氢等。

氢气的生产源自多种多样的能源来源。有传统的生产方法、使用未被充分利用的能源来源的生产方法和使用可再生能源的三种生产方法。传统的生产方式是从石油、天然气等化石燃料燃烧中产生的工业副产品提取；使用未被充分利用的能源来源的生产方法主要是从褐煤、下水污泥中提取；使用可再生能源的生产方法主要是利用光伏发电、太阳能等自然资源。多种氢能生产方式可以实现氢能的有效储存以及必要地点的使用。

4.2 氢的性质和特点

氢是一种化学元素，在元素周期表中位于第一位。常温常压下，氢气是一种极易燃烧、无色透明、无臭无味且难溶于水的气体。氢气分子量很小，且在气、液、固各状态下密度都是最小的，是空气密度的十四分之一，它的扩散速度很快，能量/体积比小，给存储和运输带来了很大的困难。在常温常压下为气态，液化温度为-253℃。

氢的发热值是所有化石燃料、化工燃料和生物燃料中最高的，如表4-1所示，是汽油发热值的三倍。氢的燃烧性能也很好，易点燃，与空气混合时有广泛的可燃范围。其点燃后与氧气发生的反应为：

$$2H_2 + O_2 \Longrightarrow 2H_2O \tag{4-1}$$

表4-1 常见燃料的燃烧值

燃料种类	氢气	甲烷	汽油	乙醇	甲醇
燃烧值/kJ·kg^{-1}	121061	50054	44467	27006	20254

氢的特点：

（1）来源广：地球上的水储量为21018万吨，是氢取之不尽、用之不竭的重要源泉。

（2）燃烧热值高：表4-1为几种常见的燃料的燃烧值，显然，氢的热值高于所有化石燃料和生物质燃料。

（3）清洁：氢本身无色无味无毒，若在空气中燃烧，只有火焰温度高时才会生成部分氮氧化物（NO$_x$），燃烧效率高。

（4）存在形式多：氢可以以气态、液态或固态金属氢化物存在，适应储运及各种应用环境的需求。

由以上特点可以看出，氢是一种理想的能源。但是真正的"氢经济"距离人们的日常生活还比较遥远，主要原因是氢能的大规模利用离不开大量、廉价地制取氢，安全的储存氢以及高效地输送氢的技术。现阶段仍有很多问题亟须解决。

4.3 氢 的 制 取

4.3.1 电解水制氢

电解水制氢是一项十分古老的技术。早在1800年左右，J. W. Ritter在德国阐述了电解水的基本原理。其首次实际应用出现在1890年，法国军队应用电解水制氢技术研制了军用飞艇。但是，由于氢气可以通过成本更为低廉的技术（如重整制氢）制备，因此电解水制氢技术的发展十分缓慢。近年来，电解水制氢技术因工艺简单、原料（水）来源广泛，与可再生能源相结合后清洁环保、所制备的氢气纯度高等优势获得了世界各国的青睐。但是，如何降低能耗和成本，仍然是当前世界各国所面临的一个巨大挑战。

电解水反应是一个由多步基元反应构成的化学变化过程，热力学能垒高，动力学也极为缓慢。当两个电极（阴极和阳极，之间有隔膜隔离）分别通上直流电，并且浸入水中时，在催化剂和外电场的作用下，水分子在阳极失去电子，被分解为氧气和氢离子，氢离子通过电解质和隔膜到达阴极，与电子结合生成氢气。这个过程就是电解水，这样的装置叫电解槽（如图 4-1 所示）。因为纯水的电导率很低，因此，必须向电解液中加入 KOH 或 NaOH 等电解质，以增强溶液导电性。电解水制氢的化学式为

$$2H_2O \Longrightarrow 2H_2 + O_2 \tag{4-2}$$

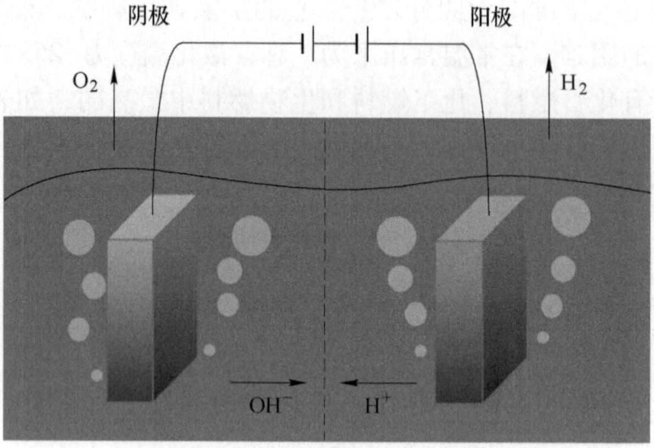

图 4-1　电解水电极反应示意图

反应原理见表 4-2，反应遵循法拉第定律，气体产量与电流和通电时间成正比。

表 4-2　酸碱性电解液中反应方程式

电极	酸性电解液（pH=0）	碱性电解液（pH=14）
阳极	$H_2O \longrightarrow 1/2O_2 + 2H^+ + 2e^-$ $(E^* = 1.23\text{V vs. SHE})$	$2OH^- \longrightarrow 1/2O_2 + H_2O + 2e^-$ $(E^* = 0.40\text{V vs. SHE})$
阴极	$2H^+ + 2e^- \longrightarrow H_2$ $(E^* = 0.00\text{V vs. SHE})$	$2H_2O + 2e^- \longrightarrow H_2 + 2OH^-$ $(E^* = 0.40\text{V vs. SHE})$
总反应	$H_2O \longrightarrow H_2 + 1/2O_2$ $(E^* = -1.23\text{V vs. SHE})$	

电解水反应可分为两个半反应，即阳极析氧反应（oxygen evolution reaction，OER）和阴极析氢反应（hydrogen evolution reaction，HER）。在 pH 值不同的电解液中，OER 和 HER 有不同的表现形式。从热力学角度来讲，水分解是一个标准吉布斯自由能变（ΔG_d）高达 237.22kJ/mol 的非自发反应。因此，理论上，要通过电解装置驱动水分解反应，标准条件下电解槽的槽压需大于 1.23V。如果考虑到实际电解槽是一个开放体系，需要消耗部分电能产生热量来满足等温条件，那么标准条件下驱动水分解反应的理论槽压应大于 1.48V。在实际情况下，电解池的槽压远大于理论值 1.23V。额外的电能消耗主要来自以下几个方面：（1）电解槽集流板等外部电路电阻；（2）催化层内部电阻；（3）电子转移电阻（电化学极化）；（4）与溶液相关的电阻；（5）气泡电阻；（6）与隔膜相关的电阻。这些因素可以被大致归为三类：反应电阻[（3）]，传质电阻[（4）（5）（6）]和电力电阻[（1）（2）]，因此，电解水效率的提升，取决于上述各个方面能耗的降低。

现在研究的提高水分解效率的方法主要从以下两方面：一是优化电解池设计工艺，包括电极结构和电解液，降低电阻等引起的电压的损失；二是设计高效的电催化剂，降低析

氢反应（HER）和析氧反应（OER）过电位使整个电解池电压得到降低。目前电解水制氢研究重点是寻找新型电解材料或者提高现有电极材料的电催化性能，降低过电位，以提高制氢效率。

电解水需要消耗电，由于化石燃料产生电能推动电解槽制氢会消耗大量的不可再生资源，只能是短期的制氢选择。由可再生资源产生电能，比如通过太阳能、风能、潮汐能等可再生能源发电制氢是未来发展的主要目标。因此，电解水制氢的发展方向是与风能、太阳能、地热能及潮汐能等清洁能源相互配合，从而降低成本。成本最低、最方便的储能方法是将这些清洁能源电解制氢、储氢和运输氢，然后利用氢能发电入网或转化为其他形式的能量。

4.3.2 化石能源制氢

传统化石燃料制氢是最早的制氢技术，其研究时间最长，制氢工艺较成熟，并且已经形成了规模化的生产，但同时也有致命的缺点：首先原材料属于不可再生能源；其次是制氢过程中耗能大，影响环境，排出的大量 CO_2 会导致温室效应。根据使用的原料不同，可以将化石能源制氢分为天然气制氢、石油热裂解的副产物制氢和煤制氢等。

天然气含有多种组分，主要成分是甲烷，其他成分为水、碳氢化合物、H_2S、N_2 和 CO_x。在一定温度和催化剂的作用下，利用水煤气和甲烷反应生成氢气（如图 4-2 所示）。这种方法的优点是工艺简单、生产灵活、绿色环保、制备氢气纯度大；缺点是成本高，催化剂易积碳失活。

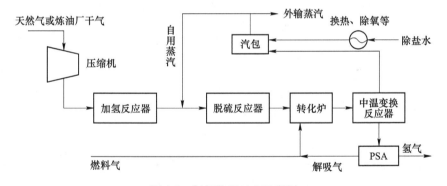

图 4-2　制氢装置工艺示意图

甲烷水蒸气重整是天然气制氢方向中一项成熟的技术，其中包含 2 个吸热反应和 1 个放热反应。因其反应主体为吸热反应，反应需要在高温下进行，所以甲烷水蒸气重整所用的催化剂不仅需要满足高甲烷转化活性、长寿命、高氢气选择性以及高机械强度，还要在 700~850℃时表现出高热稳定性和良好的传热性。由于 Ni 具有高催化活性以及对此重整反应的高选择性，通常使用 Ni 作为该反应的催化剂。但 Ni 在反应中易积炭，所以还需要在催化剂中添加少量贵金属作为助剂或钙钛矿等载体，不同 Ni 基载体催化剂对重整反应的性能测试结果如表 4-3 所示，主要涉及反应如下：

水-气转化反应：

$$CH_4 + H_2O \rightleftharpoons CO + 3H_2 \quad \Delta H = 205.1 \text{kJ/mol} \tag{4-3}$$

$$CO + H_2O \rightleftharpoons CO_2 + H_2 \quad \Delta H = -41.9 \text{kJ/mol} \tag{4-4}$$

天然气、液化气（liquefied gas，LPG）或液烃中的高级烃的反应途径与甲烷相同：

$$C_nH_m + nH_2O \rightleftharpoons nCO + \frac{n+m}{2}H_2(\text{吸热反应}) \tag{4-5}$$

随着反应的进行，水蒸气有可能被 CO_2 取代，因此会发生下面的反应：

$$CH_4 + \frac{1}{2}O_2 \rightleftharpoons CO + 2H_2 \tag{4-6}$$

表 4-3　不同 Ni 基载体催化剂性能测试结果

催化剂（质量分数）	$n(H_2O)/n(CH_4)$	CH_4 转化率 /%	CO 选择性 /%	CO_2 选择性 /%	H_2 产率 /%	CH_4 转化率降幅/%
5%Ni/CeO$_2$	0.5	26.6	57.3	22.3	17.3	56.0
	1.0	51.1	51.4	28.0	34.0	31.1
	1.5	70.4	48.9	36.4	51.4	8.7
	3.0	54.9	39.3	56.3	47.1	21.7
5%Ni/CeZr$_5$	0.5	36.1	56.4	20.0	22.5	47.7
	1.0	38.5	49.9	38.0	29.0	18.6
	1.5	60.4	39.2	42.2	43.2	6.6
	3.0	71.8	59.7	46.5	65.5	13.0
5%Ni/CePr$_5$	0.5	29.2	60.8	21.4	19.6	50.8
	1.0	26.6	44.9	50.0	22.2	27.2
	1.5	67.5	42.7	39.2	48.1	3.1
	3.0	72.4	41.7	52.1	60.4	14.7
5%Ni/CeLa$_5$	0.5	27.1	60.8	29.6	20.4	26.3
	1.0	52.1	47.3	35.3	36.9	9.4
	1.5	53.9	49.2	34.3	38.4	2.1
	3.0	67.4	38.5	49.3	52.6	4.9

因天然气清洁、产氢效率高，炼油厂干气来源广、成本低，可将其优化后作为制氢装置的原料，以有效降低 H_2 成本，例如将焦化干气引入制氢装置替代石脑油作原料，制氢装置原料气体化，降低了制氢成本。

水煤气变换反水煤气制氢是通过气化技术用无烟煤或焦炭为原料与水蒸气在高温时反应而得水煤气（$C+H_2O \rightarrow CO+H_2$）。气化得到的水煤气再经历 CO 变换、酸性气体脱除及氢气提纯等工序就可以得到不同纯度的氢气，这种方法制氢成本较低产量很大，设备较多，在合成氨厂多用此法。但是其工艺流程长、运行相对复杂，且存在污染严重、不利于环保等问题。自天然气大量开采以后，传统的制氢工业中96%都是以天然气为原料。

天然气和煤都是宝贵的燃料和化工原料，其储量有限，且其制氢过程对环境有损害，使用其制氢依旧摆脱不了对常规能源的依赖和对自然环境的破坏。

4.3.3 生物质制氢

生物质制氢是以生物活性酶为催化剂，利用含氢有机物和水将生物能和太阳能转化为高能量密度的氢气，即将自然界储存于有机化合物（如植物中的碳水化合物、蛋白质等）中的能量通过高效产氢细菌的作用，转化为氢气，是利用某些微生物代谢过程来生产氢气的一项生物工程技术。由于所用原料可以是有机废水，城市垃圾或者生物质，所以生物质制氢的优越性体现在来源丰富、价格低廉。其生产过程清洁、节能，且不消耗矿物资源。与传统的物理化学方法相比，生物制氢有节能、可再生和不消耗矿物资源等许多突出的优点。由于生物质制氢具有一系列独特的优点，它已成为发展氢经济颇具前景的研究领域之一。生物质制氢技术可以分为两类，一类是以生物质为原料利用热物理化学方法制取氢气，如生物质气化制氢、超临界转化制氢、高温分解制氢等热化学法制氢，以及基于生物质的甲烷、甲醇、乙醇的化学重整转化制氢等；另一类是利用生物转化途径转换制氢，包括直接生物光解，间接生物光解，光发酵，光合异养细菌水汽转移反应合成氢气，暗发酵和微生物燃料电池等技术。

生物质包括多种来源，如动物残渣、植物残渣、锯末、水生植物、废纸、草、木材等，一些常见的生物质制氢原料及常用转化技术如表 4-4 所示。

表 4-4　一些常见的生物质制氢原料及常用转化技术

生物质原料	主要转化技术	生物质原料	主要转化技术
杏仁壳	蒸气气化	城市垃圾堆肥	超临界转化
（造纸）黑液	蒸气气化	淀粉生物质浆	超临界转化
牛皮纸木质素	蒸气气化	城市固体废物	超临界转化
水稻秆、小麦秆	高温分解	枫树锯屑浆	超临界转化
橄榄壳	高温分解	橡胶碎屑	超临界转化
茶叶残渣	高温分解	纸浆以及废纸	生物途径转化
花生壳	高温分解	水粪肥	生物途径转化
松树锯屑	蒸气重整	厩肥	生物途径转化

将生物质原料（秸秆、稻草等）压制成型，在气化炉（裂解炉）中进行气化（裂解）反应制得含氢燃料，生物质制氢流程如图 4-3 所示。

微生物光合作用分解水产氢，其作用机理和植物光合作用相似，目前研究得比较多的是光合细菌和蓝绿藻。以藻类为例，藻类首先将水分解为氢离子和氧气，产生的氢离子在氢化酶的作用下转化为氢气。藻类产氢过程被认为是经济且可持续的，因为它利用的是可再生的水，并且消耗空气污染物之一——CO_2。但是分解水过程中产生的氧气会对产氢过程中的氢化酶起到抑制作用。

藻类的光解水还具有其他的缺点，例如产氢能力较低，并且这一个过程中并没有消耗废物。光发酵和暗发酵途径可以在处理废物的同时产氢，因此被认为是良好的产氢途径。目前已知的具有产氢能力的绿藻集中在团藻目和绿球藻目，包括莱茵衣藻、夜配衣藻、斜生栅藻和亚心形扁藻等。绿藻的产氢途径主要包括直接生物光解途径和间接生物光解途径。在直接生物光解途径中，绿藻通过捕获太阳光，利用光能经由光合反应将水分子光

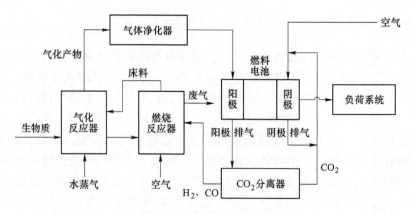

图 4-3 生物质制氢流程图

解，获得低电位的还原力，并最终还原 Fe 氢化酶释放出氢气。间接生物光解途径可以分为两个阶段，在第一阶段中，绿藻细胞在有氧条件下通过光合作用固定二氧化碳，合成细胞物质，而在第二阶段中，在无氧条件下，这些细胞物质会通过酵解产生还原力，用于 Fe 氢化酶的还原和氢气的释放。外源营养因素（如硫、葡萄糖、醋酸盐、细胞固定化技术等）都会影响绿藻的光合产氢。

光发酵产氢过程是厌氧光合细菌根据从有机物如低分子脂肪酸中提取的还原能力和光提供的能量将 H^+ 还原成 H_2 的过程。这一过程具有很多优点，如能适应于广泛的光谱范围；产氢过程中没有氧气的产生；基质的转化效率也较高等，因此被当作一种很有前景的制氢方法，不同有机物及消化器类型在厌氧酸化阶段的氢气产量如表 4-5 所示。

表 4-5 厌氧酸化阶段的氢气产量

基质类型	消化器的类型	温度/℃	水力停留时间/h	氢气产量	氢气质量分数/%
葡萄糖	恒化器	35	0.5×固体停留时间	1.76mol/mol	45.3
葡萄糖	完全混合的连续发酵罐	37	3.0~9.1	—	45~48
葡萄糖	膜生物反应器				57~60
蔗糖	连续发酵罐	35	6.0~13.6	0.105mol	—
蔗糖	固定床	35	1~5	0.415~1.32L/(h·L)	25~35
蔗糖	厌氧序批式反应器	35	4~12	0.1~2.8L/L	15~35
淀粉	恒化器	—	17	1.29L/g	60.0
含丰富蔗糖的合成废水	序批式	37	—	74.7mL/L	
食物加工废水	序批式系统	—			60
城市固体废物中有机成分	半持续性发酵罐	中温~高温	—	360~165mL/g	58~42
餐厨垃圾+屠宰场废物	CSTR	嗜热	120	1.0L/(L·d)	—
餐厨垃圾+屠宰场废物	CSTR	34	74~120	52.5~71.3L/kgVS[①]	—
葡萄糖，蔗糖，果糖	持续上流式	—	—	15L/d	—

①VS 指 volatile solids，表示挥发性固体。

光发酵具有相对较高的光转化效率，具有提高光转化效率的巨大潜力。当葡萄糖作为光发酵的基质时，反应方程如下：

$$C_6H_{12}O_6 + 6H_2O \xrightarrow{\text{光催化}} 12H_2 + 6CO_2 \qquad (4-7)$$

许多光合异养型细菌在光照、厌氧条件下能够将有机酸（乙酸、乳酸和丁酸）转化成氢气和二氧化碳，红杆菌球体、荚膜红杆菌和玫瑰红毛壳菌等光合细菌的光发酵制氢过程已经得到了深入研究。

当葡萄糖作为暗发酵的基质时，反应方程如下：

$$C_6H_{12}O_6 + 2H_2O \longrightarrow 4H_2 + 2CO_2 + 2CH_3COOH \qquad (4-8)$$

在暗发酵制氢过程中，环境条件如培养基的 pH 值、离子浓度、氮源等均能影响氢气的产量。以尿素或其他铵盐为氮源时，发酵过程中没有氢气的产生。除此以外，乙酸、丙酸和丁酸等均能抑制氢气的产生，因此在厌氧发酵制氢过程中要尽量避免这些物质的积累。

现在虽然在生物制氢领域取得了一些成果，但对于要达到实用化大规模工业生产的要求还有一定的差距，其主要问题体现在：（1）现有的发酵产氢微生物的遗传特性和代谢特点决定了微生物菌种产氢效率不高，不足以满足社会对氢能的需求；（2）厌氧发酵产氢过程会产生一些有机酸，使得反应系统的 pH 值降低，限制了发酵微生物的正常生长和代谢，导致其产氢能力下降，同时增加了用碱调节 pH 值带来的高成本、环境污染等不良影响；（3）光解水产氢过程中的氧气会抑制产氢酶的活性，使产氢效率一直保持在较低水平；（4）目前的产氢效率不高，不足以达到工业化水平。

生物制氢未来的发展趋势着力于以下几个方面：（1）开发新菌种，筛选可以高效率产氢的菌株；（2）进行菌株固定化技术的研究，提高产氢的效率，可以研究不同固定化方式对产氢效果的提高；（3）利用目前比较成熟的基因技术将已发现的高效产氢菌的产氢基因和产氢酶提炼出来，将其作为目标基因导入大肠埃希菌等受体细胞中进行表达；（4）研究微生物产氢的代谢过程中的酶类，对代谢过程进行控制，使代谢途径更好地向高效产氢的方向进行等，不同生物质制氢方法比较如表 4-6 所示。

表 4-6　不同生物质制氢方法比较

方法	产氢效率	转化底物类型	转化底物效率	环境友好程度
光解水产氢	慢	水	低	需要光
光发酵产氢	较快	小分子有机酸、醇类物质	较高	可利用各种有机废水制氢，制氢过程需要光照
暗发酵产氢	快	葡萄糖、淀粉、纤维素等碳水化合物	高	可利用各种工农业废弃物制氢，发酵废液在排放前需处理
两步发酵产氢	最快	葡萄糖、淀粉、纤维素等碳水化合物	最高	可利用各种工农业废弃物制氢，在光发酵过程中需要氧气

作为一种环境友好型的制氢方式，生物质制氢潜力无限。

4.3.4　核能制氢

核能是低碳、高效的一次能源，其使用的铀资源可循环再利用。经过半个多世纪的发展，人们已经掌握了日益先进、不断成熟的核能技术，成为当前人类大规模工业制氢的最佳选择。不同反应堆（代）的出口温度及核能综合利用温度范围如图 4-4 所示。与其他制氢技术相比，核能制氢具有无温室气体排放、高效、可实现大规模制氢等诸多优势。核能与氢能的结合，将使能源生产和利用的过程基本实现洁净化。目前，核能制氢主要有电解水制氢与热化学制氢两种方式。

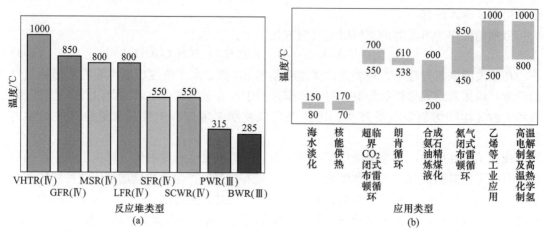

图 4-4　核能制氢的反应堆（代）出口温度及综合利用温度范围
（a）不同反应堆（代）的出口温度；（b）核能综合利用温度范围
VHTR—超高温反应堆；GFR—气冷快堆；MSR—熔盐堆；LFR—铅冷或铅-铋共熔物冷却的快堆；
SFR—钠冷快堆；SCWR—超临界水堆；PWR—压水反应堆；BWR—沸水堆

电解水制氢是利用核电给电解水装置供电，让水发生电化学反应，分解成氢气和氧气。电解水制氢是一种较为方便的氢气制取方法，但制氢效率偏低，如若采用美国开发的SPE 法可将电解效率提升至 90%。以目前大多数核电站的热电转换效率仅为 35% 左右，这种方式的核能制氢总效率约为 30%。热化学制氢是将核反应堆与热化学循环制氢装置耦合，以核反应堆提供的高温作为热源，使水在 800℃ 至 1000℃ 下催化热分解，从而制取氢和氧。

核能制氢系统效率与核反应堆出口温度密切相关（见图 4-5），目前，国际上公认最具应用前景的催化热分解方式是由美国开发的硫碘循环，其中的硫循环从水中分离出氧气，碘循环分离出氢气。日本、法国、韩国和中国都在开展硫碘循环的研究。

核能制氢与化石能源制氢相比具有许多优势，除了降低碳排放之外，由于第四代核反应堆可以提供更高的输出温度，生产氢气的电能消耗也更少。目前，约 20% 的能源消耗用于工艺热应用，高温工艺热在冶金、稠油热采、煤液化等应用市场的开发将很大程度上影响核能发展。用核热取代化石燃料供暖，在保证能源安全、减少碳排放、价格稳定性等方面具有巨大的优势，也是一个重要的选项。

4.3.5　工业副产品制氢

工业副产品制氢主要包括焦炉煤气制氢、氯碱工业副产氢气、甲醇裂解制氢、丙烷脱氢（propane dehydrogenation, PDH）。

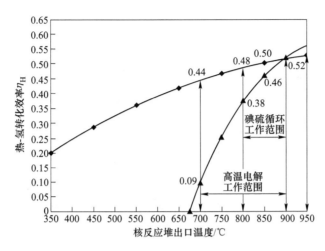

图 4-5　核能制氢系统效率对比

对焦炉内气体进行变压吸附（pressure swing adsorption，PSA）提纯，得到氢气。这种方法投入低、产出高、能耗小，但是多用于钢铁行业自身循环利用，对外供氢气量有限。

在氯碱工业中，副产物中有大量较纯氢气，除供合成盐酸外还有剩余，也可经提纯生产普氢或纯氢。氯碱工业还可利用电解饱和氯化钠溶液来获得氢气。提纯难度小，杂质含量低，利用率高，但是规模过小，能耗高。

甲醇裂解是在一定温度、压力、催化剂作用下甲醇和水发生裂解变换反应生成氢气。优点是规模灵活、投资成本低、碳排放低、原料充足易得，但是生产规模受限制较大。

丙烷脱氢是丙烷在高温和催化剂作用下生成丙烯和氢气。优点是氢气纯度高提纯难度小，缺点是催化剂价格较贵。

总体来说通过工业副产品制氢规模较小，很难大规模生产，但是生产的氢气纯度高。

4.3.6　氢气的提纯

无论采用何种原料制备的氢气，都只能得到含氢的混合气。

含氢的混合气需要进一步提纯和精制，得到高纯度氢才能进行应用。为满足特定应用对氢气纯度和杂质含量的要求，还需经提纯处理，表 4-7 所示为不同应用场合对氢气纯度和杂质质量分数的基本要求及主要氢气来源。

表 4-7　不同应用场合对氢气纯度和杂质质量分数的基本要求及主要氢气来源

应用场合	纯度需求	杂质基本要求	氢气主要来源
合成氨	$n(H_2)/n(N_2)$ $\approx 2.8 \sim 3.2$	$y(CO+CO_2) < (5 \sim 10) \times 10^{-6}$；$y(H_2O) < 1 \times 10^{-6}$；$\rho(S_总) < 1mg/m^3$ 等	煤制氢、天然气制氢等
合成甲醇	$n(H_2+CO_2)/n(CO+CO_2)$ $\approx 2.05 \sim 2.15$	$\rho(S_总) < 0.2 \sim 0.3mg/m^3$；$y(Cl^-) < 0.1 \times 10^{-6}$；$y(羰基铁+羰基镍) < 0.1 \times 10^{-6}$；氨、油污、粉尘颗粒等需预先脱除	煤制氢、天然气或石油制氢等
冶炼厂用氢	$y(H_2) = 80.0\% \sim 99.9\%$	$y(CO+CO_2) < 30 \times 10^{-6}$ 等	煤制氢、天然气制氢、甲醇制氢、工业副产氢等

应用场合	纯度需求	杂质基本要求	氢气主要来源
粉末冶金	$y(H_2) = 99.99\% \sim$ 99.999%	露点：$-45℃ \sim -60℃$；$y(O_2) < 10^{-5}$ 等	电解水制氢、天然气制氢、甲醇制氢等
半导体	$y(H_2) \geqslant 99.9999\%$	$y(O_2) < 0.2 \times 10^{-6}$；$y(CO + CO_2) < 0.1 \times 10^{-6}$ 等	电解水制氢、外购高纯氢等
玻璃行业	$y(H_2) \geqslant 99.999\%$	$y(O_2) \leqslant 3 \times 10^{-6}$；露点 $\leqslant -60℃$ 等	氨分解制氢、电解水制氢等
质子交换膜燃料电池	$y(H_2) \geqslant 99.99\%$	$y(O_2) \leqslant 5 \times 10^{-6}$；$y(CO) \leqslant 0.2 \times 10^{-6}$；$y(CO_2) \leqslant 2 \times 10^{-6}$；$\rho(S_总) \leqslant 0.004 \times 10^{-6}$ 等	电解水制氢、甲醇制氢、天然气制氢等

注：数据来源于国家标准 GB/T 3634.1—2006《氢气第 1 部分：工业氢》和 GB/T 3634.2—2011《氢气第 2 部分：纯氢、高纯氢和超纯氢》规定了工业氢、纯氢、高纯氢、超纯氢的纯度和允许的杂质含量等指标。

从富氢气体中去除杂质得到 5N 以上（质量分数 ≥99.999%）纯度的氢气大致可分为三个处理过程。第一步是对粗氢进行预处理，去除对后续分离过程有害的特定污染物，使其转化为易于分离的物质，传统的物理或化学吸收法、化学反应法是实现这一目的的有效方法；第二步是去除主要杂质和次要杂质，得到一个可接受的纯氢水平（5N 及以下），常用的分离方法有变压吸附（PSA）分离、深冷分离、聚合物膜分离等；第三步是采用低温吸附、钯膜分离等方法进一步提纯氢气到要求的指标（5N 以上）。

表 4-8 总结了从富氢气体中提纯氢气的方法（变压吸附分离、低温分离、聚合物膜分离）。目前工业上大多采用 PSA 法提纯氢气至 99%（质量分数）以上。

表 4-8　富氢气体常用提纯方法

提纯方法	变压吸附分离	深冷分离	聚合物膜分离
原料氢最小体积分数/%	40~50	15	30
原料是否预处理	可不预处理	需预处理	需预处理
操作压力/MPa	0.5~6.0	1.0~8.0	3.0~15.0
回收率/%	60~99	95~98	85~98
分离后氢气体积分数/%	95~99.999	90~99	80~99
适用规模（折合标准状况）/m³·h⁻¹	1~300000	5000~100000	100~100000
能耗	低	较高	低

深冷分离法是利用原料气中不同组分的相对挥发度的差异来实现氢气的分离和提纯。与甲烷和其他轻烃相比，氢具有较高的相对挥发度。随着温度的降低，碳氢化合物、二氧化碳、一氧化碳、氮气等气体先于氢气凝结分离出来。该工艺通常用于氢-烃的分离。深冷分离法的成本高，对不同原料成分处理的灵活性差，有时需要补充制冷，被认为不如变压吸附（PSA）或聚合物膜分离工艺可靠且还需对原料进行预处理，通常适用于含氢量比较低且需要回收分离多种产品的提纯处理，例如重整氢。

聚合物膜分离法基本原理是根据不同气体在聚合物薄膜上的渗透速率的差异而实现分离的目的。目前最常见的聚合物膜有醋酸纤维素（cellulose acetate，CA）、聚砜

（polysulfone，PSF）、聚醚砜（polyether sulfone，PES）、聚酰亚胺（polyimide，PI）、聚醚酰亚胺（polyetherimide，PEI）等，不同聚合物膜主要特性如表 4-9 所示。与深冷分离法、变压吸附法相比，聚合物膜分离装置具有操作简单、能耗低、占地面积小、连续运行等独特优势。由于膜组件在冷凝液的存在下分离效果变差，因此聚合物膜分离技术不适合直接处理饱和的气体原料。

表 4-9 氢气分离用的商业聚合物膜主要特性

供应商	膜材料	结构类型	选择性		
			H_2/N_2	H_2/CH_4	H_2/CO
Air/Products	聚砜	中空纤维	39	24	23
Air/Liquid	聚酰亚胺/聚酰胺	中空纤维	—	—	—
Ube	聚酰亚胺	中空纤维	35.4	—	30
UOP/Separex	醋酸纤维素	螺旋缠绕	33	26	21

由于受限于吸附平衡和相平衡，常用的氢气分离技术手段无法提纯氢气至 6N 及以上，10^{-6} 级杂质脱除较为困难。目前，生产纯度 5N 以上氢气的方法主要有低温及变温吸附法、金属钯膜扩散法和金属氢化物分离法等。

低温及变温吸附法的原理是基于吸附剂（硅胶、活性炭、分子筛等）对杂质气体的吸附量随温度的变化而变化的特性，通常采用低温（液氮温度下）或常温吸附、升温脱附的方法实现氢气的分离提纯。由于变温吸附法是利用外部提供的热量进行升温脱附，吸附剂再生彻底，氢气回收率高，通常适用于微量或难解吸杂质的脱除。采用深冷吸附的方法可脱除氢气中的 H_2O、N_2、O_2、CO_2、CO 等杂质气体，并将氢气的纯度提纯至 5N 以上。变温吸附存在周期长、能耗高等缺点，通常用于碳捕集过程。

金属钯膜扩散法的原理是钯膜对氢气有良好的选择透过性。在 300~500℃ 下，氢吸附在钯膜上，并电离为质子和电子。在浓度梯度的作用下，氢质子扩散至低氢分压侧，并在钯膜表面重新耦合为氢分子，如图 4-6 所示。由于钯复合膜对氢气有独特的透氢选择性，其几乎可以去除氢气外所有杂质，甚至包括稀有气体（如 He、Ar 等），分离得到的氢气纯度高（质量分数>99.9999%），回收率高（>99%）。为防止钯膜的中毒失效，钯膜提纯

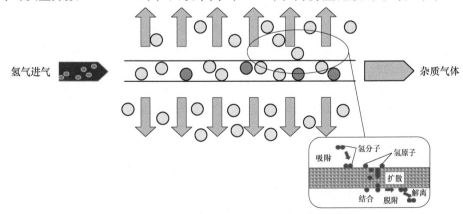

图 4-6 金属钯膜扩散法示意图

技术对原料气中的 CO、H_2O、O_2 等杂质含量要求较高，需预先脱除。此外，钯复合膜的生产成本较高，透氢速度低，无法实现大规模工业化的应用。

金属氢化物法是利用储氢合金可逆吸放氢的能力提纯氢气。在降温升压的条件下，氢分子在储氢合金（稀土系、钛系、镁系等合金）的催化作用下分解为氢原子，然后经扩散、相变、化合反应等过程生成金属氢化物，杂质气体吸附于金属颗粒之间。当升温减压时，杂质气体从金属颗粒间排出后，氢气从晶格里出来，质量分数纯度可高达 99.9999%。金属氢化物法同时具有提纯和存储的功能，具有安全可靠、操作简单，材料价格相对较低，产出氢气纯度高等优势，可代替钯膜纯化法制备半导体用氢气，但是金属合金存在容易粉化，释放氢气时需要较高的温度，且氢气释放缓慢，易与杂质气体发生反应。

4.3.7　氢气生产研究进展

氢气的利用开始于 20 世纪上半叶，用于充气飞艇。20 世纪 70 年代爆发的石油危机引起了人们对可持续能源的重视。1996 年美国国会通过了"未来氢法案"，开展了氢能制备、储存、运输和应用示范研究。2003 年，由美国、澳大利亚、巴西、加拿大、中国、意大利、英国、冰岛、挪威、德国、法国、俄罗斯、日本、韩国和印度等国参加的"氢能经济国际合作伙伴计划"（International Partnership for Hydrogen Economy，IPHE）在华盛顿成立。

美国在氢能产业实践中，形成了较为完整的推进氢能产业发展的法律、政策和科研计划框架体系，形成了国家战略引导、能源部主导技术研发以及各州因地制宜推广的产业发展局面。美国能源部计划到 2040 年走进"氢能经济"时代，并且已开展世界上最大规模的燃料电池车示范，其中包括 183 辆燃料电池车和 25 座加氢站，燃料电池车行驶总里程达到了 360 万英里。美国能源部在纽约长岛启动了基于风电制氢的氢能应用示范项目，计划利用风力发电机为长岛的水电解制氢提供电能，制得的氢供长岛上的燃料电池汽车使用。

德国高度重视可再生能源发电（风能和太阳能等）制氢技术，研究利用风能制氢以满足本国燃料电池汽车供氢需求。德国汉堡市启动了规模宏大的氢能示范应用项目"HyCity"（氢能城市）的计划，被称为"通向明天能源世界的窗口"。该计划涵盖了氢气制取、运输、储存及燃料电池应用的氢能全产业链，主要包括 5 个子计划，分别是：氢能基础设施建设与燃料电池在公交系统的应用、燃料电池在不同交通运输系统的应用（如电动叉车以及其他车辆）、燃料电池在发电站系统中的应用、燃料电池在航空系统中的应用和燃料电池在船舶运输系统中的应用。德国 2020 年已拥有 1000 座加气站和 50 万辆燃料电池汽车，计划 2030 年前把可再生能源发电比例提高至 65%，将建成总装机容量达 5GW 的海上（或陆上）可再生能源电厂，作为迈向氢技术市场的第一步，这将是未来投资的重点领域。

英国气候变化委员会认为，到 2030 年，氢气可能取代天然气，成为低碳电力系统的备用能源，并呼吁新建的天然气发电厂及早做好利用氢能的准备。英国 ITM 能源公司在英国罗瑟勒姆地区实施氢能示范项目，为附近建筑提供部分电力支持和氢能燃料。该系统包括风力发电机、电解槽、储氢系统和燃料电池动力系统。

日本是资源短缺型国家，故而非常积极地探索石油以外的其他能源，日本是氢能源发展最为积极的推动者,其氢能研究一直走在世界最前端。

澳大利亚作为世界上最大的煤炭出口国和第二大液化天然气出口国也开始计划以太阳能、风能制氢,并向东亚地区出口液氢,打造下一个能源出口产业,目标是到 2030 年在中、日、韩、新加坡四国开发 70 亿美元市场。

中国也十分重视氢能的研究与开发。2010 年底,我国在江苏沿海建成了首个非并网风电制氢示范工程,利用 30kW 的风机直接给新型电解水制氢装置供电,日产氢气 120m³(标准状况下)。自 2011 年以来,我国政府有关部门从战略、产业结构、科技、财政等方面相继发布了一系列政策,引导和鼓励氢能相关产业的发展。2013 年,我国河北建投集团与德国迈克菲能源公司、欧洲安能公司签署了关于共同投建河北省首个风电制氢示范项目的合作意向书,计划建设 100MW 的风电场、10MW 的电解槽和氢能综合利用装置。截至 2019 年底,我国在建和已建的加氢站有 130 多座,其中 61 座已经建成,投入运营的加氢站有 52 座。我国已初步形成京津冀、长三角、珠三角、山东半岛及中部地区等产业集群和示范应用,在示范运营区域运行的各类汽车近 4000 辆,燃料电池商用车产销和商业示范应用的规模位居国际前列。中国对氢能产业发展日益重视,出台了涉及氢能领域各方面的一系列政策推动氢能产业健康发展。在《2019 年国务院政府工作报告》中,明确提出"推进充电、加氢等设施建设",标志氢能首次被写入《政府工作报告》,体现了中国对发展氢能产业的决心。

截至 2020 年,美国、日本、加拿大及欧盟等世界各国已建设各类加氢站 200 多座,所建加氢站中,中国为最大氢生产国(1000 多万吨),主要用于化学工业,尤以合成氨和石油加工工业的用量最大。

展望未来,氢能有望打通可再生电力在交通、工业和建筑领域终端应用的渗透路径,逐步降低化石能源在这些终端领域的消费比重。国际氢能委员会预计,在全球变暖控制在 2℃ 以内情景下,到 2050 年全球氢能需求潜力可达 $5.5×10^8$ t,有望创造 3000 万个工作岗位,减少 $60×10^8$ t 二氧化碳排放,创造 2.5 万亿美元的市场价值,届时氢能在交通运输领域的需求可达 $1.6×10^8$ t。

氢能作为一种高效、清洁的能源,在当今能源领域正越来越受到重视。目前,制氢技术形式多样。根据统计,化学催化重整碳氢化合物制氢仍是工业制氢的主流。而如何将污染严重的煤高效率集中转化为洁净的氢气,如何处理好煤制氢过程中副产品回收、利用,减少对环境的污染仍然是大规模工业制氢过程长期需要着力去改善和解决的问题。因此,大力发展制氢技术,尤其是以绿色、经济为主要特点的光解水制氢、电解水制氢、生物质制氢是我们实现可持续发展的重要措施,对此,我们任重而道远。

4.4 氢 的 应 用

目前氢气的主要用途是在石化、冶金等工业中作为重要的原料和物料。氢气的使用可通过直接燃烧和转换为其他形式的能量来实现,如在汽车发动机,内燃机中作为燃料进行燃烧,是日常交通,航天航空的动力源或者固定电站的一次能源,燃料电池将氢的化学能量通过化学反应转换为电能。燃料电池可作为电力工业的分布式电源、交通部门的电动汽车电源和微小型便携式移动电源等。目前专门以氢气作为燃料的燃气轮机正在研发之中,氢内燃机驱动的车辆也在示范阶段，氢和天然气、汽油混合燃烧技术已有示范工程。不同种类的燃料电池处于不同的发展阶段，质子交换膜燃料电池已有商业示范，应用于固定电站、电动汽车和便携式电源。甲酸型燃料电池是发展较早的一种燃料电池，全世界已建立几百个固定的分散式电站，为电网提供电力，或作为可靠的后备电源，也有的为大型公共汽车提供动力。

4.4.1　氢在内燃机上的应用

近年来，随着全球汽车产业的快速发展，保有量不断上升，对传统汽车能源——石油的需求越来越大，目前汽车的能源消费占世界能源总消费的 1/4，中国每年 1/3 的石油消费来源于汽车，并且以石油为原料制成的汽油和柴油燃烧后的产物中含有 CO 和 NO$_x$ 等有害气体，严重危害人类的生存环境。因此世界各地汽车公司通过不断研究，开发出以氢作为燃料的内燃机汽车，福特公司在 2001 年就推出了第一辆燃料内燃机试验车，在此后的多次车展中，相继展出了多款氢燃料概念车。2006 年，福特汽车公司氢燃料 V-10 发动机于日本正式投产，作为 Ford E-450 氢燃料豪华车的动力。首先供应佛罗里达州，随后覆盖美国、加拿大及丹麦其他地区，至此，福特汽车公司成为世界首个正式生产氢燃料发动机的汽车制造商。同时，福特汽车公司也正在开展下一代氢燃料内燃机的研究，包括提高功率和燃油经济性的直喷技术。

氢与汽油，柴油等燃料相比，有以下特点：

（1）质量燃烧热值高，据测定，氢的质量燃烧热值为 140MJ/kg，约为汽油的 3 倍，但理论上空燃比为汽油的 2.5 倍，折算到理论体积混合气发热量要小于汽油，为 3200kJ/m³。

（2）最大火焰速度下的最高火焰温度高达 2110℃，比一般的烃类物质的相应值高。

（3）氢的密度很低，常温常压下，氢气的密度只有天然气的 1/8。对于车用燃料来讲，当车辆的续驶里程一定时，氢气所需要的储气罐要比其他燃料大得多。

（4）释放单位热量所需的燃料体积极大，如 0.1MPa、20℃ 的氢气需要 3130L，20MPa、20℃ 的氢气需要 15.6L，即使是液态氢也需要 3.6L，而汽油只需要 1L。

（5）氢气具有极强的自燃性（标准大气压力下，自燃温度为 850K），易点燃，火焰传播特性好，易实现稀薄燃烧，氢在大气中的扩散系数为 0.63cm²/s，是汽油的 8 倍，能快速与空气混合为均匀混合气。

（6）氢与空气燃烧的范围最宽，为质量分数 4.2%～74.2%，故氢在气缸内的燃料浓限和稀限两侧都较汽油的相应值宽，它可以在过量空气系数（0.15～9.6）范围内正常燃烧。

（7）着火温度为 585℃，在常用燃料中仅次于甲烷（632℃），比优质汽油高 35℃。不能采用压燃点燃，只能采用外点火，相对汽油，空气混合气而言，氢、空气混合气更适合采用火花点火方式，但由于氢的着火温度高，蒸发潜热大，当发动机采用液氢直接喷射时启动性很差。

（8）氢气在空气中的扩散系数很大，氢气的扩散系数是汽油的 12 倍，因此氢气比汽油更容易和空气混合形成均匀的混合气。但是，高的扩散系数对防止泄漏不利。由于氢气的分子极小，渗透性很强，由此引起的金属表面脆性和储存时缓慢渗透也是氢燃料应用中的一个十分棘手的问题。

（9）氢气与空气混合气燃烧的产物中唯一的有害成分是氮氧化物 NO_x，无其他有害排放物。

4.4.2 氢作为燃料在内燃机上的几种利用形式

（1）纯氢：可燃气体与汽油的性能有很大区别，氢内燃机的燃烧产物只有 H_2O 和 NO_x，且低负荷时 NO_x 的排放量很少，仅在全负荷或接近全负荷时有少许超过汽油机的 NO_x 排放量，但可采取措施予以降低，氢内燃机没有 HC、CO、CO_2 和碳烟排放，稀薄燃烧时可实现完全燃烧，系统效率高，发动机的寿命也长。

（2）混氢：氢气与其他燃料（天然气、汽油和柴油等）掺烧，即混氢，可以补偿由于其他燃料能量密度低或采用稀燃带来的功率损失，并且可以提高燃料的经济性。混氢燃料发动机所需的氢气量不大，主要是作为燃料添加剂，以达到提高发动机热效率、降低化石燃料消耗和排放的目的。现阶段混氢燃料发动机比纯氢燃料发动机更易在汽车上实现。

（3）氢-天然气：天然气作为汽车燃料，虽然可以降低 CO、SO、Pb 以及 PM2.5 等污染物的排放量。但是，由于天然气的主要成分甲烷热值较高，达到 $36000kJ/m^3$，在高温、高压下燃烧温度可以达到 2300℃，容易产生 NO_x。因此，在实际使用中，与汽油机和柴油机相比，天然气内燃机并没有降低 NO_x 的排放量。将氢气掺混到天然气中可以有效降低燃烧温度，从而减少 NO_x 的排放量。氢气易扩散，可以很容易地和天然气以任何比例混合，且二者可贮存在同一容器内。向天然气中添加一定量的氢气可以扩展混合气的稀燃极限，缩短着火延迟期和燃烧持续期，提高热效率，同时可降低 HC、CO、CO_2 排放量，NO_x 排放量也低于纯氢发动机。国内外的试验表明，质量分数为 5%～7% 或体积分数为 15%～20% 的氢气和天然气混合燃烧具有最低的 NO_x 排放量。当点火正时能够随加氢率及时变化时，较高的压缩比可以改善高、低负荷下的热效率，特别当氢气的体积分数为 20% 时，内燃机的性能明显改善。天然气混氢燃烧的研究结果表明，与只燃用天然气相比，天然气混氢燃烧产生的 NO_x、HC 和 CO 排放量降低。美国阳光车道（Sunline）公司在大型客车上使用了氢-天然气混合燃料，结果表明，该内燃机性能与纯天然气内燃机性能相比几乎没有差别。

（4）氢-汽油：由于氢在燃烧时的促进作用，所以汽油混氢燃烧的主要目的是提高热效率和降低油耗。氢气点火能量低，扩散系数大，混合气的滞燃期缩短，汽油掺氢燃烧的着火延迟期将缩短很多，火焰传播速度加快很多，实际循环比汽油机更接近于等容循环，可实现稀薄快燃，使发动机的经济性提高；氢的链式燃烧反应产生大量的活化中心，利于 HC 和 CO 成分在缸内充分反应，使其排放量大大降低，CO 排放量减少至原汽油机的 1/4 以下，HC 排放量降低至原汽油机的 3/4 以下；汽油混氢燃烧过程中，OH、H、O 等活性离子使燃烧加快，抑制了爆燃，利于提高内燃机的压缩比和热效率，汽油中氢气的掺入量有一最佳值，掺入过少不能发挥氢的优化燃烧的优点，过多易产生回火，氢的具体最佳掺入量是由内燃机的转速、负荷等参数确定的。研究发现，低速、低负荷或起动、怠速时，多加氢或仅将氢作为内燃机燃料，可以节约资源，降低排放，及保证良好的低温启动性；当负荷增加至中速、中负荷时，保持向内燃机中加入氢燃料的量不变，逐渐增加汽油的量，在克服汽油机中、低负荷时油耗率高和有害物排放量高的缺点的同时，可使燃料消耗率降低 30% 左右；高速、高负荷时，为了防止气缸内充量系数过小、功率不足，需要少加氢或不加氢；研究表明：低负荷及空气过量的情况下，未燃 HC 化合物排放量会减少，但在某些情况下，NO_x 排放量会增高，只有在非常低的燃空当量比的情况下，NO_x 的排放量才会降低，而此时的 HC 排放量增加，两者此消彼长。当发动机在稀混合气条件下（燃空当量比≤0.8）运行时，随着掺氢量的增加，发动机的输出功率增加，燃烧持续期缩短，CO 排放量降低；当混合气浓度接近化学计量条件（燃空当量比>0.8）时，加氢对发动机性能的影响不明显。而燃料采用质量比为 4% 氢气和 96% 液体燃料（30% 乙醇和 70% 汽油）时可以减少 49% 的 CO 排放量和 39% 的 NO_x 排放量，燃油消耗降低 49%，热效率提高 5%，输出功率提高 4%。

（5）氢-柴油：柴油机以其高的热效率、强的可靠性、长的使用寿命、良好的动力性和燃油经济性而被广泛用作农业机械动力源。但柴油机的一个最大缺陷是 NO_x 和微粒排放量高，且受二者折中曲线的限制，难以使二者排放量同时得到有效降低。因此如何在保证柴油机动力性和经济性的前提下，有效降低其污染物的排放量是目前急需解决的一个问题。而柴油机排放的 NO_x 绝大多数是在燃烧开始后 20℃ 内生成的，推迟喷油是降低其排放量的简单有效的方法。但推迟喷油会导致燃油消耗率提高，排气烟度增大。目前柴油机主要通过废气再循环（exhaust gas recirculation，EGR）技术来降低 NO_x 排放量，但是高 EGR率，意味着新鲜空气量减少，缸内燃烧恶化，从而使柴油机经济性下降，碳烟排放增加。碳烟生成的条件是高温和缺氧，柴油机结构上的高压缩比和燃烧上的不均匀性使其在燃烧过程中高温和缺氧两个条件一直存在。为同时降低碳烟和 NO_x 排放量，许多研究者利用氢气的燃烧特点，在柴油燃烧过程中混入适量的氢气来优化燃烧。柴油机燃用氢-柴油燃料时，既可保持柴油机的高压缩比和较高的热效率，又可保证着火稳定（柴油引燃），对点火正时的要求低，易实现稀薄燃烧，使 NO_x 和微粒的排放量都得到降低。据测定，氢气的掺入量有一最佳值或最佳范围，掺氢量过少则达不到优化燃烧的效果，过多会使燃烧恶化。有研究表明，当掺氢量为 5%（质量分数）时，碳烟排放量达到最少，且 5%（质量分数）掺氢量对过量空气系数的影响不大。研究者在 ZS195 柴油机进气中掺入氢气同时再利用 EGR 技术（HEGR 技术）来降低二者排放量，通过研究发现：在 EGR 率一定时的高负荷工况下，ZS195 柴油机缸内的峰值压力和压力升高率峰值会随着掺氢率的增加而增加，增加的原因是氢气的高燃烧速率和扩散率；在富氢情况下，HC，CO 和碳烟的排放量均得到降低，原因是氢气优化了燃烧；HEGR 技术突破 NO_x-碳烟折中曲线的限制，能同时降低二者的排放量（原因还是氢气优化了燃烧）；固定 EGR 率，增加混氢量，ZS195 型柴油机的热效率和 NO_x 排放量增加，使缸内峰值压力和温度增加，利于 NO_x 生成，可通过稀薄燃烧和推迟喷油来降低 NO_x 排放量。ZS195 柴油机在 EGR 率较低时掺氢燃烧，氢气的优化燃烧效果较好，柴油机的热效率提高较多；在高 EGR 率时，氢气优化燃烧的效果不足以抵消高 EGR 率引起的缸内燃烧恶化的效果，柴油机的热效率基本得不到提高，所以，HEGR 率存在一最佳值或最佳范围；利用柴油重整技术产生的富氢与空气混合后进入气缸内燃烧，可有效改善柴油机的性能，使柴油机燃烧的所有排放物均得到不同程度的降低。

4.4.3　氢在燃料电池上的应用

燃料电池（fuel cell）与传统电池不同，是一种将燃料与氧化剂中的化学能直接转化为电能的装置。只要维持对其燃料和氧化剂的供给，它就能源源不断地向外提供电量，是利用氢能最理想的方式。

目前，许多国家尤其是发达国家相继开发出了第一代碱性燃料电池（alkaline fuel cell，AFC）、第二代磷酸型燃料电池（phosphoric acid fuel cell，PAFC）、第三代熔融碳酸盐燃料电池（molten carbonate fuel cell，MCFC）、第四代固体氧化物燃料电池（SOFC）和第五代质子交换膜燃料电池（proton exchange membrane fuel cell，PEMFC）。每个燃料电池的运行方式略有不同，一般而言，氢原子进入燃料电池的阳极，并在那里发生电化学反应失去电子。带正电荷的氢离子通过电解质到达阴极，带负电的电子通过导线提供电流来驱动连接外电路的电子设备工作。氧气在阴极进入燃料电池，并且在一些电池类型中，它与从电路返回的电子和从阳极穿过电解质的氢离子结合成水。在其他电池类型中，氧气吸收电子然后通过电解质传播到阳极，在那里与氢离子结合并完成反应。整个过程中电解质所起的作用也非常关键，它必须保证只有适当的离子在阳极和阴极之间通过，从而防止整个燃料电池的电化学反应体系被破坏。无论最终在阳极还是阴极结合，氧气和氢离子一起形成水，并作为产物被排出。只要持续向燃料电池供应氢气和氧气，就能够持续对外电路供电。

4.4.4 氢在喷气式发动机上的应用

喷气式发动机是一种通过加速和排出的高速流体做功的热机和电机。它既可以输出推力，也可以输出轴功率。通常的喷气式发动机有涡轮风扇发动机、涡轮喷气发动机、火箭发动机、冲压发动机及脉动冲压式喷气式发动机等。

飞机的发动机因为使用航空煤油作为燃料而产生的污染，已经对人类造成很大的困扰。而使用燃料后只生成水的氢燃料发动机就可以从很大程度上避免这个问题。此外，氢的燃烧效率比航空煤油要高很多，因此可以获得更大、更经济的推力。与煤油相比，液氢用作航空燃料能较大的改善飞机的全部性能参数。

氢燃料还可以用作冲压发动机的燃料。特别是对于需要入轨飞行的航天飞机，携带的氢燃料进入太空后也可以用在火箭发动机上，这样就不用为了大气层内的飞行携带额外的燃料。氢燃料发动机最大的缺点就是氢燃料的安全性不稳定。液氢的储存和运输都很困难，并且很容易爆炸。这些问题严重地影响了氢燃料发动机的使用。时至今日，使用氢燃料发动机的飞机大多还停留在原型机阶段。美国的 NASA 的 X-43 高超音速试验机，它使用的是氢燃料的冲压发动机，可以飞到 10 倍音速。

4.4.5 氢在冶金中的应用

中国是世界第一钢铁生产国，2019 年粗钢产量为 9.96 亿吨，占世界钢产量（18.69亿吨）的 53.3%；生铁产量 8.09 亿吨，占世界铁产量（12.60 亿吨）的 64.2%。钢铁行业是能源密集型流程工业，是温室气体排放大户。按吨钢 CO_2 排放量为 1.8t 来计算，2017 年中国钢铁工业 CO_2 总排放量约为 15 亿吨。随着世界气候的不断变化，世界各国的环保意识也在逐渐增强。我国也制定了低碳环保的发展目标，在第七十五届联合国大会上，国家主席习近平指出"中国将提高国家自主贡献力度，采取更加有力的政策和措施，二氧化碳排放力争于 2030 年前达到峰值，努力争取 2060 年前实现碳中和"。

为了减轻钢铁工业对于环境的破坏，以实现"碳达峰"和"碳中和"目标，许多绿色生产技术应运而生。目前世界范围内主要的低碳冶金技术可以大致分为两类，一是针对长流程的，通过向高炉喷吹富氢还原气体达到减少二氧化碳排放的技术；二是针对短流程的，气基竖炉直接还原的技术。

目前我国钢铁工业的典型生产流程主要有以铁矿石、焦炭为源头的高炉-转炉长流程和以废钢为源头的电炉炼钢短流程两种。后者不需要炼焦、烧结、炼铁等环节，极大降低了吨钢废气和固废的排放量，为了消耗日渐增多的废钢资源，钢铁行业短流程工艺占比将不断上升。但是由于我国钢铁行业长流程占比高达90%，短时间内低碳技术路径将主要基于现有的长流程，高炉富氢冶炼也将成为未来我国钢铁行业技术攻关的重点。氢能是一种绿色高效的二次能源，具有来源丰富、能量密度大、反应速度快、使用清洁、可运输、可储存、可再生等特点。氢冶金是在冶金领域用氢代替碳还原，氢冶金还原过程与碳还原比具有不同特点，在氢冶金应用方面，铁矿石直接还原和高炉喷煤等技术在应用氢能方面取得了进展。

4.4.5.1　氢冶金基本原理

碳冶金是钢铁工业代表性的发展模式，冶炼的基本反应式为 $Fe_2O_3+3CO \Longrightarrow 2Fe+3CO_2$，碳作为还原剂并生成产物 CO_2。而氢冶金的概念是基于碳冶金的概念提出的，氢冶金的基本反应式为 $Fe_2O_3+3H_2 \rightarrow 2Fe+3H_2O$，氢气充当了还原剂且产物是水，二氧化碳的排放量为 0。从氢冶金热力学来看，根据 Fe-O-H 体系平衡，临界温度（570℃左右）以下，H_2 还原 Fe_2O_3 的顺序为 $Fe_2O_3 \rightarrow Fe_3O_4 \rightarrow Fe$，临界温度以上，$H_2$ 还原 Fe_2O_3 的顺序为 $Fe_2O_3 \rightarrow Fe_3O_4 \rightarrow FeO \rightarrow Fe$。反应过程氢还原热力学包括低温还原和高温熔态还原两种工艺路线。从氢冶金动力学来看，氢还原氧化铁的动力学条件要优于 CO，H_2 的传质速率明显高于 CO 的传质速率；相比于 CO 的还原动力学条件，富氢煤气或纯氢的还原动力学条件得以改善。

4.4.5.2　氢冶金工艺

我国钢铁行业的炼铁主体仍在于高炉部分，围绕高炉增加含氢资源循环利用比例应是现阶段工艺技术改进的首选方式。氢气冶金在高炉生产过程中的应用是基于向高炉内注入富氢介质。目前，尽管一些高炉一直在使用富氢气体注入技术以减少碳排放，但碳仍然是还原氧化铁的主要成分。传统钢铁生产过程中会产生大量氢资源，如焦炉煤气。基于氢冶金的原理，在传统的高炉氢冶金技术的基础上，相关实践有向高炉中喷吹焦炉煤气（coke oven gas，COG）、天然气（natural gas，NG）和塑料等。焦炉煤气中含有大量有价值的气体，如 H_2 和 CO_2 等。因此，高炉喷吹焦炉煤气不仅可以提高生产效率，而且可以显著降低焦比和 CO_2 排放量。焦炉煤气的喷吹过程主要包括净化处理、高压处理、通过各种支管的风口喷吹到高炉中。喷吹 COG 的优点如下：首先是提高了焦炉煤气的利用效率，其次是焦炉煤气提供了更好的还原剂，降低了能耗，提高了还原率和生产效率。最后，由于氢气的还原产物是 H_2O 而不是 CO_2，因此有效地减少了 CO_2 的排放，当焦炉煤气注入量增加 $50m^3$ 时，每吨铁的 CO_2 排放量预计将减少 5% 左右。

天然气的主要成分是甲烷。当天然气通过风口注入高炉时，天然气将被氧化生成 H_2 和 CO，提供热量和高质量的还原剂。用天然气部分替代焦炭可以有效降低 CO_2 排放量，提高铁水质量。喷吹天然气的优点是：提供优质、清洁的 H_2 作为还原剂；降低焦比，提高高炉生产率；降低硫负荷，提高铁水质量。如果还原气体中的氢的质量分数超过 10%，高炉的碳消耗约减少 10%。然而，天然气注入也存在一些问题和挑战。高炉喷吹天然气后，由于煤气量的增加和焦比的降低，混合炉料的透气性会有一定程度的恶化，高炉内的压差（ΔP）通常会增大，这可能会给高炉的顺利运行带来问题。废塑料含有丰富的碳和氢，在结构和组成上与重油相似，因此适合作为高炉生产的燃料和还原剂。在钢铁工业废塑料的应用方法中，高炉喷吹废塑料技术具有资源丰富、碳氢含量高、硫和灰分低、污染小等优势，被认为是最有前途的技术之一。与焦炭和煤相比，注入同等质量的废塑料可将 CO_2 排放量减少 30%以上。预处理后的废塑料经风口喷入高炉后，在高温和高还原性环境下汽化得到 H_2 和 CO，然后随气流上升还原 FeO。废塑料经过分选、粉碎、造粒等处理，取代部分煤粉从风口喷入高炉，最高喷吹量已可达 60kg/t，理论废塑料最大喷吹量在 200kg/t。这不仅可以实现废料的循环利用，减少化石资源的消耗，还可以提高铁水的产量和质量。从 21 世纪开始，我国也在研究废塑料注射成型技术。宝钢、鞍钢等钢厂进行了相关试验，取得了良好的效果，但由于废塑料含有高含量的聚氯乙烯，需要脱氯处理、成本较高且无法获得稳定的塑料供应等原因，尚未实现大规模工业化生产。

4.4.5.3 氢冶金应用前景

随着碳达峰、碳中和任务的迫近，钢铁工业只有逐渐从"减碳"过渡到"代碳"才能从根本上实现碳减排。以高炉富氢冶炼技术为代表的氢冶金工艺是对现有钢铁工业在工艺层面的重要突破口，然而高炉富氢冶炼技术在实际应用中也存在诸多问题：如炉料低温还原的粉化问题、氢气间接还原发展程度低及氢气利用率低、高炉喷吹风口温度降低及如何进行热补偿措施、氢还原产物水蒸气对现有工艺设备的腐蚀问题等仍是该工艺工业化应用前急需解决的关键技术难题。

虽然焦炭骨料作用的不可替代性使高炉富氢冶炼工艺的碳减排潜力只有 10%~20%，但作为基于 80%以上生铁来自高炉的工业现状的技术升级，尤其对实现碳达峰、碳中和过渡时期具有重要应用意义。以全氢直接还原铁技术为代表的氢冶金工艺符合钢铁工业短流程发展的需求，是钢铁工业从快速发展到成熟的重要途径。全氢还原竖炉的关键问题是氢还原的强吸热效应对竖炉反应器温度场的影响，同时温度场的波动又会影响 H_2 的还原作用，影响 H_2 利用效率。气基还原竖炉的热量基本通过还原气的物理热带入，如何解决热量补偿问题尤其关键。同时提高 H_2 入炉温度带来的 H_2 耐高温、耐氢蚀性、防逸散等要求更高，对加热、输送等设备带来更大压力；如何控制 H_2 在竖炉中的流速，提升还原反应发展程度，提高 H_2 还原率及利用效率；如何进行渗碳等都是目前出现并需要解决的关键问题。Midrex 公司的全氢冶炼工艺最高也只达到 90%氢占比。全氢直接还原铁技术是对现有高炉为主的炼铁工艺的革新，是各个国家实现全氢冶金工艺中最为重要的技术途径。

以上从技术层面阐述了钢铁工艺中实现氢冶金的技术难题，如何低成本地获取氢气尤其是绿氢是钢铁工业的成本难题，也是中国乃至全球面临的技术瓶颈。目前全球绿氢制备的主要发展路径是通过可再生能源产生的电力以及核能电力进行电解水产生。在氢冶金技术发展和绿氢制备技术发展并行的过渡阶段，采用钢铁工业中的副产氢气尤其是焦炉煤气等灰氢资源是这一阶段的重要氢气来源。

4.4.5.4 氢冶金工业化推广方向

高炉炉顶煤气循环利用。高炉炉顶煤气循环利用工艺的核心是将高炉炉顶煤气除尘净化脱碳后，将还原成分（CO 和 H_2）喷吹入风口或者炉身位置，回到炉内参与铁氧化物还原，利用 CO 和 H_2 进一步改善高炉指标、降低能耗、减少 CO_2 排放。

高炉喷吹富氢介质主要包括天然气、焦炉煤气、废弃塑料、旧轮胎等。高炉喷吹含氢物质后，氢参与铁矿还原，强化了高炉对原燃料的适应性，同时实现了高炉功能的多元化，对钢铁产业节能减排具有现实意义。天然气的主要成分是 CH_4，与富氧热风一起由高炉风口喷入，可降低高炉焦比；北美和俄罗斯部分高炉喷吹天然气，喷吹量为 40～110kg/t。焦炉煤气是荒煤气经化产回收和净化后的产品，将焦炉煤气喷入高炉有使高炉焦比降至 200kg/t 以下的案例。

塑料是石油化工产品，喷吹旧塑料不仅可治理"白色污染"，而且可实现资源的综合利用。废塑料用于高炉，包括分选、粉碎、造粒等环节，取代部分煤粉从风口喷入高炉，最高喷吹量已可达 60kg/t，理论废塑料最大喷吹量在 200kg/t；需要完善的工艺包括塑料造粒、脱氯处理等。

4.5　氢 的 安 全

4.5.1　氢的泄漏与扩散

氢是自然界最轻的元素，具有易泄漏扩散的特性。氢气无色无味，泄漏后很难发觉，若在受限空间内泄漏，易形成氢气的积聚，存在引发着火爆炸事故的潜在威胁。液氢能量密度高，沸点低，泄漏后会造成周边空气的冷凝，若大规模泄漏，易在地面形成液池，蒸发扩散后会与空气形成可燃气云，增加了发生着火爆炸的可能性。研究氢泄漏及扩散规律，明确上述领域的研究现状和挑战，对氢能的大规模应用具有重要意义。

根据氢气泄漏源与周围环境大气压之间压力比值的不同，氢气泄漏可分为亚声速射流和欠膨胀射流。亚声速射流在泄漏出口处已经充分膨胀，压力与周围环境压力相等，气流速度低于当地声速，泄漏后的氢浓度分布满足双曲线衰减规律，欠膨胀射流在泄漏口处速度等于当地声速，出口外射流气体继续膨胀加速，形成复杂的激波结构。随着氢燃料电池汽车和小型储氢容器的市场化应用，很多学者针对氢在车库、隧道、维修站、储氢间等受限空间内的泄漏开展了大量研究。研究表明：当泄漏率一定时，受限空间内氢浓度的分布主要取决于空间受限程度和通风状况；氢在可通风室内空间泄漏后存在压力峰值现象，即使未被点燃仍会产生较大超压。

液氢的意外泄漏扩散规律研究是保障液氢安全使用的重点，目前国内外很多学者建立了一系列液氢泄漏模型，同时研究了泄漏率、风速条件、大气压力、地面温度等参数对液氢可燃蒸汽云形成和扩散的影响。但由于液氢的复杂特性，其泄漏模型的建立比气态氢更为困难。

4.5.2　氢脆

金属材料在高压氢环境中服役时，氢分子能够分解成氢原子进入金属材料内部，在微观和宏观层面上造成材料的性能劣化，称为氢脆。一般有以下原因：

（1）在金属凝固的过程中，溶入其中的氢没能及时释放出来，向金属中缺陷附近扩散，到室温时原子氢在缺陷处结合成分子氢并不断聚集，从而产生巨大的内压力，使金属发生裂纹。

（2）在石油工业的加氢裂解炉里，工作温度为300~500℃，氢气压力高达几十个到上百个大气压力，这时氢可渗入钢中与碳发生化学反应生成甲烷。甲烷气泡可在钢中夹杂物或晶界等场所成核、长大，并产生高压导致钢材损伤。

（3）在应力作用下，固溶在金属中的氢也可能引起氢脆。金属中的原子是按一定的规则周期性地排列起来的，称为晶格。氢原子一般处于金属原子之间的空隙中，晶格中发生原子错排的局部地方称为位错，氢原子易于聚集在位错附近。金属材料受外力作用时，材料内部的应力分布是不均匀的，在材料外形迅速过渡区域或在材料内部缺陷和微裂纹处会发生应力集中。在应力梯度作用下氢原子在晶格内扩散或跟随位错运动向应力集中区域。由于氢和金属原子之间的交互作用使金属原子间的结合力变弱，在高氢区会萌生出裂纹并扩展，导致了脆断。另外，由于氢在应力集中区富集促进了该区域塑性变形，从而产生裂纹并扩展。并且在晶体中存在着很多的微裂纹，氢向裂纹聚集时会吸附在裂纹表面，使表面能降低，因此裂纹容易扩展。

（4）某些金属与氢有较大的亲和力，过饱和氢与这种金属原子易结合生成氢化物，或在外力作用下应力集中区聚集的高浓度的氢与该种金属原子结合生成氢化物。氢化物是一种脆性相组织，在外力作用下往往成为断裂源，从而导致脆性断裂。

4.5.3　氢的燃烧与爆炸性

氢与空气或氧气形成的爆炸性混合物，遇有电火花、静电火花及危险温度等，就会引起燃烧或爆炸。氢的可燃极限和爆轰极限都很宽，着火的危险性较大。据资料报道，在-173℃时测得氢-空气、氢-氧气的可燃下限分别是质量分数6%和5%。用惰性气体氮气惰化氢-空气混合物时，只有当氢混合物中氧的质量分数不超过5%或氮的质量分数高于95%时，才能阻止氢的着火危险，另外，氢气火焰几乎看不到，在可见光范围内，燃烧的氢放出的能量也很少。因此，接近氢气火焰的人可能感受不到火焰的存在。此外，氢燃烧只产生水蒸气。

可燃性混合物的自燃温度是指它不需要火源即能自行燃烧的最低温度。氢在空气中的自燃温度是574℃，在氧气中是560℃。低于大气压力的情况下，氢-空气或氢-氧混合物与340℃的热物体保持接触，亦能被点燃。当氢在空气中的最低浓度低于质量分数6%时，则不能自燃。氢的自燃温度较高，但不能由此认为氢是难以着火的。氢不仅可燃极限很宽，而且点燃能量也很小。常温常压下，氢在空气中的最小点燃能量是1.9×10^{-5}J。

4.5.4　氢的安全排放

氢排放到空气中时，应特别小心，容易发生火灾和爆炸。目前人类还未充分掌握氢气的排放技术。

氢是一种非导电物质，无论是液氢还是气氢，在导管中流动时，由于存在各种摩擦而使氢产生带电现象。当静电位升高到一定数值后就会产生放电，通常把这种现象称为静电积累。静电位的升高并非简单地仅和氢流动速度有关，对氢排放管道内气流参数和静电位关系的实验研究表明，静电位实际上是气流的热力学状态的函数。如常温的氢气瓶内的压力为 100MPa 时进行泄放实验，测得的气流内的静电位约有 1kV，但电流很小，仅 280～300μA。液氢储箱内的低温（80K）增压氢气排放时，气流内的静电高达 2 万伏。在发动机试车后，需经常把储箱内剩余的氢气进行排放处理，在这种条件下氢气的排放压力较低，气流温度也略高，测得的静电位仍有 12000V。为了降低排放气流内的静电位，曾在排放管出口安装消电装置。消电装置用不锈钢材料（无磁性化）制成，虽然可以把氢气流的静电位降低到 5700V，但所有的消电装置都设计成针弧状结构，容易产生尖端放电，5700V 的静电位也很不安全，有时因放电而烧毁了消电装置。试验时采用的静电位测量方法也比较简单，在直径大的排氢管出口没有装消电装置时，气流内的静电位高达 8500V，并没有产生放电着火现象。

4.6　氢的储存与运输

用氢作为能源，首先要解决的是其储存和运输问题，而关键在于储氢技术。到目前为止，人们已经对气态、液态和固态这三种方式下储氢进行了很多研究。气态储氢由于兆帕级超高压的容器在运输和使用过程中存在安全隐患。液态储氢方式的液化需要消耗的能量约占所储存氢能的 25%～45%，使得成本增高且实用条件苛刻。传统的液态、固态形式储氢或者高压气瓶储氢都存在着费用高、安全系数小等缺点。于是人们努力寻找经济、安全而使用方便的储存与运输方式，它们直接影响到氢能的应用。

4.6.1　氢的储存

怎样用经济可行的方法将氢约束，为人类服务，下面简述几种储存氢的方法。最普通的储氢方法是加压储存。对于固定地点的大量储氢，可采用加压地下储氢，如利用密封性好的气穴，采空的油田或盐窟等。这样只花费氢气压缩的费用，而不需储氢容器的投资，因此储氢的费用大为降低，是比较经济、安全的方法。德国和日本对地面储氢和地下储氢在经济上进行比较，两者相差 10～30 倍，因此条件可能的话，采用地下储氢还是可行的，因为盐窟地下储氢，可用灌水的方法调节氢气的压力。氢气在 1 个大气压下，冷冻至 −252.72℃ 以下即可变为液态氢，这时它的密度提高，体积缩小。但是，液态氢需保存在专门的深冷杜瓦瓶里面，虽然其制造技术已有很大发展，最大容积可达 5000m³ 以上，不过造价昂贵，而且每千克氢气由气态变为液态的过程中，实际需要消耗大约 11kW·h 的电力。

储氢材料主要分为最早的离子型氢化物、应用最广泛的合金储氢材料、高效新型的碳质储氢材料和有机液态储氢材料等四大类。

4.6.1.1　离子型氢化物

一种较早的储氢材料最早的应用是直接用作还原剂。我国在 20 世纪 50 年代就开始了其合成和应用的研究。碱金属与氢直接反应就可生成离子型氢化物，$LiAlH_4$、$NaBH_4$ 等络合金属氢化物。Borislaw Bogdanovic 发现用 Ti 修饰的 $NaAlH_4$ 具有高的储氢能力（质量分数为 3.1%～3.4%）其循环稳定好，且经济方便。反应如下：

$$NaAlH_4 = \frac{1}{3}Na_3AlH_6 + \frac{2}{3}Al + H_2 = NaH + Al + \frac{3}{2}H_2 \tag{4-9}$$

该化合物一般用作还原剂和少量供氢，所以在大规模耗能的工业领域和生产规模扩大化的适应性不是很广泛的。

4.6.1.2 合金储氢材料

储氢合金是指在一定温度和氢气压力下能可逆地大量吸收、储存和释放氢气的金属间化合物。为解决氢的储存问题，人们发现钛、铌、镁、锆等金属和它们的合金，能像海绵吸水一样将氢储存起来，形成储氢金属，而且还可以根据需要随时将氢释放出来，这就是金属氢化物储氢。这样就大大方便了人们对氢的储存、运送和使用。

对于储氢合金的研究主要有两点：一是利用各种金属取代制备合金形成多元混合稀土储氢材料；二是对一些性能优异的多元合金，如非化学计量比合金、复合系合金、纳米合金、非晶态合金等开展制备和性能的研究。发展起来的储氢合金制备技术有机械合金化法、软化学法、电解技术、离子溅射法及燃烧合成法等，其中软化学合成法、采用前驱体技术是一种新的、极有前途的方法。

目前世界上已研究成功多种储氢合金，它们大致可以分为四类：一是稀土镧镍系，每千克镧镍合金可储氢 153L；二是铁-钛系，它是目前使用最多的储氢材料，其储氢量大，是前者的 4 倍，且价格低、活性大，还可在常温常压下释放氢，给使用带来很大的方便，由于其储氢量大、无污染、安全可靠、可重复使用而且制备技术和工艺成熟，所以目前应用最为广泛；三是镁系，这是吸氢量最大的金属元素，但它需要在 287℃ 下才能释放氢，且吸收氢十分缓慢，因而使用上受限制；四是钒、铌、锆等多元素系，这类金属本身属稀贵金属，因此只适用于某些特殊场合。

4.6.1.3 碳基储氢材料

碳基储氢材料因种类繁多、结构多变、来源广泛而受到关注。鉴于碳基材料与氢气之间的相互作用较弱，材料储氢性能主要依靠适宜的微观形状和孔结构。因此，提高碳基材料的储氢性一般需要通过调节材料的比表面积、孔道尺寸和孔体积来实现。碳基储氢材料主要包括活性炭、碳纳米纤维和碳纳米管。

活性炭来源广泛，包括高分子聚合物、生物质材料（木材、农作物、果壳）和矿物质材料（煤、焦油）等。不同来源的活性炭材料，如果比表面积相似，在相同温度、压力条件下储氢量差异较小。在 77K、0.1MPa 条件下，比表面积 $3000m^2/g$ 的活性炭储氢量（氢所占的质量分数）为 2.0%~3.0%。升高压力可以有效提高活性炭储氢量。在 77K、1.0MPa 条件下，活性炭储氢量可达到 5.0%；在 77K、2.0~4.0MPa 条件下，活性炭储氢量可以达到 5.0%~7.0%。目前，超级活性炭在 94K、6.0MPa 条件下储氢量可以达到 9.8%。而室温下，即使压力达到 20.0MPa 以上，活性炭的储氢量仍然仅有 0.5%~2.0%。

碳纳米纤维主要通过含碳化合物裂解的方法制备，比表面积较大，同时含有较多微孔，碳纳米纤维材料的外形和孔道尺寸均会对它的储氢性能造成一定影响。在一定范围内，碳纳米纤维的储氢量与纤维直径成反比，与质量成正比。在常温、12MPa 条件下，碳纳米纤维的最大储氢量为 6.5%，使用 Li、K 等碱金属对碳纳米纤维表面进行修饰，可以将同条件下的储氢量提高到 10% 左右。改进碳纳米纤维的制备方法，在常温、11MPa 条件下，可以获得最高 12% 的储氢量。碳纳米管具有中空的孔道结构，且表面结合了各种官能团，因而表现出了良好的储氢性能，储氢量与比表面积呈正比。另外，通过控制碳纳米管的生长方式能够在一定程度上提高它的储氢性能。目前，单壁碳纳米管在80K，12MPa条件下最高储氢量可以达到8.0%；而在室温、10MPa条件下，最高储氢量可以达到4.2%。多壁碳纳米管的最佳储氢能力在4MPa时为1.97%，7MPa时为3.7%，10MPa时为4.0%，15MPa为6.3%。温度对多壁碳纳米管释放氢的能力影响很大，室温下氢的释放量不足0.3%，而77K时氢气解吸量可以达到2.27%。比较而言，单壁碳纳米管释放氢的能力较好，常温条件下即可释放吸附量80%的氢气。目前世界上研究碳纳米管的工作要么合成方法困难，要么要在苛刻条件下吸氢。从1997美国的Dillion等人发现了单壁纳米碳管（single-walled nanotubes，SWNT）可以吸收大量氢气之后，有关碳纳米管储氢的研究报道不断出现。碳基储氢材料主要是高比表面积活性炭、石墨纳米纤维和碳纳米管，后两种都是最近才发展起来的储氢材料。特殊加工后的高比面积活性炭在2~4MPa和超低温（77K）下可储氢5.3%~7.4%，但低温条件限制了它的广泛应用。石墨纳米纤维是一种截面呈十字型，面积为$0.3~5.0nm^2$，长度在10~100μm之间的石墨材料，它的储氢能力取决于其纤维结构的独特排布。1991年，日本的Iijima利用真空电弧蒸发石墨电极，通过高分辨电镜对其产物进行研究，发现了具有纳米尺寸的碳的多层管状物，即多壁纳米碳管（MWNT），该发现立即得到了化学界、物理界、材料界以及高新技术产业部门的广泛关注，在科学界掀起了又一次研究高潮。

4.6.1.4　其他储氢技术

针对不同用途，目前发展起来的还有有机液体储氢、玻璃微球储氢、无机物储氢、地下岩洞储氢等技术。掺杂技术也有力地促进了储氢材料性能的提高，掺杂技术应用于MWCNT，在氢能的储存、利用方面具有诱人的前景，但其贮氢机理还不清楚。

不饱和液体有机物（包括烯烃、炔烃和芳烃）可以在加氢和脱氢的循环反应中实现吸氢和放氢。其中，储氢性能最好的是单环芳烃，苯和甲苯的理论储氢量都较大，是较有发展前景的储氢材料。研究人员发现，如果以氧化铝负载的金属镍为催化剂，可以将甲苯直接转化成环己烷。与传统的固态储氢材料相比，液体有机氢化物储氢材料有以下优点：（1）液体有机氢化物的储存和运输简单，是所有储氢材料中最稳定、最安全的；（2）理论储氢量大，储氢密度也比较高；（3）液体有机氢化物的加氢和脱氢反应可逆，储氢材料可反复循环使用。

4.6.2　氢的运输

氢气的运输方式可分为：气态氢气（GH_2）输送、液态氢气（LH_2）输送和固态氢气（SH_2）输送。前两者将氢气加压或液化后再利用交通工具运输，是目前加氢站正在使用的方式。固态氢气输送通过金属氢化物进行输送，迄今尚未有固态氢气输送方式，但随着固氢技术的突破，这种方便的输配方式预期可得到使用。按照输送时氢气所处状态的不同，氢气目前主要采用长管拖车、管道输送和液氢槽车三种方式运输。

4.6.2.1　气态运输

氢气通常经加压至一定压力后，然后利用集装格、长管拖车和管道等工具输送。集装格由多个水容积为40L的高压氢气钢瓶组成，充装压力通常为15MPa。集装格运输灵活，对于需求量较小的用户而言是非常理想的运输方式。长管拖车由车头和拖车组成。长管拖车到达加氢站后，车头和管束拖车可分离，所以管束也可用作辅助储氢容器。目前常用的管束一般由直径约为 0.5m，长约 10m 的钢瓶组成，其设计工作压力为 20MPa，约可充装氢气 3500 标准立方米。长管拖车运输技术成熟，规范完善，因此国外较多加氢站都采用长管拖车运输氢气。目前氢气管道总长度已经超过 16000km。管道的投资成本很高，与管道的直径和长度有关，比天然气管道的成本高 50%~80%，其中大部分成本都用于寻找合适的路线。目前氢气管道主要用于输送化工厂的氢气。

为了将氢气像运输煤气一样用管道从储存库运往用量最多的消费部门，国外有些国家已经建成了输氢管道：美国得克萨斯州有条约 20km 的输氢管道，管径为 203mm，采用 40 号新钢种，输送 1.38×10^3 kPa 的纯洁氢；德国有条 200 多千米长的输氢管道，采用无缝钢管，管道直径为 130~150mm，输送 1.8×10^3 kPa 的不纯氢，主要用于化工厂，使用年限已超过 40 年，运行情况仍然良好；南非在 20 世纪 90 年代初也建成了一条 80km 的输氢管道。可见氢气的管道输送技术较为成熟，但一般认为短距离较好，距离过长，要有中间加压措施，建造比较复杂。

4.6.2.2 液态运输

液态氢气运输的最大优点是能量密度高（1 辆拖车运载的液氢相当于 20 辆拖车运输的压缩氢气），更适合远距离输送。液氢的体积密度是 70.8kg/m，体积能量密度达到 8.5MJ/L，是气氢运输压力下的 6.5 倍。因此将氢气深冷至 1K 液化后，再利用槽罐车或者管道运输可大大提高运输效率。槽罐车的容量大约为 65m³，每次可净运输约 4000kg 氢气。国外加氢站采用槽车液氢运输的方式要略多于气态氢气的运输方式。液氢管道都采用真空夹套绝热，由内外两个等截面同心套管组成，两个套管之间抽成高度的真空。除了槽罐车和管道，液氢还可以利用铁路和轮船进行长距离或跨洲输送。深冷铁路槽车长距离运输液氢是一种既能满足较大输氢量又是比较快速、经济的运氢方法。这种铁路槽车常用水平放置的圆筒形杜瓦槽罐，其储存液氢的容量可达 100m³，特殊大容量的铁路槽车甚至可以运输 120~200m³ 的液氢，目前仅有非常少量的氢气采用铁路运输。

运输液态氢短距离可用专门的液氢管道输送，长距离用绝热保护的车船运输。如国外已有 3.5~80m³ 的公路专用液氢槽车；深冷铁路槽车也已问世，储液氢量可达 100~200m³，可以满足用氢大户的需要，是较快速和经济的运氢方法。美国宇航局还专门建造了输送液氢的大型驳船，船上的杜瓦罐储液氢的容积可达 1000m³ 左右，能从海上将路易斯安那州的液氢运到佛罗里达州的肯尼迪空间发射中心，这样无疑比陆上运氢更加经济和安全。国外还在研究其他方法的长距离输氢措施，例如借助制成氢的化合物方法，运输虽比较方便和安全，但这种方法还存在一定的技术问题。

参 考 文 献

[1] Winter C J. Hydrogen energy-abundant efficient clean: A debate over the energy-system-of-change [J]. International Journal of Hydrogen Energy, 2009, 34 (14): S1-S52.

[2] D'Amore-Domenech R, Santiago O, Leo T J. Multicriteria analysis of seawater electrolysis technologies for green hydrogen production at sea [J]. Renewable and Sustainable Energy Reviews, 2020, 133: 110166.

［3］ Dincer I, Acar C. Review and evaluation of hydrogen production methods for better sustainability［J］. International Journal of Hydrogen Energy, 2015, 40 (34): 11094-11111.

［4］ 罗佐县, 曹勇. 氢能产业发展前景及其在中国的发展路径研究［J］. 中外能源, 2020, 25 (2): 9-15.

［5］ Stoots C, O'Brien J, Hartvigsen J. Results of recent high temperature coelectrolysis studies at the Idaho National Laboratory［J］. International Journal of Hydrogen Energy, 2009, 34 (9): 4208-4215.

［6］ Khan M N, Tariq S. Investigation of hydrogen generation in a three reactor chemical looping reforming process［J］. Applied Energy, 2016, 162 (1): 1186-1194.

［7］ Stefano C, Federico V. Decarbonized hydrogen and electricity from natural gas［J］. International Journal of Hydrogen Energy, 2005, 30 (7): 701-718.

［8］ 侯雪. 新能源技术［M］. 北京: 机械工业出版社, 2019.

［9］ Chen L, Sivaram P. Low temperature synthesis of metal doped perovskites catalyst for hydrogen production by autothermal refor-ming of methane［J］. International Journal of Hydrogen Energy, 2016, 41 (33): 14605-14614.

［10］ 陆军, 袁华堂. 新能源材料［M］. 北京: 化学工业出版社, 2002.

［11］ 潘华, 王乔炜. 3 种典型煤气化技术制备氢气经济技术比较［J］. 山西科技, 2016 (3): 42-47.

［12］ Kirtay E. Recent advances in production of hydrogen from bio-mass［J］. Energy Conversion and Management, 2011, 52 (4): 1778-1789.

［13］ Ghosh D, Tourigny A, Hallenbeck P C. Near stoichiometric reforming of biodiesel derived crude glycerol to hydrogen by photofermentation［J］. International Journal of Hydrogen Energy, 2012, 37 (3): 2273-2277.

［14］ Salerno M B, Park W, Zuo Y, et al. Inhibition of biohydrogen production by ammonia［J］. Water Research, 2006, 40 (6): 1167-1172.

［15］ Pinsky R, Sabharwall P, Hartvigsen J, et al. Comparative review of hydrogen production technologies for nuclear hybrid energy systems［J］. Progress in Nuclear Energy, 2020, 123: 103317.

［16］ 江绵恒, 徐洪杰, 戴志敏. 未来先进核裂变能-TMSR 核能系统［J］. 中国科学院院刊, 2012, 27 (3): 366-374.

［17］ Hu X, Lu G. Comparative study of alumina-supported transition metal catalysts for hydrogen generation by steam reforming of acetic acid［J］. Applied Catalysis B: Environmental, 2010, 99 (1-2): 289-297.

［18］ 中国标准化研究院, 全国氢能标准化技术委员会. 中国氢能产业基础设施发展蓝皮书 (2018) —— 低碳成本氢源的实现途径［M］. 北京: 中国质检出版社, 2019.

［19］ 张帆. 常规加氢精制装置采用不同纯度氢气的方案对比［J］. 炼油技术与工程, 2010, (8): 8-10.

［20］ Hirscher M, Yartys V A, Baricco M, et al. Materials for hydrogen-based energy storage-past, recent progress and future outlook［J］. Journal of Alloys and Compounds, 2020, 827: 153548.

［21］ 黄亚继, 张旭. 氢能开发和利用的研究［J］. 能源与环境, 2003, (2): 33-36.

［22］ 翟秀静, 刘奎仁, 韩庆. 新能源技术［M］. 北京: 化学工业出版社, 2010.

［23］ 杨天华, 李延吉, 刘辉. 新能源概论［M］. 北京: 化学工业出版社, 2020.

［24］ 李孟婷, 郑星群, 李莉, 等. 碱性介质中氢氧化和析氢反应机理研究现状［J］. 物理化学学报, 2021, 37 (9): 21-37.

［25］ 王晓红, 黄宏译. 燃料电池基础［M］. 北京: 电子工业出版社, 2007.

［26］ 衣宝廉. 燃料电池-原理、技术与应用［M］. 北京: 化学工业出版社, 2003.

［27］ 韩敏芳, 固体氧化物燃料电池材料及制备［M］. 北京: 科学出版社, 2004.

［28］于忠华，云建．氢气储存方法的现状及发展［J］．时代农机，2018，45（2）：95.

［29］刘红梅，徐向亚，张蓝溪，等．储氢材料的研究进展［J］．石油化工，2021，50（10）：1101-1107.

［30］段春燕，班群，皮琳琳．新能源利用与开发［M］．北京：化学工业出版社，2016.

5.1　燃料电池概述

燃料电池（fuel cell）是一种将持续供给的燃料和氧化剂中的化学能连续不断地转化成电能的电化学装置。由于燃料电池的名字中带有电池二字，有人会理所当然地把它想象成像干电池和充电电池一样能够储存电能的设备，但是事实上燃料电池并不能储存电能。燃料电池在原理和结构上都和普通意义上的电池（battery）完全不同。人们容易将"燃料电池"和通常意义上的"电池"混为一谈，这种困惑是由于外来语的翻译造成的。本来英文中 fuel cell 和 battery 意义是有明显差别的，但翻译中都译成了"电池"，使读者容易产生误解。燃料电池的功能更接近传统的发电装置，只要不断地向其阳极和阴极供给燃料和氧化剂就能一直发电，因而容量是无限的；而电池的容量是有限的，其内部的活性物质一旦消耗光，则电池寿命即告终止，或者必须充电后才能使用。由于燃料电池是一种发电设备，与其说燃料电池是汽车用铅蓄电池和移动终端等设备用锂离子电池的同类，不如说燃料电池更接近于内燃发电机以及构造不同的小规模火力发电厂。

燃料电池可以定义为内燃发电机或者火力发电机的一种，但它们之间还是有区别的。图 5-1 为燃料电池与传统的发电方式的比较（能量转变过程）。其中最大的区别在于，燃料电池能将燃料的化学能通过电化学的反应过程转化成电能（电力），燃料电池的反应也可以被称为直接转化。火力发电则是经过图 5-1 左侧所示的若干步骤产生电能。天然气、石油、煤炭等化石燃料和木炭等生物资源通过燃烧（氧化反应）能够将化学能转化成热能。热能具有加热物质的能力，比如水进行加热之后温度升高变成水蒸气，再进一步加热时能够产生高压水蒸气。蒸汽涡轮机的作用正是将这种水蒸气的压力转化成转动的运动

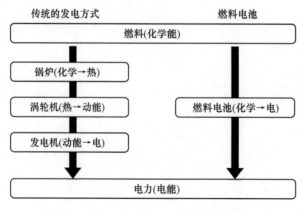

图 5-1　燃料电池与传统的发电方式的比较

能。于是，将发电机连接到蒸汽涡轮机的主轴上，就能够产生电能。这就是蒸汽式涡轮机火力发电的过程。另外，内燃发电机将汽油等液体燃料气化为气体状态，然后与空气进行混合送入气缸，燃烧这种混合气体时产生膨胀使活塞产生往复运动，再通过改变旋转运动进行发电。燃料电池的能量转化方式和传统发电装置相比较为简单，但燃料电池能量转化装置是一个复杂的系统，由燃料和氧化剂供应系统、水管理系统、热管理系统以及控制系统等几个子系统组成；其核心电池堆则只是简单地将存储在特定容器中的储能物质化学能转变成电能的能量转换装置。

5.2   燃料电池的发展历史

燃料电池技术并不是一项新兴技术，其发展历史可追溯到一个半世纪以前。燃料电池的发展历史是一个有趣的故事，它也是人类科技史，特别是能源科技史和电能发展史中的一个重要组成部分。早在 1839 年，英国的法官兼科学家格罗夫爵士（W. R. Grove）就报道了第一个燃料电池装置。他把封有铂电极的玻璃管浸在稀硫酸中，发生电解产生氢和氧，接着连接外部负载，这样氢和氧就发生电池反应，获得了 0.5~0.6V 的输出电压，并产生电流。他将几个电池串联起来提高电压，可以使一个电解池中的水分解成氢气和氧气，效果和伏打电池相同。格罗夫将这样的装置命名为"气体伏打电池"，这就是第一个燃料电池实验装置。

图 5-2 所示的就是格罗夫的气体伏打电池装置。格罗夫清楚地认识到燃料电池的工作行为只能发生在反应气体、电解液和导电电极催化剂铂箔相互接触的三相反应区，并指出，强化在气体、电解液与电极三者之间的相互作用是提高电池性能的关键。在格罗夫进行实验的同时，肖拜恩（Schoebein C F）在他的实验中也得到了与格罗夫实验类似的结果。他认为电流的产生是由于"化学反应"而不是"单纯的接触"，他的实验发现金丝和银丝也能产生同样的效果，他在 1838 年写给英国哲学杂志编辑的信中写道："我们声明电流是由于氢和氧（溶解在水中）的化合引起的，而不是相互接触产生的。"肖拜恩的文章比格罗夫要早，所以也有人认为肖拜恩是第一个发明燃料电池的人。

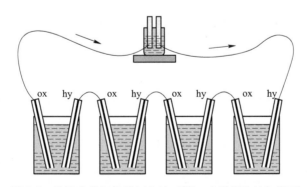

图 5-2   格罗夫的气体伏打电池（第一个燃料电池）装置

1882 年，瑞利（L. Rayleigh）试图通过增加电极、溶液和气体的接触面积来提高铂电极的反应效率。他用了两片面积为 $20in^2(1in^2 = 6.45cm^2)$ 的铂网，空气电极侧将铂网平放在电解液面上，氢气电极侧则平放在密闭容器中的液面上。他的这个"新型气体电池"可以产生"不大但还是可观的电流"。蒙德（L. Mond）和他的助手朗格尔（C. Langer）仔细研究了自从第一篇格罗夫文章以来的 15 篇有关燃料电池文章，他们发现必须增加三相接触区，除了应用多孔电极外，他们还引入电解质隔板吸附电解质，从而避免电极被淹没。1889 年，他们发明了一个"新型气体电池"，这是第一个实际的燃料电池原型，使用氢气和氧气可以在 0.73V 时获得 $6.5mA/cm^2$ 的电流密度。他们这个燃料电池原型结构与现代的磷酸燃料电池（phosphoric acid fuel cell，PAFC）非常相似。他们还尝试过使用价格便宜的煤气作为燃料电池的燃料，不过由于 CO 会使铂催化剂中毒，他们很快就放弃了这一想法。因为他们在论文中首次引入了"燃料电池"这一术语，蒙德和朗格尔也因此而出名。由于和燃料电池同时期出现的发电机具有相对简单的制备工艺及低成本优势，使人们对燃料电池的研究推迟了近 60 年。此外，由于当时电极过程动力学方面没有得到发展，人们无法解决准固态电液中的浓差极化和水煤气中 CO 对铂的毒化问题。直到 1932 年，英国剑桥培根（Bacon）用碱作电解质，用镍代替铂作为电极材料，制成三相气体扩散电极以提高电极表面积，并通过提高温度和增大气体压力来提高镍的催化活性，经过近 30 年的努力后，于 1959 年开发了一个 6kW 的可作为电焊机或 2t 叉车电源的燃料电池系统，并进行了试验。

此后，燃料电池技术开始迅速发展，1965 年和 1966 年美国相继在"双子星座"和"阿波罗"飞船中，成功应用改进了的培根氢氧燃料电池为飞船提供电力，使人们对燃料电池的研究与关注达到了顶点。但在这之后，随着美国登月计划的结束和汽车工业对燃料电池兴趣的下降，燃料电池的研制工作明显减少，直到 1973 年中东战争结束后，受能源危机的影响，人们对燃料电池又重新重视起来，美、日等国都制定了发展燃料电池的计划。进行规模较大的研制计划是"TARGIT 计划""FCG 计划"及 1981 年日本制定的"月光计划"。"TARGIT 计划"的基本构想是用管道将燃料输送到集中地点，通过综合途径，满足用电场所的全部能量需求；"FCG"计划的目标是建立燃料电池发电站；"月光计划"主要进行分散配置和代替火力发电两种形式的燃料电池研究，其中以元件研究和配套设备研究为主。

5.3   燃料电池的工作原理及热力学

5.3.1   工作原理

燃料电池单体电池一般都是由阴极、阳极、电解质这几个基本单元构成的。燃料电池的阳极也称燃料极，一般发生氧化反应；阴极一般通入氧化剂，发生还原反应。燃料电池工作原理是燃料气（氢气、甲烷等）在阳极催化剂的作用下发生氧化反应，生成阳离子并给出自由电子；氧化剂（通常为氧气）在阴极催化剂的作用下发生还原反应，得到电子并产生阴离子；阳极产生的阳离子或者阴极产生的阴离子通过电子绝缘的电解质传导到相对应的另外一个电极上并发生相应电化学反应，生成反应产物并随未反应完全的反应物一起排到电池外，与此同时，电子通过外电路由阳极运动到阴极，使整个反应过程达到物质平衡与电荷平衡，外部用电器就获得了燃料电池所提供的电能。图 5-3 为燃料电池的工作原理示意图。原则上只要外部不断地供给电化学反应所需的活性物质，燃料电池就可以连续不断地工作。

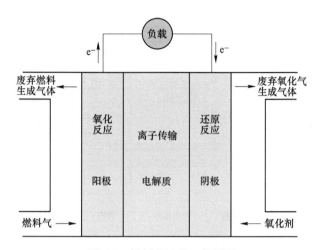

图 5-3　燃料电池的工作原理

　　从根本上讲，燃料电池与普通一次电池一样，是使电化学反应的两个电极半反应分别在阴极和阳极上发生，从而在外电路产生电流来发电的。所不同的是，普通一次电池，例如锌锰电池，是一个封闭的体系，与外界只有能量的交换而没有物质的交换。换句话说，电池本身既作为能量的转换场所也同时作为电极物质的储存容器，当反应物消耗完时电池也就不能继续提供电能了。而燃料电池是一个敞开体系，与外界不仅有能量的交换，也存在物质的交换。外界为燃料电池提供反应所需的物质，并带走反应产物。从这种意义上讲，某些类型的电池也具有类似燃料电池的特征，例如锌空电池，空气由大气提供，不断更换锌电极可以使电池持续工作。

　　燃料电池的燃料可选择范围非常广泛。理论上，能燃烧产生能量的物质基本都能用做燃料电池的燃料。理想的能用作燃料电池燃料的有氢气（H_2）、甲醇（CH_3OH）、汽油和其他类型的碳氢化合物。每一种燃料在燃料电池的阳极侧发生氧化反应并向外电路释放出携带的电子，电子经过外电路流入阴极并和阴极侧的氧化剂发生还原反应；阴阳极两侧反应生成的阴阳离子通过电解质传导。燃料电池的电解质是在溶于水溶液、熔融状态或者固态结构中能够导电的化合物。最典型的燃料电池类型为氢氧燃料电池，顾名思义是以氢气为燃料、氧气为氧化剂的燃料电池。由于电解质的结构和载流子的不同，同一种燃料可以在以不同材料体系构成的燃料电池中工作。

　　图 5-4 为以氢气为燃料、氧气为氧化剂、不同载流子传导介质为电解质的燃料电池工作示意图，其中电解质中的载流子分别是 OH^-、H^+、CO_3^{2-} 和 O^{2-}。以 OH^- 为电解质载流子的燃料电池被称为碱性氢燃料电池（alkaline fuel cell，AFC）；以 CO_3^{2-} 为电解质载流子的燃料电池一般被称为熔融碳酸盐燃料电池（molten carbonate fuel cell）；以 O^{2-} 为电解质载流子的燃料电池一般被称为固体氧化物燃料电池（solid oxide fuel cell）。

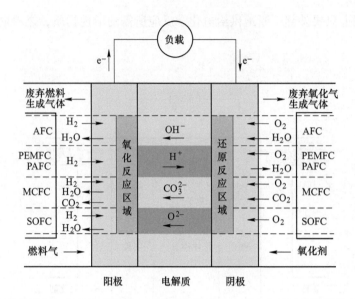

图 5-4　以氢气为燃料、氧气为氧化剂、不同载流子传导介质为电解质的燃料电池工作示意图

5.3.2　燃料电池的热力学

5.3.2.1　燃料电池的电动势

燃料电池体系中，单体电池的电动势通过化学热力学的方法来计算。在可逆条件下，电池反应的吉布斯自由能变化全部转变为电能，自由能的变化与电池电动势的关系为：

$$\Delta G = -nFE \tag{5-1}$$

式中　ΔG——电池的自由能变化，kJ/mol；

　　　n——参与反应的电子数；

　　　F——法拉第常数；

　　　E——电池的电动势，V。

当反应物与生成物的活度为 1 时，有：

$$\Delta G^{\ominus} = -nFE^{\ominus} \tag{5-2}$$

式中　$\Delta G^{\ominus}$——标准自由能变化，kJ/mol；

　　　$E^{\ominus}$——标准电动势，V。

对于氢-氧燃料电池，其电池反应为：

$$H_2(g) + \frac{1}{2}O_2(g) \longrightarrow H_2O(l) \tag{5-3}$$

自由能的变化可表示为：

$$\Delta G = \Delta G^{\ominus} + RT\ln \frac{\alpha_{H_2O}}{\alpha_{H_2}\alpha_{O_2}^{1/2}} \tag{5-4}$$

式中　α——活度；

　　　T——绝对温度；

　　　R——气体常数。

于是，氢-氧燃料电池的电动势可表示为：

$$E = E^{\Theta} - \frac{RT}{nF}\ln\frac{\alpha_{H_2O}}{\alpha_{H_2}\alpha_{O_2}^{1/2}} \tag{5-5}$$

假设氢气和氧气为理想气体，标准压强 p 为 1.013×10^5Pa，活度系数为1，据活度与压力的关系：

$$\alpha_i = \frac{p_i}{p}\gamma_i \tag{5-6}$$

式中　α_i——反应中组员 i 的活度；

$\quad\quad p_i$——反应中组员 i 的分压；

$\quad\quad \gamma_i$——活度因子。

得到：

$$\alpha_i = p_i \tag{5-7}$$

那么，氢氧燃料电池的电动势又可写成：

$$E = E^{\Theta} - \frac{RT}{nF}\ln\frac{\alpha_{H_2O}}{p_{H_2}p_{O_2}^{1/2}} \tag{5-8}$$

由式（5-8）可以看出：氢-氧燃料电池的电动势还与供给电极的氢气和氧气的气压有关。

5.3.2.2　燃料电池电动势的温度系数和压力系数

燃料电池的电动势和温度都与供给反应气体的压力有关，其随温度和压力的变化由温度系数和压力系数来表示。

据热力学的定义：

$$\left(\frac{\partial\Delta G}{\partial T}\right)_p = -\Delta S \tag{5-9}$$

可改写为：

$$\left(\frac{\partial E}{\partial T}\right)_p = \frac{\Delta S}{nF} \tag{5-10}$$

若已知燃料电池反应熵的变化值，可据式（5-10）计算出燃料电池电动势的温度系数。

表5-1列出了几种燃料电池电动势的温度系数。概括来说有三种规律：第一，电池反应后，气体分子数增加时，电池的温度系数为正值，此时的 $\Delta S > 0$；第二，电池反应后，气体分子数不变，电池的温度系数为零，此时 $\Delta S = 0$；第三，电池反应后，气体分子数减小时，电池的温度系数为负值，这种情况下电池反应的 $\Delta S < 0$。假设气体反应物与产物均服从理想气体定律，则电动势与压力的关系可表示为：

$$E_p = E_p^{\Theta} - \frac{\Delta nRT}{nF}\ln\frac{p^{\Theta}}{p} \tag{5-11}$$

电动势随压力变化的关系为 $\dfrac{\partial E}{\partial\lg p}$，即为燃料电池的压力系数。表5-1给出了一些燃料电池反应的压力系数。

表 5-1 一些燃料电池的热力学数据

温度 /℃	燃料电池	电池反应	$\Delta G^{\ominus}$ /kJ·mol^{-1}	$\Delta H^{\ominus}$ /kJ·mol^{-1}	$E^{\ominus}$ /V	最高总效率 /%	$\dfrac{\mathrm{d}E^{\ominus}}{\mathrm{d}T}$ /mV·K^{-1}	$\dfrac{\mathrm{d}E^{\ominus}}{\mathrm{d}\lg p}$ /mV
25	H$_2$-O$_2$	H$_2+\frac{1}{2}$O$_2 \rightarrow$ H$_2$O(1)	238.19	-286.04	1.229	83.0	-0.84	454
25	CH$_4$-O$_2$	CH$_4$+2O$_2 \rightarrow$ CO$_2$+2H$_2$O(1)	-818.52	-890.95	1.060	91.9	-0.31	15
25	N$_2$H$_4$-O$_2$	N$_2$H$_4$+O$_2 \rightarrow$ N$_2$+2H$_2$O(1)	-602.19	-622.54	1.560	96.7	-0.18	15
25	NH$_3$-O$_2$	NH$_3+\frac{3}{4}$O$_2 \rightarrow \frac{1}{2}N_2+\frac{3}{2}H_2$O(1)	-356.05	-382.84	1.225	93.0	-0.31	25
25	CH$_3$OH-O$_2$	CH$_3$OH+$\frac{3}{2}$O$_2 \rightarrow$ CO$_2$+2H$_2$O(1)	-703.59	-764.55	1.215	92.0	-0.35	15
25	CH$_3$OH(1)-O$_2$	CH$_3$OH(1)+$\frac{3}{2}$O$_2 \rightarrow$ CO$_2$+2H$_2$O(1)	-703.1	-504.38	1.214	96.7	-0.13	5
25	C(s)-O$_2$	C(s)+$\frac{1}{2}$O$_2 \rightarrow$ CO	-137.37	-393.77	0.711	124.0	+0.46	-15
25	C(s)-O$_2$	C(s)+O$_2 \rightarrow$ CO$_2$	-394.65	-393.77	1.022	100.2	0	0
25	CO-O$_2$	CO+$\frac{1}{2}$O$_2 \rightarrow$ CO$_2$	-257.28	-283.15	1.333	90.9	-0.44	15
150	H$_2$-O$_2$	H$_2+\frac{1}{2}$O$_2 \rightarrow$ H$_2$O	-221.65	-243.42	1.148	91.1	-0.25	21
150	CH$_4$-O$_2$	CH$_4$+2O$_2 \rightarrow$ CO$_2$+2H$_2$O	-675.29	-801.44	1.037	99.9	0	1
150	C(s)-O$_2$	C(s)+$\frac{1}{2}$O$_2 \rightarrow$ CO	-151.1	-110.16	0.782	137.2	+0.47	-21
150	C(s)-O$_2$	C(s)+O$_2 \rightarrow$ CO$_2$	-395.07	-393.85	1.023	100.3	0	0

5.3.2.3 燃料电池的效率

燃料电池反应过程中，热焓的变化为所释放的总能量。当燃料按一般方式产生蒸汽并通过机械方法产生电时，其产生的电能是由机械能转化的，而在可逆条件下，燃料电池反应自由能的变化是燃料电池所获得的最大电能，所以，燃料电池的理论效率 η 应为：

$$\eta = \frac{-\Delta G}{-\Delta H} \tag{5-12}$$

恒温下，ΔG 与 ΔH 的关系为：

$$\Delta G = \Delta H - T\Delta S \tag{5-13}$$

所以：

$$\eta = 1 - \frac{T\Delta S}{\Delta H} \tag{5-14}$$

式中 ΔS——燃烧反应的熵变，kJ/(mol·K)；

ΔH——燃烧反应的焓变，kJ/mol。

随反应的不同，ΔS 可以是正值，也可以是负值。但它与 ΔG 和 ΔH 相比，数值很小，一般 $|T \cdot \Delta S/\Delta H| \leqslant 0.2$，所以燃料电池的理论效率一般在 80%~100% 以上。当电池的熵变 ΔS 为正值时，理论效率大于 100%，表 5-1 中 C 氧化为 CO 的反应就是一例，其物理意

义是电池不仅将燃料的燃烧热全部转化为电能，而且还吸收环境的热来发电。对于氢-氧燃料电池，可根据 25℃ 下的热力学数据求出理论效率。

当电池反应生成物为液态水时，理论效率为：

$$\eta = \frac{-\Delta G}{-\Delta H} = \frac{56.690}{68.317} = 83.0\% \tag{5-15}$$

当电池反应生成物为气态水时，理论效率为：

$$\eta = \frac{-\Delta G}{-\Delta H} = \frac{54.637}{57.798} = 94.5\% \tag{5-16}$$

但在燃料电池实际工作中，由于存在各种极化过电位和副反应，能量转换效率降低，为：

$$\eta_{实} = \eta\eta_{V}\eta_{f} \tag{5-17}$$

式中　$\eta_{实}$——实际能量转换效率；

　　　η_{V}——电压效率，即当流过电流为 1A 时，燃料电池的电压与其电动势之比；

　　　η_{f}——库仑效率，即电池实际输出容量与电池的反应物全部按燃料电池反应转变为反应产物时的理论输出容量之比；

　　　η——理论能量转换效率。

燃料电池的主要任务是设法使 η_{V} 与 η_{f} 接近 1，以提高燃料电池实际的能量转换效率。燃料电池实际工作时，其工作电压只有 0.75V 左右，以 25℃ 下电池反应生成物为液态水，计算电池的实际效率为：

$$\eta_{实} = \eta\eta_{V} = 0.83 \times \frac{0.75}{1.23} = 50.6\% \tag{5-18}$$

5.3.3　燃料电池的动力学

5.3.3.1　燃料电池的工作电压

燃料电池工作过程中，由于电池阴阳极上存在电化学极化（η_{e}）、浓差极化（η_{c}），以及电极和电池内部的欧姆压降（IR_{Ω}），图 5-5 为燃料电池电压降低的原因示意图，当燃料电池通过电流 I 时，其工作电压为：

$$V = E - \eta_{+e} - \eta_{-e} - \eta_{+c} - \eta_{-c} - IR_{\Omega} \tag{5-19}$$

若电极为平板电极，面积为 S，则电化学极化与浓差极化的过电位可表示为：

$$\eta_{e} = -\frac{RT}{\alpha nF}\ln i^{0} + \frac{RT}{\alpha nF}\ln\frac{I}{S} \tag{5-20}$$

$$\eta_{c} = -\frac{RT}{nF}\ln\left(1 - \frac{I}{Si_{d}}\right) \tag{5-21}$$

将式（5-20）和式（5-21）代入式（5-19）中，可以得到工作电压与电流的关系。图 5-6 为典型的燃料电池工作电压与电流的关系曲线。

将式（5-19）对电流进行微分，得到电池的微分电阻与电流的关系式为：

$$\frac{dV}{dI} = -\frac{RT}{\alpha_{+}nFI} - \frac{RT}{\alpha_{-}nFI} - \frac{RT}{nF(S_{+}i_{+,d} - I)} - \frac{RT}{nF(S_{-}i_{-,d} - I)} - R_{\Omega} \tag{5-22}$$

由式（5-22）可知，在低电流密度时，电池的微分电阻主要由第一项与第二项决定，

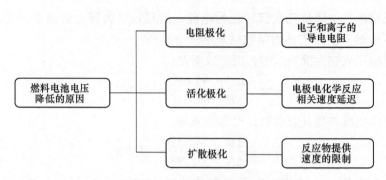

图 5-5 　燃料电池电压降低的原因示意图

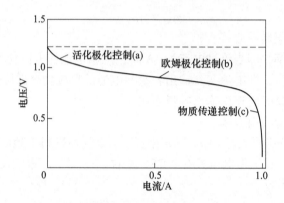

图 5-6 　燃料电池工作电压与电流的关系

即由电池两极反应的电化学极化决定，这时电池电压随电流的增加迅速下降，如图 5-6 中（a）段线条所示；当电流密度增加时，式（5-22）中第一、二项所占比例减小，电池的微分电阻主要由电池的欧姆内阻来确定，如图 5-6 中（b）段线条所示，电池电压与电流密度几乎呈线性变化；当电流继续增加时，电池两极反应浓差极化增大，特别是出现某一电极达到极限电流密度时，电池的微分电阻受反应物的物质传递控制，电池电压迅速下降，如图 5-6 中（c）段线条所示。

5.3.3.2　燃料电池的输出功率

燃料电池的输出功率可表示为：$P=VI$。如图 5-6 所示，在低电流密度时，$I \to 0$，而在高电流密度时，$V \to 0$，在这两种极端情况下，燃料电池的输出功率 $P \to 0$，在中间某一电流密度时，输出功率存在极大值。在燃料电池实际工作条件下，为避免出现在大电流工作时电极的工作电流密度达到极限电流密度，导致功率趋于零的情况，实际的燃料电池多采用气体扩散电极。在燃料电池工作时，电池内部存在着电化学极化、浓差极化、欧姆极化等各种极化过电位，在这种复杂的情况下仍然要研究燃料电池输出最大功率的条件，以下是两种极限情况。

欧姆极化控制时的情况。当欧姆极化控制时，电池的工作电压与电流呈线性关系：

$$V = E - IR_{\Omega} \tag{5-23}$$

电池的输出功率可表示为：

$$P = IV = I(E - IR_{\Omega}) = IE - I^2 R_{\Omega} \tag{5-24}$$

即 P-I 呈抛物线变化。在最大输出功率 P_{max} 时，电流和工作电压分别是：

$$I_{max} = \frac{E}{2R_\Omega} \tag{5-25}$$

$$V_{max} = \frac{E}{2} \tag{5-26}$$

那么，最大输出功率为：

$$P_{max} = \frac{E^2}{4R_\Omega} \tag{5-27}$$

因此，当电池的工作电压值等于其电动势值的一半时，燃料电池的输出功率最大。

电化学极化控制时的情况。在电化学极化控制时，浓差极化与欧姆极化可以忽略，电池的工作电压与电极的电流密度（i）呈对数关系，可表示为：

$$V = E - a - b\ln i \tag{5-28}$$

式中　i——电流密度；

a，b——塔菲尔常数，b 为阴极反应和阳极反应 Tafel 斜率的总值。

电池的输出功率可表示为：

$$P = J(E - a - b\ln J) \tag{5-29}$$

所以，最大电流密度 J_{max} 与最大输出功率 P_{max} 可表示为：

$$\ln J_{max} = \frac{E - a - b}{b} \tag{5-30}$$

$$P_{max} = b \cdot b\exp\left(\frac{E - a - b}{b}\right) \tag{5-31}$$

在电池的输出功率最大时，电池的工作电压为：

$$V = b \tag{5-32}$$

即在电池两极反应受电化学极化控制的情况下，当电池工作电压等于两极 Tafel 斜率的总和时，电池的输出功率最大。应当指出，燃料电池是燃料电池系统的核心，提高燃料电池系统的转换效率，就是提高质量与体积比能量，减小投资与操作费用。电池动力学的核心问题是如何降低燃料、电池两极反应的电化学极化过电位与欧姆极化过电位，即如何减小电化学极化、浓差极化与欧姆内阻。降低极化过电位常采用的方法有：选择适当的催化剂，增大电极表面积与提高电池工作温度等。高效气体扩散电极是近代燃料电池在工艺上的一大改进，大大增强了电化学反应的比表面积，不仅有利于降低电化学极化过电位，而且也有利于降低浓差极化过电位，为降低欧姆极化过电位，一般采取减小电极间距和增大电池内部各部件的电导等措施。一般来说，电化学极化过电位是影响燃料电池性能的主要因素，尤其是可逆性很差的氧电极。因此，研制性能优良的电催化剂是解决燃料电池动力学核心问题的关键，这是非常困难的工作。

5.4　燃料电池的类型

燃料电池的分类有多种方法，有按电池工作温度高低分类，有按燃料的种类分类，也有按电池的工作方式来分类的。普遍接受的是按照电解质的不同分作五类：碱性燃料电池（alkaline fuel cell，AFC）、磷酸燃料电池（phosphoric acid fuel cell，PAFC）、熔融碳酸盐燃料电池（molten carbonate fuel cell，MCFC）、质子交换膜燃料电池（proton exchange membrane fuel cell 或 polymer electrolyte membrane fuel cell，PEMFC）和固体氧化物燃料电池（solid oxide fuel cell，SOFC）。下面就分别对以上几种燃料电池的发展状况进行简单介绍。

5.4.1　碱性燃料电池

碱性燃料电池是最早得到实际应用的一种燃料电池。1902 年，里德（J. H. Reid）首次发表了用 KOH 做电解池的相关工作，1904 年，洛埃尔（P. G. L. Noel）也发表了类似的文章，开创了碱性燃料电池（AFC）的新起点。英国剑桥大学科学家培根（F. T. Bacon）和弗罗斯特（J. C. Frost）于 1959 年 8 月宣布他们已经开发建造和示范了一个 6kW 燃料电池，并用来驱动叉车、圆盘锯和电焊机。几乎同时，1959 年 10 月美国艾丽斯-查尔摩斯公司（Allis-Chalmers）的伊里格（H. K. Ihrig）博士展示了他的 20hp（1hp = 745.7W）的拖拉机，使用 15kW 碱性燃料电堆作动力，电池堆由 1008 个单电池组成，拖拉机可以推动 3000lb（1lb = 0.4536kg）的重物。自这两个示范以后，燃料电池从实验室的研究发展到走向实际应用。

碱性燃料电池（AFC）采用 35%～50% 质量分数的 KOH 作为电解液，浸在多孔石棉膜中或装载在双孔电极碱腔中，两侧分别压上多孔的阴极和阳极构成电池。电池工作温度一般在 60～200℃，可在常压或加压条件下工作。碱性燃料电池的电解质中电流载体是氢氧根离子（OH⁻），从阴极迁移到阳极与氢气反应生成水，水再反扩散回阴极生成氢氧根离子。图 5-7 是碱性燃料电池的工作机理示意图，其电极反应如下。

阳极反应：　　　　　　　$2H_2 + 4OH^- \longrightarrow 4H_2O + 4e^-$　　　　　　　（5-33）

阴极反应：　　　　　　　$O_2 + 2H_2O + 4e^- \longrightarrow 4OH^-$　　　　　　　（5-34）

总反应：　　　　　　　　$2H_2 + O_2 \longrightarrow 2H_2O$　　　　　　　（5-35）

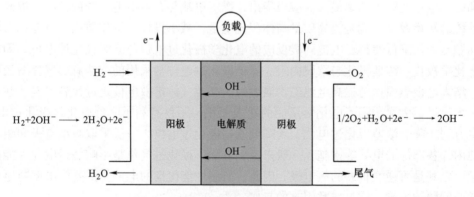

图 5-7　碱性燃料电池的工作机理示意图

由于碱性燃料电池的电解质在工作过程中是液态，而反应物为气态，电极通常采用双孔结构，即气体反应物一侧的多孔电极孔径较大，而电解液一侧孔径较小，这样可以通过电解液在细孔中的毛细作用力保持在隔膜区域内，这种结构对电池的操作压力要求较高。电解液通常采用泵在电池和外部之间循环，以清除电解液内的杂质，将电池中生成的产物水排出电池和将电池产生的热量带出。

碱性燃料电池具有许多优点：（1）成本低，AFC 用 KOH 溶液作为电解质，KOH 价格比高分子膜电解质便宜得多，在碱性条件下可以使用非贵金属材料作为电极，还可以使用 Ni 等易加工的金属取代难加工的石墨作为电解质，使电池总体成本降低；（2）电压高，在碱性条件下氧还原速度比在酸性环境下快，AFC 可以得到明显高于其他燃料电池的工作电压。

其缺点是电解液易于生成低溶解度的碳酸盐而形成沉淀，特别是在使用含碳燃料时生成的 CO_2 与碱作用，形成 CO_3^{2-}，需经常更新电解质。

由于航空航天环境中二氧化碳含量低，所以 AFC 在航空航天中得到广泛应用，而在民用中应用有限。以纯氢、纯氧作为燃料的碱性燃料电池成功地在航空航天领域得到应用，在美国阿波罗、双子星座飞船以及航天飞机上成功应用，性能稳定可靠。比利时 ZEVCO 公司等也努力开发电动汽车用 AFC 电源，并将 5kW AFC 系统装配在城市出租车上。德国西门子公司将其 100kW AFC 系统装载在德国海军 U205 潜艇上作为 AIP 推进系统。但是，从短期来看，碱性燃料电池的应用基本局限在空间、AIP 系统以及固定发电系统等方面，而且，面临其他类型燃料电池的竞争，碱性燃料电池的应用前景不容乐观。

5.4.2 磷酸燃料电池

磷酸燃料电池（phosphoric acid fuel cell，PAFC）是以浓磷酸为电解质，以贵金属催化的气体扩散电极为正、负电极的中温型燃料电池，可以在 150~220℃ 工作，具有电解质稳定、磷酸可浓缩、水蒸气压低和阳极催化剂不易被 CO 毒化等优点，是一种接近商品化的民用燃料电池。

图 5-8 为 PAFC 的工作原理示意图。在阳极，氢气在催化剂的作用下失去电子成为氢离子，失去的电子由外部电路流经负载做功后到达阴极，氢离子则通过磷酸溶液到达阴极。在阴极，氧气在电催化剂的作用下与氢离子和电子发生还原反应生成水。

具体反应方程式如下：

阳极：
$$H_2 \Longrightarrow 2H^+ + 2e^-, \qquad \varphi^\ominus = 0V \tag{5-36}$$

阴极：
$$\frac{1}{2}O_2 + 2H^+ + 2e^- \Longrightarrow H_2O, \qquad \varphi^\ominus = 1.229V \tag{5-37}$$

总反应：
$$\frac{1}{2}O_2 + 2H_2 \Longrightarrow 2H_2O, \qquad \Delta E = 1.229V \tag{5-38}$$

可能存在生成 H_2O_2 的中间反应物的步骤：

$$2H^+ + 2e^- + O_2 \Longrightarrow H_2O_2 \tag{5-39}$$

$$H_2O_2 \Longrightarrow H_2O + \frac{1}{2}O_2 \tag{5-40}$$

在 20 世纪 70 年代，人们开始把目光转向与二氧化碳不发生作用的酸性电解质。常用的酸中，盐酸具有挥发性，硝酸不稳定，硫酸虽然稳定，但具有强腐蚀性，人们找不到合适的电极材料。于是稳定性好、酸性较弱、氧化性较弱的磷酸就被人们选中了作为酸性燃料电池的电解质。早在 1842 年，格罗夫就用磷酸作为电解质进行过实验，但因为磷酸的电导率差，实验结果并不吸引人。磷酸燃料电池（PAFC）的发展很慢。直到 1961 年，埃

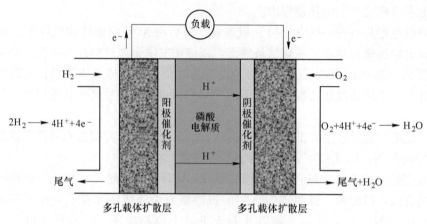

图 5-8　PAFC 工作原理示意图

尔默（G. V. Elmore）和唐纳（H. A. Tanner）发表了他们的 PAFC 研究成果，其中电池的电流密度为 90mA/cm^2，电压达到 0.25V，而且该电池利用空气连续运行了 6 个月，性能稳定。与此同时，人们还在研究硫酸作为电解质的燃料电池。20 世纪 60~70 年代，电极材料的进展使人们重新燃起对 PAFC 的兴趣。

1967 年，联合技术公司（United Technology Corporation，UTC）下属的普拉特-惠特尼公司实施了 TARGET（Team to Advance Research for Gas Energy Transformation）计划，该计划负责发展燃料电池。这个计划先后有 32 家美国公司、1 家加拿大公司和 2 家日本公司提供资金。TARGET 计划的顶峰是 1975 年所展示的家用磷酸燃料电池。该电池的功率为 12.5kW，可利用天然气发电提供给商业、工业和居民使用，不但能够提供电能，还能加湿和净化空气、处理废气。这样的磷酸燃料电池单元被称作 PC-11（Power Cell-11），其发电成本超过了预定目标 150 \$/kW，且使用寿命也比目标 40000h 要少。1977 年，UTC 又测试了 lMW 的磷酸燃料电池单元 PC-19，并且基于这一 PAFC 单元，在美国纽约和日本于叶先后建立了两个 4.5MW 的实验电厂。之后于 1989 年，东芝公司利用 18 个 UTC 的 PC-23 磷酸燃料电池单元为东京电力公司建造了 11MW 的实验电厂，其目的是检验利用天然气作为分布式燃料电池电站发电的实用性，同时也为了将该技术推向商业化。1991 年，电厂达到设计功率 11MW，电池在 207℃、7.3 个大气压下工作，发电效率为 41.1%。

如图 5-8 所示，磷酸燃料电池中采用的电解液是 100% 的磷酸，室温时是固态，相变温度是 42℃，这样方便电极的制备和电堆的组装。磷酸是包含在用 PDFE 黏结成的 SiC 粉末的基质中作为电解质的，基质的厚度一般为 100~200μm。电解质基质两边分别是附有催化剂的多孔石墨阴极和阳极，各单体之间再用致密的石墨分隔板把相邻的两片阴极板和阳极板隔开，以使阴极和阳极气体不会相互渗透混合。磷酸燃料电池的工作温度一般在 200℃ 左右，在这样的温度下，需要采用铂作为电催化剂，通常采用具有高比表面积的炭黑作为催化剂载体。单电池的工作电压在 0.8V 以下，发电效率可达 40%~50%，如果采用热电联供，则系统总效率可高达 80%。

磷酸燃料电池堆的冷却方式可采用水冷、空冷和冷却液冷却等方式，水冷方式最普遍，通常是在 2~5 个电池单体之间加一个冷却板。但是水冷对水质要求高，适合用于大型发电厂。空气冷却方式结构简单，但是冷却效率较低，动力消耗大，适合用于小型电站。冷却液冷却适合用在一些特殊用途的电源中。

由于磷酸燃料电池不受二氧化碳的限制，可以使用空气作为阴极反应气体，重整气可以作为燃料气，这就使得这种燃料电池非常适合用作固定式电站。同时，较高的工作温度使其抗一氧化碳的能力较强，在190℃条件工作时，燃料气中1%体积分数含量的一氧化碳对电池性能没有明显的影响，不像质子交换膜燃料电池中需要把一氧化碳体积分数含量降低到10^{-6}数量级。但是，硫化物对磷酸燃料电池电催化剂有较强的毒性，需要把其体积分数含量降低到20×10^{-6}以下。另外，NH_3、HCN等重整气组分对电池性能也有副作用。

虽然相对于其他类型的燃料电池，PAFC在技术上已经比较成熟，但仍然面临一些亟待解决的课题，如须进一步提高电池比功率，延长使用寿命，降低制造成本等，其中开发活性高、稳定性好的新的电极催化剂是解决上述问题的一项非常重要的措施。PAFC在我国还没有引起重视，而磷酸燃料电池（PAFC）自从20世纪60年代在美国开始研究以来，越来越广泛地受到人们重视，许多国家投入大量资金用于支持项目研究和开发。在美国，能源部（Department of Energy，DOE）、电力研究协会（Electric Power Research Institute，EPRI）以及气体研究协会（Gas Research Institute，GRI）三个部门在1985~1989年投入到PAFC研究的开发经费高达1.22亿美元。日本政府部门在1981~1990年用于PAFC的费用也达到了1.15亿美元。意大利、韩国、印度、中国等国家和地区也纷纷组织PAFC的研究开发计划。世界上许多著名公司，如东芝、富士电机、西屋电气、三菱、三洋以及日立等公司都参与了PAFC的开发与制造工作。由美国国际燃料电池公司（International Fuel Cell Inc，IFC）与日本东芝公司联合组建的ONSI公司在PAFC技术上处于世界领先地位。以美国和日本的一些煤气公司和电力公司为主，许多公司一直在参与PAFC的示范和论证试验，已取得运行和维护方面的经验。

5.4.3　熔融碳酸盐燃料电池

熔融碳酸盐燃料电池（MCFC）是20世纪50年代后发展起来的一种中高温燃料电池，工作温度在600~650℃，与低温燃料电池相比，高温燃料电池具有明显的优势。早在19世纪，煤就是唯一大规模使用的燃料。所以，人们的注意力自然而然地想到将煤作为燃料，将熔融盐作为电解质。贝克奎雷尔（A. C. Becquerel）于1855年用碳棒与熔融硝酸钠，在铂或铁坩埚中制成第一个熔盐燃料电池，称作碳-熔盐-铁电池。1896年美国工程师雅克（W. W. Jacques）曾对此进行过大规模的试验，制成一个巨大的碳-熔盐-铁电池，其功率达到了1500W。雅克的电池用铁坩埚作为阴极，400~500℃的熔融KOH作为电解质，碳棒作为阳极，空气从坩埚底部吸入，单电池的电压为1V时，电流密度达到了$100mA/cm^2$。第一个这样的装置只工作了几个小时，而第二个改进的装置工作了6个月之久。

1910年泰特鲍姆（I. Taitelbaum）发表了纯熔融NaOH（380℃）的研究报告，和雅克（W. W. Jacques）的电池不同，泰特鲍姆用锰酸盐或铅酸盐作为催化剂，并且首次采用多孔MgO隔膜，可称为熔融碳酸盐燃料电池（MCFC）的原型。

熔融碳酸盐燃料电池是以熔融碱金属碳酸盐的混合物组成低共熔体系作电解质，以氧化镍为正极、镍为负极的一种燃料电池。熔融碳酸盐燃料电池主要是由阳极、阴极、电解质基底和集流板或双极板构成。图5-9是MCFC的工作原理示意图。

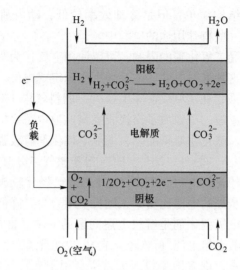

图 5-9   MCFC 的工作原理示意图

    MCFC 的电解质内部的载流子是碳酸根离子，其电极反应为氧气在阴极和二氧化碳一起在催化剂作用下被氧化成碳酸根离子，在电解质中迁移到阳极，与氢气作用生成二氧化碳和水。其电极反应和总反应如下：

阳极：
$$H_2 + CO_3^{2-} \longrightarrow H_2O + CO_2 + 2e^- \tag{5-41}$$

阴极：
$$\frac{1}{2}O_2 + CO_2 + 2e^- \longrightarrow CO_3^{2-} \tag{5-42}$$

总反应：
$$H_2 + \frac{1}{2}O_2 + CO_{2,c} \longrightarrow H_2O + CO_{2,a} \tag{5-43}$$

    从上面的反应中可以看出，整个电池反应中，阴极在消耗 CO_2 而阳极在生成 CO_2，为了维持系统中 CO_2 的平衡，需要在阴极反应中加入 CO_2。可以采用阳极的尾气与阴极反应气混合后进气或者外加 CO_2 气源。MCFC 具有以下几点要求：

    （1）阴极、阳极的活性物质都是气体，电化学反应需要合适的气-固-液三相界面。因此，阴、阳电极必须采用特殊结构的三相多孔气体扩散电极，以利于气相传质、液相传质和电子传递过程的进行。

    （2）两个单电池间的隔离板，既是电极集流体，又是单电池间的连接体。它把一个电池的燃料气与邻近电池的空气隔开，因此，它必须是优良的电子导体并且不透气。除此之外，在电池工作温度下并且当熔融碳酸盐存在时，还需要在燃料气和氧化剂的环境中具有十分稳定的化学性能。此外，阴极、阳极集流体不仅要起到电子的传递作用，还要具有适当的结构，为空气和燃料气流提供通道。

    （3）单电池和气体管道要实现良好的密封，以防止燃料气和氧化剂的泄漏。当电池在高压下工作时，电池堆应安放在压力容器中，使密封件两侧的压力差减至最小。

    （4）作为聚合物电池，熔融态的电解质必须保持在多孔惰性基体中，它既具有离子导电的功能，又有隔离燃料气和氧化剂的功能，在 4kPa 或更高的压力差下，气体都不会穿透。在实用的 MCFC 中，燃料气并不是纯的氢气，而是由天然气、甲醇、石油、石脑油和煤等转化产生的富氢燃料气。阴极氧化剂则是空气与二氧化碳的混合物，其中还含有氮气。因此，转化器是 MCFC 系统中的重要组成部分，目前有内部转化和外部转化两种方式。内部转化又区分为直接内部转化和间接内部转化。

（1）阳极。MCFC 的阳极催化剂最早采用银和铂，为降低成本，后来改用了导电性与电催化性能良好的镍。但有研究发现镍在 MCFC 的工作温度与电池组装力的作用下会发生烧结和蠕变现象，进而 MCFC 采用了 Ni-Cr 或 Ni-Al 合金等作阳极的电催化剂。加入 2% ~ 10% 质量分数的 Cr 的目的是防止烧结，但 Ni-Cr 阳极易发生蠕变。另外，Cr 还能被电解质锂化，并消耗碳酸盐，虽然 Cr 的含量减少会减少电解质的损失，但蠕变将增大。相比之下，Ni-Al 阳极蠕变小，电解质损失少，蠕变降低是由于合金中生成了 $LiAlO_2$。

（2）阴极。熔融碳酸盐燃料电池的阴极催化剂普遍采用氧化镍。其典型的制备方法是将多孔镍电极在电池升温过程中就地氧化，而且部分被锂化，形成非化学计量化合物，电极导电性极大提高。但是，这样制备的 NiO 电极会产生膨胀，向外挤压电池壳体，破坏壳体与电解质基体之间的湿密封。改进这一缺陷的方法有以下几种：

1）Ni 电极先在电池外氧化，再到电池中掺 Li；或氧化和掺 Li 都在电池外进行。

2）直接用 NiO 粉进行烧结，在烧结前掺 Li，或在电池中掺 Li。

3）在空气中烧结金属镍粉，使烧结和氧化同时完成。

4）在 Ni 电极中放置金属丝网（或拉网）以增强结构的稳定性等。

（3）电解质。电解质基底是 MCFC 的重要组成部件，它的使用也是 MCFC 的特征之一。电解质基底由载体和碳酸盐构成，其中电解质被固定在载体内。基底既是离子导体，又是阴、阳极隔板。它必须具备强度高、耐高温熔盐腐蚀和浸入熔盐电解质后能够阻挡气体通过的特点，同时又要具有良好的离子导电性能。其塑性可用于电池的气体密封，防止气体外泄，即所谓"湿封"。当电池的外壳为金属时，湿封是唯一的气体密封方法。

（4）集流板（双极板）。双极板能够分隔氧化剂和还原剂，并提供气体的流动通道，同时还起着集流导电的作用，因此也称作集流板或隔离板。它一般采用不锈钢（如 SS316，SS310）制成。在电池工作环境中，阴极侧的不锈钢表面生成 $LiFeO_2$，其内层又有氧化铬，二者均起到钝化膜的作用，减缓不锈钢的腐蚀速度。SS310 不锈钢由于铬镍含量高于 SS316，因而耐蚀性能更好。一般而言，阳极侧的腐蚀速度大于阴极侧。双极板腐蚀后的产物会导致 79483MD 增大，进而引起电池的欧姆极化加剧。为减缓双极板阳极侧的腐蚀速度，采取了在该侧镀镍的措施。MCFC 是靠浸入熔盐的偏铝酸锂隔膜密封，称湿密封。为防止在湿密封处造成原电池腐蚀，双极板的湿密封处通常采用铝涂层进行保护。在电池的工作条件下，该涂层会生成致密的偏铝酸锂绝缘层。

MCFC 的优点有以下几个方面：

（1）工作温度高，电极反应活化能小，无论氢的氧化或是氧的还原，都不需贵金属作催化剂，降低了成本。

（2）可以使用 CO 含量高的燃料气，如煤制气。

（3）电池排放的余热温度高达 673K，可用于底循环或回收利用，使总的热效率达到 80%。

（4）可以不需用水冷却，而用空气冷却代替，尤其适用于缺水的边远地区。

MCFC 也有以下几方面缺点：

（1）高温以及电解质的强腐蚀性对电池各种材料的长期耐腐蚀性能有十分严格的要

求，电池的寿命也因此受到一定的限制。

（2）单电池边缘的高温湿密封难度大，尤其在阳极区，这里遭受到严重的腐蚀。另外，熔融碳酸盐还有一些固有问题，如由于冷却导致的破裂问题等。

（3）电池系统中需要有循环，将阳极析出的物质重新输送到阴极，增加了系统结构的复杂性。

　　MCFC 可用煤、天然气作燃料，是未来绿色大型发电厂的首选模式。随着 MCFC 发电系统的一些关键性基础问题的解决，MCFC 的优越性能正在越来越为人们所注目，MCFC 将是未来最有前景的燃料电池发电系统。美国能量研究公司的 2MW 示范电厂于 1996 年开始运行并累计发电 250 万千瓦·时，日本也正在开展 1MW MCFC 实验电厂的工作。为实现 MCFC 的商品化，还需要在电堆寿命、电堆性能、系统可靠性以及发电成本等多方面继续努力。我国是贮煤和产煤大国，及时重点开发 MCFC 燃料电池，将改变我国电力事业的落后状况，降低环境污染，产生巨大的直接经济效益和社会效益，对推动国民经济的发展起到不可估量的作用。同时开展燃料电池发电系统的研究帮助形成我国有自主知识产权的燃料电池产业，增强国际竞争能力，促进一批基础学科及交叉学科的发展。

5.4.4　质子交换膜燃料电池

　　质子交换膜燃料电池是一种新型燃料电池，其电解质是一种固体有机膜，在增湿情况下，膜可传导质子。质子交换膜燃料电池（PEMFC）是一种由阳极、阴极和质子交换膜组成的可将化学能转化为电能的装置。其中，质子交换膜作为电解质，氧气或空气在阴极作为氧化剂，氢燃料在阳极发生氧化，两极都含有加速电极反应的 Pt-C 或 Pt-Ru-C 的催化剂。早在 1850 年，人们就已经知道"离子交换"过程，但应用氢燃料电池却是 100 年以后的事了。液态电解液存在密封和电解液循环的难题，采用固态电解质就会使结构更加简单。通用电气公司的格鲁布（T. Grubb）和里德拉（L. Niedrach）首先开发了 PEMFC 技术。1955 年，格鲁布第一个提出用离子交换膜作为电解质的想法，并于 1959 年获得专利。20 世纪 60 年代，通用电气公司宣布质子交换膜燃料电池取得初步成功，所用的氢气由氢化锂（LiH）和水反应发生。之后通用公司为美国海军研发了小型质子交换膜燃料电池（PEMFC）。正如其名字，质子交换膜燃料电池（PEMFC）采用质子交换膜作为电解质，目前普遍采用的膜为全氟磺酸膜，即氟碳主链上带有磺酸基团取代的支链。与其他液体电解质燃料电池相比，PEMFC 采用固体聚合物作为电解质，不仅避免了液态电解质的操作复杂性，又可以使电解质做得很薄，从而提高电池的能量密度。

　　PEMFC 的工作原理如图 5-10 所示。质子交换膜燃料电池是由氢阳极、氧阴极和质子交换膜构成，其原理相当于电解水的"逆"过程，即：

阳极（负极）：
$$2H_2 \longrightarrow 4H^+ + 4e^-$$
(5-44)

阴极（正极）：
$$O_2 + 4H^+ + 4e^- \longrightarrow 2H_2O$$
(5-45)

总过程：
$$2H_2 + O_2 \longrightarrow 2H_2O$$
(5-46)

　　在 PEMFC 中，燃料气体和氧气通过双极板上的气体通道分别到达电池的阳极和阴极，通过膜电极组件（membrane electrode assembly，MEA）上的扩散层到达催化层。在膜的阳极侧，氢气在阳极催化剂表面上解离为水合质子和电子，水合质子通过质子交换膜上的磺酸基（—SO$_3$H）传递到达阴极，而电子则通过外电路流过负载到达阴极。在阴极的催化

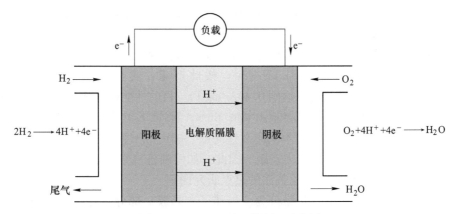

图 5-10 PEMFC 的工作原理示意图

剂表面，氧分子结合从阳极传递过来的水合质子和电子生成水分子。在这个过程中，质子要携带水分子从阳极传递到阴极，阴极生成水，水从阴极排除。由于质子的传导要依靠水，质子膜的润湿程度对其导电性有着很大的影响，所以需要对反应气体进行加湿。

质子交换膜是 PEMFC 的核心部件，其作用是：

（1）分隔阳极和阴极，阻止燃料和空气直接混合发生化学反应；

（2）传导质子，质子传导率越高，膜的内阻越小，燃料电池的效率越高；

（3）电子绝缘体，阻止电子在膜内传导，从而使燃料氧化后释放出的电子只能由阳极通过外线路向阴极流动，产生外部电流以供使用。

质子交换膜燃料电池（PEMFC）是一种高效的能量转换装置，能够将储存在氢燃料和氧化剂中的化学能通过电化学反应的方式直接转换为电能，具有绿色环保、高比能量、低温快速启动和高平稳运行的特点，被认为是替代内燃机的理想动力来源。近几年，多国政府和公司致力于推动燃料电池电动车的发展，以日本为代表，2014 年 12 月，丰田公司发布了 Mirai 氢燃料电池汽车；2016 年 3 月，本田公司推出了 Clarity 燃料电池车；尼桑新一代燃料电池汽车在 2015 年底上市。国内燃料电池汽车产业发展以上汽集团为代表，已完成前后四代氢燃料电池乘用车的开发，并在荣威 950 车型上进行规模化验证。2017 年 11 月，上汽大通在广州车展正式发布中国首款燃料电池宽体轻客 FCV80，标志着燃料电池商用车实现了产业化。欧美的燃料电池汽车研究和产业化都是在各大汽车公司的主导下进行的：GM 新一代 Hydrogen 4 于 2018 年末上市；VW 现阶段的战略重点是 PHEV 和技术储备，已经有数款 PHEV 车型问世，未来将会分别推出奥迪 A7、帕萨特和高尔夫三款 FC 车型；福特和奔驰都有实现燃料电池车商业化的计划。

然而，目前 PEMFC 的产业化进程仍然面临着成本过高、寿命较短等问题。提高 PEMFC 性能、降低系统成本主要有如下两种途径：一种是从催化剂本征活性角度出发，通过改变载体、制备合金催化剂等方式降低贵金属 Pt 使用量，提高催化剂活性和稳定性。然而，这种方式很难全面改善 PEMFC 性能，因为电化学反应过程还受到三相界面以及电子、质子、气体和水的传质通道等诸多因素的影响；另一种是从膜电极和催化层结构的角度出发，通过探索出新的膜电极制备方法和制备工艺来改善 PEMFC 性能，这种方式涉及因素广，能从整体上协调反应进程，提高燃料电池性能，进而成为研究的重点。

膜电极（MEA）是质子交换膜燃料电池的核心部件，为 PEMFC 提供了多相物质传递的微通道和电化学反应场所，其性能的好坏直接决定 PEMFC 性能的好坏。美国能源部（DOE）提出的 2020 年车用 MEA 技术指标是：成本小于 14 \$/kW；耐久性要达到 5000h；额定功率下功率密度达到 $1W/cm^2$。按此要求，贵金属 Pt 的总用量应小于 $0.125mg/cm^2$，0.9V 时电流密度应达到 $0.44A/mg\ Pt$。目前性能最好的 MEA 是由 3M 公司研发的纳米结构薄膜（nanostructured thin films，NSTF）电极，其 Pt 用量可降至 $0.15mg/cm^2$，但容易发生水淹，需解决耐久性问题。国内推出膜电极产品并对外销售的企业并不多，技术水平与国外存在较大差距。因此，如何制备价格低廉、性能高、耐久性好的 MEA 成为世界各国研究人员广泛关注的热点研究课题。

根据氟含量，可以将质子交换膜分为全氟质子交换膜、部分氟化聚合物质子交换膜、非氟聚合物质子交换膜、复合质子交换膜。其中，由于全氟磺酸树脂分子主链具有聚四氟乙烯（polytetrafluoroethylene，PTFE）结构，因而会带来优秀的热稳定性、化学稳定性和较高的力学强度；聚合物膜寿命较长，同时由于分子支链上存在亲水性磺酸基团，具有优秀的离子传导特性。非氟质子膜要求比较苛刻的工作环境，否则将会很快被降解破坏，无法具备全氟磺酸离子膜的优异性能。这几类质子交换膜的优缺点如表 5-2 所示。

表 5-2　各类质子交换膜优缺点比较

质子交换膜类型	优　　点	缺　　点
全氟磺酸膜	机械强度高，化学稳定性好，在湿度大的条件下导电率高；低温时电流密度大，质子传导电阻小	高温时膜易发生化学降解，质子传导性变差；单体合成困难，成本高；用于甲醇燃料电池时易发生甲醇渗透
部分氟化聚合物膜	工作效率高；单电池寿命提高；成本低	氧溶解度低
新型非氟聚合物膜	电化学性能与 Nafion（聚四氟乙烯和全氟-3,6-二环氧-4-甲基-7-癸烯-磺酸的共聚物）相似；环境污染小；成本低	化学稳定性较差；很难同时满足高质子传导性和良好机械性能
复合膜	可改善全氟磺酸膜导电率低及阻醇性差等缺点，赋予特殊功能	制备工艺有待完善

全氟质子交换膜最先实现产业化。全氟类质子交换膜包括普通全氟化质子交换膜、增强型全氟化质子交换膜、高温复合质子交换膜。普通全氟化质子交换膜的生产主要集中在美国、日本、加拿大和中国，主要品牌包括美国杜邦（Dupont）的 Nafion 系列膜、陶氏化学公司（Dow）的 Dow 膜和 Xus-B204 膜、3M 全氟碳酸膜、日本旭化成株式会社 Alciplex、日本旭硝子公司 Flemion、加拿大 Ballard 公司 BAM 系列膜、比利时 Solvay 公司 Solvay 系列膜、中国山东东岳集团 DF988 和 DF2801 质子交换膜。20 世纪 80 年代初，加拿大 Ballard 公司将全氟磺酸质子交换膜用于 PEMFC 并获得成功以来，全氟磺酸膜成为现代 PEMFC 唯一商业化的膜材料。增强型全氟化质子交换膜主要包括 PTFE/全氟磺酸复合膜和玻璃纤维/全氟磺酸复合膜。高温型复合质子交换膜主要包括杂多酸/全氟磺酸复合膜和无机氧化物/全氟磺酸复合膜。

质子交换膜是燃料电池的核心材料，质子交换膜性能的好坏将会直接影响燃料电池产业化进程，同时也是能否获得大规模应用的关键因素之一。为了实现燃料电池的实用化与产业化，人们在 PEMFC 的制造工艺和材料改性方面已经进行了大量的研究。目前，进一步提高 PEMFC 的使用耐久性、寿命和工作性能仍然是 PEMFC 燃料电池产业化面临的主要任务。燃料电池 PEMFC 市场还是一个新兴市场，国内外均未形成较大的规模。但在燃料电池巨大的市场需求的推动下，PEMFC 必将获得进一步发展。相信不久将会有更高性能、更低成本的 PEMFC 产品问世，大力推动燃料电池技术的发展及其产业化应用的进程。

5.4.5 固体氧化物燃料电池

固体氧化物燃料电池（solid oxide fuel cell，SOFC）是一种将储存在燃料中的化学能，直接转化为电能的装置，是继火电、水电和核电之后的第四种可持续的电力。早在 1897 年，能斯特（W. Nernst）就发明了能斯特灯，该灯由一个氧化锆掺 15%摩尔分数的氧化钇的高温离子导体固体的细棒或薄管组成。而 100 多年后，能斯特灯的材料仍然是现代 SOFC 的电解质，所以可以认为能斯特是 SOFC 的鼻祖。他的学生肖特凯（W. Schottky）发表了一些根据能斯特固体电解质制成的 SOFC 的理论文章。固体氧化物燃料电池（SOFC）和熔融碳酸盐燃料电池均为高温装置。在 20 世纪 50 年代末以前，这两种电池的技术历史似乎源于类似的研究路线。SOFC 是一种可以直接将氢气、碳氢燃料和煤气化气体等燃料中的化学能转化为电能的最有效装置。SOFC 的能量转换效率不受卡诺循环的限制，可达 60%~70%。SOFC 系统运行时清洁安静，采用全固态结构便于安装，在从便携式电源和车辆辅助单元到大型发电站的不同功率水平下，均存在许多潜在的应用机会。与其他的储能电池相比，燃料电池是发电装置，只要连续地提供燃料和氧化剂，SOFC 就可以实现不间断的工作，大大提高了电池的使用效率。SOFC 跟其他燃料电池相比也有明显的优势，如燃料适应性强、单位面积（或体积）功率密度高、无须使用贵金属作为催化剂、利用高质量废热实现热电联供可进一步提高能量转换效率等。

SOFC 的基本构型为：阳极/电解质/阴极，即由三个部分组成。根据电解质中传导离子的类型不同，SOFC 又可分为氧离子传导型、质子（氢离子）传导型和混合传导（氧离子-质子）型燃料电池。

氧离子传导型 SOFC 的工作原理如图 5-11（a）所示，O_2 在阴极侧经催化、吸附及解离等过程后被还原为氧离子。氧离子在电场及氧浓度差的驱动下在电解质中迁移至阳极侧，并与阳极侧的燃料气体（H_2）发生氧化反应生成 H_2O，同时释放电子，电子经外电路传回阴极，从而形成闭合回路对外供电。电池反应方程式如下：

阳极反应：
$$H_2 + O^{2-} \longrightarrow H_2O + 2e^- （阳极） \tag{5-47}$$

阴极反应：
$$\frac{1}{2}O_2 + 2e^- \longrightarrow O^{2-} （阴极） \tag{5-48}$$

总反应：
$$H_2 + \frac{1}{2}O_2 \longrightarrow H_2O \tag{5-49}$$

质子传导型 SOFC 的工作原理如图 5-11（b）所示，与氧离子传导型 SOFC 离子传递方式类似，H_2 在阳极被氧化为质子，质子通过电解质迁移至阴极，并与阴极侧的氧气和来自外电路的电子反应，生成 H_2O。与氧离子传导型 SOFC 相比，质子传导型 SOFC 的活化能要低许多。电池反应方程式如下：

阳极反应：$\qquad H_2 \longrightarrow 2H^+ + 2e^-$（阳极）$\qquad$（5-50）

阴极反应：$\qquad 2H^+ + \dfrac{1}{2}O_2 + 2e^- \longrightarrow H_2O$（阴极）$\qquad$（5-51）

总反应：$\qquad H_2 + \dfrac{1}{2}O_2 \longrightarrow H_2O$ $\qquad$（5-52）

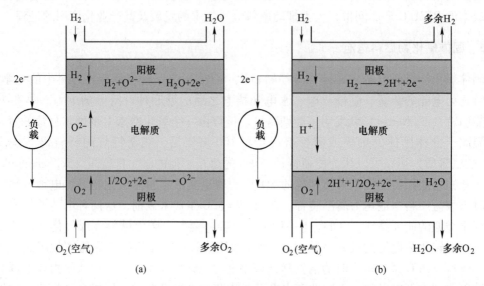

图 5-11　SOFC 工作原理图

（a）氧离子传导型 SOFC；（b）质子传导型 SOFC

　　SOFC 的运行温度范围通常在 400～1000℃，在这个温度范围中反应生成的水都是气态；由电池的总反应方程式（5-52）可知，SOFC 的电势和两侧电极中燃料及水的分压有关，SOFC 的内部电动势可用能斯特方程表示如下：

$$E = E^{\ominus} + \frac{RT}{2F}\ln\frac{p_{H_2}p_{O_2}^{1/2}}{p_{H_2O}} \qquad (5\text{-}53)$$

式中　　　　E——燃料电池电动势；

$\qquad\qquad E^{\ominus}$——标准压力下的电动势；

$\qquad\qquad R$——气体常数；

$\qquad\qquad F$——法拉第常数；

p_{H_2}，p_{O_2}，p_{H_2O}——H_2、O_2 和 H_2O 的分压。

　　电池在开路状态下的端电压称为开路电压（open circuit voltage，OCV）。对于掺杂氧化铈为电解质的 SOFC，由于铈离子在还原性气氛中存在部分还原变价过程（$Ce^{4+} \rightarrow Ce^{3+}$），电池内部有微小的短路电流，因此

$$OCV = E - i_L(R_c + R_a + R_{ohm}) \qquad (5\text{-}54)$$

式中　i_L——电池内部的短路电流；

$\qquad R_c$——阴极的极化电阻；

$\qquad R_a$——阳极的极化电阻；

$\qquad R_{ohm}$——电池内部欧姆电阻内阻。

极化损失来源于三类，即电极表面反应缓慢产生的活化极化，电子、离子在电池组件内的传导以及组件间接触电阻，以及电池内部浓差极化损失。

5.4.5.1 阳极材料

阳极又称燃料极，是固体氧化物燃料电池的基本组件之一，为各种燃料的电化学反应和电流传输提供场所。如以氢气为燃料时，电极反应示意如图 5-12 所示。

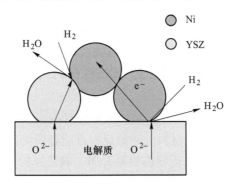

图 5-12 SOFC 阳极反应示意图

因此，阳极材料必须具备以下功能：（1）良好的电子导电性和一定的氧离子导电性；（2）和其接触连接的组件应有良好的兼容性和热匹配性；（3）对燃料气体有足够的催化活性；（4）具有多孔结构以保证反应物与产物的进出；（5）若阳极作支撑体还需要其具备一定的机械强度。传统 SOFC 的阳极材料主要以具有催化活性的贵金属和一些过渡金属以及具有氧离子传导功能的陶瓷复合制成。

传统阳极材料主要包括：（1）具有电子传导特性和氢氧化反应催化活性的贵金属材料，如 Pt、Ag 等；（2）金属陶瓷复合阳极，如：Ni/YSZ 金属陶瓷阳极；（3）氧化物陶瓷阳极，如：CeO_2 和 ZrO_2 基材料是萤石氧化物、掺杂 $LaCrO_3$ 和 $SrTiO_3$ 基钙钛矿氧化物阳极等。金属 Ni 具有非常好的氢氧化反应催化活性、非常高的电子电导率，同时具有成本低廉等优点。

目前由氧化镍和具有离子传导功能的电解质材料混合组成的 Ni 基金属陶瓷阳极，如 Ni/YSZ、Ni/SDC（Sm-doped CeO_2）和 Ni/LSGM（$La_{0.8}Sr_{0.2}Ga_{0.83}Mg_{0.17}O_{2.815}$）等是应用最多的阳极材料。其中 Ni 主要起到电子传导及对氢氧化反应的催化作用；电解质材料在阳极中除了提供离子传导的通道外同时起到骨架支撑作用。

Ni 基金属陶瓷阳极在以甲烷、煤气化气体和其他碳氢燃料作为燃料时，燃料裂解和歧化反应会产生 C 颗粒并沉积在 Ni 表面造成 Ni 催化剂失活；燃料中存在的微量的 H_2S 气体也会和 Ni 发生化学反应造成电极性能衰减。为了解决传统 Ni 基阳极在含碳燃料中存在的碳沉积、Ni 粗化以及硫中毒等问题，人们也在不断地研究其他具有催化性能的陶瓷阳极材料，如 $La_{0.75}Sr_{0.25}Cr_{0.5}Mn_{0.5}O_{3-\delta}$、$Sr_2Mg_{1-x}Mn_xMoO_{6-\delta}$、$La_{0.25}Sr_{0.75}TiO_3$ 和 $La_{1-x}Sr_xVO_3$ 等。

5.4.5.2 电解质

SOFC 的电解质主要起传导离子/质子的作用，同时阻止燃料气体内部泄漏和防止阴极、阳极直接接触。因此对电解质有如下要求：（1）较好的离子/质子传导性能；（2）长期高温环境下具有良好的结构和化学稳定性，以及良好的机械稳定性；（3）与系统其他组件好的热匹配性；（4）能够防止氧化还原气体相互接触的致密隔离层。随着对 SOFC 电解质的不断研究，目前普遍应用的电解质材料有四种：ZrO_2 基电解质、CeO_2 基电解质、Bi_2O_3 基电解质和 $LaGaO_3$ 基电解质。SOFC 电解质的离子电导率主要是由其运行温度决定的，传统 SOFC 电解质电导率都是随温度的降低而显著降低的。常用的传统 SOFC 电解质材料是氧化钇稳定的 ZrO_2（YSZ），钆/钐掺杂的氧化铈（GDC/SDC）以及锶和镁掺杂的镓酸镧（LSGM）。经典的 Y_2O_3 摩尔分数为 8% 稳定的 ZrO_2（YSZ）电解质材料在 1000℃ 时的 O^{2-} 电导率为 0.1S/cm，在 800℃ 下降至 0.03S/cm，而在 600℃ 降至 0.002S/cm。LSGM 的电导率在 800℃ 下降到 0.17S/cm，到 600℃ 下降到 0.0011S/cm。与 YSZ 相比，掺杂的二氧化铈电解质在低温下具有较高的电导率，如 GDC 在 600℃ 下电导率为 0.019S/cm。

5.4.5.3   阴极材料

阴极是氧化剂得到外电路的电子发生氧还原反应（oxygen reduction reaction，ORR）的地方。图 5-13 是氧气在 SOFC 阴极材料上还原反应可能经历的两种主要过程：

（1）电极表面路径，例如纯电子导体材料 LSM。氧还原的电化学反应只发生在氧离子导体、电子导体和气相相互接触的三相界面（three phase boundary，TPB）处。

（2）体路径，例如电子离子混合导体（mixed ionic-electronic conductor，MIEC）。离子电子混合导体中氧还原反应可以分为几个基本步骤：1）O_2 吸附在 MIEC 的表面；2）在 MIEC 表面吸附氧解离成氧原子，同时伴随电荷转移，吸附氧得电子变成氧离子；3）吸附解离的氧原子在 MIEC 表面上的表面扩散；4）O^{2-} 在 MIEC 内部的体扩散；5）O^{2-} 在 MIEC 和电解质之间的界面处的转移。

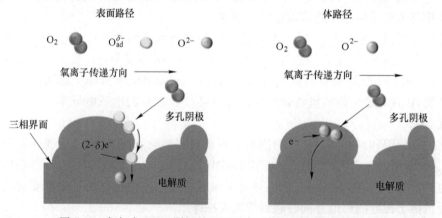

图 5-13   氧气在 SOFC 阴极的还原反应可能经历的两种主要过程

根据阴极反应的特性，合适的阴极材料除了需要良好的氧还原催化活性和电导率，氧还原气氛下的化学、物相及微结构稳定，足够的孔隙率以便氧气能够通过阴极扩散到达三相界面，还需要具备与电解质和连接体相近的热膨胀系数和化学兼容性等性能。传统 SOFC 的阴极材料主要包括具有钙钛矿结构的氧化物材料、金属陶瓷复合阴极材料和金属等。Pt、Pd、Rh 和 Ag 等贵金属作为阴极材料使电池的成本大大增加，不利于 SOFC 的商业化。钙钛矿结构的氧化物材料具有 ABO_3 通式的钙钛矿结构，是目前研究最多的阴极材料。A 位一般是碱土金属 Sr 掺杂了 Ln 系金属的离子，B 位是过渡金属阳离子如 Mn、Fe、Co 等。

$La_{1-x}Sr_xMnO_{3-\delta}$（LSM）是目前研究最深入的钙钛矿结构纯电子导体阴极。锶原子的大小与镧原子较为接近，所以最常用锶掺杂锰酸镧。

$$Mn^x_{Mn} + SrO \underset{}{\overset{LaMnO_3}{\rightleftharpoons}} Sr'_{La} + Mn^{\cdot}_{Mn} + O^x_O \tag{5-55}$$

式中　Mn^x_{Mn}——晶格 Mn；

　　　Sr'_{La}——Sr^{2+} 取代 La^{3+} 的位置，并产生一个单位负电荷；

　　　$Mn^{\cdot}_{Mn}$——Mn^{4+}；

　　　O^x_O——晶格氧。

由式（5-55）可知 Sr 掺杂的 $La_{1-x}Sr_xMnO_{3-\delta}$（LSM，$0 \leqslant x < 0.5$）不能增加氧空位浓度，但却能增加电子空穴从而增加电子的电导率。通常认为 LSM 阴极上有两种可能的过程：一种是电活性氧沿着 LSM 表面向 TPB 处扩散；另一种是氧气扩散到 TPB 处，与电子导电相和离子导电相直接接触形成 O^{2-}。LSM 是具有极好化学性质和热稳定性的纯电子导体，是应用最多的 SOFC 阴极材料。但 LSM 阴极只能在高温条件下取得良好的电化学性能。LSM 中缺乏氧空位限制了氧还原反应只能在 LSM/电解质界面发生。随着 SOFC 的运行温度降低，LSM 阴极电催化活性显著降低，不能满足低温 SOFC 的要求。通常采取两种方法来改善 LSM 阴极在低温时的性能：第一种是向 LSM 中添加离子导电相以增加电极反应的表面积。研究发现向 LSM 添加 YSZ 或 GDC 离子，可以使导电相的电极极化电阻显著降低。

单相离子电子混合导体（MIEC）通常是钴基、铁基、镍基以及钴基-铁基等的氧化物，如 $La_{0.6}Sr_{0.4}CoO_3$（LSCO）、LSCF、$Sm_{0.5}Sr_{0.5}CoO_3$、$Ba_{0.5}Sr_{0.5}Co_{0.8}Fe_{0.2}O_{3-\delta}$（BSCF），$A_2MO_4$-型氧化物和 $PrBaCo_2O_{5+\delta}$ 等。这些材料具有更多的氧还原反应活性位点，可以将阴极和电解质界面处的非常窄的三相界面扩展至整个 MIEC 材料表面。钙钛矿结构的掺杂 $LaCoO_3$ 是一类典型的离子-电子混合导体。由于 Co 元素比 Mn 元素更活泼，Co 基钙钛矿材料表现出比 Mn 基材料更优异的电化学性能。Petrov 等认为 Sr 掺杂的钴基氧化物 $La_xSr_{1-x}CoO_{3-\delta}$（LSCO）产生氧空位的缺陷模型如式（5-56）和式（5-57）所示，Sr^{2+} 取代晶格 La，产生了电子空穴。为了保持电中性，必须形成等效的正电荷 $Co^{\cdot}_{Co}$ 或 $[V^{\cdot\cdot}_O]$ 来补偿 Sr^{2+} 的取代。

$$Sr^x_{Sr} + Co^{\cdot}_{Co} + 2V^{\cdot\cdot}_O \Longrightarrow Sr'_{La} + Co^x_{Co} \tag{5-56}$$

$$2Co^{\cdot}_{Co} + O^x_O \Longrightarrow 2Co^x_{Co} + V^{\cdot\cdot}_O + \frac{1}{2}O_2(g) \tag{5-57}$$

式中　Sr^x_{Sr}——电中性的晶格 Sr；

　　　Sr'_{La}——Sr^{2+} 取代 La^{3+} 的位置，并产生一个单位负电荷；

　　　$Co^{\cdot}_{Co}$——Co^{4+}；

　　　O^x_O——晶格氧；

　　　Co^x_{Co}——晶格钴 Co^{3+}；

　　　$V^{\cdot\cdot}_O$——氧空位。

但 Co 基材料与常见的 YSZ、SDC 等电解质材料的热膨胀匹配特性不佳，在升降温过程中产生的热应力会造成阴极/电解质界面的分层，甚至电解质断裂等现象。Fe^{3+} 具有稳

定的外层电子 $3d^5$，因此认为铁酸镧（$LaFeO_3$）比钴钙钛矿更加稳定。Sr 掺杂的 Fe 基氧化物 $LaFeO_3$ 产生氧空位的方式为：$LaFeO_3$ 中加入 Sr^{2+} 来取代晶格 La^{3+} 产生的电子空穴，从而导致电荷不平衡。为了保持电中性，会生成 Fe^{4+} 或者氧空位 $[V_O^{··}]$。

$$2Fe_{Fe}^{·} + O_O^{x} \longrightarrow 2Fe_{Fe}^{x} + V_O^{··} + \frac{1}{2}O_2(g) \qquad (5\text{-}58)$$

式中　Fe_{Fe}^{x}——晶格 Fe 原子；

　　　$Fe_{Fe}^{·}$——Fe^{4+}；

　　　O_O^{x}——晶格氧；

　　　$V_O^{··}$——氧空位。

　　Sr 掺杂的钴基-铁基氧化物 $La_{1-x}Sr_xCo_{1-y}Fe_yO_{3-\delta}$（LSCF）在中温范围内具有氧离子和电子混合导电能力，同时也具有良好的电催化活性和化学稳定性，是极具潜力的中温 SOFC 阴极材料。BSCF 在中温范围内虽然也具有非常高的电化学性能，但是在高温稳定性方面存在一定的问题。此外，K_2NiF_4 结构的镍基 $A_2BO_{4+\delta}$（如 $La_2NiO_{4+\delta}$）型层状钙钛矿结构的氧化物作为离子电子混合导体也有广泛的研究。

　　虽然这些材料和 LSM 相比在中温范围（600～800℃）具有更好的 ORR 催化活性及离子电导率，但作为阴极，在低温范围（300～600℃）的催化活性很难满足高性能 SOFC 的需要。能够提高阴极氧还原催化活性的一个方法是改善电极的微结构，另外一个方法是应用更加先进的具有更高活性的电极材料。SOFC 的性能很大程度上取决于电池的微结构，人们认为通过优化电极/电解质微结构，如通过增加 TPB 区域的 ORR 反应的活性点的数量和增加孔隙率可以降低阴极的低温极化电阻，从而将 SOFC 的操作温度降低到 600℃ 以下。

5.4.5.4　SOFC 的发展现状

　　SOFC 不受卡诺循环限制，具有能量转换效率高，洁净、无污染、噪声低、模块结构、积木性强、比功率高的优点，既可以集中供电，也适合分散供电。美国将它列为 27 项涉及国家安全的技术之一；日本政府认为它是 21 世纪能源环境领域的核心；加拿大计划将它发展成为国家的支柱产业。SOFC 发电技术已进入国家发改委、工信部、能源局等发布的"能源技术革命创新行动计划（2016～2030 年）"以及"中国制造 2025—能源装备实施方案"等专项规划。但在过去二十几年里，SOFC 的商业化一直受到成本和长期稳定性的限制，传统 SOFC 的运行温度在 700～1000℃ 之间，这种高的运行温度使得 SOFC 电池堆组装遇到了连接材料和密封材料选择难的问题，从而大大增加了电池堆的开发成本。降低 SOFC 的运行温度是近年来科学家们提出的解决 SOFC 商业化问题的研究方向之一。为了提高燃料电池的稳定性、降低运行成本。固体氧化物燃料电池的研究方向开始逐渐转向低温化，这有利于实现燃料电池的商业化运用。然而降低燃料电池的运行温度却又面临两个问题，其一是电解质电导率大幅下降，其二是阴/阳极电极催化活性大幅下降。

　　SOFC 技术目前发展得最好的国家分别是日本、美国、丹麦和德国等传统工业强国。自 2011 年日本的一种家用燃料电池 ENE-FARM（Type S）开始发售以来，截止到 2019 年 4 月 SOFC 系统已经累计销售 5 万台以上，其销售数量还在稳步上升。日本商业用、工业用的 SOFC 系统也于 2017 年开始销售，同期日本实施导入补助金制度。如果发电输出在 3～250kW，电热综合效率在 60% 以上，则会补助 1/3 的设备导入费。京瓷公司、三浦工业的 4.2kW 系统、三菱日立电力系统（Mitsubishi Hitachi Electric Power System，MHPS）的 250kW 系统也陆续发售。美国的布鲁姆能源公司（Bloom Energy）是一家致力于发明燃料电池的美国清洁能源公司，也是目前 SOFC 领域规模最大的初创公司。Bloom Energy 公司的 SOFC 系统用户主要以大型的数据公司为主，其中包括了苹果、Equinix、Google、FedEx、Wal-Mart 和 eBay 等大型公司。2016 年，苹果在其位于北卡罗来纳州的数据中心安装了 24 台 "Bloom Energy Server"，并在 6 个月之后又陆续安装了另外 26 个 SOFC 系统，使其总容量达到了 1000 万瓦特。2017 年 8 月，Bloom Energy 宣布与数据中心运营商 Equinix 公司达成 37 兆瓦的交易，成为迄今为止美国最大的 SOFC 部署项目。2018 年 7 月，Bloom Energy 正式登陆纽交所，股票代码为 "BE"，上市首日，Bloom Energy 股价大涨 66.67%。

我国的 SOFC 研发早期都是由国内知名的科研院所承担。2012 年，以中国矿业大学的韩敏芳教授为首席科学家的 SOFC 研究团队得到了国家 973 重大项目支持，展开了题目为"碳基燃料固体氧化物燃料电池体系基础研究"，为我国 SOFC 燃料电池迈进商业化奠定了坚实的基础。中科院上海硅酸盐研究所的王绍荣研究员团队、中国科学院宁波材料技术与工程研究所的王蔚国研究员团队、中科院大连化学物理研究所的程谟杰研究员团队、华中科技大学李箭教授团队都在进行 SOFC 电池堆的开发研究，为我国 SOFC 技术的发展做出了巨大的推动作用。然而，由于 SOFC 研发难度高且投入巨大，令国内不少企业望而却步，使得我国在 SOFC 商业化方面的进展一直比较缓慢。近年来，一些包括国家能源集团——神华集团、潍柴动力、中广核、晋煤集团、潮州三环集团等在内的大型企业都开始纷纷投入巨资开始 SOFC 方面的研发。同时，出现了一批专门从事 SOFC 研发的企业，主要包括苏州华清京昆能源有限公司、武汉华科福赛新能源有限责任公司、索福人能源技术有限公司和索弗克氢能源有限公司等。

SOFC 的逆过程可以作为电解池使用，既可以电解水制氢也可以电解 CO_2 制备 CO，是实现碳中和，推动绿色的生活、生产，实现全社会绿色发展的关键技术。在即将到来的氢经济时代，SOFC 技术具有非常广泛的应用需求。表 5-3 是几种燃料电池的综合比较，可以看出各种燃料电池从材料、燃料、工作环境和用途方面各有不同及优缺点。

表 5-3　几种燃料电池的综合比较

电池种类	碱性 AFC	磷酸 PAFC	熔融碳酸盐 MCFC	质子交换膜 PEFC	固体氧化物 SOFC
电解质	KOH	H_3PO_4	Li_2CO_3-K_2CO_3	全氟硫酸膜	Y_2O_3-ZrO_2
阳极催化剂	Ni 或 Pt	Pt/C	Ni（含 Cr，Al）	Pt/C	金属（Ni，Zr）
阴极催化剂	Ag 或 Pt	Pt/C	NiO	Pt/C、铂黑	搀锶的 $LaMnO_4$
导电离子	OH^-	H^+	CO_3^{2-}	H^+	O^{2-}
操作温度	65~220℃	180~200℃	约 650℃	室温~80℃	500~1000℃
操作压力	<0.5MPa	<0.8MPa	<1MPa	<0.5MPa	常压
燃料	精炼氢气、 电解副产氢气	天然气、甲醇、 轻油	天然气、甲醇、 石油、煤	氢气、天然气、 甲醇、汽油	天然气、甲醇、 石油、煤
极板材料	镍	石墨	镍、不锈钢	石墨、金属	陶瓷

电池种类	碱性 AFC	磷酸 PAFC	熔融碳酸盐 MCFC	质子交换膜 PEFC	固体氧化物 SOFC
特性	（1）需使用高纯度氢气作为燃料； （2）低腐蚀性及低温较易选择材料	（1）受进气中的 CO 影响； （2）反应时需循环使用 CO_2； （3）废热可利用	（1）不受进气 CO 影响； （2）反应时需循环使用 CO_2； （3）废热可利用	（1）功率密度高，体积小，质量轻； （2）低腐蚀性及低温，较易选择材料	（1）不受进气 CO 影响； （2）高温反应，不需依赖触媒的特殊作用； （3）废热可利用
优点	（1）启动快； （2）室温常压下工作	（1）对 CO_2 不敏感； （2）成本相对较低	（1）可用空气作氧化剂； （2）可用天然气或甲烷作燃料	（1）可用空气作氧化剂； （2）固体电解质； （3）室温工作； （4）启动迅速	（1）可用空气作氧化剂； （2）可用天然气或甲烷作燃料
缺点	（1）需以纯氧作氧化剂； （2）成本高	（1）对 CO 敏感； （2）启动慢； （3）成本高	工作温度较高	（1）对 CO 非常敏感； （2）反应物需要加湿	工作温度较高
电池内重整	不可能	可能	非常可能	不可能	非常可能
系统电效率	50%~60%	40%	50%	40%	50%
用途	宇宙飞船 潜艇 AIP 系列	热电联供电厂 分布式电站	热电联供电厂 分布式电站	分布式电站 交通工具电源 移动电源	热电联供电厂 分布式电站 交通工具电源 移动电源

5.5　几种特殊类型的燃料电池

5.5.1　直接甲醇燃料电池

直接甲醇燃料电池（direct methanol fuel cell，DMFC）是指直接使用甲醇为阳极活性物质的燃料电池，是质子交换膜燃料电池的一种，其膜电极组件 MEA 与 PEMFC 基本相同，只是燃料不是氢，而是甲醇。DMFC 是世界上研究和开发的热点，其基础是 E. Muelier 在 1922 年首次进行的甲醇电氧化实验。1951 年，Kordesch 和 MarKo 最早进行了 DMFC 的研究。

直接甲醇燃料电池的工作原理与质子交换膜燃料电池的工作原理基本相同。不同之处在于直接甲醇燃料电池的燃料为甲醇（气态或液态），氧化剂仍为空气和纯氧。直接甲醇燃料电池的工作原理如图 5-14 所示。

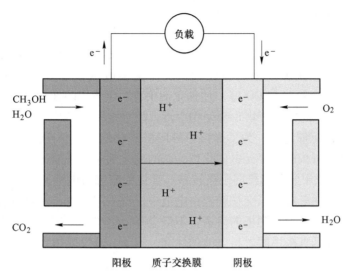

图 5-14 直接甲醇燃料电池的工作原理示意图

其阳极和阴极催化剂分别为 Pt-Ru/C（或 Pt-Ru 黑）和 Pt-C。其电极反应为：

阳极： $$CH_3OH + H_2O \longrightarrow CO_2 + 6H^+ + 6e^- \tag{5-59}$$

阴极： $$\frac{3}{2}O_2 + 6H^+ + 6e^- \longrightarrow 3H_2O \tag{5-60}$$

总反应： $$CH_3OH + \frac{3}{2}O_2 \longrightarrow 2H_2O + CO_2 \tag{5-61}$$

直接甲醇燃料电池因其具有潜在的高效率、设计简单、内部燃料直接转换、加燃料方便等诸多优点吸引了各国燃料电池研究人员对其进行多方面的研究。对 DMFC 的研究重点集中在以下几个方面：

（1）DMFC 性能研究：研究的内容主要有运行参数对 DMFC 的影响。这些参数包括如温度、压力、Nation 类型、甲醇浓度等。（2）新型质子交换膜研究：质子交换膜是 DMFC 的核心部分。已经开发的质子交换膜有一二十种，如高氟磺酸膜、辐射接枝膜、非高氟化物（如 BAM3G）、氟离子交联聚合物（GoRE）及磷酸基聚合物等，但 PEMFC 中所使用的基本上都是全氟磺酸型质子交换膜。该膜适用于以氢为燃料的 PEMFC，但在 DMFC 中会引起甲醇从阳极到阴极的渗透，这一现象是由于甲醇的扩散和电渗共同引起的。由于甲醇的渗透导致阴极性能衰退，电池输出功率显著降低，DMFC 系统使用寿命缩短，因此要使 DMFC 进入商业化，必须开发性能良好、防止甲醇渗透的质子交换膜。（3）甲醇膜渗透研究：DMFC 研究中尚未解决的一个主要问题是甲醇从阳极到阴极的渗透问题，这在典型应用的全氟磺酸质子交换膜中尤为严重。（4）电催化研究：迄今为止，在所有催化剂中，Pt-Ru 二元合金催化剂被认为是甲醇氧化最具活性的电催化剂。以 Pt 和 Pt-Ru 为基础，研究人员也对其他二元、三元或四元合金进行了广泛的研究。Pt-Sn 是仅次于 Pt-Ru 的另一种类型催化剂，但人们对 Sn 的沉积方式、作用机理等仍有争议，存在许多不一致的看法。

直接甲醇燃料电池是一种理想的车载和便携式电源，采用液态的甲醇作为燃料，许多困扰人们的氢气的储存、运输等问题就不复存在了。与其他燃料电池相比，尽管 DMFC 的优势明显，但其发展却比其他燃料电池缓慢，主要原因有如下四个方面：（1）寻求高效的催化剂，提高 DMFC 的效率。由于甲醇的电化学活性比氢至少低 3 个数量级，因而直接甲醇燃料电池需要解决的关键技术之一是寻求高效的甲醇阳极电催化氧化的电催化剂，提高甲醇阳极氧化的速度，减少阳极的极化损失，使交换电流密度至少应大于 $10^{-5}\,A/cm^2$。（2）阻止甲醇及中间产物（如 CO 等）使催化剂中毒。由于甲醇在阳极氧化过程中所生成的中间产物（类似 CO 的中间产物）会使铂中毒，故直接甲醇燃料电池大都使用具有一定抗 CO 中毒性能的铂-钌催化剂。为了提高甲醇阳极氧化的速度，开发中的有铂-钌或其他贵金属与过渡金属等所构成的多元电催化剂，新的催化剂应使电池运行上千小时的电压降少于 10mV。（3）防止甲醇从阳极向阴极转移。直接甲醇燃料电池阳极的甲醇可通过离子交换膜向阴极渗透，在氢氧质子交换膜燃料电池中广泛采用的 Nation 膜具有较高的甲醇渗透率。甲醇通过离子交换膜向阴极的渗透，不但会降低甲醇的利用率，还会造成氧电极极化的大幅度增加，降低直接甲醇燃料电池的性能。因此，开发能够大幅度降低甲醇渗透率的质子交换膜是十分迫切的。（4）寻找对甲醇呈惰性的阴极氧还原催化剂，减少渗透到阴极的甲醇造成氧电机的极化。

5.5.2   直接碳燃料电池

直接碳燃料电池（direct carbon fuel cell，DCFC）是一种以碳及其衍生物为燃料的燃料电池，具有能量转换效率高、环境友好、燃料适应性广等突出优点，是具有广阔应用前景的燃料电池。DCFC 是将碳的化学能通过碳的电化学氧化过程直接转换为电能的装置，无需气化过程。在各种类型的燃料电池中，只有直接碳燃料电池能够将固体碳燃料的化学能直接转化为电能。DCFC 的反应物包括元素碳及其衍生物（存在于硬煤、褐煤、碳化生物质、石墨、炭黑、焦炭等物质中）和氧气（纯氧气或大气中的氧气），其产物包括电力、二氧化碳和矿物残渣。DCFC 的原理是将碳燃料供应到电池的阳极室，并在高温下发生电化学反应被氧化 CO_2，产生电能。与传统的热力发电厂相比，DCFC 具有非常高的理论效率和实际效率（50%~80%），这意味着其每单位发电量的 CO_2 排放量至少减少 50%，并且污染物（如 SO_2、NO_x、飞灰）的排放量也显著降低。关于 DCFC 的第一份资料发表于 20 世纪中期。Becquerel 和 Jablochkoff 分别在 1855 年和 1877 年构建了以碳棒为阳极、铂或铁制熔锅为阴极、熔融 KNO_3 或 $NaNO_3$ 为电解质的电化学发电装置。这些装置能够发电，但是由于电解质性能的衰减导致电池稳定性比较差。

DCFC 根据其使用的电解质类型不同可以分为四种，电解质的类型决定了电池的材料体系和操作温度。DCFC 的四种电解质类型为：熔融碳酸盐、固体氧化物陶瓷（主要是钇稳定的氧化锆）、氢氧化物水溶液和熔融氢氧化物。近年来还开发了将两种电解质（熔融碳酸盐和固体氧化物）结合在一起的电池，即所谓的混合 DCFC。图 5-15 是 DCFC 的工作原理示意图。如图 5-15 所示，在不同类型电解质的 DCFC 电池中，电极上发生的电化学过程彼此不同。这些过程受电极之间电位差异的影响，而它们反应的产物都是二氧化碳，其反应如式（5-62）所示。

$$C + O_2 \longrightarrow CO_2 \tag{5-62}$$

在碱性电解质的 DCFC 中，氢氧化物的水溶液或熔融氢氧化物被用作电解质，其电极反应方程如式（5-63）~式（5-65）所示：

阳极：$\qquad C + 4OH^- \longrightarrow CO_2 + 2H_2O + 4e^-$ \hfill (5-63)

阴极：$\qquad O_2 + 2e^- \longrightarrow O^{2-}$ \hfill (5-64)

总反应：$\qquad O_2 + 2H_2O + 2e^- \longrightarrow 4OH^-$ \hfill (5-65)

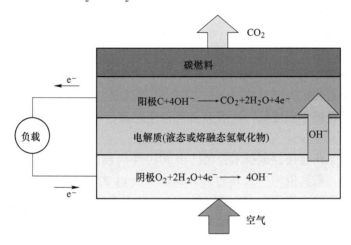

图 5-15　直接碳燃料电池示意图

　　1891 年，托马斯·爱迪生发明了一种碳燃料电池，他的这个电池在 1896 年被美国电气工程师 William W. Jacques 改进并申请了他自己的 DCFC 专利。这种碳燃料电池也被称为"碳发电机"。这种电池由铁熔锅阴极和碳棒阳极组成，其中碳棒既是燃料，也是阳极的电流收集器；空气被泵抽运至电池装置底部作为氧化剂。电池的工作温度为 673～773K，而电解质则是熔融的钠和钾的氢氧化物。这种碱性碳燃料电池的特点是电压略高于 1V，电流密度为 116mA/cm²。同期，Jacques 还组装了一个由 100 个独立的单电池联合组成的电池堆，总功率为 1440W（16A，90V）。Jacques 发现，在电池中产生 1336W·h 的电能，需要消耗 1 磅（≈0.454kg）的碳，其中 0.4 磅（≈0.182kg）用于电池发电，剩余的 0.6 磅（≈0.272 公斤）被燃烧在锅炉炉条上，以保持电池所需的工作温度。最后，Jacques 测试了他设计的电池，与碳的总热值相比效率在 32% 以上。在 1904 年，Haber 和 Bruner 发现 Jacques 设计的电池中碳的电化学氧化不是由直接电化学碳氧化反应引起的，而是由间接反应引起的。他们认为，用作电解质的烧碱是通过产生碳酸盐和氢的不可逆反应而消耗的。关于生成碱性金属的碳酸盐的问题，成为多年来研发氢氧化物电解质 DCFC 的主要问题。

　　最早的以氢氧化物水溶液为电解质的 DCFC 方面的研究是在温度为 473K、压力为 3MPa 的高压釜进行的。高压釜容器代表阳极，而阴极由铁棒提供。燃料是分散在电解质中的褐煤。实验开始时电池的开路电压为 0.55V，其很快就下降到零。后来，美国夏威夷大学（Hawaii Natural Energy Institute，HNEI）的研究团队改进了这种以氢氧化物水溶液为电解质的 DCFC 电池结构。他们设计的新电池结构由一个带有燃料（木炭）的多孔陶瓷管组成的，该管道底部有一个镍塞，而在上部使用一个镍活塞来按压燃料以获得尽可能高的电导率。在多孔陶瓷管的周围有一个带有银屏的金属箔，与由镍管制成的提供空气的喷射器，共同代表阴极组件。阳极和阴极组件都放置在氧化铝管中，其底部由镍基封闭。两个电带加热器被放置在管子周围。电解质是钾、钠、锂、铯和镁的氢氧化物的水溶液。该电池在 353~518K 的温度下工作，使用玉米芯、澳大利亚坚果壳（外壳）和果糖在 1173K、1223K 和 1323K 的温度下碳化得到的木炭。如果燃料电池运行温度超过 373K，则整个燃料电池被封闭在一个压力容器中，允许在 2.8~3.6MPa 范围内调节压力，从而防止电解质沸腾和电解质蒸发。对于使用碳化玉米芯（用量为 0.5g）的电池，基本电参数已经达到最高值，电解质为钾和锂氢氧化物（6mol/L KOH 或 1mol/L LiOH）在 518K 的温度和 3.58MPa 的压力下的混合水溶液。阳极与阴极之间的开路电压为 0.574V，最大电流和功率密度的测量值分别为 43.6mA/cm^2 和 6.5mW/cm^2。电池电压和电气参数的改进、对燃料连续供应方法的探索和扩大原型机的测试是 HNEI 团队必须面对的挑战。这种 DCFC 的一个不可否认的好处是操作温度低，这意味着可以使用廉价结构材料，因此，DCFC 系统的总成本很小。

美国加利福尼亚州直接性碳技术公司已于 2010 年研制出以生物为基础的 10kW 的直接性碳燃料电池原型，俄亥俄州一家名为 Contained Energy 的公司也已经可以应用直接性碳燃料电池为较小功率的电灯泡提供电能。最终，该公司希望生产可以建造在新型小规模的发电站，或者在现有发电站的基础上添加清洁功能的模块化燃料电池。

5.5.3　金属-空气电池

燃料电池除了能以 H$_2$、CH$_4$、甲醇、碳等传统能源作为燃料外，一些与氢具有相同活泼化学属性的金属也可以作为其燃料。这种以金属为燃料的电池被称为金属-空气燃料电池。金属燃料电池与普通的燃料电池不同，它是以活泼固体金属（如铝、锌、铁、钙、镁、锂等）为燃料源，以碱性溶液或中性盐溶液为电解液。根据燃料源的不同，金属燃料电池分为铝、锌、镁、铁、钙和锂等金属燃料电池。金属燃料电池的结构如图 5-16 所示，它由金属阳极、电解质、空气阴极构成，其构造与氢氧燃料电池基本相同。

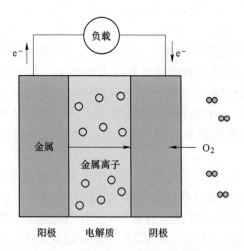

图 5-16　金属燃料电池结构示意图

金属-空气电池一般被看作是一次电池或二次电池，而不是燃料电池。因为其阳极反应物金属在反应中被消耗完以后，要么采用机械式更换电极的方法进行充电，要么直接充电，不像燃料电池，只要源源不断地输送燃料就能获得电能。与普通一次电池或二次电池，例如镍-氢电池、锂离子电池等相比，金属-空气电池由于电极采用的是空气电极，具有更高的比能量，而且采用的电极物质价格低廉，电池的造价很低。金属燃料电池具有低成本、无毒、无污染、放电电压平稳、高比能量和高比功率等优点，又有丰富的资源，还可以能再生利用，而且比氢燃料电池结构简单，因此是很有发展和应用前景的新能源。

电池中阳极为活泼金属消耗电极，阴极为空气扩散电极，电解质为中性盐溶液或碱性溶液。理论上，金属空气燃料电池的能量密度只取决于负极，即燃料电极，这是电池中传递的唯一的活性物质，氧气则在放电过程中从空气中引入。金属电极上的放电反应取决于所使用的金属、电解质和其他因素，反应如下。

阳极：
$$M \longrightarrow M^{n+} + ne^- \tag{5-66}$$

阴极：
$$O_2 + 2H_2O + 4e^- \longrightarrow 4OH^- \quad E_0 = +0.401V \tag{5-67}$$

电池放电总反应：
$$4M + nO_2 + 2nH_2O \longrightarrow 4M(OH)_n \tag{5-68}$$

式中　M——金属；

n——金属氧化过程中的价态变化值。

大多数金属在电解质溶液中是不稳定的，会发生腐蚀或氧化，生成 H_2，反应如下。

$$M + nH_2O \longrightarrow M(OH)_n + \frac{n}{2}H_2 \tag{5-69}$$

表 5-4 中给出了当氧电极与各种金属阳极匹配时的理论电压、理论容量、理论比能量及电池的工作电压。

表 5-4　金属燃料电池反应式及理论性能参数

燃料	反　应　式	理论电压 /V	理论容量 /mA·h·g^{-1}	理论比能量 /kW·h·kg^{-1}
H_2	$H_2 + \frac{1}{2}O_2 \longrightarrow H_2O$	1.23	26.8	32.4
Li	$Li + \frac{1}{2}O_2 \longrightarrow Li_2O_2$	2.9	3.86	11.2
Si	$Si + O_2 \longrightarrow SiO_2$	2.2	3.81	8.4
Al	$2Al + \frac{3}{2}O_2 \longrightarrow Al_2O_3$	2.71	2.98	8.1
Mg	$2Mg + O_2 \longrightarrow 2MgO$	3.09	2.2	6.8
Ti	$Ti + O_2 \longrightarrow TiO_2$	2	2.24	4.5
Na	$Na + O_2 \longrightarrow Na_2O_2$	2.2	0.73	1.6
Zn	$2Zn + O_2 \longrightarrow 2ZnO$	1.62	0.82	1.3
Fe	$2Fe + O_2 \longrightarrow 2FeO$	1.3	0.96	1.2

金属燃料电池的性能明显优于传统的干电池、铅酸电池和锂离子电池。不同金属燃料电池的能量密度是不一样的，一般来说能量密度越高，其技术的复杂程度就越高。当今学术界对锂空气电池、铝空气电池、锌空气电池、镁空气电池的研究方兴未艾，但正常投入商业化运作的只有锌空气电池，其在助听器电源上已经获得了良好的应用。而铝空气电池、镁空气电池还处于商业化的前期，高性能的锂空气电池仍处于实验室研究阶段。

参 考 文 献

［1］毛宗强．燃料电池［M］．北京：化学工业出版社，2005.

［2］本间琢也，上松宏吉．绿色的革命：漫画燃料电池［M］．乌日娜，译．北京：科学出版社，2011.

［3］Grove W R. On voltaic series and the combination of gases by platinum［J］. London and Edinburgh Philosophical Magazine and Journal of Science，Series 3，1839（14）：127-130.

［4］Schoebein C F. On the voltaic polarization of certain solid and fluid substances［J］. London and Edinburgh Philosophical Magazine and Journal of Science，1839（14）：43-45.

［5］Rayleigh L. On a new form of gas battery［J］. Proceeding of the Cambridge Philosophical Society，1882（17）：198.

［6］Mond L，Langer C. A new form of gas battery［J］. Proceedings of the Royal Society of London，1889（46）：296-304.

［7］谢晓峰，范星河．燃料电池技术［M］．北京：化学工业出版社，2004.

［8］王明华，李在元，代克化．新能源导论［M］．北京：冶金工业出版社，2014.

［9］Andrew L D，David A J R，等．燃料电池系统解析［M］．张新丰，译．北京：机械工业出版社，2021.

［10］王慧慧．柔性质子交换膜燃料电池的制备和催化反应研究［D］．北京：中国科学技术大学，2020.

［11］章俊良，蒋峰景．燃料电池-原理关键材料和技术［M］．上海：上海交通大学出版社，2014.

［12］刘建国，李佳．质子交换膜燃料电池关键材料与技术［M］．北京：化学工业出版社，2021.

［13］衣宝廉．燃料电池和燃料电池车发展历程及技术现状［M］．北京：科学出版社，2018.

［14］王倩倩，郑俊生，裴冯来．质子交换膜燃料电池膜电极的结构优化［J］．材料工程，2019（47）：1-14.

［15］刘义鹤，江洪．燃料电池质子交换膜技术发展现状［J］．新材料产业，2018（5）：1-4.

［16］王诚，王树博，张剑波，等．车用质子交换膜燃料电池材料部件［J］．化学进展，2015，27（2/3）：310-320.

［17］马学菊，马文会，杨斌．固体氧化物燃料电池阳极材料的研究进展［J］．电源技术，2007，31（9）：751-756.

［18］王凤华，郭瑞松，魏楸桐，等．Ni/YSZ 阳极材料的制备及性能研究［J］．电源技术，2004，28（11）：688-690.

［19］Haga K，Adachi S，Shiratori Y，et al. Poisoning of SOFC anodes by various fuel impurities［J］. Solid State Ionics，2008，179：1427-1431.

［20］Linlin Z，Gang C，Ruixin D，et al. A review of the chemical compatibility between oxide electrodes and electrolytes in solid oxide fuel cells［J］. J. Power Sources，2021，492：229630.

［21］刘海亮．固体氧化物燃料电池 NCAL-GDC 复合阴极电化学性能研究［D］．沈阳：东北大学，2018.

［22］Fleig J. Solid oxide fuel cell cathodes：polarization mechanisms and modeling of the electrochemical performance［J］. Cheminform，2003，34（51）：361-382.

［23］蒋治亿．中温固体氧化物燃料电池的阴极材料和阴极过程［D］．北京：中国科学技术大学，2010.

［24］Shao Z P，Haile S M. A high-performance cathode for the next generation of solid-oxide fuel cells［J］. Nature，2004，431：170-173.

［25］Munnings C N，Skinner S J，Amow G，et al. Oxygen transport in the $La_2Ni_{1-x}Co_xO_{4+\delta}$ system［J］. Solid State Ionics，2005，176（23-24）：1895-1901.

［26］曹殿学．燃料电池系统［M］．北京：北京航空航天大学出版社，2019.

［27］Kacprzak A. Hydroxide electrolyte direct carbon fuel cells—Technology review［J］. International Journal of Energy Research，2019，43：65-85.

［28］卢惠民，范亮．金属燃料电池［M］．北京：科学出版社，2015.

6 核能材料与技术

6.1 原子与原子核

原子的英文名称为 atom，本意是不能被进一步分割的最小粒子。随着科学的发展，人们发现原子不是不可分的微粒，而是由电子、质子、中子（氢原子由质子和电子构成）构成，它们被统称为亚原子粒子。图 6-1 为甲烷分子的亚原子构成。

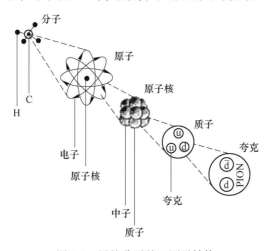

图 6-1　甲烷分子的亚原子结构

原子是由原子核和核外电子所组成，原子核带正电荷。原子核的质量远远超过核外电子的总质量，因此原子的质量中心和原子核的质量中心非常接近，可近似地认为电子绕核而转动，原子核是原子的中心。

元素的物理及化学性质、光谱特性基本上只与核外电子有关；放射性现象主要归因于原子核；但物质的性质不能同时归因于两者。

6.1.1　原子核的基本性质

1932 年苏联物理学家伊凡宁科（Д. A. Иванеко）提出了原子核组成的中子-质子模型：原子序数为 Z，质量数为 A 的原子核，是由 Z 个质子和 $N=A-Z$ 个中子组成。Z 和 N 分别代表原子核的质子数和中子数。

基于原子核的中子-质子模型，通常可以把质量数为 A，质子数为 Z，中子数为 N 的某种原子核或原子，标记为 $_Z^A X$，X 为元素符号。例如氢核、氦核、氧核分别用 $_1^1 H$、$_2^4 He$、$_8^{16} O$ 表示。在实际应用中，有时只在元素符号的左上角标明核质量数，例如 $^{239} Pu$ 表示此种钚核的质量数是 239，读作钚 239。

（1）原子核的电荷。电荷数是原子核的重要特征之一。整个原子是中性的，因此原子核所带电荷必然与核外电子的总电荷数值相等而符号相反。原子序数为 Z 的原子核，核外有 Z 个电子，核内有 Z 个质子，这种原子核所带正电荷的数值就是核内质子所带的总电荷，即

$$q = + Ze \tag{6-1}$$

到目前为止，人类已发现的元素其核电荷数 Z 是从 1 至 109，其中 Z 为 43、61 及 Z 大于 94 的元素都是用人工方法获得的，在地壳中没有被发现；而 Z 为 85、87、93 和 94 的元素，开始是用人工方法得到的，后来在自然界中发现有极小的存量。Z 大于 92 的元素叫作超铀元素。

（2）原子核的质量。原子核的另一个重要性质是它的质量。原子核的体积很小，但几乎集中了原子的全部质量。

如果忽略与核外全部电子结合能相联系的质量，则原子核的质量近似地等于原子质量与核外电子总质量之差，即：

$$m_A \approx m_N - zm_e \tag{6-2}$$

式中　m_N，m_A，m_e——原子以及相应的原子核和电子的静止质量；

　　　　　　z——核外电子的数量。

根据式（6-2），由原子质量就可以算出原子核的质量。在实际工作中，往往采用原子质量进行计算，这对计算结果并无太大影响。

6.1.2　原子核的结合能

6.1.2.1　原子核的质量亏损

原子核既然是由中子和质子所组成，原子核的质量应该等于核内中子和质子的质量之和，但是实际情况并非如此。如果把原子核的质量与构成原子核的核子（Z 个质子和 N 个中子）的静止质量进行比较时，发现原子核的质量都小于组成它的核子质量之和。以氢的同位素氘为例：

已知中子的质量　　　　　　　$m_n = 1.008665u$

质子的质量　　　　　　　　　$m_p = 1.007276u$

质量和　　　　　　　　　　　$m_n + m_p = 2.015941u$

而氘核的质量　　　　$m(Z = 1, A = 2) = 2.014102u$

$$\Delta m(1,2) = m_n + m_p - m(1,2) = 0.001839u$$

这里，u 为原子质量单位，1960 年国际上规定把 C 原子质量的 1/12 定义为原子质量单位，即：

$$1u = 1.66053873 \times 10^{-24}g = 1.66053873 \times 10^{-27}kg$$

定义原子核的质量亏损为组成原子核的 Z 个质子和（$A-Z$）个中子的质量与该原子核质量之差：

$$\Delta m(Z,A) = Zm_p + (A - Z)m_n - m(Z,A)$$

6.1.2.2　质能联系定律

1905 年，年仅 26 岁的阿尔伯特·爱因斯坦（Albert Einstein）提出了狭义相对论，并

由此导出了著名的"质能转换公式"。他认为：物质和能量是同一事物的两种不同形式，物质可以转变为能量，能量也可以转变为物质。当一定量的物质消失时，就会产生一定量的能量，其定量关系就是：产生的能量 E 等于消失的质量 m 乘以光速 c 的平方。

$$E = mc^2 \tag{6-3}$$

c 为真空中的光速，$c = 2.99792458 \times 10^8 \text{m/s} \approx 3 \times 10^8 \text{m/s}$。由于光速很大，因此很少量的物质也会产生极大的能量。如果 1g 物质转化为能量，这些能量可以供给一只 100W 的灯泡点亮 35000 年。

质能方程即描述质量与能量之间的当量关系的方程。在经典物理学中，质量和能量是两个完全不同的概念，它们之间没有确定的当量关系，一定质量的物体可以具有不同的能量；能量概念也比较局限，力学中有动能、势能等。

若静止时某物质质量为 m_0，则运动速度为 v 时该物体的质量 m 为：

$$m = \frac{m_0}{\sqrt{1 - \left(\dfrac{v}{c}\right)^2}} \tag{6-4}$$

当 $v \ll c$，$m \approx m_0$。

式（6-3）两边取差分，得：

$$\Delta E = \Delta m c^2 \tag{6-5}$$

$E = mc^2$ 包括两部分能量，静止能量 $E_0 = m_0 c^2$，则动能 T 为：

$$T = E - E_0 = mc^2 - m_0 c^2 = m_0 c^2 \left[\frac{1}{\sqrt{1 - \left(\dfrac{v}{c}\right)^2}} - 1 \right]$$

在通常情况下 $v \ll c$，$\dfrac{1}{\sqrt{1 - \left(\dfrac{v}{c}\right)^2}}$ 可按泰勒级数展开：

$$T = mc^2 \left\{ \left[1 + \frac{1}{2}\left(\frac{v}{c}\right)^2 \right] - 1 \right\} \approx \frac{1}{2} m_0 v^2 \tag{6-6}$$

这与经典力学所推出的结果是一致的。

在狭义相对论中，能量概念有了推广，质量和能量有确定的当量关系。

6.1.2.3 原子核结合能的定义

原子核在结合时出现质量亏损 Δm，根据质能关系式 $\Delta E = \Delta m c^2$，表明原子核在结合时会产生结合能 $B(Z, A)$：

$$B(Z, A) = \Delta m(Z, A) c^2$$

将 Δm 代入，得：

$$B(Z, A) = [Z m_p + (A - Z) m_n - m(Z, A)] c^2 \tag{6-7}$$

一个中子与一个质子结合时会释放出 2.225MeV 的能量，这就是氘核的结合能。

质能转换公式可以很好地解释放射性元素辐射出射线并伴有质量减轻的现象，例如，铀原子核辐射出能量极大的 γ 射线，同时辐射出其速度几乎是光速的十分之一的高速 α 粒子和速度高达光速的十分之九的 β 粒子，这个过程叫作衰变。尽管 α 粒子和 β 粒子的质量很小，但达到这样高的速度，就具有很大的能量，这些能量正是由亏损的质量产生的。

同时，质能转换公式为核科学家们指出了一条寻找核能的正确途径：当用某些粒子作为"炮弹"去轰击一些比较不稳定的重原子核时，如果有可能击破它，并且在这个过程中发生质量亏损，就可以产生巨大的能量。

6.2 核反应及其应用

6.2.1 原子核反应

核反应是指入射粒子（或原子核）与原子核（称靶核）碰撞导致原子核状态发生变化或形成新核的过程。反应前后的能量、动量、角动量、质量、电荷数与核子数等都必须守恒。

$$A + a \Longrightarrow B + b \tag{6-8}$$

式中   A——被轰击的原子核，称为靶核；

     a——入射粒子；

     B——反应后生成的原子核，称为生成核或剩余核，有时也叫作产物核；

     b——出射粒子。

式（6-8）或简写成 $A(a, b)B$，称为 (a, b) 反应。

在化学反应中，原子核不发生变化。但是，核反应却是原子核发生变化的反应，它们通常伴随着电子特性（即化学特性）的改变。所以，核反应与化学反应之间存在着本质差别：

（1）核反应吸收或释放出来的能量要比化学反应吸收或释放出来的能量大得多。例如一个铀原子放射出 α 射线的能量，比一个碳原子燃烧释放出来的能量几乎大 100 万倍。

（2）核反应只涉及原子核，而与电子无关。例如，碳原子的核特性都是相同的，无论是纯净的碳（石墨），还是碳与其他元素的化合物（二氧化碳、石蜡、碳氢化合物等）。

6.2.2 核反应能及其阈能

6.2.2.1 核反应能 Q

核反应一般可表示为：

$$A + a \longrightarrow B + b + Q \tag{6-9}$$

Q 称为核反应能。以 m_a、m_A、m_b、m_B 和 T_a、T_A、T_b、T_B 分别代表入射粒子 a、靶核 A、出射粒子 b、剩余核 B 的静止质量和动能。根据能量守恒定律，反应前后的总能量不变，即：

$$(m_a + m_A)c^2 + (T_a + T_A) = (m_b + m_B)c^2 + (T_b + T_B) \tag{6-10}$$

定义核反应能为：

$$Q = (T_b + T_B) - (T_a + T_A)$$
$$Q = (m_a + m_A)c^2 - (m_b + m_B)c^2 = \Delta m c^2 \tag{6-11}$$

Δm 为反应前后的质量亏损。

也可以用相应粒子的原子质量表示

$$Q = (M_a + M_A)c^2 - (M_b + M_B)c^2 \tag{6-12}$$

在一般情况下，靶核 A 可以认为是静止的，所以 $T_A = 0$。

式中核反应能 Q，表示反应后的动能与反应前的动能之差，在数值上等于反应前入射粒子的总静止质量能减去反应后出射粒子和剩余核的总静止质量能。

入射粒子与靶核的结合能为：

$$B_{aA} = (M_a + M_A)c^2$$

出射粒子与生成核的结合能为：

$$B_{bB} = (M_b + M_B)c^2$$
$$Q = B_{aA} - B_{bB} \tag{6-13}$$

如果 $Q>0$，则称为放能反应，反应后动能增加；如果 $Q<0$，则称为吸能反应，反应后动能减少。例如，对于 ${}_3^7\text{Li}(a,p){}_2^4\text{He}$ 反应，$Q = 17.35\text{MeV}$，$Q > 0$，为放能反应；对于 ${}_7^{14}\text{N}(a,p){}_8^{17}\text{O}$ 反应，$Q = -1.193\text{MeV}$，$Q<0$，为吸能反应。

如果将核反应能的计算单位换算成化学反应热的计算单位，那么核反应过程中的能量变化比起化学反应来一般要大几个数量级。

6.2.2.2 核反应阈能 T_{th}

如前所述，核反应 ${}_7^{14}\text{N}(a,p){}_8^{17}\text{O}$ 为吸能反应，是否入射粒子动能 $T_a = |Q| = 1.193\text{MeV}$ 时就可发生核反应？结论是否定的。

对吸能反应而言，能发生核反应的最小入射粒子动能 T_a，称为核反应阈能 T_{th}。

$$T_{th} = T_a = \frac{m_a + m_A}{m_a} \cdot |Q| = \frac{A_a + A_A}{A_a} \cdot |Q| \tag{6-14}$$

在核反应 ${}_7^{14}\text{N}(a,p){}_8^{17}\text{O}$ 中：

$$T_{th, {}_7^{14}\text{N}(a,p){}_8^{17}\text{O}} = \frac{4 + 14}{14} \times 1.193\text{MeV} = 1.53\text{MeV}$$

6.2.3 重要的核反应

6.2.3.1 核裂变反应

核裂变（nuclear fission）又称核分裂，是一个原子核分裂成几个原子核的变化。

只有一些质量非常大的原子核，像铀、钍和钚等才能发生核裂变。这些原子的原子核在吸收一个中子以后会分裂成两个或更多质量较小的原子核，同时放出二个到三个中子和很大的能量，使其他的原子核接着发生核裂变，使过程持续进行下去，这种过程称作链式反应。原子核在发生核裂变时，释放出巨大的能量，这些能量被称为原子核能，俗称原子能。1kg 铀-238 的全部核的裂变将产生 20000MW·h 的能量，与燃烧至少 2000t 煤释放的能量一样多，相当于一个 20MW 的发电站运转 1000h。

核裂变也可以在没有外来中子的情形下出现，这种核裂变称为自发裂变，是放射性衰变的一种，只存在于几种较重的同位素中。不过大部分的核裂变都是有中子撞击的核反应，这种核裂变称为诱发裂变，反应物裂变为二个或多个较小的原子核。

诱发裂变的一般表达式为：

$$n + {}_Z^A\text{X} \longrightarrow {}_Z^{A+1}\text{X}^* \longrightarrow {}_{Z_1}^{A_1}\text{Y}_1 + {}_{Z_2}^{A_2}\text{Y}_2 \tag{6-15}$$

一般假定靶核是静止的，中子的动能为 T_m。当入射粒子射入靶核后，它与周围核子发生强烈的相互作用，经过多次碰撞，能量在核子之间传递，最后达到了动态平衡，从而完成复合核的形成。复合核一般处于激发态，由能量守恒可得到

$$T_m + [m_n + M(Z,A)]c^2 = E^*(Z, A+1)c^2 \tag{6-16}$$

式中　E^*——复合核的激发能，相当于入射粒子的相对运动动能 T'（质心系的动能）和入射粒子与靶核的结合能 $B_{n,X}$ 之和：

$$E^* = T' + B_{n,X} = \frac{m_x}{m_n + m_x} T_n + B_{n,X} \tag{6-17}$$

式中　T_n——在实验中的入射粒子的动能；

　　　$B_{n,X}$——中子与靶核的结合能。

裂变中子包含瞬发中子和缓发中子两部分，缓发中子约占裂变中子总数1%。对于瞬发中子能谱 $N(E)$，实验测量结果可用麦克斯韦分布来表示：

$$N(E) \propto \sqrt{E} \exp\left(-\frac{E}{T_M}\right) \tag{6-18}$$

式中　T_M——麦克斯韦温度。由此可计算出裂变中平均能量为：

$$\overline{E} = \frac{\int_0^\infty E N(E) \, dE}{\int_0^\infty N(E) \, dE} = \frac{2}{3} T_M \tag{6-19}$$

核反应中，将未经过慢化剂慢化的中子命名为快中子。可以将其区别于低能的热中子以及通常在宇宙射线或者加速器中产生的高能中子。

快中子通常由核反应例如核裂变产生，快中子可以通过中子慢化过程转变为热中子。中子慢化主要依靠减速剂。在核反应堆中，通常使用重水、轻水或石墨来使中子减速。

裂变反应放出的中子比原子核能够吸收的中子快，为保证核反应进行，需要用轻核元素慢化中子。

（1）热中子核裂变。

以 ^{235}U 为例，中子 n 与 ^{235}U 核发生热中子反应，即：

$$n + {}^{235}U \longrightarrow {}^{236}U^* \longrightarrow X + Y \tag{6-20}$$

其中热中子动能 $T_n = 0.0253\text{eV} \approx 0$，所以复合核的激发能为：

$$E^* = B_{n,235U} = M({}^{235}U) + m(n) - M({}^{236}U) = 6.546\text{MeV} \tag{6-21}$$

它大于 ^{236}U 的位垒高度 $E_b = 5.9\text{MeV}$，所以热中子即可诱发 ^{235}U 裂变。此外，^{239}Pu 也能由热中子引起裂变，这些核称为易裂变核。

（2）阈能核裂变。

以 ^{238}U 为例，有：

$$n + {}^{238}U \longrightarrow {}^{239}U^* \longrightarrow X + Y \tag{6-22}$$

假如入射中子仍为热中子，则 ^{238}U 的激发能为

$$E^* = B_{n,238U} = M({}^{238}U) + m(n) - M({}^{239}U) = 4.806\text{MeV} \tag{6-23}$$

但 $^{239}U^*$ 的 $E_b = 6.2\text{MeV}$，这说明裂变核的激发能比其裂变位垒高度低，不容易发生裂变。

但是如果入射的不是热中子，而是 $T_n \geqslant 1.4\text{MeV}$ 的快中子时，则 $^{239}\text{U}^*$ 的能量状态提高到势垒顶部，就可以立即产生裂变。因此 $T_n = 1.4\text{MeV}$ 就是 ^{238}U 诱发裂变的阈能。除 ^{238}U 外，还有 ^{232}Th 等，这些称为不易裂变核。

6.2.3.2 原子核的聚变反应

核聚变（nuclear fusion），又称核融合、融合反应、聚变反应或热核反应。核聚变是指由质量小的原子，主要是指氘或氚，在一定条件下（只有在极高的温度和压力下才能让核外电子摆脱原子核的束缚，让两个原子核能够互相吸引而碰撞到一起）发生原子核互相聚合作用，生成新的质量更重的原子核（如氦），并伴随巨大的能量释放的一种核反应形式。中子虽然质量比较大，但是由于中子不带电，因此也能够在这个碰撞过程中逃离原子核的束缚而释放出来，大量电子和中子的释放所表现出来的就是巨大的能量释放。

核聚变是与核裂变相反的核反应形式。科学家正在努力研究可控核聚变，核聚变可能成为未来的能量来源。

对核裂变而言，^{235}U 可以由热中子引起裂变，继而发生链式自持反应；而氘核是带电的，由于库仑斥力，室温下的氘核绝不会聚合在一起。氘核为了聚合在一起（靠短程的核力），首先必须克服长程的库仑斥力。在核子之间的距离小于 10fm 时才会有核力的作用，此时的库仑势垒的高度为 144keV，两个氘核要聚合，首先必须要克服这一势垒，每个氘核至少要有 72keV 的动能。假如粒子的平均动能为 1.5kT，那么相应的温度为 $5.6 \times 10^9 \text{K}$。考虑到粒子有一定的势垒贯穿概率和粒子的动能服从一定的分布，有不少粒子的平均动能比 1.5kT 大，聚变的能量可降为 10keV，即相当于 10^8K。这仍然是一个非常高的温度，这时的物质处于等离子态，在这种情况下所有原子都完全电离。

要实现自持的聚变反应并从中获得能量，仅靠高温还不够。除了把等离子体加热到所需温度外，还必须满足两个条件：

（1）等离子体的密度必须足够大。

（2）所要求的温度和密度必须维持足够长的时间。要使一定密度的等离子体在高温条件下维持一段时间是十分困难的，因为约束的"容器"不仅要承受 10^8K 的高温，而且还必须热绝缘，不能因等离子体与容器碰撞而降温。

氢弹是一种人工实现的、不可控制的热核反应，也是迄今为止在地球上用人工方法大规模获取聚变能的唯一方法。它必须用裂变方式来点火，因此它实质上是裂变加聚变的混合体。

6.2.4 核能的利用

核能问世伊始，首先是应用于军事方面，用来制造原子弹这种破坏力极大的武器，其后，又发展成氢弹、中子弹等大规模杀伤性武器。核能的军事应用除了生产制造这些核武器以外，还包括通过铀同位素分离厂生产核武器的核材料高富集铀-235、用核反应堆生产核武器的核材料钚-239，以及用核能作为动力推动舰艇。

和平年代，核能的应用主要是核反应堆。反应堆通过核燃料的链式裂变反应，释放出核能并产生大量的中子，因此，核反应堆既是强大的能源，又是强大的中子源。

6.2.4.1 核武器

核武器是利用链式裂变反应或核聚变反应，在瞬间释放出巨大能量、产生核爆炸、具有大规模杀伤破坏作用的武器。严格地说，只有把核爆炸装置与运载工具（在当前主要是导弹）结合起来，才具有核武器的功能，但习惯上"核武器"通常是指武器化的核爆炸装置。

迄今核武器已经发展了三代。第一代是原子弹，第二代是氢弹，第三代是中子弹等特殊性能核武器。原子弹是利用链式核裂变反应，而第二、三代核武器都是利用核聚变反应。目前美国、法国、俄罗斯等国已经提出了第四代核武器的概念，并开展了初步研究。

6.2.4.2 核反应堆

核反应堆已经成为人类生产、生活和科学研究活动中的一种强有力的工具。核反应堆的用途很多，主要有以下几方面：

（1）产生动力。利用反应堆产生的核能作为动力，代替燃烧化石燃料产生的能量，去发电、供热和推动船舰。反应堆发电称为核电，这是核能对于人类经济的主要贡献。用反应堆的核能供热（包括城市集中供暖、供热水和工业供热等）叫作核供热，其发展前景很广阔。核电与核供热使用的核燃料比起火电和常规供热使用的化石燃料数量少得多，不产生二氧化硫、氮氧化物等有害气体以及温室气体二氧化碳，不产生烟尘，因而可以大大减少交通运输量和环境污染，并且受燃料价格波动的影响小，这是核电和核供热的显著优点。将反应堆产生的热能代替燃烧化石燃料产生的热能转化为机械能，可以产生推进动力来推动军用舰艇以及民用船舶，前者包括核航空母舰、核巡洋舰、核潜艇等，后者包括核动力商船、原子破冰船等，其突出优点是续航力强、马力大、航速高。

（2）生产新的核燃料。用反应堆可以生产新的核裂变材料，即通过核反应堆，由铀-238 生产钚-239，由钍-232 生产铀-233，并可在反应堆中通过中子轰击锂-6 生产核聚变材料氚。有的反应堆生产出的核燃料比消耗掉的核燃料多，这对于核燃料的充分利用，实现可持续发展是很有意义的。

1）生产放射性同位素。放射性同位素种类繁多，应用广泛，对于国计民生有重要意义。放射性同位素可以用反应堆来生产，通过反应堆生产放射性同位素有两种方法，一是从乏燃料的裂变产物和次要锕系元素中分离提取出有用的放射性同位素，如铯-137（作为制造核子秤或测厚仪的辐射源等）、镅-241（作为生产测厚仪或火灾报警器的辐射源）等；二是通过将纯的非放射性元素放在反应堆的中子通道中以中子照射生产放射性同位素，如用钴-59 生产钴-60 等，钴-60 在辐射加工产业中用途很广。

2）进行中子嬗变掺杂生产高质量的单晶硅。单晶硅是重要的半导体材料，天然硅由硅-28（丰度92.23%）、硅-29（丰度4.67%）和硅-30（丰度3.1%）组成。硅中需掺进少量的磷（叫作掺杂），以达到半导体性能要求，将硅放入反应堆中，用堆中的中子照射，中子被硅-30 俘获，生成放射性同位素硅-31，硅-31 经过 β 衰变（半衰期2.62h），生成稳定的磷-31，由于硅-30 在硅中分布很均匀，所以生成的磷-31 也均匀分布在硅中，因而制造的半导体器件性能良好，成品率高。这种方法叫作中子嬗变掺杂（neutron transmutation doping，NTD），生产出的硅叫中子嬗变掺杂硅（NTD-Si）。

$$\ce{^{30}_{14}Si} + n \longrightarrow \left[\ce{^{31}_{14}Si} \right]^* + \gamma \tag{6-24}$$

$$\left[\ce{^{31}_{14}Si} \right]^* \xrightarrow{T\,=\,2.62\text{K}} \ce{^{31}_{15}P} + \beta^- \tag{6-25}$$

6.3 现有核能发电技术

核能发电是利用核反应堆中核裂变所释放出的热能进行发电的电能生产方式。核电站与我们常见的燃煤、燃气等火电站一样，均通过使用燃料生成的高温蒸汽推动汽轮机旋转，带动发电机进行发电。

两者的不同之处主要在于蒸汽供应系统，火电厂依靠燃烧化石燃料（煤、石油或者天然气）释放的化学能将水变成蒸汽，核电站则依靠核燃料的核裂变反应释放的辐射能将水变成蒸汽。除反应堆外，核电站其他系统的发电原理与常规火电站类似。

核能发电的优点：

（1）核能发电不像化石燃料发电那样排放巨量的污染物质到大气中，因此核能发电不会造成空气污染。

（2）核能发电不会产生加重地球温室效应的二氧化碳。

（3）核燃料能量密度比起化石燃料高几百万倍，故核能电厂所使用的燃料体积小，运输与储存都很方便。

（4）核能发电的成本中，燃料费用所占的比例较低，核能发电的成本较不易受到国际经济情势影响，故发电成本较其他发电方法更为稳定。

核能发电的缺点：

（1）核能电厂会产生高低阶放射性废料，或者是使用过的核燃料，虽然所占体积不大，但具有放射线，故必须慎重处理。

（2）核能发电热效率较低，比一般化石燃料电厂排放更多废热到环境里，故核能电厂的热污染较严重。

（3）核能电厂投资成本太大，电力公司的财务风险较高。

（4）核能电厂较不适宜做尖峰、离峰的随载运转。

（5）核电厂的反应器内有大量的放射性物质，如果在事故中释放到外界环境，会对生态及民众造成伤害。

6.3.1 核电发展史

自 1954 年 6 月 27 日前苏联建成世界上第一座 5MW 实验性石墨沸水堆奥布宁斯克（Obninsk）核电站并首次利用核能发电，世界核电已有 60 多年的发展历史。从世界范围内看，核电发展主要经历四个阶段：起步期、爆发期、低潮期和复苏期。

（1）第一代核电站。20 世纪 50 年至 60 年代初，前苏联、美国等建造了第一批单机容量在 300MWe 左右的核电站，如美国的希平港核电站和英第安角 1 号核电站，法国的舒兹（Chooz）核电站，德国的奥珀利海母（Obrigheim）核电站，日本的美浜 1 号核电站，英国卡德霍尔生产发电两用的石墨气冷堆核电厂，苏联 APS-1 压力管式石墨水冷堆核电站，加拿大 NPD 天然铀重水堆核电站等。

第一代核电厂属于原型堆核电厂，主要通过试验示范形式来验证核电在工程实施上的可行性。

（2）第二代核电站。自 20 世纪 60 年代末至 70 年代，因石油涨价引发的能源危机促进了核电发展，世界上建造了大批单机容量在 600~1400MWe 的标准化和系列化核电站。世界上已经商业运行的 400 多台机组大部分在这段时期建成，称为第二代核电机组。第二代核电厂主要堆型有压水堆（pressurized water reactor，PWR）、沸水堆（boiling water reactor，BWR）、加压重水堆（pressurized heavy water reactor，PHWR）、石墨气冷堆（graphite gas-cooled reactor，GCR）及石墨水冷堆（light water-cooled graphite reactor，LWGR）等，实现商业化、标准化、系列化、批量化，以提高经济性。从事核电的专家们对第二代核电站进行了反思，当时认为发生堆芯熔化和放射性物质大量往环境释放这类严重事故的可能性很小，没有把预防和缓解严重事故的设施作为设计上必须的要求，因此，第二代核电站应对严重事故的措施比较薄弱。

（3）第三代核电站。通过总结经验教训，美国、欧洲和国际原子能机构都出台了新规定，把预防和缓解严重事故作为设计上的必须要求，满足以上要求的核电站称为第三代核电站。

世界上技术比较成熟的第三代核电机组主要有美国的 AP1000（压水堆）和 ABWR（沸水堆），以及欧洲的 EPR（压水堆）等型号，它们发生严重事故的概率均比第二代核电机组低得多。美国、法国等国家已公开宣布，今后不再建造第二代核电机组，只建设第三代核电机组。中国有 38 台第二代核电机组正在运行发电，未来重点放在建设第三代核电机组上，并开发出具有中国自主知识产权的中国品牌的第三代先进核电机组。为此，国务院决定以浙江三门和山东海阳 2 个核电项目作为第三代核电自主化依托工程，建设 4 套第三代 AP1000 压水堆核电机组。国家中长期科技发展规划纲要已将"大型先进压水堆核电站"列为重大专项。

（4）第四代核能系统。第四代核能系统概念（有别于核电技术或先进反应堆），最先由美国能源部的核能、科学与技术办公室提出，始见于 1999 年 6 月美国核学会夏季年会，同年 11 月的该学会冬季年会上，发展第四代核能系统的设想得到进一步明确；2000 年 1 月，美国能源部发起并约请阿根廷、巴西、加拿大、法国、日本、韩国、南非和英国等 8 个国家的政府代表开会，讨论开发新一代核能技术的国际合作问题，取得了广泛共识，并发表了"九国联合声明"。第四代核能系统将满足安全、经济、可持续发展、极少的废物生成、燃料增殖的风险低、防止核扩散等基本要求。

世界各国都在不同程度上开展第四代核电系统的基础技术和学科的研发工作。

（5）中国的核电发展现状。中国大陆的核电起步较晚，20 世纪 80 年代才动工兴建核电站。中国自行设计建造的 30 万千瓦（电）秦山核电站在 1991 年底投入运行，大亚湾核电站于 1987 年开工，于 1994 年全部并网发电。

尽管中国核电整体规模并不算小，但相对于中国庞大的经济体量和巨大的用电需求，中国核电所做出的贡献仍然是非常小的。因此，中国核电的上升空间是非常大的。

6.3.2　现有核电站的分类

核能发电技术，自 20 世纪 50 年代以来，已经历了两个阶段，即早期的原型核电厂阶段，以及随后大量建设并延续至今的商用核电厂阶段。从 21 世纪开始，进入第三个阶段，即先进核电厂阶段。大部分的堆型均经历了前两个阶段，比较有发展前途的压水堆、沸水堆、重水堆则正在过渡到第三个阶段。

目前，国际上广为关注的新一代核电技术，即第四代核电厂，还处于研究开发和概念设计阶段，它们与前几代核电厂在概念上有很大的不同，有些堆型在 20 世纪曾建过一些实验装置或试验堆，个别的如钠快中子堆还建过原型堆或示范堆。但目前第四代反应堆还尚未达到工程批量建设的水平。

现有核反应堆分类如下：

（1）根据燃料类型分为天然铀堆、浓缩铀堆、钍堆；

（2）根据中子能量分为快中子堆和热中子堆；

（3）根据冷却剂（载热剂）材料分为水冷堆、气冷堆、有机液冷堆、液态金属冷堆；

（4）根据慢化剂（减速剂）分为石墨堆、重水堆、压水堆、沸水堆、有机堆、熔盐堆、铍堆；

（5）根据中子通量分为高通量堆和一般能量堆；

（6）根据热工状态分为沸腾堆、非沸腾堆、压水堆。

6.3.3 先进压水堆核电厂

压水堆核电厂是目前动力堆的主要堆型，全世界的核电厂中压水堆占核电总装机容量的 60% 以上，在设计、建造、运行等方面积累了丰富的经验。核能发电技术发展关心的主要问题是安全性、经济性与核废料的处理。

核电历史上的三里岛事故、切尔诺贝利事故和福岛事故，促使人们对核电厂的安全给予了更多的关注。一方面，对在役和在建核电厂的安全性进行认真审查，增加安全措施，提高其可靠性和安全性；另一方面，积极开展新一代核电技术研究工作，发展先进的反应堆概念，为核电技术的更新换代做准备。核电技术发展的另一个目标是提高核电厂的经济性。经济性与安全性是密切相连的，因为总的发电成本直接和电厂的容量因子有关，容量因子又受到电厂非计划停机时间长短的影响。提高电厂的可靠性，减少维护量和非计划停机次数，最终提高整个电厂的经济性。

核废料的处理是核能发电的一个难题。反应堆用过的核燃料、产生的高放废物，放射性强、毒性大、寿命长（半衰期长达 10^6 年）。目前的处理办法是通过核燃料后处理技术把有用的核燃料钚、铀分离提纯出来，再把剩余的高放废液大大减容后，转变成玻璃状态的固体（称为"玻璃固化"），深埋在与生物圈隔离的地下。但是经过几百万年的时间会产生什么结果，很难预料。核科学家提出一种分离——嬗变法，即首先通过化学分离的方法将钚、铀、次要锕系元素、裂变产物分开，再用核反应的办法将毒性大、半衰期长（几百万年）的次要锕系元素变成短半衰期（几百年）的核素或者稳定的核素。由于元素变了，毒性也就不存在了，而且短半衰期的核素不会对人类构成严重威胁。前者叫分离，后者叫嬗变，这种方法需要消耗大量的中子，目前仍在研究中。

先进压水堆应有以下特点：

（1）把提高安全性放在第一位。要求堆芯熔化概率小于 $10^{-5}/$（堆·年），严重事故放射性外泄概率小于 $10^{-6}/$（堆·年）。采用非能动安全功能，尽可能减少对运行人员干预和外部电源的依赖，提出安全设备的冗余性和多样性，增强抗严重事故的能力。

（2）提高经济性。简化系统，降低投资，延长电厂寿命至 60 年，缩短建造周期至小于 48 个月。

（3）改善电厂运行特性。提高可利用率达到 87%~90%，换料周期达到 18~24 个月。

根据技术改进的情况，先进反应堆可以分成革新型、改良型和革命型三大类。

（1）革新型反应堆的设计重点在于事故预防，通常选用低功率密度堆芯，大幅度简化系统设计，并大量采用非能动安全系统，这样不需运行人员的干预或交流电源的支持就可以维持堆芯冷却和安全壳的长期完整。如美国西屋公司设计的革新型压水堆 AP600 和 AP1000，采用了非能动堆芯冷却系统、非能动安全壳冷却系统、主控室可居系统、安全壳隔离设施等。非能动设计是指依靠重力、自然循环、对流、热传导和辐射等自然换热规律，而非依靠交流电源和电动机驱动部件。

（2）改良型反应堆的设计是在已有成熟设计的基础上改进或增加安全设施，以增加安全裕度。例如，欧洲压水堆 EPR 是在法国和德国现有的大型压水堆 N4 堆和 Konvoi 堆的基础上，由法国法马通（Framatome）公司和德国西门子（Siemens）公司共同改进开发的，在重要的安全系统方面采用了一套运行、三套备用的四重冗余设计理念，双层安全壳，增加蒸汽发生器和稳压器体积等改进措施。

（3）革命型反应堆在设计中引入固有安全性的概念，从根本上排除了产生事故的可能性。但是按革命型反应堆设计思路开发的几个堆型均遇到一些重大技术障碍，距成熟应用尚有较大距离。

"华龙一号"是在我国 30 余年核电科研、设计、制造、建设和运行经验的基础上，根据福岛核事故经验反馈以及我国和全球最新安全要求，由中国两大核电企业——中国核工业集团公司（简称：中核、CNNC）的 ACP1000 和中国广核集团（简称：中广核、CGN）的 ACPR1000+两种技术的融合，研发的先进百万 kW 级压水堆核电技术，其安全指标和技术性能达到了国际三代核电技术的先进水平，具有完整自主知识产权，具有以下几项技术特点：

（1）先进性和成熟性的统一。华龙一号以 177 组燃料组件堆芯，多重冗余的安全系统和能动与非能动相结合的安全措施为主要技术特征，采用世界最高安全要求和最新技术标准，满足国际原子能机构的安全要求，满足美国、欧洲三代技术标准，充分利用我国近 30 年来核电站设计、建设、运营所积累的宝贵经验、技术和人才优势。

充分借鉴了包括 AP1000、EPR 在内的先进核电技术，充分考虑了福岛核事故后国内外的经验反馈，全面落实了核安全监管要求，充分依托业已成熟的我国核电装备制造业体系和能力，采用经验证的成熟技术，实现了集成创新。

（2）安全性和经济性的平衡。华龙一号从顶层设计出发，采取了切实有效地提高安全性的措施，满足中国政府对"十三五"及以后新建核电机组"从设计上实际消除大量放射性物质释放的可能性"的 2020 年远景目标，完全具备应对类似福岛核事故极端工况的能力。

华龙一号首套机组国产化率即可达到 85%，经济性与当前国际订单最多的俄罗斯核电技术产品相比很有竞争力，与当前三代主流机型相比也具有明显的经济竞争力。

（3）能动和非能动的结合。华龙一号在能动安全的基础上采取了有效的非能动安全措施，以有效应对动力源丧失的非能动安全系统作为经过工程验证、高效、成熟、可靠的能动安全系统的补充，提供了多样化的手段满足安全要求，是当前核电市场上接受度最高的三代核电机型之一。

（4）满足72h电厂自治要求。华龙一号机组可以满足事故后72h不干预原则，非能动安全系统在设计基准事故或超设计基准事故甚至严重事故时会自动投入运行，分别执行预防堆芯熔毁、堆芯融毁后保证压力容器的完整性、提供蒸发器二次侧冷却、保证安全壳不超温超压、消除氢气爆燃及爆炸风险等安全功能。

（5）使用大容积双层安全壳。内壳主要作用是抵御各种事故下及可能的严重事故下内部的高温高压，外壳主要作用是抵御包括飞机撞击在内的各种外部灾害，保护内壳及其内部结构不受影响。另外，安全壳增加一层壳体，对于环境和人员也可以起到更好的辐射屏蔽作用。

安全壳内部的大自由容积，可以保证在最恶劣的设计基准事故情况下，安全壳内的压力峰值距离设计压力至少具有10%的裕量，增强了安全壳作为最后一道密封屏障的安全性。在严重事故情况下，如果燃料包壳发生百分之百的锆-水反应，由于安全壳的大自由容积以及设置有安全壳非能动消氢系统，产生的氢气在安全壳内空间的平均体积浓度不会超过10%，也就可以避免发生氢气爆炸的风险。

6.3.4 先进沸水堆核电厂

沸水堆（BWR）使用单一的蒸汽/水直接循环，如图6-2所示，其流体通过再循环喷射泵调节，进入反应堆压力容器的给水在通过堆芯时允许沸腾。

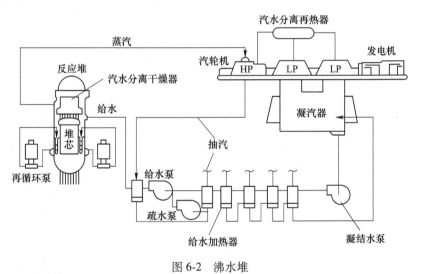

图6-2 沸水堆

饱和蒸汽通过压力容器顶部复杂的汽水分离系统之后，其温度和压力大约为290℃、6.9MPa，离开反应堆压力容器进入高压汽轮机。蒸汽离开高压缸，经过汽水分离再热器进入低压缸，然后水分进入低压缸，然后入冷凝器液化，通过凝气泵和一系列给水加热器后返回反应堆压力容器。

沸水堆的一个独特特性是由位于核心外围的喷射泵来控制再循环的流量，通过改变通过堆芯的水流量，可以控制堆芯内的蒸汽量或水的空隙率。

先进沸水堆（ABWR）是先进轻水堆（ALWR）的一种，由美国通用电气公司、日本东芝公司和日立公司联合开发。现有两个机组在日本柏崎·刈羽核电厂建成，称柏崎·刈

羽 K_6 和 K_7 机组，电功率为 1315MW，分别在 1996 年 12 月和 1997 年 7 月投产运行。ABWR 主要特点如下：

（1）采用先进的燃料和堆芯设计。采用最新的错衬垫燃料设计，以减少芯块-包壳相互作用，燃料棒沿轴向采用分区富集度布置，使轴向功率分布趋于均匀。采用内置式再循环泵，取消堆外再循环系统，简化了结构。再循环泵电动机采用湿式结构，电动机的绕组浸在水中，不需要轴密封。

（2）采用电力-水力组合的控制棒驱动机构。正常运行时用精密电动机驱动控制棒，而紧急停堆时利用液压驱动使控制棒迅速插入，从而实现快速停堆和精细调节的功能。

（3）采用三个独立的应急堆芯冷却和余热排出系统，每个系统负责堆芯一个区。每个区都有一个高压补给水系统和一个低压补给水系统。三个高压补水系统中，两个为电动高压喷淋系统，一个为汽动隔离冷却系统。三个低压补水系统由余热泵及余热排出热交换器组成，又称低压堆芯淹没系统。

（4）采用先进的数字化检测控制系统。

（5）采用钢筋混凝土结构的安全壳，具有必要的强度，以承受压力，内部衬有钢衬里，保证安全壳的气密性。

6.3.5　先进坎度型重水堆核电厂

用重水（D_2O）作为慢化剂的热中子反应堆称为重水堆。在目前常用的慢化剂当中，重水的慢化能力仅次于轻水，但重水的最大优点是它的吸收热中子的概率，即吸收截面要比轻水小两百多倍，从而使得重水的慢化比远高于其他各种慢化剂。

由于重水的热中子吸收截面很小，所以可以采用天然铀做核燃料。

与压水堆一样，重水堆核电厂也可分为两个独立的回路，即热传输系统（核蒸汽供应系统）和蒸汽给水回路（二回路）。如图 6-3 所示，反应堆本体是一个大型水平放置的圆筒形容器，称为排管容器，里面盛有低温、低压的慢化剂。核蒸汽供应系统包括反应堆组件，换料系统、慢化剂系统热传输系统以及蒸汽和给水系统。

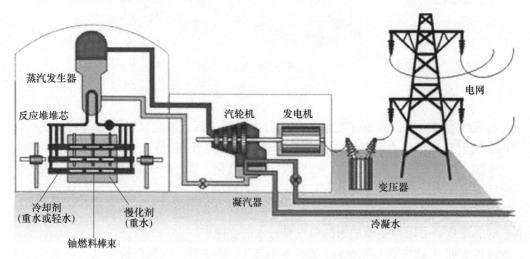

图 6-3　重水堆核电厂

由于重水堆的卧式布置压力管，每根压力管在反应堆容器的两端都设有密封接头，可以装拆。因此，可以采用遥控装卸料机进行不停堆换料。

由加拿大原子能公司发展起来的以天然铀为核燃料、重水慢化、加压重水冷却卧式压力管式重水堆（CANDU 型），是唯一达到商业化技术要求的重水堆。

秦山三期（重水堆）核电站是我国首座商用重水堆核电站，采用加拿大 CANDU-6 重水堆核电技术，建造 2 台 700MW 级核电机组，设计寿命为 40 年，设计年容量因子为 85%。

先进坎度型重水堆 ACR 除保持 CANDU 型重水堆的水平压力管、不停堆换料，独立的低温、低压重水慢化回路等特点外，在设计上还做了以下改进：

（1）用低富集度（1.65%）的二氧化铀燃料组件，新型燃料组件（CANFLEX 型）棒束从 37 根增加到 43 根，平均线密度功率从 57kW/m 降到 51kW/m，使燃耗增加 3 倍，乏燃料减少 2/3。

（2）采用轻水冷却剂回路，提高蒸汽的压力和温度，提高核电厂的热效率。

（3）除了控制棒停堆系统外，还采用了在慢化剂中注入液态硝酸钆的第二停堆系统。

（4）将轻水屏蔽水箱作为严重事故时的后备热阱。

（5）全堆芯具有负的冷却剂空泡系数。

（6）安全壳采用钢衬里预应力混凝土结构。

加拿大正在进行 ACR-700 和 ACR-1000 的开发。

6.3.6　石墨堆

石墨堆是核裂变反应堆中的最早开发使用的一种堆型，石墨具有良好的中子减速性能，最早作为减速剂用于原子反应堆中。作为动力用的核反应堆中的减速材料应当具有高熔点、稳定、耐腐蚀的性能，石墨完全可以满足上述要求，作为核反应堆用的石墨纯度要求很高，杂质含量不应超过百万分之几十。

将大块的立方体的石墨堆砌起来，将核燃料棒插入其中，然后启动反应堆，^{235}U 裂变后放出的快中子就会被石墨减速，然后去撞击堆芯的 ^{235}U 原子核，产生链式反应，石墨反应堆其他方面与其他核电厂原理一样，只是减速剂不同。其中石墨、重水是公认的最好的减速剂，因此这两种反应堆的效率较高。

尽管链式反应和用石墨作减速剂都是德国人首先发现的，但世界上第一个核反应堆却诞生在美国，1942 年 12 月 2 日，费米的研究组在美芝加哥大学轴燃料构成的巨大石墨型反应堆里，将控制棒缓慢地拔出来，伴随着计数器咔嚓咔嚓的响声，当控制棒上升到一定程度，计数器的声音响成了一片，这说明链式反应开始了。这是人类第一次释放并控制原子能的时刻。

石墨堆又分为石墨水冷堆和石墨气冷堆。

6.3.6.1　石墨水冷堆

石墨水冷堆核电厂是在军用石墨水冷产钚堆的基础上发展起来的，前苏联第一座核电厂就采用了这种反应堆，始建于 1964 年 6 月，随后相继建成电功率为 100W、250W、700W、925W、1380W 的核电厂二三十座。1986 年 4 月 26 日发生的切尔诺贝利核电厂事故，造成巨大损失，俄罗斯和乌克兰决定停建这类核电厂，并将逐步关闭和改造现有的这

192

类核电厂。

石墨水冷堆（RBMK-1000型）堆芯由正方柱形石墨块堆砌而成，单个燃料组件由 18 根燃料棒组成，内装富集度为 2.0% 的 UO_2 芯块，包壳材料为锆铌合金。冷却水从工艺管下端进入，温度为 270℃，经燃料组件加热至饱和温度，部分沸腾产生蒸汽，在工艺管出口处平均质量含汽率为 14.5%，压力约为 7MPa，温度为 284℃，汽水混合物通过分组集流管和出水总装管流向汽水分离器。

反应堆冷却剂系统由 2 个环路组成，每个环路有 2 台卧式汽水分离器、4 台主冷却剂泵（其中 3 台运行，1 台备用）。汽水分离后的水和来自凝汽器的给水混合后，由主冷却剂泵经压力总管和下分组集流管送往各工艺管道。

这种堆型的致命缺点是：在低功率时不具有自稳性，它的燃料反应性温度系数为负值，但石墨反应性温度系数为正值，空泡反应性系数也为正值，在满功率下净反应性效应是负的，但在 20% 功率以下运行时净反应性效应是正的。

石墨水冷堆的其他主要缺点有：堆芯和循环回路庞大，没有设置安全壳作为第三道屏障；控制棒下落速度太慢，最大速度为 0.4m/s，从而不能制重大事故的后果；运行比较复杂。

尽管这类堆型的核电厂有上述致命缺点和若干缺陷，但切尔诺贝利核电厂严重事故的发生并不是由这些缺陷所致，而主要是人为违规操作造成的。

6.3.6.2 石墨气冷堆

石墨气冷堆一般指使用石墨作为慢化剂和结构材料，二氧化碳气体为冷却的反应堆。共有两种类型：以天然金属为核燃料及镁诺克斯合金（magnesium knox alloy，MAGNOX）为燃料包壳的镁诺克斯型气冷堆；以低富集度二氧化铀为核燃料，不锈钢为燃料棒包壳的改进型气冷堆。

先进型石墨气冷堆示意图见图6-4。堆芯、蒸汽发生器和循环风机布置在立式圆筒形预应力钢筋混凝土压力容器内，设有隔热和冷却用的钢衬，以保证混凝土的温度低于允许值。堆芯由正六边形石墨块堆砌的棱柱组成，周围用一个钢套加以固定，堆芯四周及上下

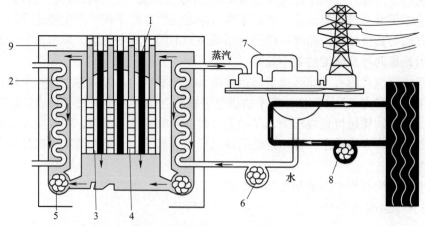

图 6-4　先进型石墨气冷堆示意图

1—控制棒；2—蒸发器；3—石墨慢化剂；4—燃料组件；5—风机；
6—给水泵；7—汽轮发电机；8—循环泵；9—钢覆面混凝土压力容器

安装石墨反射层和钢屏蔽层以降低放射性水平。作为慢化剂的石墨块均有上下贯穿的孔道，以便安放燃料棒和控制棒。

先进型气冷堆由于采用了低富集度的铀，堆芯平均功率密度提高，不锈钢包壳的束棒状 UO_2 燃料组件可以耐较高的温度，因此冷却剂的出口温度提高到 670℃ 左右，进入汽轮机的蒸汽温度和压力也相应提高，核电厂的热效率也随之提高。

1963 年在英国温茨凯尔（Windscale）建造了电功率为 28MW 的原型堆后，1965 年开始成批建造大型的先进型气冷堆，但由于建造费用和发电成本仍不能与轻水堆竞争，20 世纪 70 年代末以后已停止兴建。

6.3.7　第四代核反应堆技术

2000 年 1 月由美国、英国、瑞士、韩国、南非、日本、法国、加拿大、巴西、阿根廷 10 国，以及欧洲联盟共同组成了第四代核能开发的国际论坛会上讨论了第四代核能系统研究开发的国际合作，并于 2001 年 7 月签署了合作宪章。

第四代核能系统具有挑战性的技术目标表现为四个方面：

（1）可持续发展，要求充分利用核资源，减少核废物，特别是锕系元素的处置；

（2）经济性，要求提高核电厂的发电效率和可利用率，降低建设成本和风险，以及核能的多种利用，特别是利用核能制氢；

（3）安全性和可靠性，要求提高核电厂的固有安全性，增加公众对核能的信心；

（4）防止核扩散，要求加强对恐怖主义的实体防卫。

第四代核反应堆系统（Gen-Ⅳ）是当前正在被研究的一组理论上的核反应堆。核工业界普遍认同，目前世界上在运行中的反应堆为第二代或第三代反应堆系统，以区别于已退役的第一代反应堆系统。预期在 2030 年左右，向商业市场提供能够很好解决核能经济性、安全性、废物处理和防止核扩散问题的第四代核反应堆。不过目前第四代反应堆还未达到工程批量建设的水平，是今后 20 年的发展堆型。

在第四代核反应堆的堆型方面，最初人们设想过多种反应堆类型，但是经过筛选后，重点选定了 6 个技术上有前途，且最有可能符合 Gen-Ⅳ 初衷目标的反应堆。它们是 3 种快中子反应堆和 3 种热中子反应堆：

（1）钠冷快中子反应堆系统（sodium-cooled fast reactor system，SFR）；

（2）气冷快中子反应堆系统（gast-cooled fast reactor system，GFR）；

（3）铅冷快中子反应堆系统（lead-cooled fast reactor system，LFR）；

（4）超临界水冷反应堆系统（supercritical-water-cooled reactor system，SCWR）；

（5）超高温气冷反应堆系统（very-high-temperature gas-cooled reactor system，VHTGR）；

（6）熔盐反应堆系统（molted salt reactor system，MSR）。

6.3.7.1　快中子反应堆

原子核裂变产生的中子是快中子，平均能量高达 2MeV。主要由平均中子能量高达约 0.1MeV 的快中子引起原子核链式裂变反应的反应堆，称为快中子反应堆，简称快堆。为了保持反应堆内主要是快中子，快堆中没有慢化剂，冷却剂也不能用含氢核的流体。快堆发展至今，液态钠是最普遍应用的冷却剂。

在热中子反应堆内，中子的速度要通过慢化剂慢化之后打击到目标核 ^{235}U 上，才能引起裂变放出能量。发电时,核燃料^{235}U 越烧越少。快中子反应堆则不需要慢化剂,它由快中子引发^{238}U 转化为^{239}Pu 裂变,在发电的同时,核燃料增殖,会越烧越多。

据计算,裂变热堆如果采用核燃料一次循环的技术路线,全世界铀资源仅供人类数十年所需;如果采用铀-钚循环的技术路线,发展快中子增殖堆,则全世界的铀资源将可供人类使用千年以上。

在 Gen-Ⅳ 提出的六种最有希望的概念堆中,快中子堆有三种:钠冷快中子反应堆(sodium cooled fast neutron reactor,SFR)、气冷快中子反应堆(gas cooled fast neutron reactor,GFR)、铅冷快中子反应堆(lead cooled fast neutron reactor,LFR)。

(1)快堆冷却剂。快堆中要保持快中子引起裂变链式反应,因此冷却剂不能导致对裂变中子的过度慢化。从中子学、热工水力、冷却剂工艺及经济性考虑,可能作为快堆冷却剂的有 Hg、Na、K、Pb、Pb-Bi、Li、He、蒸汽等。

(2)钠具有高的热导率、高沸点、较大的比热容、较小的密度。此外,钠的水力特性与水相仿,所以用钠作冷却剂的堆芯不易过热,堆芯燃料比功率较高,因而钠冷快堆有较短的倍增时间,而且,易实现堆芯的自然对流和自然循环而导出余热,对安全有利。

(3)快堆的燃料循环。快堆核电厂有一个重要的特点,即一边运行发电,消耗易裂变燃料(^{235}U 或 ^{239}Pu),一边又生产出新的易裂变燃料^{239}Pu:

$$^{238}_{92}U +^{1}_{0}n \rightarrow ^{239}_{92}U \xrightarrow{\beta^-,23.5min} ^{239}_{93}Np \xrightarrow{\beta^-,2.3565d} ^{239}_{94}Pu \rightarrow \cdots$$

实际上钚快堆依然消耗了外部材料^{238}U,它使更多的^{238}U 参与反应。图 6-5 所示为封闭的 PWR-FBR 燃料循环流程。

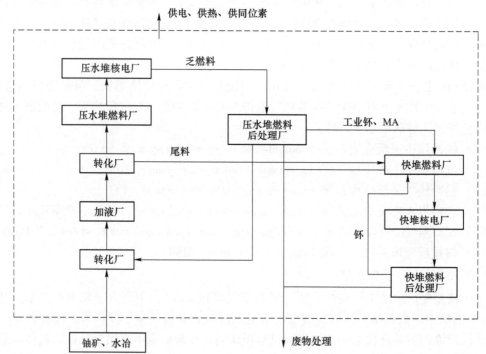

图 6-5 封闭的 PWR-FBR 燃料循环流程

压水堆核燃料生产从铀矿开采、水冶开始，得到 U_3O_8（即黄饼），进转化厂转化成天然 UF_6，经富集厂富集成 ^{235}U 占 3% 左右的 UF_6，再进转化厂转化成 UO_2，提供给压水堆燃料厂制成燃料元件、组件，供压水堆使用。压水堆乏燃料经一定时间的衰变、冷却后，运到后处理厂，处理出未烧尽的 ^{235}U 约占 0.9% 的铀、工业钚、次锕系核素（minor actinide，MA）及长寿命裂变产物（long lived fission products，LLFP），回收的铀送转化厂转化成 UF_6，然后再进行富集和使用。这个循环，称为压水堆燃料循环。

在堆燃料循环中，从转化厂还会得到 ^{235}U 只占 0.25% 的尾料 UCH（称贫铀），它是由富集厂富集 ^{235}U 后再转化得到的。它与工业钚一道送到快堆燃料厂制成铀-钚混合燃料，供快堆装料，单独尾料 UO_2 则制成增殖区组件，供快堆生产钚用。快堆乏燃料后处理后得到铀、钚，进快堆燃料厂再制成快堆燃料，如此反复，形成快堆燃料闭式循环。

目前，还在开发的长寿命次锕系核素掺在快堆燃料中建成快中子嬗变堆，同样可形成闭式掺锕燃料循环，可在嬗变快堆的反射层热区中烧掉长寿命裂变产物。每次循环总会产生的残余高放废物还可进一步嬗变。通过 PWR-FBR 燃料循环，可以有效地利用铀资源，而且长寿命放射性废物址也将大大减少。

6.3.7.2　超高温气冷反应堆系统（VHTGR）

超高温气冷反应堆是高温气冷堆技术的进一步发展，是高温气冷堆发展的新阶段。

VHTGR 采用石墨慢化、氦气冷却、铀燃料一次性循环方式。反应堆的预期出口气体温度可达 1000℃，这种热能可用于工业热工艺生产，如氢气的制备。VHTGR 可有效地为热化学碘硫循环制氢工艺提供热能，还可为石化工业和其他工业提供热能等。反应堆堆芯可为棱柱砖形，如日本的 HTTR 系统；也可为球床形，如中国的 HTR-10 系统。VHTGR 具有很好的"被动安全"特性，热效率超过 50%，易于模块化，经济上竞争力强。

超高温气冷反应堆与现已发展的高温气冷堆的技术特性基本相同，也是采用模块化设计、类似的燃料循环、非能动的堆芯余热排出系统，反应堆具有固有安全特性。

图 6-6 所示为一座用于生产氢气的超高温气冷反应堆系统。该系统由反应堆一回路（氦气）系统、中间换热器和氢生产厂工艺系统组成。堆芯进口氦气温度为 640℃，出口温度达到 1000℃，通过中间换热器将热量传至氢生产厂。

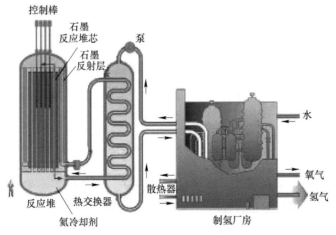

图 6-6　超高温气冷反应堆系统示意图

超高温气冷反应堆具有较好的技术基础。目前，世界上有两座高温气冷试验堆在运行，即日本的 HTTR 和中国的 HTR10。这两座堆在热核制氢和氦气透平循环发电方面都有各自的研究发展计划。现在正在进行设计的有南非的 PBMR 项目（球床高温气冷堆核电厂冷堆核电厂，热功率为 400MW，堆芯进口氦气温度为 640℃，出口氦气温度达到 1000℃），俄罗斯和美国合作的 GT-HTR 项目（棱柱状高温气冷堆核电厂，热功率为 600MW，堆芯出口氦气温度为 850℃）。

超高温气冷反应堆的发展目标是首先需要完成关键技术的研究和发展工作，主要包括：ZrC 包覆燃料颗粒技术及其辐照性能，高温合金、陶瓷材料和碳纤维合成材料的研发，承受高温的反应堆压力壳材料，工艺热利用系统（如碘-硫流程制氢）的示范工程及其相关材料和设备的研发，燃料循环研究和安全性评价等，预期在 2030 年左右建成超高温气冷反应堆核电厂，并达到实际应用的目标。

6.3.7.3　超临界水冷反应堆系统（SCWR）

超临界水冷反应堆可以看作从压水堆逐步简化的结果。简化的原因是，冷却剂在反应堆中不存在相变，可直接与能量转换设备相连接。

SCWR 主要用于高效发电（见图 6-7）。它的堆芯设计方案有两种，即热中子谱堆芯或快中子谱堆芯。在此基础上，SCWR 可以选择一种堆芯管理方案。因此，该系统提供了两种燃料循环方案：一种是在热中子堆上的开式燃料循环；另一种是在快中子堆上的闭式燃料循环，在中心位置以先进水处理为基础，对锕系元素实施完全再循环。

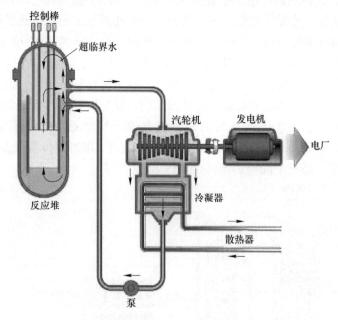

图 6-7　超临界水冷反应堆系统示意图

超临界水冷反应堆是一种高温、高压水冷反应堆，它运行在水的热力学临界点之上，其循环属于简化的一次通过型直接循环。与常规水冷堆能源系统相比，超临界反应堆因为具有较高的热力学效率，因而具有良好的经济性；同时，由于冷却剂工作在高温、单相条件下，因而可以简化反应堆系统，可降低造价。由于具有良好的经济性，在第四代候选堆型中，超临界反应堆具有竞争力。

SCWR 是大有前途的先进核电系统。超临界水冷却剂可使反应堆热效率高出目前轻水堆大约 1/3（热能效率可高达 45%，而目前大部分轻水堆的效率约为 33%），并可使核电厂辅助设施（BOP）大大简化。这是因为冷却剂在堆内不发生相变，而且直接与能量转换设备连接。在安全性方面，SCWR 具有类似于简单沸水堆的"被动安全"特性。

6.3.7.4　熔盐反应堆系统（MSR）

熔盐反应堆系统是采用熔盐混合燃料循环，以石墨为慢化剂产生裂变能量的热中子反应堆。其熔盐混合燃料为铀、钍、钠、锆等氟化盐，在高温熔融的液态下，既作为核燃料，又作为载热剂，把燃料和载热剂融合为一体，不需要固体燃料元件。堆芯内以石墨为慢化剂（早期也采用铍为慢化剂），燃料熔盐流进堆芯（温度为 500～600℃），在产生裂变能量的同时，又作为载热剂吸收裂变能量，然后流出堆芯（温度约为 800℃）。一次燃料熔盐通过中间换热器将热量传给二次熔盐，二次熔盐再通过蒸汽发生器将热量传递给蒸汽，利用蒸汽透平循环发电。也可以将热量传递给氦气，利用高效率的氦气透平循环发电或用于核热制氢等工艺。熔盐堆具有高效率发电或核工艺热应用的发展前景。

熔盐反应堆有下列四种燃料循环模式可供选择：

（1）利用 ^{232}Th—^{233}U 燃料循环，获得高转化比（可达到 1.07）。

（2）具有最少武器级材料含量的改进的 ^{232}Th—^{233}U 转化燃料循环。

（3）具有最小化学处理量的一次通过燃烧锕系元素（Pu 和次锕系元素）的燃料循环。

（4）燃烧锕系元素的燃料连续再循环。

现阶段，熔盐反应堆的发展还有一些关键技术问题需要解决，主要包括，熔盐的化学和性能；熔盐燃料中次锕系元素和锕系元素的可溶解性；高温和辐射条件下，熔盐燃料与结构材料、石墨、换热器的金属材料的相容性、腐蚀、脆化等性能；熔盐燃料的处理，分离和后处理技术；耐热高温合金材料（如镍基合金、铌—钛合金）的选择研制及性能研究；与高水平放射性的熔盐燃料相关的设备、管道的放射性屏蔽、保护、远距离自动化操作与维修技术；熔盐泵，熔盐换热器、熔盐回路中的阀门等设备、部件的长期运行性能和经验；与熔盐堆相配的氦气透平循环发电技术，这方面可以借鉴高温气冷堆在氦气透平发电研发方面所取得的经验。

第四代核能系统主要技术参数如表 6-1 所示，第四代核能系统具有技术覆盖范围广阔、多堆型、可持续运行、更安全可靠，更廉价、更能防止核扩散的特点，给世界各国提供了更多的选择，以满足不同环境和生产条件的需要。

表 6-1　第四代核能系统主要技术参数

堆型	热功率/MW	电功率/MW	堆芯入口/出口压力/MPa	冷却剂出口温度/℃	燃料成分	转化比
SFR	1000～5000	150～500 500～1500	0.1	530～550	^{238}U 和 MOX	0.5～1.30
GFR	600	288	9.0	850	^{238}U	自足
LFR	150～3600	50～150 300～400 1200	0.1	500～800	^{238}U 金属合金或氮化物	1

续表 6-1

堆型	热功率/MW	电功率/MW	堆芯入口/出口压力/MPa	冷却剂出口温度/℃	燃料成分	转化比
VHTGR	600	250	根据工艺	1000	块状、粒状或球状碳化锆包覆 UO_2 颗粒	
SCWR		1500	25.0	510~550	用奥氏体、铁盐酸不锈钢，或镍合金做包壳的 UO_2	
MSR		1000	低压	700~800	钠、锆和铀氟化物的循环液体混合物	

6.4　压水堆核电站介绍

压水堆（pressurized water reactor）是指采用高压水来冷却核燃料的一种反应堆。它以普通水作冷却剂，是从军事基础上发展起来的最成熟、最成功的堆型。全球范围内大多数用于发电的在运及在建核反应堆采用压水堆技术。根据国际原子能机构（international atomic energy agency，IAEA）的统计，截至 2022 年 2 月 28 日，全球在运核电反应堆共 439 座，其中采用压水反应堆技术的共 304 座，占比达到 69.3%，相较于 2017 年（65.2%），压水堆核电站占比提升约 4 个 pct。

压水堆核电厂主要由核反应堆、一回路系统、二回路系统、电气和厂用电系统及其他辅助系统所组成。图 6-8 所示为压水堆核电厂一回路和二回路系统的原理流程。

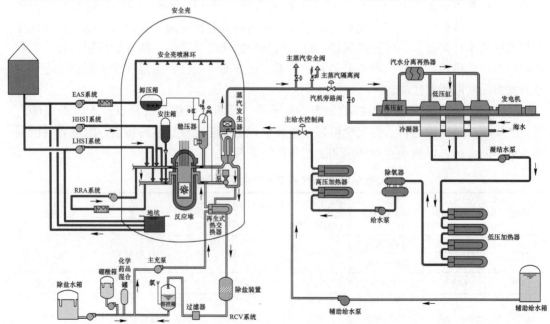

图 6-8　一回路和二回路系统的原理流程

6.4.1 一回路系统主要设备

一回路系统由核反应堆、主冷却剂泵（又称主循环泵）、稳压器、蒸汽发生器和相应的管道、阀门及其他辅助设备所组成。高温高压的冷却水在主循环泵的推动下在一回路系统中循环流动。当冷却水流经反应堆时，吸收核燃料裂变放出的热能，随后流入蒸汽发生器，将热量传递给蒸汽发生器管外侧的二回路给水，使给水变成蒸汽，冷却水自身受到冷却然后流到主冷却剂泵入口，经主冷却剂泵提升压头后重新送至反应堆内。如此循环往复，构成一个密闭的循环回路。一回路系统的压力由稳压器来控制，现代大功率压水堆核电厂一回路系统一般有多个回路，它们对称地并联连接到反应堆。

以 900MW 级的压水堆核电厂为例，它的一回路系统包括三个环路，分别并联连接在反应堆上，每一个环路由一台主冷却剂泵、一台蒸汽发生器和管道等组成，稳压器是各个环路共用的，如图 6-9 所示。

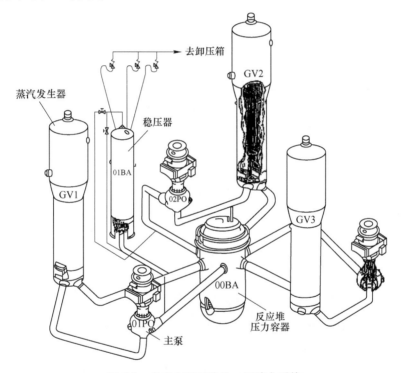

图 6-9　有三个环回路的一回路主系统

一回路系统是核电厂中最重要的系统，具有以下功能：

（1）将反应堆堆芯核裂变产生的热量传送到蒸汽发生器，并冷却堆芯，防止燃料元件烧毁，将蒸汽发生器产生的蒸汽供给汽轮发电机；

（2）水在反应堆中既作冷却剂又作中子慢化剂，使裂变反应产生的快中子降低能量，减速为热中子；

（3）冷却剂中溶解的硼酸，可以吸收中子，控制反应堆内中子数目（即控制反应堆反应性的变化）；

（4）系统内的稳压器用于控制冷却剂的压力，防止冷却剂出现不利于传热的沸腾现象；

（5）目前采用的核燃料是二氧化铀陶瓷块，它是防止放射性产物泄漏的第一道屏障，核燃料的包壳是第二道屏障，当核燃料元件出现包壳破损事故时，一回路系统的管道和设备可以作为防止放射性产物泄漏的第三道屏障。

6.4.1.1　反应堆本体结构

（1）安全壳。反应堆安全壳是 1 个圆柱形的容器，分为上下两个部分。底部是带有焊接半球形封头的圆柱体，上部是 1 个可拆卸的半球形上封头。容器有 3 个进口接管和 3 个出口接管，分别与一回路系统的 3 个环路相连。安全壳内部放置堆芯和堆内构件，顶盖上设有控制棒驱动机构。为保持一回路的冷却水在 350℃ 时不发生沸腾，反应堆安全壳要承受 140~200 个大气压的高压，要求在高浓度硼水腐蚀、强中子和 γ 射线辐照条件下使用 30~40 年。

（2）堆内构件。反应堆的堆内构件使堆芯在安全壳内精确定位、对中及压紧，以防止堆芯部件在运行过程中发生过大的偏移，同时起到分隔流体的作用，使冷却剂在堆内按一定方向流动，有效地带出热量。堆内构件可分为两大主要组件：上部组件（又称压紧组件）和下部组件（又称吊篮组件），这两部分可以拆装。在每次反应堆换料时，拆装压紧组件后，这两个组件可以重新装配起来。

如图 6-10 所示，上部组件是由上栅隔板、导向管支撑板、控制棒导向筒和支承柱等主要部件组成。下部组件由吊篮筒体、下栅隔板、堆芯围板、热屏层、幅板、吊篮底板、中子通量测量管和二次支承组件等部件组成。

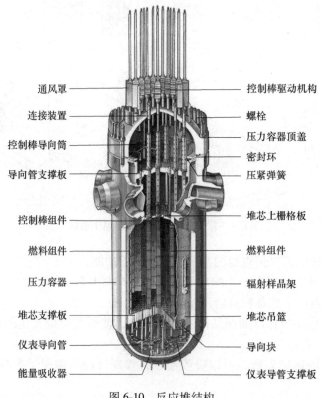

图 6-10　反应堆结构

这些部件结构复杂，尺寸大，精度和粗糙度要求高，而且在辐照条件下，要求这些部件必须能够抗腐蚀并保证尺寸稳定，不变形。

（3）反应堆的堆芯。反应堆的堆芯是原子核裂变反应区，它由核燃料组件、控制棒组件和启动中子源组成，通常称为活性区。

核燃料组件是产生核裂变并释放热量的重要部件。压水反应堆中使用的铀，一般是纯度为3.2%的浓缩铀。核燃料是经高温烧结成圆柱形的二氧化铀陶瓷块，即燃料芯块，呈小圆柱形，直径为9.3mm。把大量的芯块装在两端密封的锆合金包壳管中，包壳内充入一定压力的氦气，成为一根长约4m、直径约10mm的燃料元件棒。然后按一定形式排列成正方形或六角形的栅阵，中间用定位格架将燃料棒夹紧，构成棒束型的燃料组件，如图6-11所示。

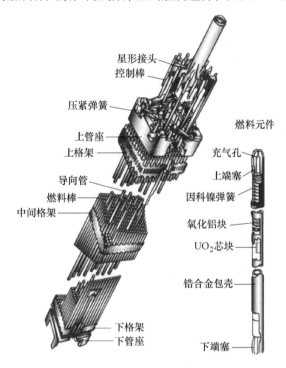

图6-11　燃料元件示意图

控制棒是中子的强吸收体，它移动速度快、操作可靠、使用灵活，对反应堆的控制准确度高，是保证反应堆安全可靠运行的重要部件。在运行过程中，控制棒组件可以控制反应堆核燃料链式裂变速率，实现启动反应堆、调节反应堆功率、正常停堆以及在事故情况时紧急停堆的目的。压水反应堆中普遍采用棒束控制，即在燃料组件中的导管中插入控制棒。通常用银-铟-镉等吸收中子能力较强的物质做成吸收棒，外加不锈钢包壳，棒束的外形与燃料棒的外形相似，用机械连接件将若干根棒组成一束，然后插入反应堆的燃料组件内。

根据功能和使用目的不同，压水堆核电厂中的控制棒可以分成三类。

6.4.1.2 控制棒驱动机构

在反应堆安全壳的顶盖上设有控制棒驱动机构，通过它带动控制棒组件在堆内上下移动，以实现反应堆的启动、功率调节、停堆和事故情况下的安全控制。

对控制棒驱动的动作要求是：在正常运行情况下棒应缓慢移动，行程约为10mm/s；

在快速停堆或事故情况下，控制棒应快速下插。接到停堆信号后，驱动机构松开控制棒，控制棒在重力作用下迅速下插，要求控制棒从堆顶全部插入堆芯底部的时间不超过 2s，从而保证反应堆的安全。

6.4.1.3　蒸汽发生器

蒸汽发生器是一种热交换设备，它将一回路中水的热量传给二回路中的水，使其变为蒸汽用于汽轮机做功。由于一回路中的水流经堆芯而带有放射性，所以蒸汽发生器与一回路的压力容器以及管道构成防止放射性泄漏的屏障。在压水堆核电厂正常运行时，二回路中的水和蒸汽不应受到一回路水的污染，不具有放射性。

压水堆核电厂的蒸汽发生器有两种类型，一种是直流式蒸汽发生器，另一种是带汽水分离器的饱和蒸汽发生器，大多数核电厂采用带汽水分离器的饱和蒸汽发生器。

大多数饱和蒸汽发生器是带内置汽水分离器的立式倒"U"形管自然循环的结构形式。由反应堆流出的冷却剂从蒸汽发生器下封头的进口接管进入一回路水室，经过倒"U"形管，将热量传给壳侧的二次侧水，然后由下封头出口水室和接管流向冷却剂循环泵的吸入口。在蒸汽发生器的壳侧，二回路给水由上筒体处的给水接管进入环形管，经下筒体的环形通道下降到底部，然后在倒"U"形管束的管外空间上升，被加热并蒸发，部分水变为蒸汽。这种汽水混合物先进入第一、二两级汽水分离器进行粗分离，继而进入第三级汽水分离器进一步进行细分离。经过三级汽水分离后，蒸汽的干度大大提高。具有一定干度的饱和蒸汽汇集在蒸汽发生器顶部，经二回路主蒸汽管通往汽轮机。根据核电厂饱和蒸汽汽轮机的运行要求，蒸汽发生器出口的饱和蒸汽干度一般应不小于 99.75%，汽轮机入口处的蒸汽干度约为 99.5%。图 6-12 所示为蒸汽发生器结构。

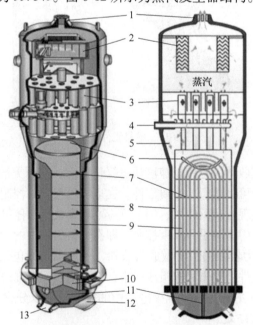

图 6-12　蒸汽发生器结构

1—蒸汽出口管端；2—蒸汽干燥器；3—旋叶式汽水分离器；4—给水管嘴；5—水流；6—防震条；
7—管束支撑板；8—管束围板；9—管束；10—管板；11—隔板；12—冷却剂出口；13—冷却剂入口

6.4.1.4 稳压器

稳压器用于稳定和调节一回路系统中冷却剂——水的工作压力,防止水在一回路主系统中汽化。在正常运行期间,压水堆的堆芯不允许出现大范围的饱和沸腾现象,如果水在一回路系统中发生汽化沸腾,水中产生大量的气泡,单相水变成汽-水混合物,汽-水混合物的冷却效果远远低于单相水的冷却效果。当汽-水混合物流经堆芯燃料棒时,造成燃料棒的冷却效果变差,使燃料棒过热甚至发生烧毁的事故。因此,要求反应堆出口水的温度低于饱和温度15℃左右,以保证燃料棒的冷却效果。另外,稳压器还可以吸收一回路系统水容积的变化,起到缓冲的作用。

正常运行期间,稳压器内液相和气相处于平衡状态。当冷水通过喷淋阀喷淋时,上部空间的蒸汽在喷淋水表面凝结,从而使蒸汽压力降低;当加热器投入后,底部空间的部分水变成蒸汽,进入到蒸汽空间,从而使蒸汽压力增加。由于稳压器通过波动管与一回路系统相连,可以认为稳压器内的蒸汽压力等于一回路中水的压力,所以,可通过控制稳压器的压力来调节一回路系统中水的压力。

电加热器分为两组,一为比例组,二为备用组。比例组供系统稳定运行时调节系统压力微小波动时使用;备用组供系统启动和压力大幅度波动时使用。在一回路系统启动的整个升温升压过程中,备用组电加热器也能起到加热一回路水的作用,但主要靠冷却剂来提供温升所需的热量。比例组和备用组的单根电热元件的功率和结构都完全相同,但备用组的电加热元件数量多,总功率大。

6.4.1.5 主冷却剂泵

主冷却剂泵又称主循环泵,它是反应堆冷却剂系统中唯一的高速旋转设备,用于推动一回路中的冷却剂,使冷却剂以很大的流量通过反应堆堆芯,把堆芯中产生的热量传送给蒸汽发生器。

主冷却剂泵是大功率旋转设备,工作条件苛刻。泵的关键是保持轴密封,以免堆内带放射性的水外漏。核电厂的主冷却剂泵除了密封要求严以外,由于泵放在安全壳内,处于高温、高湿及γ射线辐射的环境下,要求电机的绝缘性能好,它是核电厂中的关键设备。

6.4.2 一回路的辅助系统

一回路辅助系统的主要作用是保证反应堆和一回路系统能正常运行及调节,在事故情况下提供必要的安全保护,防止放射性物质扩散。

6.4.2.1 化学和容积控制系统

核电厂的化学和容积控制系统的作用如下:

1)容积控制。调节一回路系统中稳压器的液位,以保持一回路水的容积。

2)反应性控制。调节一回路水中的硼酸浓度,以补偿反应堆运行过程中反应性的缓慢变化。

3)化学控制。通过净化作用及添加化学药剂保持一回路的水质。

6.4.2.2 余热冷却系统

核电厂的余热冷却系统又称为反应堆停堆冷却系统,主要作用有两个:

1)反应堆停堆时,先由蒸汽发生器将一回路热量带走,然后通过余热冷却系统将反应堆停堆后的余热带走,使堆芯冷却剂温度降低到允许温度,并使其保持到反应堆重新启动为止。

2)在一回路系统发生失水事故时,在某些堆型中该系统作为低压安注系统执行专设安全功能,将硼酸水注射到堆芯中去。

除了上述的系统之外,一回路辅助系统还包括反应堆硼和水补给系统、设备冷却水系统、重要厂用水系统和三废处理系统等。

6.4.3 二回路系统和设备

压水堆核电厂二回路热力系统是将热能转变为电能的动力转换系统。

将核蒸汽供应系统的热能转变为电能的原理与火电厂基本相同,现代典型的压水堆核电厂二回路蒸汽初压约为 6.5MPa,相应的饱和温度约为 281℃,蒸汽干度为 99.75%;而火力发电厂使用的新蒸汽初压约为 18MPa,饱和温度为 535℃,甚至更高。

因此,压水堆核电厂的理论热效率必然低于火电厂。火力发电厂与压水堆核电厂毛效率的参考数字分别约为 39% 和 34%。

二回路系统的流程如图 6-13 所示。蒸汽发生器中的给水吸收了一回路高温高压水的热量,变成饱和蒸汽,蒸汽推动汽轮机转动,带动发电机发电。做功后的乏汽进入凝汽器凝结成水,称为凝结水。经凝结水泵加压后,凝结水进入低压加热器加热。在除氧器中凝结水含有的氧气被去除,经给水泵升压后进入高压加热器加热,然后给水进入蒸汽发生器,汽水重新开始循环。

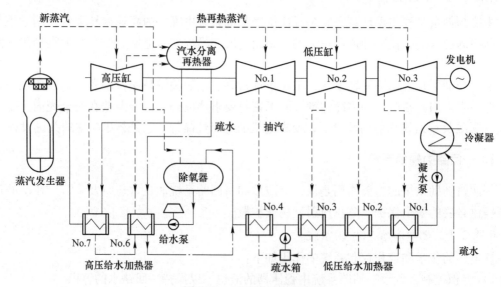

图 6-13 二回路系统流程图

二回路系统主要由主蒸汽系统、汽轮机旁路系统、汽水分离再热系统、汽轮机轴封系统、凝结水抽取系统、凝汽器真空系统、给水除氧器系统、低压给水加热系统、高压给水加热系统、汽动和电动给水泵系统、给水流量调节系统、蒸汽发生器排污系统、蒸汽发生器辅助给水系统、汽轮机调节系统、汽轮机保护系统、汽轮机的润滑顶轴和盘车等系统构成。

6.4.3.1　热力循环

压水堆核电厂中热能转变为电能是在二回路热力系统中进行的。其原理与火电厂基本相同，都是建立在蒸汽动力循环的理想循环——朗肯循环的基础之上。蒸汽动力循环系指水为工质的动力循环，实现这种循环的装置称为蒸汽动力装置。

热力循环是建立在热力学第一定律和第二定律基础上的。朗肯循环是一种无过热、无再热、无回热的简单循环。理想朗肯循环是研究各种复杂蒸汽动力装置的基本循环。

（1）朗肯循环。最简单的水蒸气动力循环装置由蒸汽发生器、汽轮机、冷凝器和给水泵组成，如图6-14（a）所示。对实际循环进行简化和理想化后，给水在蒸汽发生器中的吸热4—1为理想的可逆定压吸热过程；汽轮机内的膨胀过程1—2为理想的可逆绝热膨胀过程；乏汽在冷凝器中的冷却过程2—3简化为可逆的定压放热过程。由于过程在饱和区内进行，此过程也是定温过程；给水泵中水的压缩过程3—4理想化为可逆定熵压缩过程。经简化后的循环为可逆循环称为朗肯循环，其T-S图如图6-14（b）中所示的循环1—2—3—4—4′—1。

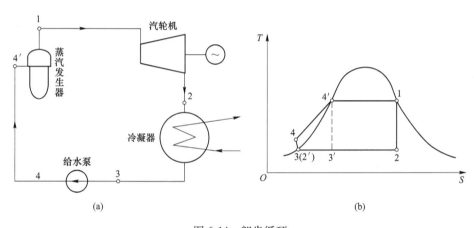

图6-14　朗肯循环
（a）工作原理；（b）T-S图

朗肯循环中的加热过程中，在4—4′—1阶段平均吸热温度较低，是导致其热效率远低于同温度范围的卡诺循环热效率的重要原因。

（2）蒸汽再热-朗肯循环。目前压水堆核电厂都采用湿蒸汽汽水分离中间再热系统，其主要目的在于提高低压。

缸前蒸汽参数，从而提高大容量机组的热经济性。与朗肯循环的不同之处在于，蒸汽在汽轮机中膨胀做功到一定压力后，又全部进行第二次加热，故称再热，然后再回到汽轮机继续膨胀做功，直至终点，如图6-15所示。

对于压水堆核电厂而言，采用蒸汽再热的主要目的是提高蒸汽在汽轮机中膨胀终点的干度。对于采用饱和蒸汽的汽轮机，若不采取任何措施，当蒸汽膨胀至4.9kPa（0.049bar）时，其湿度接近30%。为了保障汽轮机组低压缸的安全运行，设置了中间汽水分离器及低压缸级间去湿机构，但末级叶片湿度仍接近20%。在此基础上再增加蒸汽中间再热装置，蒸汽被加热至过热，因而末级叶片的湿度提高到11%，这与大型火电厂机组汽轮机的末级湿度已经相当接近。

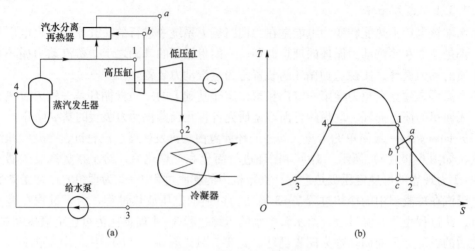

图 6-15 蒸汽再热-朗肯循环

（a）工作原理；（b）T-S 图

（3）有回热的朗肯循环（回热循环）。在朗肯循环中，工质从热源获得的热量，大约有 60%要向冷源排放，其余的热量才是通过热动力装置对外做功的部分，这是动力发电厂热经济性不高的基本原因。采用回热系统，减少热量向冷源的排放，是改善热力循环效率的方向之一。

回热循环与朗肯循环的区别仅在于设置了加热器，对给水进行加热。加热器的热源是从汽轮机蒸汽膨胀过程中抽出的一部分蒸汽。这部分蒸汽把它的汽化潜热传给了给水而不是放给了冷却水，部分消除了朗肯循环在较低温度下吸热的不利影响，提高了循环的热效率，如图 6-16 所示。

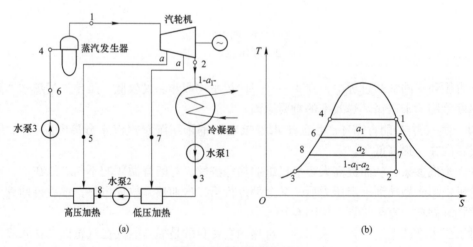

图 6-16 有回热朗肯循环

（a）工作原理；（b）T-S 图

6.4.3.2 汽轮机

汽轮机是一种高速旋转式机械，它将蒸汽的热能转变为高速旋转的机械能，从而带动发电机发电。

汽轮机本体主要包括转子和静子两部分，转子包括动叶片、叶轮、轴等，静子包括汽缸、喷嘴，轴承、排气管等设备。将固定不动的喷嘴叶栅（又称静叶栅）与安装在叶轮上的动叶栅称为汽轮机的级。图 6-17 所示为一个单级冲动式汽轮机示意图，级是汽轮机中完成能量转换的基本工作单元。

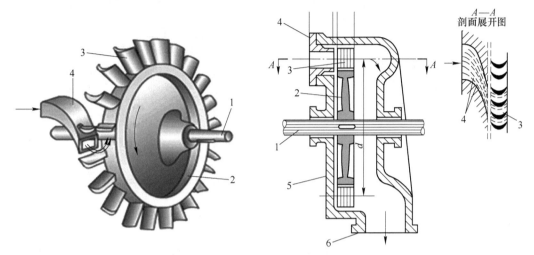

图 6-17　单级冲动式汽轮机示意图
1—主轴；2—叶轮；3—动叶栅（转子）；4—喷嘴（静叶栅）；5—气缸；6—排气口

在现代的火电厂和核电厂中，为了达到足够大的焓降，同时保证转子和叶片的强度要求，大功率汽轮机都做成多级的。蒸汽在依次连接的许多级中膨胀做功，在每一级中只利用整个汽轮机焓降的一小部分。

多级汽轮机是由一个在汽缸上带有多个隔板的静子和一个在轴上装有多个叶轮的转子组成的。轮盘在炽热状态下装到轴上，或者与轴做成一个整体。轮盘的轮缘上固定有叶栅—动叶栅，叶栅之间有固定的中间隔板隔开。隔板上装配有喷嘴叶栅，每一块隔板和相应的叶轮组成一个级，图 6-18 所示为多级汽轮机剖面示意图。

核电厂汽轮机的特点：

（1）新蒸汽参数低，且多用饱和蒸汽。对于压水堆核电厂而言，二回路新蒸汽参数取决于一回路的温度，而一回路温度又取决于一回路压力。提高一回路压力将使得反应堆压力壳的结构及其安全保证措施复杂化，尤其是当反应堆压力壳尺寸很大时。因此，压水堆核电厂汽轮机的新蒸汽压力，应该按照反应堆压力壳设计的极限压力和温度选取，一般不超过 6.0~8.0MPa。

（2）理想焓降小，容积流量大。一般饱和蒸汽汽轮机的理想焓降比高参数火电厂汽轮机的理想焓降约小一半。因此，在同等功率下，核电厂汽轮机的容积流量比高参数火电厂汽轮机大 60%~90%。

（3）汽轮机中积聚的水分多，容易使汽轮机组产生超速。与火电厂中的中间再热式汽轮机一样，核电厂汽轮机各缸之间也有大量蒸汽和延伸管道，所以在甩负荷时会使转子升速。另外，在使用湿蒸汽的汽轮机中，还要考虑在转子表面、汽水分离器及其他部件上的

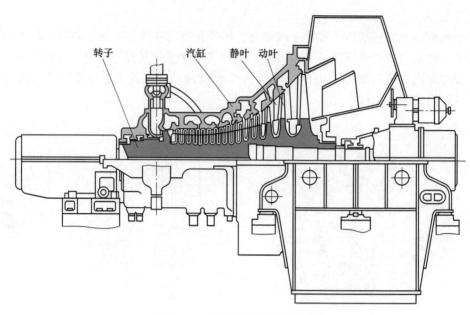

图 6-18   多级汽轮机剖面示意图

凝结水分的再沸腾和汽化而引起的加速作用。计算和经验证明，由于这一原因，在甩负荷时，水膜汽化可使机组转速增长 15%~25%。

（4）核蒸汽参数在一定范围内变化。对常规火电厂来说，当单元机组达到一定负荷（一般为 50%额定负荷）之上，就可以采用定压运行方式，即在 50%~100%负荷之间运行，新蒸汽参数（p_0，t_0）是保持不变的。集控运行人员的主要责任之一是尽可能保持锅炉出口的新蒸汽参数为额定数值。

对于核电厂而言，如果采用上述运行方案，会遇到一回路压力补偿和控制棒反应性补偿过大等问题，不利于核电厂的安全运行。目前，压水堆电厂中常采用一种折中的方案，即选择一个反应堆平均温度 t_{av} 和汽轮机新蒸汽参数 p_0、t_0 都做适当变化，而变化都不太大的方案。

6.4.3.3   汽水分离再热器

在压水堆核电厂，推动汽轮机的是饱和蒸汽，如果不采取措施，饱和蒸汽在汽轮机内膨胀做功后，低压缸末级排气湿度将达到 24%，大大超出了 12%~15%的允许值。因此，在压水堆核电厂中，汽轮机高、低压缸之间都设有汽水分离再热器。汽水分离再热器可以去除高压缸排气中的水分并对其加热，提高进入低压缸蒸汽的温度，使其具有一定的过热度。其目的是降低低压缸内的湿度，改善汽轮机的工作条件，提高汽轮机的相对内效率，减少湿蒸汽对汽轮机零部件的腐蚀。

汽水分离再热器的结构和布置如图 6-19 所示。它由三部分组成，即汽水分离器、第一级再热器和第二级再热器，这三部分安装在一个圆筒形的压力容器中。简体下部是汽水分离器，中间为第一级再热器，上部为第二级再热器。汽水分离再热器布置在汽轮机高压缸和低压缸之间。高压缸的排气（冷再热蒸汽）经管道分别进入两台汽水分离再热器，蒸汽由底部首先进入汽水分离器，将蒸汽中的水分去除，然后向上流动，在经过第一级再热器时，被汽轮机抽气加热，继续上行进入第二级再热器，被新蒸汽加热。此时的蒸汽成为热再热蒸汽，由 3 根管道送至汽轮机低压缸做功。

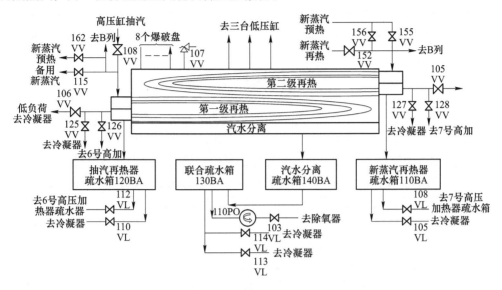

图 6-19　汽水分离再热器结构和布置图

6.4.3.4　汽轮机旁路系统

汽轮机旁路系统的主要作用是在汽轮机突然甩负荷或者跳闸的情况下，能够继续对蒸汽发生器以及反应堆进行冷却，排走蒸汽发生器内产生的蒸汽，避免蒸汽发生器安全阀动作；在热停堆和最初冷却阶段，能够排出由裂变产物或运转泵所产生的热量，直到余热排出系统投入使用。

汽轮机旁路系统排放容量通常在50%～100%范围内，明显高于常规火电机组的旁路容量（30%左右），这主要是基于安全方面的要求。汽轮机旁路系统如图 6-20 所示，它由凝

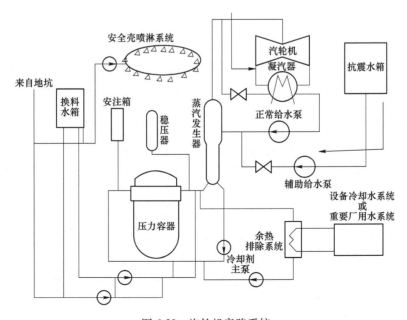

图 6-20　汽轮机旁路系统

汽器蒸汽排放系统、除氧器蒸汽排放系统及大气蒸汽排放系统组成。

常规岛二回路系统的子系统众多，还包括汽轮机轴封系统、给水除氧系统、高低压给水系统、汽轮机调节油系统、凝汽器真空系统、汽轮机调节系统、汽轮机保护系统等。

6.5 核反应堆安全

半个多世纪来，世界核电的发展已经证明了核能是经济、清洁的替代能源。随着压水堆等堆型的普及、运转和研究工作的深入，以及各国政府和工业界花费了巨大的经费和人力，对核安全技术作了不断地改进，建立起更加严格的核安全管理法规和体制，目前核电安全已达到了相当高的水平。但是，在近15000堆·年的核电厂运行历史中，发生了多起核事故，影响重大的有三英里岛事故、切尔诺贝利核电厂事故和福岛核电厂事故，给环境、人类健康、社会经济带来巨大影响。因此，以核电厂严重事故的预防和缓解为研究重点的反应堆安全问题仍然是当前核电发展中最重要的研究课题。同时，提高安全性、改善经济性是核电发展中提出的必须解决的问题，是世界核电发展的最大障碍。

核电厂事故不但会影响其本身的运行，而且会波及周围环境，甚至会越出国界，因此，对其安全和环境审查是件极其严肃的工作。反应堆安全性的含义是指对工作人员和周围居民的健康与安全有切实可靠的保证，即应做到：

（1）在正常运行情况下，反应堆厂房外的放射性辐射以及向外排放的液态和气态放射性废物，对反应堆工作人员和周围居民造成的放射性辐照，应该小于规范规定的允许水平。

（2）在事故情况下，不论事故是内部原因（如系统或设备的故障）或者外部原因（如飞机坠落、地震等）引起的，反应堆的保护系统及专设安全设施都必须能及时投入工作，确保堆芯安全，限制事故发展，减少设备的损坏，防止大量放射性物质泄漏到周围环境中去。

6.5.1 核反应堆安全性特征

以水作冷却剂和慢化剂、以低富集度铀为燃料的轻水堆（压水堆及沸水堆）核电厂，在已投产的核电厂中占绝大多数。轻水堆核电厂是利用核裂变释放的大量热能产生的蒸汽推动汽轮发电机组发电，再向电网输电。为了使核电厂经济地运行，应很好地利用反应堆核燃料裂变时产生的大量热能，使它转变为高温蒸汽；与此同时，为了保证装置的安全运行，还必须阻止积累在燃料元件内的大量放射性裂变产物释放到周围环境中。通常的设计是提供多道实体屏障来实现放射性物质与环境的隔离。轻水堆核电厂安全性与下述因素有关：

（1）强放射性。与一般工业装置相比，反应堆的危险性在于核裂变过程中除了释放巨大的能量以外，还伴随着大量放射性物质的生成。一般来说，在平衡循环寿期末，反应堆每1W热功率所形成的裂变产物的放射性约为 3.7×10^{10} Bq。在裂变产物中，有容易从二氧化铀芯块中逸出的稀有气体氪（Kr）、氙（Xe）以及易溶于水的卤族同位素。

在一座电功率为1000MW的反应堆内，裂变产物放射性将高达 10^{20} Bq。但是，98%以上的放射性裂变产物可保留在二氧化铀陶瓷芯块内，只有不到2%的氪（Kr）、氙（Xe）

和碘（I）等气态放射物质扩散在燃料芯块和元件包壳之间的间隙内。

（2）高温高压水。反应堆一回路系统储存有几百立方米高温高压的冷却剂水。一旦一回路管道破裂或设备故障，大量高温水会从破口喷射出来，迅速汽化。在这些水中带有一定数量的放射性物质。更为严重的是，由于冷却剂不断流失，堆芯水位下降，燃料元件得不到冷却而逐渐熔化，熔融堆芯的温度可能高到足以烧穿压力容器和安全壳底部，进入基础岩石层。

在压水堆一回路系统中，冷却剂温度变化或容积波动，都会引起一回路系统压力的相应变化。压力过高将导致系统设备损坏；压力过低则使堆芯局部沸腾，甚至出现容积沸腾。因此，既要防止超压，又要防止压力过低造成冷却剂汽化。

（3）衰变热。反应堆停闭后，堆芯内中子链式裂变反应虽然终止，但是许多裂变产物的半衰期较长，裂变产物继续发射 β 和 γ 射线。射线在与周围物质作用时迅速转化为热能，这就是衰变热。

衰变热的定量计算可由 Wigner-Way 公式给出，即

$$P_d(t) = 0.622 P_0 \left[t^{-0.2} - (t_0 + t)^{-0.2} \right] \tag{6-26}$$

式中　$P_d(t)$——β 和 γ 射线的衰变产生的功率；

　　　P_0——停堆前的反应堆功率；

　　　t——停堆后的时间，s；

　　　t_0——堆前反应堆运行的时间，s。

衰变热随停堆后时间的变化也可利用经验公式绘成曲线，如图 6-21 所示，其中假定停堆前反应堆已运行了足够长时间。

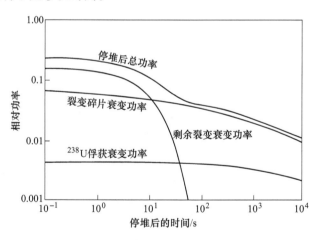

图 6-21　停堆后衰变功率的变化

从图 6-21 的曲线中可以看出，即使在停堆后几小时，衰变热产生率仍有额定功率的1%。如不提供适当的冷却，衰变热将引起堆内燃料元件的过热和燃料元件包壳破损，导致裂变产物的释放。

（4）核电厂放射性废料的处置。核电厂像其他工业企业一样，也要产生废物。核电厂产生的废物，数量比一般燃煤电厂少，仅为同等规模燃煤电厂的万分之一。废物分为低放射性废物（受到轻微污染的固体，例如手套及衣服等）、中放射性废物（主要来自核电厂

的工艺流程废物，例如废过滤器芯片，废树脂和蒸发残渣）、高放射性废物（乏燃料）三类。对低、中放射性废物处理分五个步骤：废物分类及保存→废物包装→经包装的废物运往处置场地→经包装的废物点收后进行处理→储存及记录质量保证文件。

对高放射性废物处理，如核电厂用过的乏燃料组件，需送往后处理厂进行处理，其中97%的核燃料可提取后循环再利用。而剩余的3%高放射性废物，可用沥青固化、水泥固化或玻璃固化等方法，使它变成不易渗透的固体，在后处理厂储存，并最终送往国家高放深地层处置中心处置。

6.5.2　核电厂的安全对策

从核反应堆安全性特征的分析中可以看出，为了保证核电厂的安全，应采取的对策是：在各种运行状态下、在发生设计基准事故期间和之后，以及尽实际可能在发生所选定的超设计基准事故的事故工况下，都必须执行如图 6-22 所示的基本安全功能。

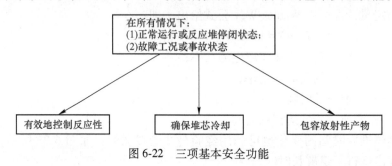

图 6-22　三项基本安全功能

6.5.2.1　反应性的控制

在反应堆运行过程中，由于核燃料的不断消耗和裂变产物的不断积累，反应堆内的后备（剩余）反应性就会不断减少；此外，反应堆功率的变化也会引起反应性变化。所以，核反应堆的初始燃料装载量必须比维持临界所需的量多得多，使堆芯寿命初期具有足够的后备（剩余）反应性，以便在反应堆运行过程中补偿上述效应所引起的反应性损失。

为补偿反应堆的后备（剩余）反应性，在堆芯内必须引入适量的可随意调节的负反应性。此种受控的反应性既可用于补偿堆芯长期运行所需的后备（剩余）反应性，也可用于调节反应堆功率的水平，使反应堆功率与所要求的负荷相适应。另外，它还可作为停堆的手段。实际上，凡是能改变反应堆有效倍增因子的任一方法均可作为控制反应性的手段。例如，向堆芯插入或抽出中子吸收体、在冷却剂中改变可溶性毒物浓度、改变反应堆燃料的富集度、移动反射层以及改变中子泄漏等。其中，向堆芯插入或抽出中子吸收体是最常用的一种方法，通常称中子吸收体为控制元件。

反应堆活性区总的需要控制的反应性应当等于后备（剩余）反应性与停堆余量之和。根据反应堆运行工况不同，可把反应性的控制分为三种类型。

（1）紧急停堆控制。当反应堆出现异常工况时，作为停堆用的控制元件必须具有迅速引入负反应性的能力，使反应堆紧急停闭。

（2）功率控制。要求动作迅速，及时补偿由于负荷变化、温度变化和变更功率水平引起的微小的反应性瞬态变化。

（3）补偿控制。用于补偿燃耗、裂变产物积累所需的剩余反应性，也用于改变堆内功率分布，以便获得更好的热工性能和更均匀的燃耗。控制的反应性当量大，并且它的动作过程是十分缓慢的。

通常，对堆芯的反应性控制有以下三种方式：

（1）控制棒。在堆芯内插入可移动的含有吸收材料的控制棒。按其作用不同可分为补偿棒、调节棒和安全棒3种。补偿棒用于补偿控制，调节棒用于功率控制，安全棒用于紧急停堆控制。

控制棒是用中子吸收截面较大的材料，例如镉（Cd）、铟（In）、硼（B）和铪（Hf）等制成。在中子能谱较硬的热中子堆中，为了提高控制效果，最好采用几种中子吸收载面不同的材料组成的混合物作控制棒，以便在各个能区内吸收中子。为此，在近代压水堆中使用的控制棒多数由银-铟-镉（Ag-In-Cd）合金制成。此外，控制棒材料还必须具备耐辐照、抗腐蚀和易于机械加工等方面的良好性能。

（2）可燃毒物棒。

堆芯每个循环寿期的长短通常取决于反应堆初始燃料装载量。当然，装入反应堆的燃料量也部分地取决于反应堆控制元件所实际能补偿的剩余反应性量。为增大堆芯的初始燃料装载量，通常在堆芯内装入中子吸收截面较大的物质，把它作为固定不动的吸收体装入堆芯，用来补偿堆芯寿命初期的剩余反应性，这种物质称为可燃毒物。可燃毒物的吸收截面应比燃料的吸收截面大，它们能比核燃料更快地烧完，因此，在燃料循环末期，由它们带来的负反应性影响可以忽略。采用可燃毒物棒这种控制方法有许多优点，如延长堆芯的寿期、减少了可移动控制棒的数目，从而简化了堆顶结构，若布置得当还能改善堆芯的径向功率分布等。

可燃毒物的材料通常选用钆（Gd）或硼（B），将其弥散在燃料中。以大亚湾核电厂压水堆为例，堆芯初始装载时用硼硅酸盐玻璃管制成可燃毒物棒装入堆芯。

（3）可溶毒物。可溶毒物是一种吸收中子能力很强的可以溶解在冷却剂中的物质，轻水堆往往以硼酸溶解在冷却剂内用作补偿控制。其优点是毒物分布均匀和易于调节。由于这种化学控制方法能补偿很大的剩余反应性，可以使堆芯内可移动控制棒数目大量减少，从而简化了堆芯设计，然而，化学补偿控制也有不足之处，譬如，由于向冷却剂增加或减少毒物量的速度十分缓慢，所以反应性的引入率相当小。因此，化学补偿控制只能用于补偿因燃耗中毒和慢化剂温度变化等引起的缓慢的反应性变化，但同时又增加了运行操纵的复杂性。

6.5.2.2 确保堆芯冷却

为了避免由于过热而引起堆内燃料元件损坏，反应堆在任何工况下，都必须确保对堆芯的冷却，并导出燃料元件棒内燃料芯块的释热。

正常运行时，一回路冷却剂在流过反应堆堆芯时载出热量，而在蒸汽发生器中由二回路侧主给水系统（辅助给水系统）供应的给水冷却，蒸汽发生器产生的蒸汽送到汽轮发电机组做功、发电；当汽轮机甩负荷时，蒸汽通过蒸汽旁路系统排放到凝汽器或大气。

反应堆停闭时，堆芯内链式裂变反应虽被中止，但燃料元件中裂变产物的衰变继续放出热量，即剩余释热。为了避免损坏燃料元件包壳，和正常运行一样，应通过蒸汽发生器或余热排出系统继续导出热量。

对于从反应堆换料时卸出的乏燃料组件，必须在反应堆燃料厂房的乏燃料水池中存放较长时间，以释放出乏燃料组件的剩余热量，并使短寿期放射性裂变产物自然衰减，降低放射性水平。

6.5.2.3　包容放射性产物

为了避免放射性产物扩散到环境中，需要在核燃料和环境之间设置了多道屏障，并在运行时，严密监视这些屏障的密封完整性。最为重要的是以下四道：

第一道屏障为燃料基体，核电厂采用烧结的二氧化铀陶瓷燃料，放射性物质很难从陶瓷燃料中逸出。

第二道屏障是燃料元件包壳。轻水堆核燃料芯块叠装在锆合金包壳管内，两端用端塞封焊住。裂变产物有固态的，也有气态的，它们中的绝大部分容纳在二氧化铀芯块内，只有气态的裂变产物能部分地扩散出芯块，进入芯块和包壳之间的间隙内。燃料元件包壳的工作条件是十分苛刻的，它既要受到中子流的强烈辐照，高温高速冷却剂的腐蚀、侵蚀，又要受热应力和机械应力的作用。正常运行时，仅有少量气态裂变产物有可能穿过包壳扩散到冷却剂中；如包壳有缺陷或破裂，则将有较多的裂变产物进入冷却剂，设计时，假定有 1% 的包壳管破裂和 1% 的裂变产物会从包壳管逸出。据美国统计资料，正常运行时实际最大破损率为 0.06%。

第三道屏障是将反应堆冷却剂全部包容在内的一回路压力边界，压力边界的形式与反应堆类型、冷却剂特性以及其他设计考虑有关。压水堆一回路压力边界如图 6-23 所示，它由压力容器和堆外冷却剂环路组成，包括蒸汽发生器传热管、泵和连接管道。

为了确保第三道屏障的严密性和完整性，防止带有放射性的冷却剂漏出，除了设计时在结构强度上留有足够的裕量外，还必须对屏障的材料选择，制造和运行给予极大的关注。

第四道屏障是安全壳，即反应堆厂房。它将反应堆、冷却剂系统的主要设备（包括一些辅助设备）和主管道包容在内。当事故（如失水事故、地震）发生时，它能阻止从一回路系统外逸的裂变产物泄漏到环境中去，是确保核电厂周围居民安全的最后一道防线。安全壳也可保护重要设备免遭外来袭击（如飞机坠

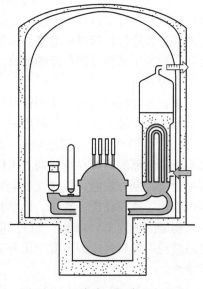

图 6-23　压水堆一回路压力边界

落）的破坏，安全壳的密封有严格要求，如果在失水事故后 24h 内安全壳总的泄漏率小于安全壳内所含气体质量的 0.3%，则认为达到要求。因此，在结构强度上应留有足够的裕量，以便能经受住冷却剂管道大破裂时压力和温度的变化，阻止放射性物质的大量外逸。它还要设计得能够定期地进行泄漏检查，以便验证安全壳及其贯穿件的密封性。

为了最大限度地防止放射性物质进入到环境中，有的核电厂采用双层安全壳，安全壳的内层采用预应力钢筋混凝土结构，下部为圆柱形，上部为半球形。安全壳的内部衬以一层碳钢以确保防止泄漏，设计压力为 0.4MPa；安全壳外层采用整体式钢筋混凝土结构。双层安全壳的层与层之间为环形的空间，外层安全壳可以确保内层安全壳免受外来物体的冲击。

除了上述四道实体屏障之外，每个核电厂周围都有一个公众隔离区，核电厂选址又应与居民居住区中心保持一定的距离，这样，可对释出的任何载有放射性物质的气体提供大气扩散以及自然消散的途径，并在万一发生严重事故时有足够疏散居民的时间。核电厂附近的居民一般较少，易于疏散。

6.5.2.4 多级防御措施

为了保证上述四道屏障在核电厂正常运行或事故工况下的有效性，当前在核电厂设计中广泛采用了纵深防御原则，它包括一系列多层次（级）相继深入而又相互增援的设计防御措施，以此来保证核电厂的安全。

第一层次防御主要考虑对事故的预防，它要求核电厂的设计必须是稳妥的和偏于安全的，为此，必须为核电厂建立一整套质量保证和安全标准，核电厂必须按严格的质量标准、工程实践经验以及质量保证程序进行设计、制造、安装、调试、运行和维修，电厂各系统各设备不能出现不允许的差错或故障。

第二层次防御的任务是防止运行中出现的偏差发展成为事故，这由所设置的可靠保护装置和系统来完成。考虑到即使在核电厂的设计、建造和运行中采取了各种措施，电厂仍然可能会发生故障，因此，在设计中设置了必需的保护设备和系统，它们的功能是探测妨碍安全的瞬变，完成适当的保护动作。这些系统必须保守地设计，留有足够的安全裕量并应配有重复探测、检查和控制手段，各种测试仪表必须具备较高的可靠性，提供这一层保护是为了确保前三道屏障的持续完好性。

第三层次防御的任务是用来限制事故引起的放射性后果，是对于前两班防御的补充，以保障公众的安全。它专门用于对付那些发生概率较低但从安全角度又必须加以考虑的各种事故，为此，核电厂配置了必需的专门安全设施，以便对付这些假想事故。轻水堆的典型假想事故有一回路或二回路管道破裂、燃料操作事故弹棒事故等，除停堆系统外，轻水堆的专设安全设施包括安全注射系统（又称应急堆芯冷却系统）、辅助给水系统、安全壳及安全壳喷淋系统、应急电源、消氢系统等。专设安全设施应能把假想事故的后果降低到可以接受的水平，这是衡量一种堆型是否安全的重要标志。

第四层次防御是针对超过设计基准的严重事故而考虑的，确保放射性释放保持在尽可能低的水平，在事故发生时防止事故扩大并减轻事故。这一层次的最重要目的是保护包容功能，如为防止安全壳失效而采取的各种措施。

第五层次防御为场外应急响应，目的在于减轻放射性物质向外部环境释放所造成的影响。

6.6 核反应堆用材料

为了阻止放射性物质外泄设置了四道安全屏障，即燃料芯块、燃料包壳、反应堆冷却剂系统压力边界和安全壳壳体。因此，要保证反应堆安全、可靠、经济地运行，除需对反应堆及一回路系统设备和部件进行精心设计、精心制造与安装和规范运行外，选择性能优异、质量优良、成熟可靠的材料用于这些设备和部件制造是关键。

反应堆用材料因长期在高温、高压、强辐射和腐蚀性流体介质的环境中使用，尤其是强的中子和 γ 射线的辐照会引起燃料芯块密实和肿胀、锆合金包壳生长、压力容器的辐照脆化，腐蚀会引起燃料包壳厚度减薄、蒸汽发生器传热管的晶间腐蚀和应力腐蚀等，这些对反应堆及一回路系统设备和部件的安全运行都是极大的威胁。

核电厂运行经验表明，反应堆出现的故障或事故，多数由于材料选择不当，或因材料缺陷、材料在使用环境中的腐蚀或中子的辐照等促使材料性能恶化而引起的。如在早期的压水堆中，因燃料密实与包壳发生相互作用而引起了燃料棒破损；因奥氏体不锈钢的点腐蚀和应力腐蚀造成了蒸汽发生器传热管的泄漏等。

因此，无论从反应堆设备和部件的安全可靠性，还是从经济性的角度，反应堆用材料在核电厂中作用都是十分重要的。

6.6.1　反应堆用材料的特殊要求

为了保证反应堆安全可靠地运行并达到设计寿命，对反应堆用材料需做如下特殊要求：

（1）核性能。反应堆内所用结构材料的中子吸收截面和活化截面要小；半衰期应短，含长半衰期的元素要少；控制材料的中子吸收截面要大。

（2）力学性能。结构材料应具有足够的强度、塑韧性和耐热性。

（3）化学性能。高温、高压硼酸水中材料的化学稳定性要好，抗腐蚀性能要好，与冷却剂和燃料的相容性要好。

（4）物理性能。热导率要大；热膨胀系数要小；熔点要高；晶体结构稳定。

（5）辐照性能。对辐照应不敏感，辐照肿胀和辐照引起的性能变化应小，辐照产生的感生放射性要小；辐照不引起相变、无元素或相的沉淀析出。

（6）工艺性能。冶炼、铸造、锻压、热处理和冷、热加工性能和焊接性能要好；淬透性大、无时效脆性和无回火脆性，以及无二次硬化和延迟性等倾向。

（7）经济性。原材料来源方便，生产工艺简单可行，制造成本低廉，有使用经验。

实际上，完全满足以上原则要求的材料几乎是没有的，通常是根据系统和设备的使用工况条件和规范要求以及使用经验，结合材料的综合性能做出选择。

6.6.2　压水堆中各重要部件材料

（1）核燃料。含有易裂变核素，在反应堆内能够实现自持链式裂变反应的物质称为核燃料。易裂变核素有：^{235}U、^{233}U 和 ^{239}Pu。其中 ^{235}U 是天然存在的，^{233}U 和 ^{239}Pu 是由 ^{232}Th 和 ^{238}U 在反应堆中通过（n，γ）反应，再经过 β 衰变而得到的，称再生核燃料。

在反应堆中，核燃料因自持链式裂变反应，可以产生巨大的核能、新的中子和放射性。

在天然铀中 ^{235}U 的富集度只有 0.71%（原子分数），大于该含量的称富集铀（或浓缩铀）。压水堆中采用的都是富集铀燃料。

核燃料按物质的形态可分成固态燃料和液体燃料。固态燃料包括金属燃料、陶瓷燃料和弥散燃料等。

目前，压水堆中广泛采用的是二氧化铀（UO_2）陶瓷燃料，它是核电厂阻止放射性物质逸出的第一道屏障。随着燃料技术的发展，在未来的先进压水堆中将采用混合氧化物（MOX）燃料。

（2）包壳材料。核燃料包壳是包覆和封闭核燃料的外套，是核电厂阻止放射性物质逸出的第二道屏障。其作用是：阻止放射性物质逸出和避免核燃料受冷却剂的腐蚀以及有效地导出热能，并提供结构支撑。

燃料元件在反应堆内能否安全可靠地运行并达到规定使用寿期，同包壳材料性能密切相关。因此，包壳材料的强度、塑韧性、蠕变性能、耐腐蚀性能、抗辐照性能、导热性能以及核性能，对包壳的安全性和经济性极为重要。目前，压水堆中广泛采用的包壳材料是锆合金。

（3）堆内构件材料。堆内构件由堆芯吊篮、堆芯围筒和保护管组件组成。堆内构件的功能是为燃料组件提供支承、限制燃料组件移动；保持燃料组件和控制棒驱动机构之间的对中和导向；引导冷却剂流入和流出燃料组件；为控制棒组件和堆内测量提供导向；提供 γ 和中子的屏蔽，以减少对压力容器的中子注量。压水堆堆内构件用材主要是奥氏体不锈钢。

（4）反应堆压力容器材料。反应堆压力容器是反应堆的一个重要部件。它和反应堆一回路冷却剂系统压力边界设备一道，构成了阻止裂变产物逸出的第三道屏障。压力容器的功用是：用于容纳堆芯部件和堆内构件及一回路冷却剂。目前，国内外广泛采用的压力容器材料是 A508-3 钢。

（5）控制材料。控制材料是指中子吸收截面大的材料，它对反应堆的正反应性有抑制、释放和调节的作用。目前，国内外压水堆采用的控制材料有：碳化硼（B_4C）、银-铟-镉（Ag-In-Cd）、铪（Hf）。

（6）反应堆其他用材料。

1）冷却剂：冷却剂是反应堆一回路内的载热流体。它的功能是：将核裂变能带出反应堆；冷却堆内所有部件，带走（n，γ）反应所释放的热量；携带可溶毒物（如硼酸）；携带除氧剂和调节 pH 值的添加剂；事故工况下迅速带走燃料的热量。压水堆采用轻水（H_2O）作冷却剂。

2）慢化剂：慢化剂是在反应堆中与高能中子发生弹性碰撞时，能有效吸收中子能量的材料。在核裂变发出高能中子时，用慢化剂将快中子慢化成热中子，以增大核裂变的概率，减小临界质量。常用的慢化剂有：轻水、重水等。压水堆采用轻水（H_2O）作慢化剂。

6.6.3 核燃料

核燃料是反应堆中实现核裂变的重要材料。压水堆常用的核燃料是二氧化铀陶瓷燃料。二氧化铀与金属铀相比，具有如下优点：熔点高、燃耗深，热稳定性和辐照稳定性好，在高温水中耐腐蚀性好，与包壳和冷却剂材料的相容性好，工业生产容易。缺点：导热性能差，性脆，铀密度低。二氧化铀材料的特性如下：

（1）二氧化铀抗水腐蚀性能。如果燃料棒发生破损，二氧化铀燃料与水反应会产生放射性腐蚀产物，并泄漏到冷却剂中。为确定这一影响的严重程度，人们对二氧化铀芯块在水或蒸汽中的腐蚀进行了研究。研究指出：某烧结二氧化铀芯块在 343℃、pH 值为 10.5 的 LiOH 的水中 316 天，其腐蚀引起的质量变化为 0.02%。因此，二氧化铀燃料具有良好的抗水腐蚀性能。

（2）二氧化铀辐照性能。随着燃耗的增加，二氧化铀芯块的体积增大，密度下降，这种现象就叫辐照肿胀。产生辐照肿胀的原因是：一方面，一个裂变原子分裂后形成了两个质量相对较小的裂变产物原子，造成体积膨胀；另一方面，裂变产物中的气体聚集形成气泡，镶嵌在燃料中，使燃料的密度下降，发生了肿胀。

固体裂变产物引起的肿胀是核裂变材料特有的辐照效应。通常，每裂变1%（原子）的燃料，固体裂变产物造成的体积增大约为1%。

气体裂变产物引起的肿胀归因于：辐照时由于裂变反应或其他核反应而产生惰性气体原子，如裂变产生的氪、氙，(n, α)反应中产生的氦等。这类气体原子在材料中的溶解度极小，在一定温度下，会在位错、晶界、亚晶界和第二相等处形成气泡并逐渐长大，造成肿胀，并在一定条件下从燃料中释放出来造成燃料棒内压增高，它们是肿胀的主体。

影响二氧化铀燃料辐照肿胀与裂变气体释放的因素有：燃耗、温度、功率变化、温度梯度、裂变速率及晶粒度等。

燃料芯块和燃料包壳之间的机械和化学相互作用称为PCI效应。二氧化铀芯块的肿胀使燃料与包壳贴紧，甚至发生PCI效应，造成包壳破损，所以，辐照肿胀也是燃料元件安全使用寿命的限制因素之一。

6.6.4　燃料包壳材料

燃料包壳材料是反应堆的核心材料，它的功用是包覆核燃料和容纳裂变产物。燃料包壳的使用工况最苛刻，它长期承受高温、高压和强中子辐照，以及冷却剂腐蚀、流体冲刷、水力振动与磨蚀等。因此，燃料包壳材料的选择应满足：优良的核性能，即中子吸收截面要小；优良的力学性能；耐腐蚀、抗辐照；导热性能要好；与冷却剂和核燃料的相容性要好；感生放射性要小；容易加工和焊接；成本低廉。锆合金是压水堆燃料元件常用的包壳材料。本章介绍了常用的几种锆合金、锆合金的腐蚀、锆合金的吸氢与氢脆、锆合金的辐照生长。

锆合金是商用核动力反应堆燃料元件包壳的重要结构材料。这是因为锆合金具有优良的核性能，即热中子吸收截面小；高温力学性能好；耐腐蚀、抗辐照；感生放射性小；导热性能好；易加工、焊接性能好；与冷却剂（H_2O）和二氧化铀燃料的相容性好等优点。因此，在轻水堆（PWR和BWR）中锆合金得到广泛应用。

压水堆用锆合金可分成锆-锡系，锆-铌系，锆-锡-铌系三类。常用的几种锆合金有：

（1）锆-2合金。锆-2合金是在Zr-Sn合金中加入少量的Fe、Cr、Ni、元素而形成的。锆-2合金在400℃水中，表面形成黑色致密的氧化膜，腐蚀速率最初随时间递减，转折点后成常数。在中子辐照下，锆-2合金在还原性水质中腐蚀速率变化不大，但在含氧水中则腐蚀加速。锆-2合金的吸氢性能很强，锆-2合金在腐蚀过程中产生的氢几乎100%地被基体吸收。在沸水堆（BWR）中，锆-2合金被广泛地用作燃料包壳材料。

（2）锆-4合金。锆-4合金与锆-2合金的化学成分基本相同，只是Ni的质量分数降低至0.007%，Fe的质量分数增加至0.18%~0.24%。锆-4合金在350℃高温水和400℃的高温蒸汽中有更好的耐腐蚀性能，而吸氢速率是Zr-2合金的1/3~1/2。然而在427℃高温蒸汽中，锆-4合金腐蚀氧化膜不再是致密的，会发生氧化膜剥脱现象。

在压水堆（PWR）中，锆-4合金被广泛地用作燃料包壳材料、导向管材料和定位格架材料。

（3）低锡锆-4合金。低锡锆-4合金是在锆-4合金的基础上发展的，为了加深燃耗（提高1/4~1/3）和减少燃料包壳水侧腐蚀的一种性能优良的包壳材料，这种材料只是将锆-4合金的Sn含量控制在1.2%（质量分数）或下限水平。由于Sn含量较低，大大改善了锆-4合金的抗腐蚀性能。

（4）锆-1铌合金。以锆为基体，加入1.1%（质量分数）的合金元素Nb。与通常的Zr-Sn系列合金相比较，Zr-1%Nb合金的耐腐蚀性仅次于Zr-2合金，强度稍低于Zr-4合金，但吸氢能力是Zr-Sn系列合金的1/10~1/5，它拥有足够的强度和延展性。在俄罗斯设计的VVER系列压水堆中，锆-1铌合金被广泛用作燃料包壳材料、导向管材料和定位格架材料。

在失水事故时，锆与高温水或蒸汽发生反应，这是燃料棒设计时必须考虑的安全问题。当发生失水事故时，温度在400℃以上锆与水或蒸汽发生化学反应，温度越高，锆与水的反应就越剧烈。为了避免高温腐蚀，反应堆稳态运行时，燃料元件锆合金包壳表面（氧化物与金属界面处）的最高温度设计要求不得超过400℃。

锆-水反应是释热反应，可用下式表达：

$$Zr + 2H_2O \xlongequal{\quad} ZrO_2 + 2H_2 \tag{6-27}$$

失水事故时，燃料棒包壳局部温度可达850℃以上，此时锆与水的反应十分剧烈，并放出大量的热；若发生失水事故时，堆芯应急冷却系统未及时向堆芯注入冷却水，那么锆与水反应会进一步加剧，燃料包壳氧化层急速增厚，包壳强度和延性下降，从而导致包壳脆性破裂，使放射性物质释放到回路里；当锆与水反应放出的氢气泄漏到安全壳内，并达到一定的浓度（>4.1%）时，有爆炸的危险。

为了防止或减少锆水反应，在反应堆发生失水事故时，堆芯应急冷却系统必须立即向堆芯注入冷却水，限制包壳温度升高。

此外，由于二氧化铀热膨胀比锆合金要大，且温度高，以及运行工况下二氧化铀芯块会发生开裂和辐照肿胀，燃料芯块与包壳就会发生机械相互作用。这种相互作用的结果往往使包壳出现环脊、产生较大的局部拉应力。在堆芯辐照的中、后期，特别是芯块与包壳接触后，侵蚀性裂变产物，如碘、铯、镉等已经有相当大浓度，并沉积在芯块与包壳之间，促成燃料芯块与包壳之间的化学相互作用，加速燃料包壳的应力腐蚀开裂（stress corrosion cracking，SCC）倾向，从而有可能导致燃料包壳破裂。PCI效应是燃料元件安全使用寿命的限制因素之一。

6.6.5 压力容器材料

压力容器是影响核电厂反应堆安全、运行和寿命的重要部件，属于规范1级、安全1级、质保1级和抗震Ⅰ类设备。压力容器功能是：用于容纳堆芯部件和堆内构件，对堆芯具有辐射屏蔽作用；密封一回路冷却剂并维持其压力，是冷却剂压力边界的重要部分；防止裂变产物外泄的第三道屏障；其上部组件可布置控制保护系统的驱动机构及其电气设备，及防止燃料组件、保护管组件和堆芯吊篮的上浮。压力容器长期在高温、高压、流体冲刷和腐蚀以及强中子辐照等条件下运行，因此，压力容器应采用优质材料制造。

压水反应堆压力容器设计选材应充分考虑容器的功能、工作条件、结构和制造工艺特点、安全性要求以及容器大型化带来的冶金尺寸效应，遵循下述选材原则：

（1）优良的冶金质量，即要求材料具有足够高的纯净度、致密度和均匀性；

（2）适当的强度，足够高的塑韧性，尤其对脆性断裂问题应重点加以考虑；

（3）低的中子辐照脆化敏感性；

（4）低的时效脆化敏感性；

（5）优良的焊接性和冷热加工性能；

（6）选用焊接材料应使其焊缝熔敷金属与母材强度和塑韧性相适应；

（7）容器涉及的材料品种较多，设计选材时应综合考虑材料之间物理化学性能的相容性和匹配性；

（8）容器大型化会带来成分偏析加重和性能均匀性降低等冶金尺寸效应，容器选材时应考虑材料对大型化生产的适应性；

（9）与反应堆冷却剂接触的容器材料应具有优良的抗腐蚀性能；

（10）应优先选用具有使用经验的成熟材料和经济性好的材料，对新材料必须对其性能进行全面严格的鉴定。

压力容器在环境介质（H_2O）中会发生腐蚀，而腐蚀产物在一回路的沉积增大了放射性。对此，人们对压力容器材料在压水堆环境条件下的各类腐蚀进行了研究。研究表明：在压水堆环境条件下，应力腐蚀和腐蚀疲劳对压力容器完整性危害较大。为此，在压力容器内壁都堆焊了 $6\sim8mm$ 的不锈钢或镍基合金衬里，以防止水腐蚀带来的危害。

研究发现：不锈钢堆焊层开裂处会遭受腐蚀的危害，而堆焊层开裂与合金成分、冶金、水质、环境温度等相关。在层流速度下，当冷却剂中硫的质量分数小于 0.008% 时，不易发生环境增强开裂；在压水堆高流速下，水质保证时，不易发生环境增强开裂。

核压力容器钢受快中子（>1MeV）轰击后会产生稳定的缺陷团、富铜（Cu）沉淀和磷（P）沉淀，在高的中子注量下，进而引起压力容器钢辐照脆化。

为了监督压力容器材料的辐照性能变化，在堆内设置了辐照监督管。在辐照监督管内放置了压力容器材料的辐照监督试样，在不同的辐照期将这些监督试样取出进行分析测试，以便监督反应堆压力容器材料在使用期内性能的变化。

影响压力容器材料辐照性能的主要因素：

（1）化学成分对辐照性能的影响：主要合金元素和残余元素有 Ni、Cu、V、Si、As、Pb、Sn、Sb、B。

（2）辐照温度对辐照性能的影响：辐照损伤效应随辐照温度的变化呈相反的关系，即温度越高，辐照损伤效应越小。

（3）中子注量对辐照性能的影响：中子注量（n/cm^2）是影响辐照损伤效应的重要因素，随着中子注量的增加辐照脆化效应加剧，韧脆转变温度的增值 ΔTNDT 明显增大，原因是随着中子注量的增大，金属晶格原子受中子轰击的概率增高，产生辐照缺陷的数量增多，致使辐照脆化效应加剧。

因此，必须从引起辐照损伤机理及其影响材料辐照性能入手减小辐照损伤。主要措施如下：

（1）可从反应堆压力容器结构设计上采取措施，加大容器内径，增大容器壁与堆芯的水间隙，降低容器壁承受的中子注量，以减轻辐照强度，从而减小辐照损伤程度。

（2）尽可能降低容器钢中的辐照敏感性元素和残余杂质元素 Cu、P、S、V、As、Pb、Sn、Sb、Bi、B、H、O、N 的含量，降低钢的辐照脆化敏感性，提高钢的抗辐照性能。

（3）采用先进的冶炼工艺，如采用电炉熔炼加钢包真空精炼及真空浇铸工艺，减少钢中的气体含量尤其是 H、O、N 的含量，以减少非金属夹杂物，提高钢的清洁度；尽可能提高钢的锻压比、淬火冷却速度，采取最佳的热处理工艺，以获得均匀的组织和细化钢的晶粒；提高钢的塑韧性，增加韧性储备量，可改善钢的抗辐照性能。

6.6.6 控制材料

为了实现反应堆可控和自持核裂变链式反应，确保反应堆安全、平稳和正常运行，需要在反应堆内加入含中子吸收截面大的元素和合金、氧化物、水溶液和陶瓷材料等。本小节介绍了反应性控制的任务和原理、控制棒及其特点、化学补偿控制及可燃毒物。

反应性控制任务是：控制反应堆堆芯的剩余反应性，调整反应堆功率水平，以及展平中子通量分布和抑制氙振荡等，从而实现反应堆的启动、运行与停堆等目的。

反应性定义：反应性是表征核链式反应介质或系统偏离临界程度的一个参数，可用下述公式表示：

$$\rho = \frac{k_{\text{eff}} - 1}{k_{\text{eff}}} \tag{6-28}$$

式中　ρ——反应性；

　　　k_{eff}——有效增殖系数，表示为堆内本代裂变中子总数与上一代裂变中子总数之比。

对有限大小的反应堆，有效增殖系数 k_{eff} 可表示为：

$$k_{\text{eff}} = \varepsilon \cdot p \cdot f \cdot \eta \cdot P \tag{6-29}$$

式中　ε——快中子增殖系数；

　　　p——中子逃脱共振吸收概率；

　　　f——热中子利用系数；

　　　η——热中子裂变因子；

　　　P——中子不泄漏概率。

对特定的反应堆，可通过移动控制棒组件来改变其堆芯的反应性，使反应堆达到不同状态：

（1）当反应性 $\rho = 0$ 时，$k_{\text{eff}} = 1$，反应堆处于临界状态；

（2）当反应性 $\rho < 0$ 时，$k_{\text{eff}} < 1$，反应堆处于次临界状态；

（3）当反应性 $\rho > 0$ 时，$k_{\text{eff}} > 1$，反应堆处于超临界状态。

反应性控制原理：调节有效中子增殖系数 k_{eff}。对于特定的堆芯，燃料的富集度和慢化剂已确定，ε、η 和 P 基本不变。所以，反应性控制主要是通过改变热中子利用系数 f 和中子不泄漏概率 P 来实现的。

常用方法是：中子吸收法；改变中子慢化性能法；改变燃料含量法和改变中子泄漏法。在堆芯可燃毒物、可溶毒物及燃料装料已确定的情况下，通常是通过改变控制棒在堆芯中的位置，即由控制棒驱动机构将控制棒组件插入或抽出，来达到改变并控制堆芯的反应性。

在压水堆核电站中，除了采用控制棒来控制堆芯反应性外，还在冷却剂中加入可溶硼（硼酸）来补偿氙毒和燃耗引起的慢反应性变化。

其中，控制棒功能为：堆芯剩余反应性控制、反应堆启动、反应堆停堆、反应堆功率调整，以及抑制氙振荡等。

控制棒控制的优点：吸收中子能力强；控制速度快；动作灵活可靠；调节反应性精确度高。缺点是：对反应堆功率分布和中子注量率的分布有干扰。

按控制棒在堆内的用途，一般将控制棒分成三类：补偿棒、调节棒和安全棒。分述如下：

（1）补偿棒：用于补偿燃料燃耗、裂变产物毒性和慢化剂温度效应等引起的慢变化的反应性亏损；

（2）调节棒：用于补偿因功率升降、变工况的瞬态氙效应、电网负荷变化等引起的反应性变化；

（3）安全棒：用于紧急停堆。

根据控制棒在反应堆内的功用和使用环境，控制棒材料应满足如下要求：

（1）中子吸收截面要大；

（2）在宽的中子能量范围内有强的中子吸收，且吸收截面准确已知；

（3）熔点高、导热好、热膨胀系数小、辐照尺寸稳定性好，与包壳相容性好；

（4）中子活化截面小，含长半衰期的同位素少；

（5）强度高、塑韧性好、耐腐蚀性能好和抗辐照；

（6）容易加工、成本低廉。

目前，国内外压水堆采用的控制材料有：碳化硼（B_4C）、银-铟-镉（Ag-In-Cd）、铪（Hf）。

常用控制棒材料主要性能分述如下：

（1）碳化硼。硼的中子吸收截面符合 1/v 律，利于准确计算；碳化硼理论密度为 $2.52g/cm^3$；B_4C 中含硼量为 80%；碳化硼熔点高，熔点高达 2350℃；热膨胀系数小，热稳定性好；抗压强度高（200Mpa）；导热性能好；耐酸、碱腐蚀；辐照尺寸稳定性较好。

（2）银-铟-镉合金。材料成分为 15%In、5%Cd，银（Ag）为基；Ag-In-Cd 合金在宽的中子能量范围内有高的中子吸收截面；抗辐照性能较好，在 $2.11×10^{21}n/cm^2$ 中子注量辐照下，未表现出明显的辐照硬化与脆化；蠕变强度较高，高温下抗热振的尺寸稳定性好；耐腐蚀。

（3）铪。中子吸收能力强，即对超热中子有强的共振吸收能力；有 5 种同位素，每种同位素吸收中子后生成的子代仍有吸收中子的能力；铪为（n，γ）反应，辐照效应小；熔点高，熔点高达 2210℃；热膨胀系数小，热稳定性好；塑性好，易加工；耐辐照；抗高温水腐蚀性能好，不用包壳。

化学补偿控制是将中子吸收剂溶于冷却剂或液体慢化剂中，使其流过反应堆堆芯时对反应性进行控制。

化学补偿控制特点：化学补偿剂硼酸在堆内分布均匀，可以使堆芯各部分受到均一的适当控制，可以降低堆内中子通量不均匀系数，从而提高燃料的利用率。

目前，压水堆核电站普遍采用可溶毒物硼酸作为化学补偿控制剂。

硼酸的优点：弱酸性、无毒、不易燃烧和爆炸；在高温水中化学稳定性高；溶于水中不易分解；对冷却剂水中的 pH 值影响小；对结构材料的腐蚀性小；容易取得等。

硼酸的缺点：只能控制慢变化的反应性；在硼酸浓度过高时，有可能出现正的慢化剂温度系数（moderator temperature coefficient，MTC），导致反应性增加。

可燃毒物控制是指在初始堆芯或高燃耗长寿期的换料堆芯中加入一种可燃吸收体，在反应堆运行过程中，可燃吸收体吸收中子后也随之燃耗，可燃吸收体消耗后所释放的反应性与燃料燃耗所减少的剩余反应性基本相等，因此，部分补偿了由燃料燃耗引起的反应性降低。同时，在堆芯中合理使用可燃毒物可以展平中子通量分布。

压水堆常用的固体可燃毒物有：$B_4C+Al_2O_3$、硼硅玻璃、CrB_2+Al、$Gd_2O_3-UO_2$、ZrB_2 涂 UO_2 表面。其中，$Gd_2O_3-UO_2$ 和 ZrB_2 涂 UO_2 表面这两种可燃毒物是高燃耗（大于 50GWd/tU）、长寿期（大于 54 个月）换料堆芯中使用的一体可燃毒物。

6.6.7 不锈钢

不锈钢是指在大气、蒸汽和水中耐腐蚀的合金钢种。在压水反应堆（PWR）中被广泛应用的是奥氏体不锈钢，如燃料组件的上、下管座，控制棒包壳管、堆芯吊篮、堆芯围筒、保护管组件、压力容器里衬及蒸汽发生器换热管等。这是因为奥氏体不锈钢具有优良的耐腐蚀性和可焊接性能，良好的冷、热加工性能以及冷变形后的较高的强度、塑性和韧性等。本节对不锈钢的分类与成分特点作了介绍，重点介绍奥氏体不锈钢的腐蚀和辐照效应。

不锈钢的种类很多、性能各异。按成分分类有：铬不锈钢和铬镍不锈钢。按组织分类有：奥氏体、铁素体、马氏体、奥氏体-铁素体及沉淀硬化型五类。

以上各种不锈钢的获得，主要取决于钢中碳（C）、铬（Cr）、镍（Ni）三元素的各自含量与相互配比。对不锈钢的成分进行控制与配比，可得到下述特定的组织的不锈钢：

（1）马氏体不锈钢：铬（Cr）的质量分数为 13% ~ 17%，碳（C）的质量分数在 0.10% 以上，镍（Ni）的质量分数在 2% 以上；

（2）铁素体不锈钢：铬（Cr）的质量分数为 13% ~ 30%，碳（C）的质量分数在 0.05% ~ 0.20% 范围，镍（Ni）的质量分数在 2% ~ 3% 范围；

（3）奥氏体不锈钢：铬（Cr）的质量分数为 18% ~ 27%，碳（C）的质量分数在 0.10% 左右，镍（Ni）的质量分数 >8%；

（4）奥氏体-铁素体不锈钢：铬（Cr）的质量分数 >18%，镍（Ni）的质量分数 >3%；

（5）沉淀硬化型不锈钢：铬（Cr）的质量分数为 14% ~ 18%，镍（Ni）的质量分数在 4% ~ 7% 范围。

在压水反应堆（PWR）中被广泛应用的材料是奥氏体不锈钢，如燃料组件的上、下管座，控制棒包壳管、堆芯吊篮、保护管组件、压力容器里衬及一回路系统蒸汽发生器的换热管等。

在不锈钢中，奥氏体不锈钢最为重要，在工业应用的不锈钢中约 70% 是奥氏体不锈钢。奥氏体不锈钢化学组成有 Cr-Ni 和 Cr-Mn 两个系列。根据使用环境的不同添加 Mo、N、Cu、Si、Ti、Nb 等合金元素，形成不同牌号的奥氏体不锈钢。如：0Cr18Ni9（AISI 304）、0Cr18Ni11Ti（AISI 321）等。

奥氏体不锈钢具有优良的抗腐蚀性能，并且具有良好的综合力学性能、工艺性和焊接性能。所以，在反应堆中得到了广泛的应用。

不锈钢的耐腐蚀性是由于其表面存在一层钝化膜。这层钝化膜的形成过程比较复杂，它与金属电子性能、化学、电化学以及力学性能有关。可归纳为：水分子直接参与钝化膜形成；金属表面产生钝化是膜的生成、金属溶解、膜的溶解等反应的共同作用的结果；已钝化金属实际存在的膜，或者是吸附膜，或者是某种化合物的成相膜。

在压水堆环境介质中，常见的奥氏体不锈钢腐蚀有：点腐蚀、缝隙腐蚀、晶间腐蚀、应力腐蚀破裂（SCC）等。

（1）点腐蚀。点腐蚀是奥氏体不锈钢常发生的一种局部腐蚀。

点腐蚀的产生条件和因素：在氯化物和其他卤素离子存在的环境中，Cl^-破坏了奥氏体不锈钢表面起保护作用的钝化膜。除环境介质、不锈钢表面状态外，不锈钢的化学组成和组织结构是点腐蚀的重要因素。

（2）缝隙腐蚀。

缝隙腐蚀的产生条件和因素：由于不锈钢部件的结构原因或异物附着在金属表面形成微小缝隙。缝隙内溶液组分迁移十分困难，缝内溶液中的氧难以得到补充。缝内不锈钢表面钝化膜遭到破坏，缝隙内不锈钢表面产生严重腐蚀，即发生缝隙腐蚀。

影响缝隙腐蚀的外部因素：溶解氧量、液体流速、温度、pH 值降低、Cl^-浓度、缝隙几何形状、宽度、深度以及内外面积比等。

不锈钢本身因素主要是化学成分、组织结构等。

（3）晶间腐蚀。

按照晶间腐蚀产生的机理不同可分为敏化态晶间腐蚀和非敏化态晶间腐蚀。敏化态晶间腐蚀是奥氏体不锈钢在敏化处理时，因焊接等原因在晶界出现含 Cr 量很高的碳化物析出，这就引起在晶界附近 Cr 的贫化，以致发生晶界腐蚀。非敏化态晶间腐蚀是在固溶的奥氏体不锈钢中由于杂质元素在晶界偏析引起的。

奥氏体不锈钢中不同的化学成分对晶间腐蚀的影响如下：

1）C 含量超过 0.03%后，随 C 含量增加晶间腐蚀敏感性增加；

2）Cr 含量增加，有利于减弱晶间腐蚀倾向；

3）Ni 含量增加，会增加晶间腐蚀倾向；

4）N 含量适量增加，可提高奥氏体不锈钢的耐晶间腐蚀性能；

5）杂质元素 S、P 等容易在晶间吸附偏析。

（4）应力腐蚀破裂（SCC）。奥氏体不锈钢发生应力腐蚀破裂（SCC）的机理：不锈钢在应力的作用下产生了滑移，使得不锈钢表面的钝化膜破裂，在滑移带出现了某些元素或杂质的偏析，在腐蚀介质的作用下，发生阳极溶解。在应力和溶解的继续作用下，导致应力腐蚀破裂。

在核反应堆系统中，影响应力腐蚀破裂的主要因素是溶氧量和 Cl^-浓度。当含 $0.1\mu g/g$ 的 Cl^-时，高温水中溶氧达到 $1\mu g/g$ 就会引起不锈钢的应力腐蚀破裂。

在奥氏体不锈钢中某些化学成分对应力腐蚀破裂发生的影响是极重要的。研究表明：在 20%的 NaCl 溶液中，元素 Al、C、P、N 对应力腐蚀破裂敏感，而元素 Cr、Si、Ni、Mo、Cu、V 对应力腐蚀破裂不敏感。

奥氏体不锈钢的辐照效应：中子辐照后会使奥氏体不锈钢晶格损伤，其结果是强度增加，塑性下降。研究表明，奥氏体不锈钢经 10^{21}n/cm^2 中子注量辐照后才会产生明显的辐照效应。压水堆中燃料组件的上、下管座，堆芯吊篮等部件都在堆芯外围，所受到的中子积分通量一般都不超过 10^{21}n/cm^2，因此辐照效应比较小，对安全的威胁不大。

由于蒸汽发生器自身结构、材料和二回路等诸多原因，造成蒸汽发生器发生损伤。常见的损伤有：

1）集流管与传热管胀接孔之间的集流管基体金属发生裂纹。裂纹主要有三类：①微小裂纹，这类裂纹宽度不超过 0.1mm，长度不大于 1mm；②行星式裂纹，这类裂纹分布于两个胀孔之间，宽度在 0.2～0.5mm，长度最长可达两孔之间金属厚度，深度最大可达 30mm；③干线裂纹，这类裂纹宽度大于 0.5mm，长度可达 1000mm，深度最大可达 171mm，造成穿透性损伤。

2）传热管的破损。这种损伤主要表现为溃烂性点蚀，引起这类破损的原因是：①水力微振引起的磨蚀；②传热管受表面沉积物的腐蚀；③应力腐蚀引起的传热管管壁局部减薄，致使传热管损坏而产生的破口或磨蚀。

3）蒸汽发生器集流管与壳体连接区（焊缝范围）的金属龟裂。造成这类损伤的可能原因为：①爆破胀管、焊接和热处理工序的传承性；②蒸汽发生器自由位移受阻产生的非设计应力。

6.6.8 核电厂金属材料腐蚀

在核电厂存在着大量的金属材料腐蚀问题，材料的腐蚀直接影响反应堆设备的安全与使用寿命。本节介绍金属材料的腐蚀概念、腐蚀的分类、常见腐蚀特征。

金属腐蚀定义：金属与周围环境（介质）之间发生化学或电化学作用而产生的破坏或变质。由于金属与介质间发生化学或电化学多相反应，使金属转变为氧化（离子）状态。因此，金属腐蚀的主要研究对象就是金属与环境之间所构成的腐蚀体系以及该体系中发生的化学或电化学反应。

（1）按腐蚀环境分类，腐蚀有：

1）干腐蚀，失泽，金属在露点以上的常温干燥气体中腐蚀（氧化），生成很薄的表面腐蚀产物，使金属失去光泽，这是一种化学腐蚀机理。高温氧化，金属在高温气体中腐蚀（氧化），有时生成很厚的氧化皮，在热应力或机械应力下会引起氧化皮剥脱。这是一种高温腐蚀。

2）湿腐蚀是指金属在潮湿环境或含水介质中腐蚀，湿腐蚀又分自然环境下的腐蚀和工业介质中的腐蚀。这是一种电化学腐蚀机理。

3）无水有机液体和气体中的腐蚀，属于化学腐蚀机理。

4）熔盐和熔渣中的腐蚀，属于电化学腐蚀机理。

5）熔融金属中的腐蚀，属于物理腐蚀机理。

（2）按腐蚀机理分类，腐蚀有：

1）化学腐蚀，指金属表面与介质发生化学作用而引起的破坏。其特点是：金属表面与非电解质中的氧化剂直接发生氧化还原反应，形成腐蚀产物。腐蚀过程中电子的传递是在金属与氧化剂之间进行的，因而没有电流发生。

2) 电化学腐蚀，指金属表面与介质发生电化学反应而引起的变质或破坏。电化学腐蚀是最普通、最常见的腐蚀，金属在大气、海水，以及各种介质溶液中的腐蚀都属于这类腐蚀。发生电化学腐蚀的原因是材料中存在着不均匀或不同质。由于存在着不同，便形成了电位的差异，于是通常在阳极发生金属的溶解，在阴极产生氢气或氢和氧化合成水。

3) 物理腐蚀，指金属由于物理溶解作用引起的破坏。熔融金属中的腐蚀就是固态金属与熔融液态金属相接触引起的金属溶解和开裂。这种腐蚀不是由于化学反应，而是由于物理的溶解作用。

(3) 按腐蚀形态分类，腐蚀有：

1) 均匀腐蚀，指整个暴露的金属构件表面或相当大的面积上发生化学或电化学反应，导致构件由于腐蚀减薄而失效。

2) 局部腐蚀，指金属构件的局部区域总是遭受腐蚀，或在电化学腐蚀中总当阳极，造成材料的局部过度腐蚀甚至蚀穿。包括电偶腐蚀、点腐蚀、缝隙腐蚀、晶间腐蚀、剥蚀腐蚀、选择性腐蚀、丝状腐蚀。

3) 应力腐蚀，为一种发生在特殊环境和应力状态下的腐蚀。包括应力腐蚀断裂、氢腐蚀（氢鼓泡、氢脆、氢蚀）、腐蚀疲劳、磨蚀。

在核电厂存在着大量的金属材料腐蚀问题，常见的有均匀腐蚀、点腐蚀、晶间腐蚀、应力腐蚀破裂、缝隙腐蚀、磨蚀等。

(1) 均匀腐蚀，其特征是：金属材料在环境介质中发生化学或电化学作用，其表面产生大面积的均匀腐蚀。有的表现为均匀地失去一层物质，材料减薄；有的表现为均匀地覆盖一层物质（腐蚀产物），使材料变质。

(2) 点腐蚀，其特征是：金属表面小面积腐蚀形成小的凹坑，一般凹坑直径小于或等于它的深度，凹坑的深度比直径大，并且分布不均匀。

(3) 晶间腐蚀，其特征是：金属材料在特定的腐蚀介质中，某些易溶物质沿着金属晶界深入其内部，形成溃疡性腐蚀。晶间腐蚀从表观上看没有什么变化，但晶粒间已丧失了结合力，使得金属的强度、塑性及韧性大大降低，严重情况下金属会粉化。因此，这是一种危害性极大的局部腐蚀。

(4) 应力腐蚀破裂，其特征是：金属或合金在应力和特定腐蚀介质共同作用下产生的破裂。在金属表面大部分不受腐蚀，只在局部产生细裂纹穿透。

影响应力腐蚀的因素有：材料成分、应力、温度和金属结构状态等。

(1) 缝隙腐蚀，为发生在缝隙内的一种特殊的局部腐蚀。产生这种腐蚀有两个条件：滞流的缝隙；危害性离子 Cl^-。

(2) 磨蚀，为流体对金属表面同时产生机械磨蚀和电化学腐蚀的破坏。磨蚀造成的金属外表面特征是：局部性的沟槽、波纹、凹谷，并有一定的方向性。

(3) 氢腐蚀，指金属内部存在氢或氢相而引起的金属破坏。氢腐蚀可分氢鼓泡、氢脆、氢蚀等。

(4) 腐蚀疲劳，指金属材料在交变应力和腐蚀共同作用下引起的破坏。腐蚀疲劳的外形特征是：通过蚀孔有若干条裂缝，方向和应力垂直，是穿晶型，没有分支裂缝、缝边呈现锯齿形。

6.6.9　辐照效应

辐照损伤是指材料物理或化学性质受载能粒子（>1MeV 快中子）轰击后发生了微观变化。这种变化的物理机制是具有一定能量的入射粒子（中子、γ射线、电子、质子、离子等）和材料中的原子发生弹性碰撞、非弹性碰撞、核反应，产生空位和间隙原子、激发和电离及异种原子，并演化成空位环、位错环、离位峰、层错、贫化区和析出新相等。辐照损伤先于辐照效应发生，它是导致辐照效应的基本原因。

反应堆用材料的几种辐照损伤类型如下：

（1）电离效应：这是指反应堆内产生的带电粒子和快中子撞出的高能离位原子与靶原子轨道上的电子发生碰撞，而使其跳离轨道的电离现象。

（2）嬗变：受撞原子核吸收一个中子变成异质原子的核反应，如 10B（n，α）7Li 反应，产生金属锂和氦。

（3）离位效应：碰撞时，当中子传递给原子的能量足够大，原子将脱离点阵节点而留下个空位。

（4）离位峰中的相变：有序合金在辐照时转变为无序相或非晶态相。

辐照效应是固体材料在高能粒子，如电子、中子、质子、γ射线、α粒子和裂变碎片等的轰击下，产生了宏观的变化，这种变化工程技术上称材料性能变化。在中子辐照下，会使金属材料强度增加，塑韧性下降和脆性增加。例如：压力容器钢会变脆，锆合金包壳会生长；二氧化铀陶瓷芯块会发生密实和肿胀；在γ射线照射下，玻璃透明度会下降等。

由于辐照效应引起的材料性能变化直接关系到反应堆的安全和寿命，因此，工程上最关心的是辐照效应。

辐照缺陷是指反应堆材料在中子辐照下产生的空位环、位错环、层错、贫化区和析出的新相等。这些缺陷都是辐照点缺陷的聚集的演化产物，属于晶体缺陷。

金属材料在中子辐照下，强度极限、屈服极限和硬度提高的现象，称辐照硬化。辐照硬化是因为金属材料在中子辐照下产生了大量的点缺陷，继而形成许多空洞和位错环，使得原有的点阵发生畸变，畸变后的点阵会阻碍具体的变形，从而使金属材料的强度增加。辐照硬化是诱发各种性能变化的根源。

6.7　核电技术展望

6.7.1　受控核聚变反应

随着人类对能源需求的增加，核聚变能的发展越来越受到人们的关注。目前的技术水平已经可实现不受控制的核聚变，如氢弹等核武器早已登上历史舞台。但如要使核聚变释放出的巨大能量可有效为人类所利用，则必须对其进行人为控制，即受控核聚变。在实验室中，要实现核聚变反应是一件相对容易的事情，但要形成大规模的能量净输出，并能进行自持链式反应，则有一定难度。

核聚变的燃料，氢及同位素氘、氚在海水中储量极为丰富，从 1L 海水中提出的氘，在完全的聚变反应中可释放相当于燃烧 300L 汽油的能量。核聚变反应堆不会产生污染环境的硫、氮氧化物，更不会释放温室效应气体，而且核聚变反应堆具有绝对的安全性。可以说它是一种无污染，无核废料，资源近乎无限的理想能源。

磁约束核聚变（托卡马克）目前被认为是最有前途的可控核聚变方式。目前国际上已经有许多托卡马克装置，例如我国的 EAST（先进超导托卡马克实验装置）、欧盟的 JET、美国的 DⅢ-D，均实现了对聚变等离子体的稳定约束，证实了受控聚变反应的可行性。

国际热核聚变实验堆计划（international thermonuclear experimental reactor，ITER）是为解决未来能源问题而开展的重大国际合作计划。ITER 装置是一个能产生大规模核聚变反应的超导托卡马克，由欧盟、中国、美国、俄罗斯、日本、韩国以及印度七方共同参与建设。ITER 计划将集成目前国际上受控磁约束核聚变的主要科技成果，首次建造可实现大规模聚变反应的聚变实验堆，为下一步建设聚变能示范电站 DEMO 奠定理论与技术基础。

中国环流器二号 M 装置是我国目前规模最大、参数最高的先进托卡马克装置，是我国新一代先进磁约束核聚变实验研究装置，由中核集团核工业西南物理研究院自主设计建造。该设备是实现我国核聚变能开发事业跨越式发展的重要依托装置，也是我国消化吸收 ITER 技术不可或缺的重要平台。

6.7.2　受控核聚变反应关键材料

材料问题是目前限制聚变能发展的一个重要因素。核聚变堆关键材料有以下几种。

6.7.2.1　包层结构材料

聚变堆的中子辐照强度高达 14MeV，高能中子流冲击在结构材料内部能产生高达 200dpa 原子离位损伤，产生大量空位、间隙原子。这些空位和间隙原子的进一步扩散会使结构材料出现微结构、微化学变化，导致辐照相变、偏析、硬化、肿胀等现象的产生。因此堆聚变堆结构材料必须具备以下要求：

（1）中子截面小、低活化性能，材料中的主要合金元素具有较短的半衰期，经过中子辐照后，其放射性能可快速衰变。

（2）优异的抗辐照性能，辐照下组织结构稳定，辐照肿胀小，辐照催化和硬化程度低。

（3）力学性能稳定，且具有足够的韧性、塑性、强度及高温蠕变强度。

（4）良好的加工性能，材料制备成本相对低廉。

（5）与冷却剂有良好的兼容性等。

目前正在使用和研究的包层结构材料主要有奥氏体不锈钢、低活化铁素体/马氏体钢（reduced activation ferritic/martensitic，RAFM）、氧化物弥散强化钢（oxide dispersion strengthened steel，ODS）、钒合金、SiCf/SiC 复合材料。

ODS 钢因其优异的高温性能和抗辐照性能，被认为是未来核能系统最佳备选结构材料之一。其优异的性能主要归功于大量细小稳定的氧化物，如 $Y_2Ti_2O_7$、Y_2TiO_5 和（Ti，Y，O）纳米团簇，它们在高温和辐照条件下拥有比碳化物和氮化物析出物高得多的稳定性。这些氧化物析出物能有效地钉扎晶界、空位和错位，元素的扩散也被抑制，因此能有效地抑制晶界滑移，使 ODS 钢具备优异的抗蠕变性能。同时，这些高密度稳定的细小氧化物弥散颗粒可以作为有效陷阱捕获点缺陷和辐照嬗变产物（如氢氦等气泡），阻碍点缺陷重组和气泡的聚集长大，因此 ODS 钢也具有优异的抗辐照性能。

6.7.2.2　核聚变堆面向等离子体材料

在极端的核聚变环境中，面向等离子体材料直接面对高剂量的氢同位素和氦离子作用、高强中子辐照以及高强热冲击的同时作用，使得面向等离子体材料的研究极具挑战。例如等离子体会与材料表面相互作用，造成材料损伤，比如物理溅射、化学溅射、表面起泡和剥落等。

温度的急剧变化一方面会导致材料状态的改变，如发生再结晶或熔化，另一方面会引起巨大的机械应力，周期性的高热负荷作用还会产生疲劳载荷，容易引起材料的脆性开裂及破损。高束流的 D、T、He 和高强中子会在材料表面和内部产生大量缺陷，并产生气泡、空洞和肿胀。这些条件相互作用时，会严重影响面向等离子体材料的机械性能、热传递性能等。这种损伤反过来又会污染等离子体，材料表面吸附的工作气体、杂质气体和材料本身的元素进入等离子体约束区后，会影响等离子体的稳定性。面向等离子体材料的总体要求如下：

（1）低活化性、与等离子良好的兼容性、低氚滞留等基本性能；

（2）高熔点，高热导率；

（3）低物理溅射和化学溅射；

（4）优异的高温性能，以及抗热冲击性能。

面向等离子体材料可大致分为低 Z 材料和高 Z 材料。低 Z 材料主要有石墨、碳纤维复合材料（CFC）、铍（Be）等，高 Z 材料主要是钨和钨合金等。

钨因以上优点被公认为是核聚变反应堆最具有前途的一类面向等离子体材料（plasma oriented materials，PFMs）。钨不仅被选作 ITER 偏滤器用材料，同时也被选作 DEMO 及未来聚变反应堆中第一壁及偏滤器部位的主要备选材料。

但钨作为面向等离子体材料的最大缺点则是其高脆性。钨的韧脆转变温度（ductile brittle transition temperature，DBTT）约为 150~400℃；辐照脆性和再结晶脆性会进一步升高其 DBTT，使其在服役过程中因温度频繁跨越 DBTT，极易发生脆性断裂。

6.7.2.3　新型结构材料

目前 ODS 钢、钒合金、碳化硅材料都存在一些局限，另外从更高辐照水平的示范堆（21 世纪 40 年代）或商用原型电站（21 世纪 50 年代）的要求看，ODS 钢也不能满足需求。因此，聚变能长远的发展需求还需要研发其他先进的结构材料。复合块状非晶材料以及高熵合金在多个方面展现了优良的性能，是有潜力的候选材料。

（1）非晶材料。非晶材料由于原子排列长程无序，短程有序，其物理、化学性能与晶体合金存在较大差异，在多方面存在优势，包括：

1）非晶材料没有韧脆转变温度，其动态断裂韧性随载荷速率增加而提高；

2）非晶合金原子无序排列，其抗辐照性能优于晶体合金；

3）非晶合金具有极好的耐腐蚀性能；

4）非晶材料与玻璃类似，存在超塑区间，可加热软化且易成型，从而解决了加工问题。

目前块状非晶材料的制备方法主要是铜模铸造法。然而，非晶材料也存在一些劣势，主要包括室温脆性以及应变软化，从而限制了其在结构材料中的应用。

（2）高熵合金。多主元的特点导致高熵合金晶格畸变严重、高混合熵、高温相稳定，通过适当的合金成分调配，可获得高温蠕变性能好、抗腐蚀、抗氧化、高强度的适合于高温结构材料的高熵合金。2014 年，*Science* 杂志报道了一种 FeCoNiCrMn 高熵合金，其断裂韧性优于大多数传统金属材料，断裂韧性在温度下降到液氮温度时仍保持稳定。美国橡树岭国家实验室 Kiran Kumar 等认为优良的力学性能及抗腐蚀性能使得高熵合金成为极具潜力的裂变堆和聚变堆候选结构材料。他们还借助离子束对 FeNiMnCr 高熵合金进行了离子辐照，发现其具有特别好的抗辐照性能，超过了奥氏体不锈钢材料，进一步为高熵合金在聚变堆包层结构材料的应用提供了依据。

高熵合金作为日趋饱和的传统合金领域的一个突破方向，其种类之丰富、性能之优异，已吸引各国科研工作者为之努力。

参 考 文 献

[1] 朱继轴. 核反应堆安全分析 [M]. 西安：西安交通大学出版社，2004.

[2] Pershagen B. Light water reactor safety [J]. Specific nuclear reactors & Associated Plants，1989.

[3] 邬国伟. 核反应堆工程设计 [M]. 北京：原子能出版社，1997.

[4] 伍赛特. 受控核聚变技术应用前景展望 [J]. 上海节能，2018（12）：963-966.

[5] 张颖. 核聚变堆关键材料的强韧化研究 [D]. 武汉：华中科技大学，2017.

[6] 徐玉平，吕一鸣，周海山，等. 核聚变堆包层结构材料研究进展及展望 [J]. 材料导报，2018，32（17）：2897-2906.

[7] 徐杰，李荣斌. 核聚变堆用结构材料的研究进展 [J]. 上海理工大学学报，2020，41（6）：41-47.

[8] 卢希庭. 原子核物理（修订版）[M]. 北京：原子能出版社，2010.

[9] Bertulani C A. Nuclear physics in a nutshell [M]. 北京：世界图书出版公司，2013.

[10] 周乃君，乔旭斌. 核能发电原理与技术 [M]. 北京：中国电力出版社，2020.

[11] 黄素逸. 反应堆热工水力分析 [M]. 北京：机械工业出版社，2014.

[12] 周涛，盛程. 压水堆核电厂系统与设备 [M]. 北京：中国电力出版社，2012.

[13] 马栩泉. 核能开发与应用 [M]. 北京：化学工业出版社，2014.

[14] 黄树红. 汽轮机原理 [M]. 北京：中国电力出版社，2019.

[15] Shultis J K，Faw R E. Fundamentals of nuclear science and engineering [M]. New York：Marcel Dekker，Inc. 2002.

7 生物质能材料与技术

7.1 生物质概论

7.1.1 生物质定义

生物质是指通过光合作用而形成的各种有机物，它包括植物、动物和微生物。广义的生物质包括所有的植物、微生物以及以植物、微生物为食物的动物及其生产的废弃物。有代表性的生物质如农作物、农作物废弃物、木材、木材废弃物和动物粪便。狭义的生物质主要是指农林业生产过程中除粮食、果实以外的秸秆、树木等木质纤维素，农产品加工业下脚料，农林废弃物及畜牧生产过程中的禽畜粪便和废弃物等物质。生物质包括植物通过光合作用生成的有机物（如植物、动物及其排进物）、垃圾及有机废水等几大类。

生物质能（biomass energy）就是直接或间接地通过绿色植物的光合作用，将太阳能转化为化学能后储存在生物质中的能量。生物质能是一种可再生能源，同时也是唯一的可再生碳源。生物质能的原始能量来源于太阳，所以从广义上讲，生物质能是太阳能的一种表现形式。生物质能蕴藏在植物、动物和微生物等可以生长的有机物中，它是由太阳能转化而来的。

7.1.2 生物质的组成与结构

生物质是由多种复杂的高分子有机化合物组成的，主要有纤维素、半纤维素、木质素、淀粉、蛋白质、脂质、葡萄糖等。葡萄糖分子之间脱水后，它们的分子就会连到一起成为淀粉，有利于储存；更多的葡萄糖分子脱水后聚集起来就形成了一个更大的集团——纤维素，自然界中只有某些细菌（如沼气菌）能把它分解成为淀粉或葡萄糖。有的葡萄糖则被细胞转化为其他物质，参与各种生命活动，在不同的条件下与不同的物质组成为不同的碳框架物质。

（1）纤维素：纤维素含碳44.44%、氢6.17%、氧49.39%（质量分数）。天然纤维素的平均聚合度一般为几千到几十万，为白色物质，不溶于水，无还原性，水解一般需要浓酸或稀酸在加压下进行。水解可得纤维四糖、纤维三糖、纤维二糖，最终产物为D-葡萄糖。

（2）半纤维素：半纤维素来源于植物的聚糖类，分别含有一种至几种糖基。半纤维素大量存在于植物的木质化部分，如秸秆、种皮、坚果壳及玉米穗等，其含量依植物种类、部位和老幼程度有所不同。半纤维素的前驱物是糖核苷酸。

（3）木质素：木质素是在酸作用下难以水解的相对分子质量较高的物质，主要存在于木质化植物的细胞中，具有强化植物组织的作用。其化学结构是苯丙烷类结构单元组成的复杂化合物，含有多种活性官能团。

（4）淀粉：淀粉是由 D-葡萄糖和一部分麦芽糖结构单元组成的多糖。淀粉溶于水，分为热水中可溶和不溶两部分。可溶部分称为直链淀粉，占淀粉质量的 10%～20%，相对分子质量为 1 万～6 万；而不溶部分称为支链淀粉，占总质量的 80%～90%，相对分子质量为 5 万～10 万，支链淀粉具有分支结构。

（5）蛋白质：蛋白质是由氨基酸高度聚合而成的高分子化合物，随着所含氨基酸的种类、比例和聚合度的不同，蛋白质的性质也不同。蛋白质与纤维素和淀粉等碳水化合物组成成分相比，在生物质中的占比较低。蛋白质的元素组成一般含碳 50%～56%、氢 6%～8%、氧 19%～24%、氮 3%～19%，此外，还含有硫 0～4%（质量分数）。有些蛋白质含有磷，少数含铁、铜、锌、钼、锰、钴等金属，个别含碘。

（6）脂类：脂类是不溶于水而溶于非极性溶剂的一大类有机化合物。脂类主要化学元素是 C、H 和 O，有的脂类还含有 P 和 N。脂类分为中性脂肪、磷脂、类固醇等。油脂是细胞中能量最高而体积最小的储藏物质，在常温下为液态的称为油，固态的称为脂。植物种子会储存脂肪于子叶或胚乳中以供自身使用，是植物油的主要来源。

7.1.3　生物质能的特点

生物质能由于通过植物的光合作用可以再生，属可再生能源，资源丰富，用之不竭。生物质的硫含量、氮含量低，燃烧过程中生成的硫化物、氮化物较少：生物质作为燃料时，由于它在生长时需要的二氧化碳的量相当于它排放的二氧化碳的量，因而对大气的二氧化碳净排放量抵消后近似于零。生物质能分布广泛。缺乏煤炭的地域，可充分利用生物质能。

据估算地球陆地每年生产 1000 亿～1250 亿吨生物质，海洋每年生产 500 亿吨生物质。生物质能源的年生产量远远超过全世界总能源需求量，相当于世界年能耗的十多倍。生物质能应用领域广，生物质可以压缩成固体燃料、气化成燃气、气化发电，生产燃料酒精以及热裂解生产生物柴油、生产沼气等。

7.1.4　生物质能转化及利用

生物质的转化利用途径主要包括物理转化、化学转化、生物转化等，可以转化为二次源，分为热能或电能、固体燃料，液体燃料和气体燃料等。图 7-1 是生物质能源转换技术及产品。

生物质的物理转化是指生物质的固化，将生物质粉碎至一定的平均粒径，不添加黏结剂，在高压下挤压成一定形状。生物质化学转化主要包括直接燃烧、液化、气化、热解、酯交换等。生物质的生物转化是利用生物化学过程将生物质原料转变为气态和液态燃料的过程，通常分为发酵生产乙醇工艺和厌氧消化技术。

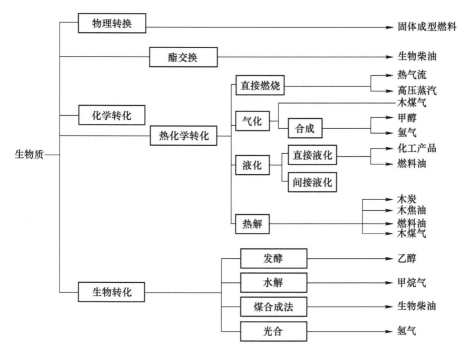

图 7-1 生物质能源转换技术及产品

7.2 生物质成型燃料

7.2.1 生物质成型燃料的定义

生物质成型燃料是生物质原料经干燥、粉碎等预处理后，在特定设备中被加工成的具有一定形状、一定密度的固体燃料。生物质成型燃料和同密度的中质煤热值相当，是煤的优质替代燃料，很多性能比煤优越，如资源遍布地球，可以再生，含氧量高，有害气体排放远低于煤等。

7.2.2 生物质的成型方式

生物质的成型方式主要有两种：一种是通过外加黏结剂使松散的生物质颗粒黏结在一起；另一种是在一定温度和压力条件下依靠生物质颗粒相互间的作用力黏结成一个整体。目前，生物质成型燃料主要通过后一种方式生产。松散的生物质在不外加黏结剂的条件下能够被加工成具有固定形状和一定密度的燃料，是许多作用力共同作用的结果。通过近十多年来对生物质成型机理的系统研究，目前已经形成了对生物质的成型过程中各种力作用机制的相对完整的认识。图 7-2 对生物质成型过程中原料颗粒的变化及产生的作用力进行了总结。

将松散的生物质加工成成型燃料的主要目的在于改变燃料的密度。制约生物质规模化利用的一个主要障碍就是其堆积密度低，通常情况下，秸秆类生物质的堆积密度只有 $80 \sim 100 \mathrm{g/cm^3}$，木质类生物质的堆积密度也只有 $150 \sim 200 \mathrm{g/cm^3}$。过低的堆积密度严重制约了

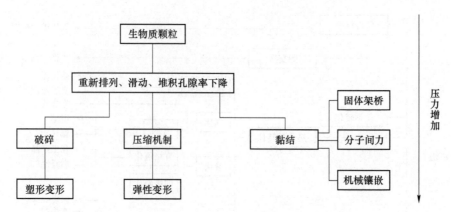

图 7-2　生物质成型过程中作用力的形成过程及机制

生物质的运输、储存和应用。虽然生物质的质量能量密度与煤相比并不算很低，但是生物质堆积密度低导致其体积能量密度很低，与煤相比这是其很大的一个缺点。

7.3　生物质燃烧技术

7.3.1　生物质燃烧概述

生物质燃烧的定义为生物质在空气中利用不同的过程设备将储存在生物质中的化学能转化为热能、机械能或电能。生物质燃烧的过程是最简单的热化学转化工艺，生物质燃烧过程一般分为三个阶段：预热干燥；挥发分的析出，燃烧与焦炭形成；残余焦炭燃烧。

生物质燃料特性与化石燃料不同，因而在燃烧过程中表现出不同于化石燃料的燃烧特性。生物质燃料易燃部分主要是纤维素、半纤维素、木质素。燃烧时，纤维素、半纤维素、木质素首先放出挥发分物质，最后转变成碳。但是生物质燃烧存在以下问题：生物含水量高且多变，热值低，炉前热值变化快，燃烧组织困难；密度小，空隙率高，结构松散，迎风面积大，悬浮燃烧比例大；挥发分高，且析出温度低，析出过程迅速，燃烧组织需与之适应；着火容易，燃尽困难，碱金属和氯腐蚀问题突出。

7.3.2　生物质燃烧原理

生物质燃料的燃烧过程是剧烈的放热和吸热反应。在燃烧过程中，由于燃料与空气会发生传质、传热过程，所以燃料燃烧所产生的热量会使环境温度升高，升高的环境温度会加快传质过程的进行。因此，发生燃烧的前提条件是，不仅要有足够的燃料，还要有适当的空气供给和足够的热量供给。

生物质燃料的燃烧过程可以分为燃料预热、干燥、挥发分析出燃烧和焦炭燃烧四个阶段。生物质燃烧机理属于静态渗透式扩散燃烧，其具体过程如下：

（1）生物质燃料表面可燃挥发物燃烧，进行可燃气体和氧气的放热化学反应，形成火焰。

（2）除了生物质燃料表面部分可燃挥发物燃烧外，成型燃料表层部分的碳处于过渡燃烧区，形成较长的火焰。

（3）生物质燃料表面仍有较少的挥发分燃烧，更主要的是燃烧向成型燃料更深层渗透。焦炭的扩散燃烧，燃烧产物 CO_2、CO 及其他气体向外扩散，行进中的 CO 与 O_2 结合形成 CO_2，成型燃料表层生成薄灰壳，外层包围着火焰；

（4）生物质燃料进一步向更深层发展，在层内主要进行碳燃烧（即 $C+O_2 \rightarrow CO$），在球表面进行一氧化碳的燃烧（即 $CO+O_2 \rightarrow CO_2$），形成比较厚的灰壳，由于生物质的燃尽和热膨胀，灰层中呈现微孔组织或空隙通道甚至裂缝，较少的短火焰包围着成型块。

（5）燃尽壳不断加厚，可燃物基本燃尽，在没有强烈干扰的情况下，形成整体的灰球，灰球表面几乎看不见火焰，灰球会变暗红色。至此完成生物质燃料燃烧的整个过程。

7.3.3 生物质燃烧技术的应用

7.3.3.1 生物质直接燃烧技术

生物质直接燃烧主要分为炉灶燃烧和锅炉燃烧。炉灶燃烧操作简单、投资较省，但燃烧效率普遍偏低，造成生物质资源的显著浪费。锅炉燃烧采用先进的燃烧技术，把生物质作为锅炉的燃料燃烧，适用于相对集中、大规模利用的生物质资源。按照锅炉燃烧用生物质品种的不同，可以分为木材炉、薪柴炉、秸秆炉、垃圾焚烧炉等；按照锅炉燃烧方式的不同，可以分为流化床锅炉、层燃炉等。

（1）流化床燃烧技术。流化床燃烧是一种燃烧化石燃料、废物和各种生物质的燃烧技术。它的基本原理是燃料颗粒在流态化（流化）状态下进行燃烧，一般是粗粒子在燃烧室下部燃烧，细粒子在燃烧室上部燃烧，被吹出燃烧室的细粒子采用各种分离器收集下来之后，送回床内循环燃烧。流化床燃烧技术是一种介于层燃和悬浮燃烧之间的燃烧方式，可以分为鼓泡流化床燃烧技术和循环流化床燃烧技术。

通常流化被定义为当固体粒子群与气体或液体接触时，使固体粒子转化变成类似流体状态的一种操作。图 7-3 为不同气流速度下固体颗粒床层的流动状态。

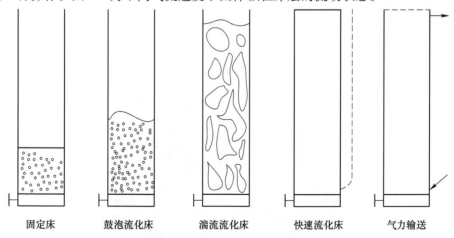

固定床　　　鼓泡流化床　　　湍流流化床　　　快速流化床　　　气力输送

图 7-3　不同气流速度下固体颗粒床层的流动状态

燃料在流化床中的运动形式与在层燃炉和煤粉炉中的运动形式有着明显的区别，流化床的下部装有称为布风板的孔板，空气从布风板下面的风室向上送入，布风板的上方堆有一定粒度分布的固体燃料层，为燃烧的主要空间。流化床一般采用石英砂为惰性介质，依据气固两相流理论，当流化床中存在两种密度或粒径不同的颗粒时，床中颗粒会出现分层流化，两种颗粒沿床高形成一定相对浓度的分布。占份额小的燃料颗粒粒径大而轻，在床层表面附近浓度很大，在底部的浓度接近于零。在较低的风速下，较大的燃料颗粒也能进行良好的流化，而不会沉积在床层底部。料层的温度一般控制在 800~900℃ 之间，属于低温燃烧。

（2）生物质层燃技术。生物质锅炉燃料平铺在炉排上，形成一定厚度的燃料层，进行干燥、干馏、还原和燃烧。一次风从下部通过燃料层为燃烧提供氧气，分配、搅动燃料，可燃气体与二次风在炉排上方空间充分混合燃烧。层燃过程分为灰渣层、氧化层、还原层、干馏层、干燥层、新燃料层。

1）氧化层区域：通过炉排和灰渣层的空气被预热后和炽热的木炭相遇，发生剧烈的氧化反应，O_2 被迅速消耗，生成了 CO_2 和 CO，温度逐渐升高到最大值。

2）还原层区域：在氧化层以上的 O_2 基本消耗完毕，烟气中的 CO_2 和木炭相遇，$C+CO_2 \rightarrow CO$，烟气中 CO_2 逐渐减少，CO 不断增加。由于是吸热反应，温度将逐渐下降。

3）温度在还原层上部逐渐降低，还原反应也逐渐停止。再向上则分别为干馏、干燥和新燃料层。生物质投入炉中形成新燃料层，然后加热干燥，析出挥发分，形成木炭。

层燃炉上部空间布置了二次风、燃尽风。二次风是自由空间气相燃烧优化中重要的因素，通过对冲和搅拌作用，以实现挥发分和携带固体颗粒的充分燃尽。对于挥发分含量高的生物质燃料，二次风布置尤其重要。二次风所占比例、二次风速、流向及布置位置，对于降低不完全燃烧热损失，并稳定炉排上的燃烧层影响很大。二次风一般采用下倾角度，双相对冲布置，以利于形成射流的强烈扰动，加强迎火面的燃烧。

（3）生物质成型燃料燃烧技术。"生物质成型燃料"是以农林剩余物为主原料，经切片、粉碎、除杂、精粉、筛选、混合、软化、调质、挤压、烘干、冷却、质检、包装等工艺，最后制成成型环保燃料，其拥有热值高、燃烧充分等优点。

生物质成型燃料主要工艺技术是将秸秆、稻壳、木屑等农林废弃物经过粉碎后，控制其长度在 50mm 以下，含水率控制在 10%~25% 范围内，经上料输送机将物料送入进料口，通过主轴转动，带动压辊转动，并经过压辊的自转，物料被强制从模型孔中成块状挤出，压缩成截面尺寸为 30~40mm、长度 10~100mm 的可以直接燃烧的固体颗粒燃料（如图 7-4 所示），并从出料口落下，回凉后（含水率不能超过 14%）装袋包装。

图 7-4　生物质成型燃料

7.3.3.2 生物质和煤的混合燃烧

生物质和煤的混合燃烧主要包括水分蒸发、前期生物质及挥发分的燃烧和后期煤的燃烧等。单一生物质燃烧主要集中在燃烧前期，单一煤燃烧主要集中在燃烧后期。在生物质与煤混烧的情况下，燃烧过程明显分成两个阶段。随着煤的混合比重加大，燃烧过程逐渐集中于燃烧后期。生物质的挥发分析出温度要远低于煤的挥发分析出温度，混燃对于煤燃烧前期的放热有增进作用，促使煤着火燃烧提前。随着生物质加入量的不同，煤的着火性能得到不同程度的改善。

混合燃烧对煤的燃尽性能影响很小，但是不同变质程度的煤（褐煤、烟煤和无烟煤）和生物质混燃时所表现出的燃烧特性变化不一。由于生物质的发热量低于煤，因此生物质与煤混燃时有可能造成锅炉输出功率的下降，因而掺烧比例受到限制。

（1）生物质与煤直接混燃。根据混燃给料方式的不同，直接混燃分为以下几种方式：煤与生物质使用同一加料设备及燃烧器，生物质与煤在给煤机的上游混合后送入磨煤机，按混燃要求的速度分配至所有的粉煤燃烧器；生物质与煤使用不同的加料设备和相同的燃烧器，生物质经单独粉碎后输送至管路或燃烧器，该方案需要在锅炉系统中安装生物质燃料输送管道，容易使混燃系统的改造受限；生物质与煤使用不同的预处理装置与不同的燃烧器，该方案能够更好地控制生物质的燃烧过程，保持锅炉的燃烧效率，灵活调节生物质的掺混比例。

（2）生物质与煤的间接混燃。根据混燃的原料不同，生物质和煤间接混合燃烧可以分为生物质气与煤混燃和生物质焦炭与煤混燃两种方式。生物气与煤混燃方式指将生物质气化后产生的生物质燃气输送至锅炉燃烧。该方案将气化作为生物质燃料的一种前期处理方式，气化产物在800~900℃时通过热烟气管道进入燃烧室，锅炉运行时存在一些风险。生物质焦炭与煤混合燃烧方式是将生物质在300~400℃下热解，转化为高产率（60%~80%）的生物质焦炭，然后将生物质焦炭与煤共燃。

上述两种方案虽然能够大量处理生物质，但是都需要单独的生物质预处理系统，投资成本相对较高。

7.3.4 生物质直接燃烧发电

生物质发电技术主要有直接燃烧发电、混合燃烧发电、热解气化发电和沼气发电四类。利用生物质直接燃烧发电技术建设大型直燃并网发电厂，单机容量达10~25MW，可以将热效率提高到90%以上，规模大、效率高，同时环保效益突出。但是生物质发电技术还不成熟，锅炉效率偏低，运行优化还有待提高。

生物质直接燃烧发电技术是将生物质直接送往锅炉中燃烧，产生的高温、高压蒸汽推动蒸汽轮机做功，最后带动发电机产生清洁高效的电能。生物质燃烧发电的关键技术包括原料预处理、蒸汽锅炉的多种原料适用性、蒸汽锅炉的高效燃烧和蒸汽轮机效率等技术。

生物质直燃发电厂一般常见的单机装机容量为12MW或者25MW，对应的锅炉蒸发量在75t/h和130t/h等级，其中炉排层燃技术较为成熟。国内目前确定的生物质发电项目，炉型基本上以丹麦水冷振动炉排、国内锅炉厂家开发的水冷整栋炉排炉为主。生物质锅炉燃烧设备与常规煤锅炉有较大的区别，它是由给料机、炉膛、水冷振动炉排、一二次风管、抛料机等设备组成。为了防止炉膛正压时出现回火现象，一般在给料机出口处安装有防火快速门，而且在全部给料系统内设有多处密封门、消防安全挡板和消防水喷淋设施。炉排多为振动炉排，振动炉排动作较小，活动时间短，设备的可靠性和自动化水平较高，维护量远远小于往复式炉排及链条式炉排。空气预热器与燃煤电厂不同，它是一个独立的系统。给水在送往省煤器之前，从一条旁路流经空气预热器和烟气冷却器进行热交换。流经空气预热器时冷空气被给水加热，给水被冷却；流经烟气冷却器时给水被加热，烟气被冷却。其他系统和设备与同规模的常规燃煤电厂相似。另外，由于生物质中 N 和 S 元素含量较少，无需配备昂贵的脱硫装置。生物质发电系统工作过程如图 7-5 所示。

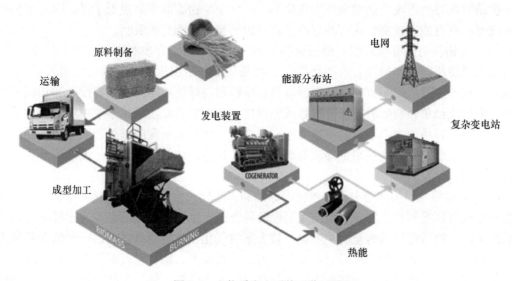

图 7-5　生物质发电系统工作过程

7.4　生物质热解

生物质热解是指生物质在隔绝空气或通入少量空气的条件下，被加热升温引起分子分解，热降解为液体生物油、可燃气体和固体生物质炭 3 个组成部分的过程。

生物质原料在缺氧的条件下，被快速加热到较高反应温度，从而引发了大分子的分解，产生了小分子气体和可凝性挥发分以及少量焦炭产物，可凝性挥发分被快速冷却成可流动的液体，称之为生物油或焦油，生物油为深棕色或深黑色，并具有刺激性的焦味，通过快速或闪速热裂解方式制得的生物油具有下列共同的物理特征：高密度（约 1200kg/m^3）；酸性（pH 值为 2.8~3.8）；高水分含量（质量分数为 15%~30%）以及较低的发热量（14~18.5MJ/kg）。生物油是一种环境友好的燃料，生物油经过改性和处理后，可直接用于汽轮机，被视为 21 世纪的绿色燃料。

生物质热解技术能够以较低的成本和连续化生产工艺将常规方法难以处理的低能量密度生物质转化为高能量密度的气、液、固产品，减少了生物质的体积，便于储存和运输，同时还能从生物油中提取高附加值的化学品。

7.4.1 生物质热解过程和原理

生物质主要由纤维素、半纤维素、木质素组成，空间上呈网状结构。生物质的热解行为可以归结为纤维素、半纤维素、木质素三种主要组分的热解。热解过程中生物质中的碳氢化合物都可转化为能源形式。通过控制反应条件（主要是加热速率、反应气氛、最终温度和反应时间）可得到不同的产物分布。可以将热解过程分成如下几个阶段：

（1）热预解阶段。温度上升至 120~200℃时，即使加热很长时间，原料质量也只有少量减少，主要是 H_2O 和 CO 受热释放所致，外观无明显变化，但物质内部结构发生重排反应，如脱水，断键，自由基出现，碳基、羟基生成，和过氧化氢基团形成等。

（2）固体分解阶段。温度为 300~600℃，各种复杂的物理、化学反应在此阶段发生。木材中的纤维素、木质素和半纤维素在本过程先通过解聚作用分解成单体或单体衍生物，然后通过各种自由基反应和重排反应，进一步降解成各种产物。

（3）焦炭分解阶段。焦炭中的 C—H、C—O 键进一步断裂，焦炭质量以缓慢的速率下降并趋于稳定，导致残留固体中碳素的富集。

7.4.2 生物质热解工艺分类

根据热解条件和产物的不同，可将生物质热解工艺分为以下几种类型：

（1）炭化：将薪炭材放置在炭窑或烧炭炉中，通入少量空气进行热分解制取木炭的方法。一个操作期一般需要几天，主要产物为木炭，木炭则是用途极广的原料。

（2）干馏：将木材原料在干馏设备（干馏釜）中隔绝空气加热，制取醋酸、甲醇、木焦油抗聚剂、木馏油和木炭等产品的方法，整个干馏的工艺流程包括木材干燥、木材干馏、气体冷凝冷却、木炭冷却和供热系统。根据温度的不同，干馏可分为低温干馏（温度为 500~580℃）、中温干馏（温度为 660~750℃）和高温干馏（温度为 900~1100℃）。

（3）快速热解：将林业废料（木屑、树皮）及农业副产品（甘蔗渣、秸秆等）在缺氧的情况下快速加热，然后迅速将其冷却为液态生物原油的热解方法。

7.4.3 生物质热解产物

生物质热解可以得到固体、液体和气体三类初产物，不同生物质热解工艺的热解产物如表 7-1 所示。

表 7-1 不同生物质热解工艺的热解产物

热解工艺	时间	速率	温度/℃	产物
炭化	几小时~几天	极低	300~500	焦炭
加压炭化	15min~2h	中速	450	焦炭
常规热解	几小时	低速	400~600	焦炭、液体和气体
	5~30min	中速	700~900	焦炭和气体
真空热解	2~30s	中速	350~450	液体
快速热解	0.1~2s	高速	400~650	液体
	小于1s	高速	650~900	液体和气体
	小于1s	极高	1000~3000	气体

　　生物质快速热解产物主要是液体生物油，其中仅有少量的气体和固体产物，气体包括 CO、CO_2、H_2、CH_4 及部分小分子质量的烃，可在生产过程中回收循环利用。固体主要是炭及少量灰分，炭可燃烧作为热解用的热源，也可加工成活性炭。

7.5　生物质气化技术

　　我国是能源消费大国，随着能源需求的迅速增长，化石原料的日趋枯竭，大量使用化石燃料对资源造成了很大浪费，并对环境和生态造成污染，产生了严重的影响。因而，迫切需求开发清洁的可再生能源，而可再生能源之一的生物质能源就是能够储存和可运输的清洁能源，其具有资源分布广、储存量大的优势，故开发潜力巨大。生物质气化技术是一种热化学处理技术，是将固体生物质放入气化炉中进行加热从而转换可燃性气体，并以此用作燃料。

7.5.1　基本概念

　　气化过程，即在气化剂的作用下将固态或液态碳基材料通过热化学反应转化成可燃气体的过程。美国能源环保署对生物质气化做了如下定义：一种通过生物质的化学转化生产合成气或燃料气的技术，该化学转化过程通常包括在空气或水蒸气存在情况下以及还原气氛条件下生物质原料发生的局部氧化反应。无论经过那种转化途径，生物质经过气化后的产物主要包括以下 3 类物质：

　　(1) 气体，包括 CO、H_2、CH_4 等可燃成分，CO_2、H_2O 等不可燃成分，以及气化剂携带的没有参与反应的气体，如 N_2。

　　(2) 液体，主要指焦油。

　　(3) 固体，主要为炭以及原料所携带的一些惰性组分。

7.5.2　生物质气化原理

　　生物质气化的基本原理是将固体生物质原料进行不完全燃烧，在转换过程中需要加入氧气或水蒸气等气化剂，使其发生氧化反应并燃烧。由于固体生物质原料具有特殊物理性质，在进入气化炉进行气化前，需对固体生物质原料进行破碎和增添介质等预处理。通过预处理的原料在气化炉中进行燃烧，其产生的热量用于维持热解和还原反应，最终得到可燃性混合气体，对该气体过滤除去焦油及杂质后，即可用于燃烧供暖或发电。气化反应过程主要包括四个部分——干燥、热裂解反应、氧化反应、还原反应。

　　(1) 干燥。进入气化炉的生物质原料首先被加热，在热量的作用下，原料所携带的水分被蒸发析出。此时原料所处的环境温度大约为 100~150℃，在该温度范围内并没有化学反应的发生，只有原料的干物质和水分分离的过程，因此这是一个物理过程。

　　(2) 热裂解反应。产生的挥发分是一种非常复杂的混合气体，至少包括了 H_2、CO、CO_2、H_2O、CH_4、C_nH_m、焦油、碳等数百种碳氢化合物。有些可以在常温下冷凝成液体，即焦油，一部分焦油成分还会发生二次裂解，不可冷凝液体则可直接作为气体燃料使用。

　　(3) 还原反应。可以产生生物质燃气，通常所需温度在 900℃ 以上，气化过程中主要发生以下两类反应。

二氧化碳还原反应：

$$C + CO_2 \longrightarrow 2CO, \Delta H = +162.142kJ/mol \tag{7-1}$$

水蒸气还原反应：

$$C + H_2O(g) \longrightarrow CO + H_2, \qquad \Delta H = +118.628kJ/mol \tag{7-2}$$

$$C + 2H_2O(g) \longrightarrow CO_2 + 2H_2, \qquad \Delta H = +75.114kJ/mol \tag{7-3}$$

$$CO + H_2O(g) \longrightarrow CO_2 + H_2, \qquad \Delta H = +43.514kJ/mol \tag{7-4}$$

（4）氧化反应。在气化剂中氧气的作用下，原料中的碳发生完全和不完全燃烧。在气化炉的氧化反应区，温度可高达 1000~1200℃。反应方程式如下：

$$C + O_2 \longrightarrow CO_2, \Delta H = -408.177kJ/mol \tag{7-5}$$

$$2C + O_2 \longrightarrow 2CO, \Delta H = -246.034kJ/mol \tag{7-6}$$

7.5.3 生物质气化工艺

气化工艺分为热解气化和气化剂气化两种类型。其中气化剂气化根据气化剂的类型可分为空气气化、氧气气化、水蒸气气化、水蒸气-氧气混合气化、氢气气化、超临界水气化。

（1）热解气化。热解气化又称干馏气化，是指生物质在隔绝空气或提供极有限空气的条件下加热裂解反应的气化过程。也可描述成生物质的部分气化。热解气化的突出优点是产生的热值高，约为 $15MJ/m^3$ 左右，缺点是气体产出率较低，产生的燃气焦油含量高。

热解气化按热解温度分为低温热解（<600℃）、中温热解（600~900℃）和高温热解（>900℃）。根据热解过程的原料停留时间和升温速率，热解可分为常规热解（conventional pyrolysis）、快速热解（fast pyrolysis）和闪解（flash pyrolysis）。表7-2 中列出了三种热解方式的具体特征。

表7-2 三种热解气化方式

热解方式	热解温度/℃	加热速率/℃·s^{-1}	颗粒尺寸/mm	停留时间/s
常规热解	300~700	0.1~1	5~50	600~6000
快速热解	600~1000	10~200	<1	0.5~10
闪解	800~1000	>1000	<0.2	<0.5

（2）气化剂气化。

1）空气气化。具有运行成本低，燃气热值低（一般约为 $5MJ/m^3$），燃气中焦油含量高，原料易结渣的特点。气化过程中，空气为生物质的氧化反应即燃烧过程提供氧气，氧化反应为还原反应提供热量和反应物，通过还原反应产生生物质燃气。

2）氧气气化。特点为燃气热值高（可达 $15MJ/m^3$）和气化反应设备的容积小。在实际应用过程中，生物质氧气气化工艺多采用富氧气化，即通过提高空气中氧的体积分数来降低气化介质中氮气的体积分数。

3）水蒸气气化。指以水蒸气作为气化剂在高温下同生物质发生反应产生生物质燃气的工艺。具体反应如表7-3所示。

表 7-3　水蒸气气化反应

反 应 类 型	反 应 式
Boudouard 反应	$C+CO_2 \longrightarrow 2CO$
非均相水气转换反应	$C+H_2O \longrightarrow CO+H_2$ $C+2H_2O \longrightarrow CO+2H_2$
水气转换反应	$CO+H_2O \longrightarrow CO_2+H_2$
甲烷化反应	$C+2H_2 \longrightarrow CH_4$
蒸汽重整反应	$CH_4+H_2O \longrightarrow CO+3H_2$

水蒸气气化所产燃气中 H_2 含量高，燃气热值高，可达 $16\sim19MJ/m^3$；燃气的 H_2/CO 较高，这些是水蒸气气化工艺优于空气气化工艺之处。

4）超临界水气化。利用超临界水可溶解多数有机物和气体，而且具有密度高、黏性低、运输能力强的特性，可以将生物质高效气化，产生高含 H_2 燃气。因此超临界水气化被认为是一种生物质气化产氢的新方法。

超临界水指温度和压力处于临界点以上的水，水的临界温度和压力分别为 374℃ 和 22MPa，是一种强扩散和传输能力的均质非极性溶剂，能溶解各种有机化合物和气体。生物质超临界水气化工艺正是利用了其这一特点，由于水和有机成分的混合不存在界面传输限制，所以化学反应的效率很高，在气化模型物的过程中原料气化效率超过 99%，所产燃气中 H_2 的体积含量高达 50%。Modell M（1985 年）发现了超临界水对有机废弃物能高效转化的现象，随后一些研究者开展的有关纤维素在超临界水中分解的动力学研究进一步印证了这一现象。近年来生物质超临界水气化已成为一个热点研究领域。表 7-4 为几种超临界水气化的条件。

表 7-4　几种超临界水气化

原料	温度/℃	压力/MPa	催化剂	H_2/%	气化效率/%
锯末/CMC	650	25	无	21.0	93.8
锯末/玉米秆	600	34.5	C	57.0	98
木材	450	25	无	30.0	90
陈化粮	400	13.8~34.5	Ni	4.7	74.9
日本橡木	350	18	Ni/Na_2CO_3	47.2	55.4

7.5.4　气化炉

限制生物质气化技术推广的因素包括燃气热值低、焦油处理难、气化效率低、炉内结渣和团聚等问题。因此对气化研究主要方向为提高燃气热值或特定可燃气体含量，降低燃气焦油含量，提高气化效率，提升原料适应性等。常见气化炉的优势与劣势对比见表 7-5。

表 7-5 不同类型气化炉的优点与缺点

气化炉类型	优　点	缺　点
上吸式	热效率高，燃气带灰少；适应不同形状和尺寸的原料；适应不同原料含水量（15%～45%）；炉排工作条件温和；结构简单；容易放大	燃气焦油含量高；燃气 H_2 和 CO 含量较低，CO_2 含量高；生产强度小
下吸式	燃气焦油含量低；加料方便；结构简单；较上吸式容易实现连续加料	对原料含水量要求较上吸式高（通常<20%）；燃气带灰较多；炉排材料要求较高；生产强度小；不易放大
鼓泡流化床	生产强度大；容易放大	原料尺寸要求较严，通常需要预处理；飞灰碳损失；负荷调节幅度受气速的限制；温度要控制在燃料软化温度之下以避免团聚；建设和运行成本较高
循环流化床	负荷适应能力强，调节范围大；生产强度大；容易放大	原料尺寸要求较严，通常需要预处理；建设和运行成本较高
气流床	碳转化率高；燃气中基本不含焦油；容易放大	排渣温度和燃气出口温度很高，冷气效率低；要求生物质粒度在 $100\mu m$ 以下，原料预处理要求高；烧嘴容易烧坏，炉壁衬里易受高温熔渣流动侵蚀损坏，维护比较困难；建设和运行成本高
等离子气化	灰渣无污染，可直接用作建筑材料；燃气基本不含污染组分；反应时间极短；容易放大	不能连续运行；需要辅助燃料以获得炉内均匀温度；熔融物在管道凝固；存在活动部件，维护困难；消耗耐热材料和电极；安全问题；建设和运行成本高

为提高燃气热值或特定可燃气体含量，可采用水蒸气气化、富氧气化、双流化床气化、化学链气化和外热式气化等技术；为降低燃气焦油含量，可利用新型气化技术如两段式气化、气流床气化和等离子体气化等技术。但这些技术由于成本高、能耗大或技术瓶颈等问题，短期内难以得到规模化推广。目前最成熟和应用最广泛的依旧是常规固定床和流化床的空气气化。

7.5.5 生物质气化的产业应用

生物质是重要的可再生能源，它分布广泛，数量巨大。但由于它能量密度低，又分散，所以难以大规模集中处理，这正是大部分发展中国家生物质利用水平低下的原因。生物质气化发电技术（biomass gasification power generation，BGPG）可以在较小的规模下实现较高的利用率，并能提供高品位的能源形式，特别适合于农村、发展中国家和地区，所以是利用生物质的一种重要技术，是一个重要的发展方向。中国由于地域广阔，生物质资源丰富而电力供应相对紧张，生物质气化发电具有较好的生存条件和发展空间，所以在中国大力发展生物质气化发电技术可以最大限度地体现该技术的优越性和经济性。

在世界范围内，生物质气化主要用于供热/窑炉、热电联产（combined heat and power，CHP）、混燃应用和合成燃料，目前规模最大的应用是 CHP。20 世纪 80 年代起，生物质气化被美国、瑞典和芬兰等国用于水泥窑和造纸业的石灰窑，既能保证原料供给又能满足行业需求，具有较强的竞争力，但应用却不多。20 世纪 90 年代，生物质气化开始被应用于热电联产、多用柴油或燃气内燃机，生物质整体气化联合循环（biomass integrated gasification combined cycle，BIGCC）也成为研究热点，在瑞典、美国、巴西等国建成几个示范工程，由于系统运行要求和成本较高，大都已停止运行。1998 年，生物质气化混合燃烧技术已被用于煤电厂，将生物质燃气输送至锅炉与煤混燃，目前已商业化运行。生物质气化最新的发展趋势是合成燃料，利用气化获得一定 H_2/CO 比的合成气及通过合成反应生产液体燃料（如甲醇、乙醇和二甲醚），能部分替代现有的石油和煤炭化工。早在 20 世纪 80 年代，气化合成燃料技术在欧美已经有了初步的发展。中国的生物质气化主要用于发电/CHP、供热/窑炉和集中供气，已建成了从 200kWe~20MWe 不同规格的气化发电装置，气化发电正向产业规模化方向发展，是国际上中小型生物质气化发电应用最多的国家之一。

在当今世界资源整体形势下，我国已连续在四个国家五年计划中将生物质能利用技术与应用列为国家重点项目，展现出对生物质能源利用的重视度。优秀的科研成果和技术已经进入市场，中小规模的集中供气、供热和发电已进入实用阶段，使我国的生物质气化技术得到了快速的发展，但是总体仍然落后于欧美发达国家，所以，必须时刻跟随时代发展的需求，解决生物质气化的关键技术，研制相关的配套设施，解决技术和市场之间的供需问题，从而推进我国生物质气化技术的发展。

7.6 生物质液化技术

7.6.1 生物质液化基本概念

生物质液化是通过化学方式将生物质原料转化为液体产品的过程，主要包括直接液化和间接液化。生物质液化的实质是将固态大分子有机聚合物转化为液态小分子有机物质。

生物质直接液化是指在常压或较高的压力下和化学液化试剂存在条件下，借助催化剂的作用将生物质由固态直接转化为液态混合物的热化学反应过程。

生物质间接液化是把生物质气化后，再进一步合成液体产品，或采用水解法把生物质中的纤维素、半纤维素转化为多糖，然后利用生物质技术发酵成乙醇。

7.6.2 生物质液化技术原理

生物质液化主要应用热化学法生产生物油。生物质热化学法液化技术根据其原理主要可分为快速热解液化、加压液化和超临界液化，其中前 2 种技术都已有 20 多年的发展历史，而超临界液化则是近年来一种新兴的方法。

7.6.2.1 快速热解液化

生物质快速热解液化是在传统裂解基础上发展起来的一种技术，相对于传统裂解，它采用超高加热速率（$10^2~10^4$K/s）、超短产物停留时间（0.2~3s）及适中的裂解温度，使生物质中的有机高聚物分子在隔绝空气的条件下迅速断裂为短链分子，使焦炭和产物气降到最低限度，从而最大限度获得液体产品。这种液体产品被称为生物油（bio-oil），为棕黑色黏性液体，热值达 20~22MJ/kg，可直接作为燃料使用，也可经精制成为化石燃料的替代物。因此，随着化石燃料资源的逐渐减少，生物质快速热解液化的研究在国际上引起了广泛的兴趣。自 1980 年以来，生物质快速热解技术取得了很大进展，成为最有开发潜力的生物质液化技术之一。国际能源署组织了美国、加拿大、芬兰、意大利、瑞典、英国等国家的 10 多个研究小组进行了 10 余年的研发工作，重点对该过程的发展潜力、技术经济可行性以及参与国之间的技术交流进行了调研，认为生物质快速热解技术比其他技术可获得更多的能源和更大的效益。世界各国通过反应器的设计、制造及工艺条件的控制，开发了各种类型的快速热解工艺。

在众多生物质快速裂解技术中，使用循环流化床工艺的最多，而且评价也很高。该工艺具有很高的加热和传热速率，且处理规模较高，目前来看，该工艺获得的液体产率最高。热等离子体快速热解液化是最近出现的生物质液化新方法，它采用热等离子体加热生物质颗粒，使其快速升温，然后迅速分离、冷凝，得到液体产物，我国的山东工程学院开展了这方面的试验研究。

虽然欧美等发达国家在生物质快速裂解的工业化方面研究较多，但生物质快速热解液化理论研究始终严重滞后，在很大程度上制约了该技术水平的提高与发展。在生物质热解机理研究方面，目前国内外对其主要组分——纤维素的热解模型已进行了较深入的研究，并取得许多研究成果。但对其他主要组分——半纤维素和木质素的热解模型的研究还十分欠缺，对其过程机理还缺乏深入的认识，现有的各种简化热解动力学模型还远未能全面描述热解过程中各种产物的生成，指导工程实际应用还有相当的距离。这是由于生物质本身的组成、结构和性质非常复杂，而生物质的快速热解更是一个异常复杂的反应过程，涉及许多的物理与化学过程及其相互影响。因此，建立一个比较完善和合理的物理、数学模型来定性、定量地描述生物质的快速热解过程，将是未来热解液化机理研究的主要目标。

7.6.2.2 加压液化

生物质加压液化是在较高压力下的热转化过程，温度一般低于快速热解。该法始于 20 世纪 60 年代，当时美国的 Appell 等将木片、木屑放入 Na_2CO_3 溶液中，用 CO 加压至 28MPa，使原料在 350℃下反应，结果得到产率为 40%~50% 的液体产物，这就是著名的 PERC 法。近年来，人们不断尝试采用 H_2 加压，使用溶剂（如四氢萘、醇、酮等）及催化剂（如 Co-Mo、Ni-Mo 系加氢催化剂）等手段，使液体产率大幅度提高，甚至可以达 80% 以上，液体产物的高位热值可达 25~30MJ/kg，明显高于快速热解液化。我国的华东理工大学在这方面做了不少研究工作，取得了一定的研究成果。超临界液化是利用超临界流体良好的渗透能力、溶解能力和传递特性而进行的生物质液化，最近欧美等国正积极开展这方面的研究工作。与快速热解液化相比，目前加压液化还处于实验室阶段，但其反应条件相对温和，对设备要求不是很苛刻，因而在规模化开发上有很大潜力。

7.6.2.3 超临界液化

近年来超临界流体技术得到广泛的推广，利用二氧化碳、乙醇、丙酮和水等溶剂在超临界状态下作为溶剂或反应物进行化学反应，一个"绿色"加工工艺平台由此产生。超临界液化技术是用超临界流体萃取生物质，使其液化而成燃料的工艺。该工艺具有以下优点：

（1）不需要还原剂和催化剂；

（2）由于超临界流体具有高的溶解能力，可以从反应区快速出去生成木炭的中间反应产物，从而减少了木炭的生成，并改善了热传递。

7.6.3 生物质液化产物的性质及应用

生物质液化有气、液、固三种产物，气体主要由 H_2、CO、CO_2、CH_4 及 $C_{2\sim4}$ 烃组成，可作为燃料气；固体主要是焦炭，可作为固体燃料使用；作为主要产品的液体产物被称为生物油，有较强的酸性，组成复杂，以碳、氢、氧元素为主，成分多达几百种。从组成上看，生物油是水、焦及含氧有机化合物等组成的一种不稳定混合物，包括有机酸、醛、酯、缩醛、半缩醛、醇、烯烃、芳烃、酚类、蛋白质、含硫化合物等，实际上，生物油的构成是裂解原料、裂解技术、除焦系统、冷凝系统和储存条件等因素的复杂函数。

生物质转化为液体后，能量密度大大提高，可直接作为燃料用于内燃机，热效率是直接燃烧的 4 倍以上。但是，由于生物油含氧量高（质量分数约为 35%），因而稳定性比化石燃料差，而且腐蚀性较强，因而限制了其作为燃料使用。虽然通过加氢精制可以除去 O，并调整 C、H 比例，得到汽油及柴油，但此过程将产生大量水，而且因裂解油成分复杂，杂质含量高，容易造成催化剂失活，成本较高，因而降低了生物质裂解油与化石燃料的竞争力。这也是长期以来没有很好解决的技术难题。生物油提取高价化学品的研究虽然也有报道，但也因技术成本较高而缺乏竞争力。

7.7 生物柴油技术

随着石油资源的日渐枯竭、车辆柴油化的日益加快以及人们环保意识的不断提高，极大地促进了替代燃料的开发进程，而生物柴油是以动物油脂、植物油及废餐饮油等为原料，与短链醇经酯交换反应而制得的脂肪酸单酯混合物，以其优越的环保性能、可再生性及使用安全性受到了广泛关注。大力发展生物柴油产业，可缓解石油资源日益枯竭的矛盾、调整成品油的供应结构、减少尾气中的有害物质并降低排放量、优化农林业的种植结构、增加农民就业机会等。为了促进生物柴油产业健康发展，很多国家制定了生物柴油产品标准及生物柴油调和燃料标准，严格把控成品油中的关键指标。各国政府也采取相关措施、制定相关法律法规为生物柴油产业的有序发展提供有力保障。

7.7.1 基本概念

生物柴油是以各种油脂（包括植物油、动物油脂、废餐饮油等）为原料，经过一系列加工处理而生产出的一种液体燃料，是优质的化石燃料的替代品。植物油是指利用野生或人工种植的含油植物的果、叶、茎，经过压榨、提炼、萃取和精炼等处理得到的油料。根据油品组分不同，有些植物油可以作为食用油，但有些只能用作工业原料，甚至有些可以直接作为液体燃料。

7.7.2 生物柴油的生产方法

生产生物柴油有酯交换反应、氢化裂解、不使用催化剂的超临界方法、高温分解、微乳状液等方法。生物柴油最普遍的制备方法是酯交换反应，如式（7-7）所示，由植物油和脂肪中占主要成分的甘油三酯与醇（一般是甲醇）在催化剂条件下反应，生成脂肪酸酯。脂肪酸酯的物理和化学性质与柴油非常相近甚至更好。酯交换反应是将植物油和甲醇或乙醇混合，生成脂肪酸酯，即生物柴油。催化剂可以是酸，也可以是碱，但是由于碱催化的转化率更高（>98%），若要提高为98%转化率必须二级反应以上，通常一级反应酯化率在98%以下，而且常压反应，没有中间步骤，对设备的要求也低，因此一般是采用碱催化反应。生物柴油是通过植物油（如大豆油、花生油、菜籽油等）、废弃的餐饮油和动物脂肪等原料中的脂肪酸甘油三酯，与低链醇（主要是甲醇）通过酯交换反应而制取的以脂肪酸单酯为主的新型燃料，主要由含有 14~24 个偶数碳原子的长链脂肪酸甲酯组成，其中饱和脂肪酸甲酯主要为 $C_{14:0} \sim C_{24:0}$，不饱和脂肪酸甲酯主要为 $C_{16:1} \sim C_{22:1}$、$C_{18:2} \sim C_{20:2}$ 和 $C_{18:3}$。

$$
\begin{pmatrix} CH_2{-}OOC{-}R_1 \\ | \\ CH{-}OOC{-}R_2 \\ | \\ CH_2{-}OOC{-}R_3 \end{pmatrix} + 3CH_3OH \longrightarrow \begin{pmatrix} CH_3{-}OOC{-}R_1 \\ | \\ CH_3{-}OOC{-}R_2 \\ | \\ CH_3{-}OOC{-}R_3 \end{pmatrix} + \begin{pmatrix} CH_2{-}OH \\ | \\ CH{-}OH \\ | \\ CH_2{-}OH \end{pmatrix} \tag{7-7}
$$

7.7.3 生物柴油的性能特征

生物柴油是一种清洁的可再生资源，有"绿色柴油"之称，其性能与普通柴油非常相似，是优质的石化燃料替代品。生物柴油中几乎不含硫，柴油机在使用时硫化物排放极低，尾气中颗粒物含量及 CO 排放量约为石化柴油的 10%~20%，具有优良的环保性能；生物柴油的黏度大于石化柴油，可降低发动机缸体、喷油泵和连杆的磨损率，延长使用寿命；生物柴油中氧含量高，十六烷值高，具有良好的燃烧性能；生物柴油的闪点远高于石化柴油，在运输及储存过程中较为安全；生物柴油具有良好的可降解性，不会危害人体健康及污染环境。生物柴油因具有可再生、易生物降解、无毒、含硫量低等优点，既可以单独做燃料使用，也可以与石化柴油调和使用，这种混合燃料不但改善了柴油机的排放特性，还能提高柴油的润滑性，降低磨损。但生物柴油在使用过程中也暴露出一定的问题，饱和脂肪酸甲酯含量高的生物柴油低温流动性差，在寒冷的季节易析出并堵塞输送管道；而饱和脂肪酸甲酯含量低的棉籽油、菜籽油生物柴油易氧化变质，不易储存。

7.7.4 生物柴油的产业化进展

第一代生物柴油的制备使用玉米、大豆、甘蔗等食用农作物为原料，不但产量不高，而且占用了大量的耕地和水资源，消耗了人类赖以生存的食物，很快被摈弃；第二代生物柴油的制备采用的原料以木质纤维素为代表，例如秸秆、枯草等非粮食原料，虽然弥补了第一代生物柴油的不足，节约了资源，但是由于来源有限，制造生物柴油的成本过高，并且产物的热值低，极大地限制了其发展；第三代生物柴油，人们把目光聚焦在了生命的本源——海洋，即利用海洋中的微藻作为制备生物柴油的原料。

　　微藻在光合作用的过程中，通过固碳产生油脂，其油脂含量可达到 50%~70%。而且，微藻生活在水中，不占有耕地，生长周期快，产量大，并且不是人类主要的食物来源，不会消耗食物，这些优点使其成为生物柴油原料问题的完美终结者。另外，微藻作为绿色植物，生长的同时，还能净化水源，为水中的动物提供食物，可以解决水质问题和水中生物减少的问题。微藻并不是一个分类学上的名称，而是按照藻体大小划分，只有在显微镜下才能分辨其形态的微小藻类才被称为微藻。通常微藻的大小是微米级的，其范围为 1~100μm。微藻是分布广泛的一个类群，无论在海洋、湖泊等水域，或是在潮湿的土壤，都有微藻生存。

　　综上所述，以微藻为原料制备生物柴油有以下优势：

　　（1）环境适应能力强，微藻不仅能在普通的环境下生长，也能在极寒、炎热等恶劣的环境下生长，能适应不同的温度、光照等条件；

　　（2）培养周期短，微藻的生长速率快，通常在 1~2 天可实现生物量的翻倍，远远短于其他油料作物；

　　（3）产油效率高，一般占干重的 20%~50%，某些微藻含油量最高可以达到生物质干重的 80%以上；

　　（4）油脂质量高，微藻的油脂组成与油料作物相似，主要是甘油三酯（≥80%）和 $C_{14}~C_{22}$ 的长链脂肪酸；

　　（5）占地面积小，微藻可以在海洋、湖泊甚至潮湿的土壤中进行培养，不占用耕地，而且微藻的产量大，油脂含量高，所以单位面积的产油量远远高于其他油料作物。

　　尽管微藻作为生产生物柴油原料的优点显著，但是微藻制备生物柴油的工艺仍然面临着各种障碍：

　　（1）技术障碍：目前，高密度高油脂含量微藻的培养、采收、破壁提油和制备环节的技术还不成熟；

　　（2）成本障碍：目前，微藻制备生物柴油的成本依然太高，无法与传统柴油相竞争。

7.8　生物质发酵制燃料乙醇技术

　　自 20 世纪 70 年代以来，生物燃料乙醇作为车用燃料的研究和产业化受到广泛重视，被认为是未来最重要的可再生燃料之一。随着全球经济快速增长，尤其是新兴经济体的快速发展，世界能源消耗量大幅增加，面对煤炭、石油等能源资源日益枯竭，环境污染日益严重以及温室气体大量排放而导致的全球气候变暖，使得能源供应及经济、社会的可持续发展已成为世界各国需要面对的最主要问题之一。

7.8.1　生物发酵法制乙醇的工艺路径

　　生物发酵法制乙醇按照原料可以分为淀粉质原料生产乙醇、糖质原料生产乙醇、纤维质原料生产乙醇。

7.8.1.1　糖质原料生产乙醇

利用糖质原料生产乙醇工艺过程和设备简单，转化速度快、发酵周期短，与淀粉质原料相比可以省去蒸煮、制曲、糖化等工艺，是一种成本较低、工艺操作简单的乙醇生产方法。

巴西是利用糖质原料生产乙醇最成功的国家之一。巴西通过立法确立了用燃料乙醇替代汽油的发展方向，经过二十多年的发展，已经成为世界上燃料乙醇生产能力最大，生产成本最低的国家，其生产成本约 0.2 \$/L，同期汽油价格约为 0.6~0.7 \$/L，燃料乙醇已经具备了相当的市场竞争力。

生产乙醇的糖质原料主要是指糖蜜和高含糖能源作物，是糖厂生产的废弃物。甜高粱茎秆属于高含糖类能源作物的一种，含糖分 50%~70%，可用于酿酒、制糖和做青储料。

（1）糖蜜类原料生产乙醇工艺。糖蜜是甘蔗或甜菜厂的一种副产品，含糖量较高，因其本身就含有相当数量的可发酵性糖，只要添加酵母便可发酵生产乙醇，是大规模工业生产制造乙醇的良好原料。

随着我国制糖工业的发展，糖蜜的产量日益增加，我国不少糖厂都附设乙醇车间，作为综合利用糖蜜生产乙醇。以糖蜜为原料生产乙醇的工艺过程主要包括预处理、发酵、蒸馏等过程，其中预处理过程包括稀释、酸化、灭菌、澄清和添加营养盐等过程。

（2）甜高粱茎秆原料生产乙醇工艺。甜高粱被认为是转化乙醇的最佳原料品种之一，是生物能转化液体燃料的最有竞争力的能源作物。用甜高粱生产燃料乙醇比用玉米和甘蔗优势更明显、更经济，不会引起粮食安全问题。甜高粱茎秆为原料生产乙醇的工艺过程主要包括原料破碎、物料预处理、发酵和蒸馏等过程。

7.8.1.2 纤维质原料生产乙醇

利用纤维质原料生产燃料乙醇具有以下优点：原料来源广、储量丰富、可再生；可避免与人争粮，变废为宝；减少 CO_2 排放。

纤维质原料主要由纤维素、半纤维素和木质素三种成分组成，它们通过共价和非共价键连接形成致密的结构。正是由于纤维质原料的结构特点形成了其特有的燃料乙醇生产技术，即预处理、糖化、发酵和蒸馏。

预处理是木质纤维素转化为乙醇的关键步骤，其主要作用是破坏纤维素、半纤维素和木质素连接的致密性，破坏纤维素的结晶结构，从而提高纤维素的酶解效率。纤维质原料预处理的方法很多，大体上可以划分为生物法、物理法、化学法和物理化学综合法四类。

7.8.1.3 淀粉质原料生产乙醇

我国薯类产量世界第一，甘薯、木薯、芭蕉芋和葛根等淀粉质作物因其具有可发酵物质含量较高、在我国种植面积广、资源分布区域具有互补性等优点，是目前我国燃料乙醇生产的理想非粮原料。以淀粉质为原料发酵制备乙醇的工艺流程如表 7-6 所示。

表 7-6　淀粉质原料生产燃料乙醇的工艺流程

工艺	操作方式	目　的
除杂	通过筛选、风选、磁力除铁等方式清除原料中掺夹的泥沙、石块、绳头、纤维杂质，甚至金属杂物	防止泥沙等杂质磨损粉碎机等，防止纤维杂物堵塞管道阀门等
粉碎	通过粉碎机的机械加工，将大块原料粉碎到适当的粒度	增加原料表面积，有利于淀粉颗粒的吸水膨胀、糊化、提高热处理效率；有利于酶与原料中的淀粉分子充分接触。细的颗粒加水混合后容易流动输送

工艺	操作方式	目　的
蒸煮糊化	将原料与水在一起，在一定温度或（和）一定压力条件下进行处理	使植物组织和细胞彻底破裂，原料内含的淀粉颗粒因吸水膨胀而被破坏，使淀粉由颗粒转化为溶解状态，以便淀粉酶系统进行水解作用。另外，高温高压蒸煮还将原料表面的大量微生物杀死，具有灭菌作用
液化	在适于酶解的温度、pH 值等条件下，通过添加 α-淀粉酶（液化酶）进行	将大分子淀粉水解成糊精和低聚糖以利于糖化酶的作用，同时可以从一定程度上降低醪液的黏度
糖化	在适于酶解的温度、pH 值等条件下，通过添加 α-1,4-葡萄糖水解酶（糖化酶）进行	将糊精和低聚糖进一步水解成葡萄糖等可发酵糖，作为酵母、运动发酵单胞菌等乙醇发酵的底物
酒母培养及接种	通过逐级扩大规模在限制杂菌的条件下获得乙醇生产微生物，并按一定比例加入发酵醪中	获得足够量的乙醇发酵微生物
发酵	在发酵设备中酵母、运动发酵单胞菌等将糖分转化为乙醇和二氧化碳	通过微生物的代谢活动将原料中的底物转化为目标产物乙醇
蒸馏	通过蒸馏塔，利用发酵成熟醪中各组分沸点不同，将各组分分离	将乙醇和挥发性杂质从发酵醪中分离出来，即把粗乙醇和酒糟醪分开；再将粗乙醇中的杂质进一步分离，提高乙醇的浓度和纯度

近年来，中国木薯、甘薯的主产区已逐步建成以木薯、甘薯为原料的燃料乙醇试生产厂。薯类等淀粉质原料的可发酵性物质主要是淀粉，其以淀粉颗粒的形式存在于原料的细胞之中，而酵母、运动发酵单胞菌等乙醇发酵微生物是不能直接利用和发酵淀粉制备乙醇的，所以发酵前需将淀粉水解为葡萄糖等可发酵糖。

7.8.2　合成气发酵法制乙醇的工艺路径

传统的木质纤维素制乙醇技术是将原料中的纤维素、半纤维素先水解为单糖，再进一步发酵为乙醇，但原料中所含有的大约 10%~40% 的木质素不能被微生物所利用，而且酶水解成本高，酸水解产物较复杂并含有少量醛、酸类发酵抑制物，另外，半纤维素水解得到的木糖等戊糖较难发酵。针对上述问题，20 世纪 90 年代，人们开发了一种生物质制乙醇的新工艺，即将木质纤维素等生物质原料气化转化为合成气，再将合成气发酵为乙醇，该工艺可将全部生物质（包括木质素以及难降解部分）通过流化床气化过程转化成合成气，既提高了生物质的利用率，又解决了木质素废渣的处理问题。

生物质气化是一个热化学过程，在 700~850℃ 缺氧条件下生物质可转化为富含 CO、H_2 和 CO_2 的气体（25%~30% H_2，40%~65% CO，1%~20% CO_2，0%~7% CH_4），其中也含有少量的硫和氮的化合物。有两种方法可以将合成气转化为乙醇：化学法（F-T 合成）和生物法（微生物发酵）。F-T 合成需要在高温高压的条件（通常为 315℃，8.2MPa），其反应是非特异性的，产物中不仅有乙醇，还有甲醇、丁醇和高分子量的醇类、醛类甚至酮类等。与化学催化过程相比，生物转化过程虽然反应速率较慢，但仍具有其独特的优点：如高选择性、高产率、低能耗以及对合成气中的硫化物具有较高的耐毒性，更为重要的是生化反应所具有的不可逆性能够避开热力学平衡的限制达到较高的转化率。能以合成气为唯一碳源和能源的微生物都是厌氧微生物，且多数为产乙酸菌，其主要的代谢产物是乙酸。

7.9　生物质发酵制沼气技术

7.9.1　基本概念

沼气是由有机物质（粪便、杂草、作物、秸秆、污泥、废水、垃圾等）在适宜的温度、湿度、酸碱度和厌氧的情况下，经过微生物发酵分解作用产生的一种可燃性气体。生物发酵制备沼气按照如下反应方程式进行，并伴随能量的产生：

$$有机物 + H_2O \xrightarrow{厌氧微生物} 细胞物质 + CH_4\uparrow + CO_2\uparrow + NH_3\uparrow + H_2S\uparrow \tag{7-8}$$

沼气的主要成分列于表 7-7 中。

表 7-7　沼气的主要成分

成分名称	所占比重（体积比）/%
甲烷	50~70
二氧化碳	25~45
其他（N_2、H_2、O_2、NH_3、CO、H_2S）	很少

7.9.2　生物质沼气发酵原理

生物质沼气发酵过程，实质上是微生物的物质代谢和能量转换的过程，在分解代谢过程中，沼气微生物获得能量和物质，以满足自身生长繁殖，同时大部分物质转化为 CH_4 和 CO_2。研究表明：有机物约有 90% 被转化为沼气，10% 被沼气微生物用于自身消耗。沼气发酵理论主要有三种理论：二段理论、三段理论和四段理论。

7.9.2.1　二段理论

第一阶段：酸性发酵阶段。复杂的有机物在产酸菌的作用下被分解成以有机酸为主的低分子的中间产物，包括大量的低碳脂肪酸和 H_2、CO_2、H_2S 等。

第二阶段：碱性发酵阶段。产甲烷菌将第一阶段产生的中间产物继续分解成甲烷（CH_4）和二氧化碳等。

7.9.2.2　三段理论

第一阶段：水解阶段。各种固体有机物通常不能进入微生物体内被微生物利用，因此必须在好氧和厌氧微生物分泌的胞外酶、表面酶的作用下，将固体有机质水解成相对分子质量较小的可溶性单糖、氨基酸、甘油、脂肪酸。这些相对分子质量较小的可溶性物质就可进入微生物细胞之内被进一步分解利用。

第二阶段：产酸阶段。各种可溶性物质（单糖、氨基酸、脂肪酸），在纤维素细菌、蛋白质细菌、脂肪细菌、果胶细菌胞内酶作用下继续分解转化成低分子物质，如丁酸、丙酸、乙酸以及醇、酮、醛等简单有机物质；同时也有部分氢、二氧化碳和氨等无机物的释放。但在这个阶段中，主要的产物是乙酸，约占 70% 以上。

第三阶段：产甲烷阶段。由产甲烷菌将第二阶段分解出的乙酸等简单有机物分解成甲烷和二氧化碳，其中二氧化碳在氢气的作用下还原成甲烷。

（1）产甲烷菌的类群。产甲烷菌包括食氢产甲烷菌和食乙酸产甲烷菌两大类群。在沼气发酵过程中，甲烷的形成是由产甲烷菌所引起的，产甲烷菌包括食氢产甲烷菌和食乙酸产甲烷菌，它们是厌氧消化过程食物链中的最后一组成员，尽管它们具有各种各样的形态，但它们在食物链中的地位使它们具有共同的生理特性。它们在厌氧条件下将乙酸和 H_2/CO_2 转化为 CH_4/CO_2，使有机物在厌氧条件下的分解作用以顺利完成。目前已知的甲烷产生过程由以上两组不同的产甲烷菌完成。

1）由 CO_2 和 H_2 产生甲烷反应为：

$$CO_2 + 4H_2 \longrightarrow CH_4 + H_2O \tag{7-9}$$

2）由乙酸或乙酸化合物产生甲烷反应为：

$$CH_3COOH \longrightarrow CH_4 + CO_2 \tag{7-10}$$

$$CH_3COONH_4 + H_2O \longrightarrow CH_4 + NH_4HCO_3 \tag{7-11}$$

（2）产甲烷菌的生理特性。

1）产甲烷菌的生长要求严格厌氧环境，产甲烷菌广泛存在于水底沉积物和动物消化道等极端厌氧的环境中；

2）产甲烷菌食物简单，产甲烷菌只能代谢少数几种碳素底物生成甲烷；

3）产甲烷菌适宜生存在 pH 值中性条件下；

4）产甲烷菌生长缓慢。

7.9.2.3　四段理论

第一阶段：水解阶段。将不溶性大分子有机物分解为小分子水溶性的低脂肪酸。

第二阶段：酸化阶段。发酵细菌将水溶性低脂肪酸转化为 H_2、甲酸、乙醇等，酸化阶段料液 pH 值迅速下降。

第三阶段：产氢产乙酸阶段。专性产氢产乙酸菌对还原性有机物的氧化作用，生成 H_2、乙酸等。同型产乙酸细菌将 H_2、HCO_3^- 转化为乙酸，此阶段由于大量有机酸的分解导致 pH 值上升。

第四阶段：甲烷化阶段。由严格厌氧的产甲烷菌群利用一碳化合物（CO_2、甲醇、甲酸、甲基胺或 CO）、二碳化合物（乙酸）和 H_2 产生甲烷的过程。

7.9.3　沼气发酵条件

（1）适宜的发酵温度。沼气池的温度条件分为常温发酵（10~30℃）、中温发酵（30~45℃）、高温发酵（45~60℃）。沼气发酵最经济的温度条件是 35℃，即中温发酵。

（2）适宜的发酵液浓度。发酵液的浓度范围是 2%~30%，浓度越高产气越多。

（3）发酵原料中适宜的碳、氮比例（C：N）。沼气发酵微生物对碳素需要量最多，其次是氮素，把微生物对碳素和氮素的需要量的比值，叫作碳氮比（C：N），一般采用 C：N=25：1。

（4）适宜的酸碱度（pH 值）。沼气发酵适宜的酸碱度为 pH=6.5~7.5。

（5）足够量的菌种。菌种数量多少，质量好坏直接影响着沼气的产量和质量。一般要求达到发酵料液总量的 10%~30%，保证正常启动和旺盛产气。

（6）较低的氧化还原电位（厌氧环境）。沼气甲烷菌要求在氧化还原电位大于 -330mV 的条件下才能生长。这个条件即严格的厌氧环境。所以，沼气池要密封。

参 考 文 献

[1] Sutton D, Kelleher B, Ross J R. Review of literature on catalysts for biomass gasification [J]. Fuel Processing Technology, 2001, 73 (3): 155-173.

[2] Basu P. Biomass gasification and pyrolysis: Practical design and theory [M]. New York: Academic press, 2010.

[3] Sharma S, Sheth P N. Air-steam biomass gasification: Experiments, modeling and simulation [J]. Energy Conversion and Management, 2016, 110: 307-318.

[4] Luo X, Wu T, Shi K, et al. Biomass gasification: an overview of technological barriers and socio-environmental impact [M]. IntechOpen, 2018.

[5] Ahmad A A, Zawawi N A, Kasim F H, et al. Assessing the gasification performance of biomass: A review on biomass gasification process conditions, optimization and economic evaluation [J]. Renewable and Sustainable Energy Reviews, 2016, 53: 1333-1347.

[6] Bridgwater A V. Principles and practice of biomass fast pyrolysis processes for liquids [J]. Journal of Analytical and Applied Pyrolysis, 1999, 51 (1-2): 3-22.

[7] Bridgwater A V, Meier D, Radlein D. An overview of fast pyrolysis of biomass [J]. Organic Geochemistry, 1999, 30 (12): 1479-1493.

[8] Mohan D, Pittman C U, Steele P H. Pyrolysis of wood/biomass for bio-oil: A critical review [J]. Energy & Fuels, 2006, 20 (3): 848-889.

[9] Deng L, Yan Z, Fu Y, et al. Green solvent for flash pyrolysis oil separation [J]. Energy & Fuels, 2009, 23: 3337-3338.

[10] Bennett N M, Helle S S, Duff S J B. Extraction and hydrolysis of levoglueosan from pyrolysis oil [J]. Bioresource Technology, 2009, 100 (23): 6059-6063.

[11] Calabria R, Chiariello F, Massoli P. Combustion fundamentals of pyrolysis oil-based fuels [J]. Experimental Thermal and Fluid Science, 2007, 31 (5): 413-420.

[12] Ikura M, Stanciulescu M, Hogan E. Emulsification of pyrolysis derived bio-oil in diesel fuel [J]. Biomass & Bioenergy, 2003, 24 (3): 221-232.

[13] 戎茜. 新世纪的绿色能源——生物柴油 [J]. 生物学教学, 2006, 31 (6): 65-66.

[14] 闵恩泽. 生物柴油产业链的开拓 [M]. 北京: 中国石化出版社, 2006.

[15] Konwar L J, Boro J, Deka D. Review on latest developments in biodiesel production using carbon-based catalysts [J]. Renewable & Sustainable Energy Reviews, 2014, 29: 546-564.

[16] 孙纯. 生物柴油产业发展概论 [M]. 北京: 中国石化出版社, 2014.

[17] Abbaszaadeh A. Current biodiesel production technologies: A comparative review [J]. Energy Conversion and Management, 2012, 63: 138-148.

[18] 肖明松, 王孟杰. 燃料乙醇生产技术与工程建设 [M]. 北京: 人民邮电出版社, 2010.

[19] Sakamoto T, Hasunuma T, Hori Y, et al. Direct ethanol production from hemicellulosic materials of rice straw by use of an engineered yeast strain codisplaying three types of hemicellulolytic enzymes on the surface of xylose-utilizing saccharomyces cerevisiae cells [J]. Journal of Biotechnology, 2012, 158 (4): 203-210.

[20] 李江, 谢天文, 刘晓风. 木质纤维素生产燃料乙醇的糖化发酵工艺研究进展 [J]. 化工进展, 2011, 30 (2): 284-291.

[21] 杨涛, 马美湖. 纤维素类物质生产酒精的研究进展 [J]. 中国酿造, 2006 (8): 11-15.

[22] 张宁, 蒋剑春, 程荷芳, 等. 木质纤维生物质同步糖化发酵 (SSF) 生产乙醇的研究进展 [J]. 化工

进展，2010，29（2）：238-242.

［23］邱峰．合成气制乙醇技术研究进展［J］．化工技术与开发，2020，49（z1）：73-75，95.

［24］许敬亮，常春，韩秀丽，等．合成气乙醇发酵技术研究进展［J］．化工进展，2019，38（1）：586-597.

［25］刘中民，大连化学物理研究所科研成果介绍［J］．辽宁化工，2019，48（9）：941.

［26］邓良伟．沼气工程［M］．北京：科学出版社，2015.

［27］张全国．沼气技术及其应用［M］.2版．北京：化学工业出版社，2005.

8 风能材料与技术

风是地球上的一种自然现象，它是由太阳辐射热引起的。太阳照射到地球表面，地球表面各处受热不同，产生温差，从而引起大气的对流运动形成风。风能就是空气的动能，风能的大小决定于风速和空气的密度。风能资源具有总量丰富、环保等突出的资源禀赋优势，并随着理论和实践技术的成熟、运行管理自动化程度日益提高、度电成本持续降低，目前已成为开发和应用最为广泛的可再生能源之一，是全球可再生能源开发与利用的重要构成，其发展正逐渐从补充性能源向替代性能源持续转变，其应用是推动能源结构优化、碳中和的重要驱动力。

本章讲述风能的利用和原理以及风力发电机的材料。风能与常规水能及海洋能源中潮汐能、波浪能、海流能的原理都是流体机械能的利用，是利用流体直接产生机械能工作。本章将从风能历史、现状及我国风能发展策略、风能利用的分类和原理、风力发电装置结构和材料等内容进行介绍。

8.1 风能历史

人类利用风能的历史可以追溯到数千年前，在中古与古代利用风车将收集到的机械能用来磨碎谷物和抽水，也就是早期的农场风机，这一类技术的代表如荷兰的风车村，是目前保留最完整的遗迹之一，并且其风车还在继续工作，此类技术更关注转矩大小，即直接利用风车叶片获得的机械能通过机械构件传递给石磨或水车工作。此外，帆船也是古代风能技术的主要应用，其原理与现代风力发电机相同，我国也是最早使用帆船和风车的国家之一，至少在 3000 年前的商代就出现了帆船。唐代有"长风破浪会有时，直挂云帆济沧海"的诗句，可见那时风帆船已广泛用于江河航运。最辉煌的风帆时代是中国的明代，14 世纪初叶，中国航海家郑和七下西洋，庞大的风帆船队功不可没。明代以后，风车得到了广泛的使用，宋应星的《天工开物》一书中记载有："扬郡以风帆数扇，俟风转车，风息则止"，这是对风车的一个比较完善的描述。我国风帆船的制造已领先于世界。方以智著的《物理小识》记载有："用风帆六幅，车水灌田，淮阳海皆为之"，描述了当时人们已经懂得利用风帆驱动水车灌田的技术。中国沿海沿江地区的风帆船和用风力提水灌溉或制盐的做法，一直延续到 20 世纪 50 年代，仅在江苏沿海利用风力提水的设备曾达 20 万台。

到了近代，风力机技术与电力工业发展息息相关。1887~1888 年前后，美国的 Charles F. Brush 安装了世界第一台风力发电机，该风力机风轮直径为 17m，由雪松木制成 144 片叶轮，当时可为 12 组电池、350 盏白炽灯、2 盏碳棒弧光灯和 3 个发动机提供电力。这台风力机运行约 20 年用来为其家地窖里的蓄电池充电。丹麦的 Poul la Cour 不仅建了自己的风洞用以试验风力发电机，而且还创立了世界上第一本风力发电期刊 *Journal of Wind Electricity*。Poul la Cour 的试验风力机至今仍保留在丹麦的 Askov。1957 年，Poul la Cour

的学生 Johannes Juul 改进并制造的 Geder 风力机已初具现代风力机的雏形,由一个发电机和三个旋转叶片组成,被称为丹麦式风力机。基于以上两位学者的研究工作,风力发电在20 世纪早期取得了迅猛的发展。第二次世界大战前后,由于能源需求量大,欧洲一些国家和美国相继建造了一批大型风力发电机。

风电发展史上所不幸的是,随着化石燃料的大规模开发及广泛采用,廉价高效的能源开始日益挤占原风能利用领域。直至 1973 年世界石油危机爆发,在常规能源告急和全球生态环境恶化的双重压力下,风能作为新能源的一部分才重新有了长足的发展,现代风力机制造业逐渐发展起来,以美国和丹麦最为重视。美国已于 20 世纪 80 年代成功地开发了100kW、200kW、2000kW、2500kW、6200kW 及 7200kW 的 6 种风力机组。丹麦在 1978 年即建成了日德兰风力发电站装机容量 2000kW。三片风叶的扫掠直径为 54m,混凝土塔高58m。德国 1980 年就在易北河口建成了一座风力发电站,容量为 3000kW。日本 1991 年10 月在轻津海峡青森县的修建了其国内最大的风力发电站,5 台风力发电机可为 700 户家庭提供电力。随着对能源持续利用的重视,新能源再次聚焦了世界各国的目光,风能再次得到了发展,20 世纪 90 年代中期,欧盟进入风电规模化阶段。21 世纪初,美国、中国和印度也都先后跟随欧洲进入了风电的规模发展阶段。特别是 2008 年开始,中国也进入了风电发展的黄金期,在之后的几年内,装机总量增速都是全球第一,并且装机总量也居世界首位。

8.2　全球风能行业现状及中国风能发展策略

2020 年是全球风电行业创纪录的一年,风能提供了近 1600TW·h 的电力,占全球发电量的 5%以上,约占能源消耗的 2%。2020 年,全球风电行业新增装机容量达到创纪录的 93GW,同比增长 53%,新增装机容量主要在中国实现,全球风电装机总容量达到730GW 以上,帮助世界每年减少超过 11 亿吨的二氧化碳排放——相当于南美洲每年的碳排放量,其中 32.2GW 的同比增长都来自陆上风电市场:中国 24.6GW、美国 7.8GW、拉丁美洲 1GW、欧洲 72MW。为了帮助实现《巴黎协定》限制气候变化的目标,以下观点认为风能应该以更快的速度扩张——每年增加超过 1%的发电量。根据全球风能理事会(Global Wind Energy Council,GWEC)第 16 份年度旗舰报告《2021 年全球风能报告》,世界需要在未来十年内以三倍的速度安装风电,或者说全球每年至少需要安装 180GW 风电,才能保持净零路径并避免气候变化的最坏影响,然而化石燃料补贴阻碍了风力发电的发展。

到 2020 年,世界上一半以上国家的风力发电都实现了商用。丹麦实现了 56%的风电普及率,乌拉圭 40%,立陶宛 36%,爱尔兰 35%,葡萄牙 23%,英国 24%,德国 23%,西班牙 20%,希腊 18%,瑞典 16%,欧盟(平均)15%,美国 8%,中国 6%。

2020 年,由中国和美国这两个世界最大的风电市场的安装量激增推动了创纪录的增长,这两个市场在 2020 年共增加 75%的新安装量,占世界总安装量的一多半以上,而中国就占了 55.91%,表现了中国政府在实现《巴黎协定》等相关公约的决心。此外,全球风能理事会(GWEC)发布的《2021 全球海上风电报告》中指出,在过去一年中,全球海上风电装机保持稳定增长势头,但各国政府需要更积极地推进海上风电发展以帮助实现碳减排目标并避免气候变化最差情境的出现。

根据国际能源署（International Energy Agency，IEA）及国际可再生能源署（International Renewable Energy Agency，IRENA）的最新报告，如果希望把地球温度上升控制在 1.5℃ 以内，全球海上风电装机需要在 2050 年达到 2000GW，而现在的装机量还不到这一目标的 2%，2030 年的预测装机量也只是这一目标的 13%。同时，风电是可变的可再生能源，因此需要使用电力管理技术来匹配供需，随着一个地区风电比例的增加，电网可能需要升级。天气预报将指导电力网络为发生的可预测的生产变化做好准备。

为了应对全球变暖，担负大国责任，中国在节能减排方面做出了最大的努力。根据风电是可变的可再生能源的特性，提出了我国的风能发展的方向以及风能行业发展主要趋势：

（1）政策推动竞价配置与风电平价上网，将加速推动能源消费结构优化。

（2）国家能源局自 2016 年起，每年年初定期发布风电投资监测预警信息，在引导全国风电开发布局优化方面发挥了重要作用，全国弃风电量和弃风率持续"双降"。

（3）风电单机容量大型化趋势使风电度电成本下降，是平价上网政策稳步推进的重要基础，风电将更具市场竞争力。

（4）精细化与定制化趋势将提供针对性更强的整体解决方案并逐渐成为市场竞争力的重要构成部分。

（5）风电智能化数字化、智能化趋势成为必然。

（6）市场集中度提高带来行业优质资源的集中，呈现头部效应，一定程度加剧了头部市场参与者之间的竞争；同时，市场头部参与者对上游供应商的议价能力、对下游客户的综合服务能力都将得到提升。

在此基础上，提出我国风电产业发展明确的指导思想和清晰的发展目标：保证年均新增装机 5000 万千瓦以上，2025 年后，中国风电年均新增装机容量应不低于 6000 万千瓦，到 2030 年至少达到 8 亿千瓦，到 2060 年至少达到 30 亿千瓦。有效解决弃风问题，"三北"地区全面达到最低保障性收购利用小时数的要求；产业发展目标方面，风电设备制造水平和研发能力不断提高，3~5 家设备制造企业全面达到国际先进水平，市场份额明显提升。中国是世界最大的风电市场，拥有丰富的风力资源。中国风电市场的繁荣与在全世界范围内的市场地位，在过去数十年发展历程中也推动着中国风电风机整机制造商的发展和进步。加上中国风电产业很长一段时间受到政策的大力支持与鼓励，风电产业发展迅速，部分行业领先企业的产品技术水平逐步向国际先进水平靠拢。

8.3 风能利用的分类与原理

风能利用有很多种形式从其转化特性出发主要可以分为三大类：第一类是将风力机作为原动机，利用其轴功率直接驱动各种机械。由于风的间断性，所以仅适用于非连续工作的场合如提水。第二类是利用阻尼效应将风力机的机械能转化为热能，如制热、干燥或者用热能进一步制冷等。第三类是将风力机的机械能转换为其他形式的能，如电能，然后再利用电便利的转化特性转化为其他需要的能，如化学能、声能、磁能等。

一般将前两类称为风能的直接利用，一般是利用其转矩大小来工作，多为拖动装置。因为这样的风力机不需要安装发电机及其复杂的调节控制系统。随着分布式能源概念的提出，风能的直接利用会越来越广泛。

8.3.1　风能直接利用的工作原理

在电力学、能源学中，风轮是指将风能转化为机械能的风力机部件，由叶片和轮毂组成。

风力涡轮机的旋转叶片将风中的一部分动力转换成旋转动能，功率为：

$$P = T\omega \tag{8-1}$$

式中　P——功率；

　　　T——扭矩；

　　　ω——角速度。

传递相同的功率可以是大扭矩和小角速度或小扭矩和大角速度。转子的扭矩特性—角速度特性应与负载的扭矩相匹配。

叶片尖端的线速度由 $V = \omega r$ 给出，其中 r 是风轮半径。对于相同的角速度，半径越大，叶片的尖端移动得越快。但是，对于相同的叶尖速比（叶尖速比是用来表述风电机特性的一个十分重要的参数，风轮叶片尖端线速度与风速之比称为叶尖速比，叶片越长，或者叶片转速越快，同风速下的叶尖速比就越大），增大的转子尺寸将导致转子的每分钟转数减小。这就是为什么小直径转子的每分钟转数大而大直径转子的每分钟转数小。转矩-转速关系也解释了为什么不使用拖动装置发电。拖动装置具有更大的扭矩，但是，低的每分钟转数意味着功率较小。拖动装置的设计者都将扭矩等同于功率。这在早期风力利用的装置中是非常常见的设计，并且效果也都可以满足要求。

8.3.2　风力发电原理和分类

把风的动能转变成机械动能，再把机械能转化为电力，这就是风力发电。主流双馈风力发电机发电的原理，是利用风力带动风车叶片旋转，再通过增速机将旋转的速度提升，来促使发电机发电。依据目前的风力发电技术，大约是 3m/s 的微风速度（微风的程度），便可以开始发电。

根据转轴相对于地面的方向，风机风轮或转子的传动主轴与地面的相对位置，风机可分为水平轴与垂直轴风力发电机（主轴平行地面为水平轴，垂直为垂直轴）；而根据叶片在风作用下的工作方式，风力发电机可以分为升力型和阻力型。一般水平轴风力发电机都是升力型，垂直轴则有一类是升力型和阻力型混合的。阻力型也就是拖动装置，在现代风机中是没有用于发电的，效率太低，完全的拖动装置叶片的转速不能比风速更快。通过叶片产生的相对风由两部分组成，叶片运动的向量和风的运动，即远离设备的地面风。通过增加定桨距运行的转子的旋转速度实现，也可以在恒定转速下通过改变叶片的角度来获得合适的功角。每分钟转数随风速的增加而增加，可以获得任何风速的最大功率输出。或通过更改叶片的螺距以获得恒定转速的正确攻角。固定桨距的叶片或恒定转速的转子只能在一个风速下达到最大功率系数。功率系数是风力发电机的输出功率除以输入功率（即流经转子区域的风能功率）得到的数值。固定桨距的叶片达到最大功率系数以上效率降低，但风力发电机的功率输出仍可保持较高水平，因为功率是按风速的三次方来增长的。

根据能量和动量守恒，升力型风力发电机捕获风能的最大理论效率（最大风能利用系数）比例为59%，阻力型为14.8%。从风能到电能，升力型风力发电机风能转换系统的最高实验效率约为50%。

8.3.2.1 升力型风力发电机理论效率系数计算

升力型风力发电组前后的气流如图 8-1 所示，首先做如下假设：

(1) 气流连续，为不可压缩的均匀流体；

(2) 无摩擦力；

(3) 风轮叶片无限多；

(4) 气流对风轮面的推力均匀一致；

(5) 风轮尾流无旋转；

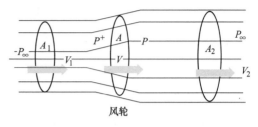

图 8-1 升力型风力发电机组前后的气流

(6) 在风轮的前远方和后远方，风轮周围无湍流处静压力相等。

升力型风力发电机前后的气流如图 8-1 所示。A 是风轮面积，A_1 是风轮前远方任意截面面积，A_2 是风轮后远方任意截面面积，P_∞ 是环境压力，P^+ 是气流在风轮前压力，P^- 是气流在风轮后压力，V 是气流在风轮处速度，V_1 是气流在 A_1 处速度，V_2 是气流在 A_2 处速度，ρ 是空气密度（并且为常数）。

根据质量守恒定律，有：

$$\rho A_1 V_1 = \rho A V = \rho A_2 V_2$$
$$\rho = const \tag{8-2}$$
$$A_1 V_1 = A V = A_2 V_2$$

根据动量守恒定律，有：

$$T = \frac{dm}{dt}(V_1 - V_2) = \rho A V (V_1 - V_2)$$

$$T = (P^+ - P^-)A$$

$$\left. \begin{array}{l} P_\infty + \dfrac{1}{2}\rho V_1^2 = P^+ + \dfrac{1}{2}\rho V^2 \\[2mm] P^- + \dfrac{1}{2}\rho V^2 = P_\infty + \dfrac{1}{2}\rho V_2^2 \end{array} \right\} \tag{8-3}$$

$$\Rightarrow P^+ - P^- = \frac{1}{2}\rho(V_1^2 - V_2^2)$$

$$\Rightarrow T = \frac{1}{2}\rho(V_1^2 - V_2^2)A$$

$$\frac{1}{2}\rho(V_1^2 - V_2^2)A = \rho A V (V_1 - V_2)$$

$$V = \frac{V_1 + V_2}{2} \tag{8-4}$$

通过风电机组的风速等于前远方和后远方气流速度平均值，在此引入速度减小率 a（轴向诱导系数）：

$$a = \frac{V_1 - V}{V_1}$$

$$V_2 = V_1(1 - 2a)$$
$\qquad\qquad$ (8-5)

根据能量守恒定律（风轮获得的功率等于单位时间动能量变化），有：

$$P = \frac{1}{2}\frac{\mathrm{d}m}{\mathrm{d}t}(V_1^2 - V_2^2) = \frac{1}{2}\rho AV(V_1^2 - V_2^2)$$

$$P = \frac{1}{2}\rho AV_1^3 [4a(1 - a)^2]$$

$$P_\omega = \frac{1}{2}\rho AV_1^3$$

$$C_P = 4a(1 - a)^2$$
$\qquad\qquad$ (8-6)

$$\frac{\mathrm{d}C_P}{\mathrm{d}a} = 4(a - 1)(3a - 1) = 0$$

$$a = 1 \text{ or } a = 1/3$$

$$\Rightarrow C_{P\mathrm{max}} = 16/27 \approx 0.593$$

叶片上的升力和拖动力如图 8-2 所示，升力和阻力是根据迎角 α（相对风向翼型弦的夹角）的函数进行实验测量的。C_P 是理论功率系数。升力垂直于风，阻力（拖动力）平行于相对风。叶片升力的水平分量取决于迎角，使转子绕轴旋转。

8.3.2.2 阻力型风力发电机理论效率系数计算

依靠风对叶片的阻力而推动叶片绕轴旋转的叶片称为阻力型叶片。阻力型风电机叶片前后气流如图 8-3 所示，P 为其捕获的功率，相对风速 V_r 为叶片前风速与叶片后风速的差值，V_1 是叶片前风速，V 为叶片后风速，D 是气动阻力，C_D 是阻力系数，A 是风轮面积，ρ 是空气密度（同样为常数，$\rho = const$）。阻力 D 可应用空气动力学阻力系数 C_D 表示为：

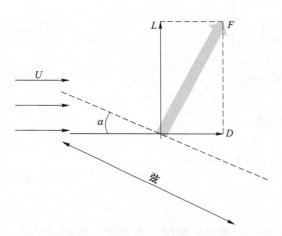

图 8-2　叶片上的升力和拖动力

（这与风电相对运动有关）

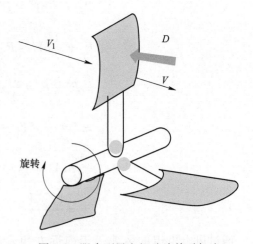

图 8-3　阻力型风电机叶片前后气流

$$D = C_D \frac{1}{2} \rho A V_r^2$$

$$V_r = V_1 - V \tag{8-7}$$

$$D = C_D \frac{1}{2} \rho A (V_1 - V)^2$$

风电机组功率 P 等于阻力与风机叶片受推力产生的速度 V，式（8-5）、式（8-7）代入后，可得：

$$P = DV = C_D \frac{1}{2} \rho A (V_1 - V)^2 V$$

$$a = \frac{V_1 - V}{V_1} \tag{8-8}$$

$$P = C_D \frac{1}{2} \rho A V_1^3 a^2 (1 - a)$$

$$C_P = C_D a^2 (1 - a)$$

$$\frac{\mathrm{d}C_P}{\mathrm{d}a} = C_D a (2 - 3a) = 0 \tag{8-9}$$

$$a = 0 \text{ or } 2/3$$

$$C_{P\max} = 4/27 C_D \approx 0.148 C_D$$

纯阻力型垂直轴风轮最大风能利用系数 $C_{P\max} \approx 0.2$，与 Betz 理想风轮的 $C_{P\max} = 0.593$ 相差甚远。以上分析说明，风轮的风能利用系数的大小，与叶片的性能有很大关系。

8.4　风力发电装置结构和材料

本节以大型风力发电机组（后文或简称风电机组、机组）进行主流技术的简要说明。目前在大型风电机组中，两种最有竞争能力的结构形式是异步电机双馈式机组和永磁同步电机直接驱动式机组。大容量的机组大多采用这两种结构。此外，还有一种介于两者之间的中传动比齿轮箱型（"半直驱"）机组。上述三种发电机组的基本结构大同小异，以异步电机双馈式机组结构作说明。

风力装置的结构和材料影响着装置风能利用的效率。同时，风机使用的环境和年代也影响材料的应用。随着风力利用装置向着更高效、更持久、更节约的方向发展，风能材料及其技术也在长足发展。

8.4.1　异步电机双馈式机组结构

从整体上看，风力发电机组可分为风轮、机舱、塔筒/架和基础几个部分。风轮由叶片和轮毂组成。叶片具有空气动力外形，在气流作用下产生力矩驱动风轮转动，通过轮毂将转矩输入到主传动系统。机舱由底盘、整流罩和机舱罩组成，底盘上安装除主控制器以外的主要部件。机舱罩后部的上方装有风速和风向传感器，舱壁上有隔音和通风装置等，底部与塔筒/架连接。塔筒/架支撑机舱达到所需要的高度，其上安置发电机和主控制器之间的动力电缆、控制和通信电缆，还装有供操作人员上下机舱的扶梯，大型机组还设有升降梯。基础多钢筋混凝土结构，根据当地地质情况设计成不同的形式。其中心预置与塔筒/架连接的基础部件，保证将风力发电机组牢牢地固定在基础上，基础周围还要设置预防雷击的接地装置。

图 8-4 所示为一种变桨距（即叶片可以绕自身轴线旋转，又简称变距）、变速型的风力发电机组内部结构。它由以下基本部分组成：

（1）变桨距系统：设在轮毂之中。对于电力变距系统来说，包括变距电动机、变距控制器、电池盒等。

（2）发电系统：包括发电机、变流器等。

（3）主传动系统：包括主轴及主轴承、齿轮箱、高速轴和联轴器等。

（4）偏航系统：由电动机、减速器、变距轴承、制动机构等组成。

（5）测风系统：风速和风向传感器等。

（6）控制系统：包括传感器、电气设备、计算机控制系统和相应软件。

此外，还设有液压系统，为高速轴上设置的制动装置、偏航制动装置提供液压动力。液压系统包括液压站、输油管和执行机构。为了实现齿轮箱、发电机、变流器的温度控制，设有循环油冷却风扇和加热器。

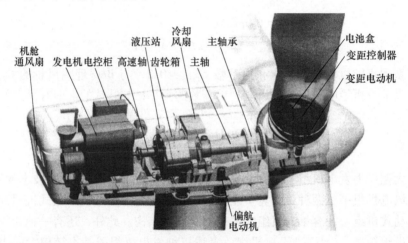

图 8-4　风机内部结构

8.4.2　风力发电机组的主要参数

风力发电机组最主要的参数是风轮直径（或风轮扫掠面积）和额定功率。风轮直径决定机组能够在多大的范围内获取风中蕴含的能量。额定功率是正常工作条件下，风力发电机组的设计要达到的最大连续输出电功率。

风轮直径应当根据不同的风况与额定功率匹配，以获得最大的年发电量和最低的发电成本，配置较大直径风轮供低风速区选用，配置较小直径风轮供高风速区选用。

风轮的转速范围是 $12\sim200\text{r/min}$，而发电机转速为 $1000\sim1500\text{r/min}$，风力机和发电机之间必须用增速箱连接。在风力发电中，当风力发电机组与电网并网时，要求机组发电的频率与电网的频率保持一致。双馈式风力发电机组就是采用交流励磁双馈异步发电机，转子通过变流器并网的一种变速恒频机组。

双馈风力发电机组风轮将风能转变为机械转动的能量，经过齿轮箱增速驱动异步发电机，应用励磁变流器励磁而将发电机的定子电能输入电网。如果超过发电机同步转速，转子也处于发电状态，通过变流器向电网馈电。

齿轮箱可以将较低的风轮转速变为较高的发电机转速。同时也使得发电机易于控制，实现稳定的频率和电压输出。

交流励磁双馈型发电机的结构类似绕线转子异步电机，只是转子绕组上加有集电环和电刷，这样，转子的转速与励磁的频率有关，从而使得双馈型发电机的内部电磁关系既不同于普通异步发电机又不同于同步发电机，但它却同时具有异步机和同步机的某些特性。

交流励磁变速恒频双馈发电机组的优点是：允许发电机在同步速上下30%转速范围内运行，简化了调整装置，减少了调速时的机械应力，同时使机组控制更加灵活、方便，提高了机组运行效率；需要变频控制的功率仅是电机额定容量的一部分，使变频装置体积减小，成本降低，投资减少；并且可以实现有功、无功功率的独立调节。

交流励磁变速恒频双馈风力发电机组的缺点是：必须使用齿轮箱，然而随着风电机组功率的升高，齿轮箱成本变得很高，且易出现故障，需要经常维护，同时齿轮箱也是风力发电系统产生噪声污染的一个主要因素；当低负荷运行时，效率低；电机转子绕组带有集电环、电刷，增加维护工作量和故障率；控制系统结构复杂。

直驱永磁风力发电机组与交流励磁变速恒频双馈风力发电机组区别：发电机轴直接连接到风轮上，转子的转速随风速而改变，其交流电的频率也随之变化，经过大功率电力电子变流器，将频率不定的交流电整流成直流电，再逆变成与电网同频率的交流电输出。变速恒频控制是在定子电路实现的，因此变流器的容量与系统的额定容量相同。

直驱型风力发电机组相对于传统的采用异步发电机的机组优点是：由于传动系统部件的减少，提高了机组的可靠性，降低了噪声；永磁发电技术及变速恒频技术的采用提高了风电机组的效率；利用变速恒频技术，可以进行无功功率补偿。

虽然直接驱动与采用交-直-交变流器相结合的变速恒频方式有一定的优势，但也存在如下缺点：采用的多极低速永磁同步发电机，发电机直径大，制造成本高；随着机组设计容量的增大，给发电机设计、加工制造带来困难；定子绕组绝缘等级要求较高；采用全容量逆变装置，变流器设备投资大，增加控制系统成本；由于结构简化，使机舱重心前倾，设计和控制上难度加大。

半直驱机型的风力发电机组采用了一级行星齿轮传动和适当增速比，把行星齿轮副与发电机集成在一起，构成了发电机单元。它采用单级变速装置以提高发电机转速，同时配以多极永磁同步发电机。该发电机组介于高传动比齿轮箱型和直接驱动型之间（故又称"半直驱"机型）。发电机单元的主轴承与轮毂直接相连接，发电机单元经过大功率电力电子变换器，将频率不定的交流电整流成直流电，再逆变成与电网同频率的交流电输出。

虽然上述三种主流大型机组结构有所区别，但主要集中在传动机构上，并且机构使用的材料并没有明显区别。在下面的章节，对机组主要组成部件的材料进行说明。

8.4.3 风轮叶片材料

风力发电机刚开始出现时，木材是制造叶片主要材料，但缺点是不易做成扭曲型，因此从叶柄到叶尖没有扭角的变化，空气动力效率很低，而且必须用强度很好的整体木方做叶片纵梁，从而承担叶片在工作时作用在叶片上的力和弯矩。木质叶片现在很少在商用风机上应用。随着风机大型化，叶片开始采用了强度更好的钢铁材质制造，用以保证叶片的坚固和耐用，但由于钢铁的密度过大，对于效率提高十分不利，而且由于设计和当地使用环境等因素，不可避免地出现叶片、塔筒损坏的情况。铝合金质量轻强度高，成为继钢铁后的一种重要的叶片材料。铝合金铸造叶片的工艺来源于航空螺旋桨的制造。制造方法可分为铸造和挤压成型两种，其中挤压成型的叶片易于制造，可连续生产，又可按设计要求的扭曲进行扭曲加工，叶根与轮毂连接的轴及法兰可通过焊接或螺栓连接来实现，安装方便，因此在小型风力发电机上得到广泛应用。但挤压成型的叶片均为等弦长的，因为从叶根到叶尖逐渐缩小的挤压工艺十分困难。铝合金叶片的缺点是空气动力效率较低，价格比较昂贵，这些都阻碍了其在风力发电机上的应用与发展。

到了现代，风力发电机技术基本成型，叶轮材料的选择也基本采用复合材料，复合材料是指将两种或两种以上的不同材料，用适当的方法复合而成的一种新材料，其性能比单一材料更优越。复合材料在复合过程中既综合各组分材料的优点，同时减少其不利影响。优化的复合工艺使设计者从传统的材料选择和制造工艺的束缚中解放出来，让人们使用更轻、更韧的材料，其性能可以通过综合平衡来满足实际设计的需要。主流的叶片复合材料包括玻璃纤维增强塑料（glass fibre reinforced plastics，GFRP）、碳纤维增强塑料（carbon fibre reinforced plastic，CFRP）等。

玻璃纤维增强塑料（GFRP）的比强度和比模量、耐久性、耐气候性和耐腐蚀性俱佳，是足以用于户外的优质结构材料。GFRP叶片是丹麦LM GLASSFIBER公司研发的，采用真空辅助注射成型工艺，占据了主要的叶片市场。早期短切纤维网片（cut short fiber mesh，CSM）和连续无轨网片已引起了风力叶片模塑者的关注，因为其适用于当时主流的开模和手工湿铺法。其所需投资少、劳动技能要求适中，一直在较小的叶片制造中应用。现今叶片生产厂家已转向由航天工业输入的密闭模塑、树脂浸渍和高温高压压力容器的方法。玻璃纤维的质量可通过表面改性、上浆和涂覆加以改进。采用射电频率等离子体沉积去涂覆E-玻纤，其耐拉伸疲劳可达到碳纤维的水平，且经这种处理后可以降低能实际上导致损害的纤维间微振磨损。随着叶片制造商向密闭式模塑和树脂浸渍法过渡，预成型体变得越来越重要。GFRP可根据风力机叶片的受力特点设计强度与刚度。风力机叶片主要是纵向受力，即气动弯曲和离心力。利用纤维受力为主的受力理论，可把主要纤维安排在叶片的纵向，这样就可以充分发挥叶片的抗弯曲和抗拉伸能力。其翼型容易成型，并达到最大气动效率。叶片一般使用多年，要经受多次疲劳交变，因此材料的疲劳性能要好。玻璃纤维复合材料疲劳强度较高、缺口敏感性低、内阻尼大、抗震性能较好、耐腐蚀性好，是制作叶片的理想材料。存在问题：其废旧产品处理困难，难以燃烧，又不易分解。多采用堆积方式处理，又称为垃圾材料（field fill）。属于无法持续使用的材料，人们持续制造大量玻璃钢产品，再将其丢弃，将占用大量的土地。

碳纤维增强塑料（CFRP），是用粘胶丝、聚丙烯腈纤维和沥青丝等为原料，在300~1000℃下碳化而成的。碳纤维的直径极细，有$7\mu m$左右，但它的强度却异常的高。为了降低风能的成本，发展具有足够刚性的更长叶片也是必要的（单机大型化），但从力学和结构方面看，由于质量按叶片长度立方准则增加而动能则按平方准则增加，达到对应动能时质量增加更多，因此必须保证材料足够强韧；而碳纤维的刚性约为玻纤的 3 倍，尽管碳纤维或碳纤维/玻纤混杂纤维成本确实高出 GFRP。它还可有助于降低叶片端部附近的柔曲性，同时在层压制品中碳纤维只需 5 层，因而可减轻质量。某些小于 1.5MW 机型的叶片已经采用全碳纤维结构，一些大型叶片也从高剪切的元件逐步采用 CFRP，在应用于叶片表面以前，通常用于刚性的叶梁元件。现今在某些大型叶片中也完全采用全碳纤维结构，因为一般情况下，5MW 的风电机组，其风电叶片的长度可达到 60m。针对此类大型叶片，在材料的选择上，必须使用刚而硬、轻而强的高性能碳纤维复合材料，保证最终风电叶片结构强度，同时避免风载作用下叶片发生较大程度的变形以及由此引起的叶片撞击风车支柱问题。事实上，甚至 CFRP 的传动轴也已应用于转动叶片端部，因为制动时比相应的钢轴要轻得多，虽然传动系统还是以钢作为主要材料。LM 玻纤公司和荷兰 Delft 技术大学所进行的研究显示，对 120m 的大型旋转叶片，由于 1 只叶片翼梁约为叶片总质量（和成本）的 1/2 以上，因此翼梁采用碳纤维/环氧树脂复合材料与全玻纤结构相比可降低叶片质量约 40%。而碳纤维的较高价格可由旋翼叶壳、传动轴、平台及塔罩的轻量化得以补偿，总体上实现风机成本的节约。CFRP 比 GFRP 更具刚度，也更脆，但只要严格控制生产质量以及材料和结构应用的几何条件，就可保证长期的耐疲劳。此外，CFRP 可避免叶片自然频率与塔发生任何共振的可能性，因为碳纤维有振动阻尼特性。碳纤维对超大型叶片的轻量化贡献也是毋庸置疑的。存在问题：性能优良，但价格高，限制了该产品在风力发电机叶片上的大量使用。

以 GFRP 复合材料为例，风电叶片在生产过程中一般是将整个叶片分为叶片蒙皮、主梁、翻边角、叶根、粘接角、粗砂带等各个部件，其中主梁、翻边角、叶根、粘接角、粗砂带都由专用模具进行制作。将各个部件制好后，在主模具上进行胶结组装在一起，合模后加压固化后制成一个整体叶片。其中使用的黏结剂是叶片的重要结构材料，直接关系到叶片的刚度和强度。黏结剂要求具有较强的强度和良好的韧性，且要有良好的操作工艺性，如不坍塌性、低温固化等特性。

现阶段，成型工艺又大致可以分为七种：（1）手糊工艺；（2）真空导入树脂模塑工艺（vacuum resin introduction process，VRIP）；（3）树脂传递模塑工艺（resin transfer molding，RTM）；（4）西门子树脂浸渍工艺（Siemens composites resin impregnation molding process，SCRIMP）；（5）纤维缠绕工艺（fiber winding，FW）；（6）木纤维环氧饱和工艺（wood fiber epoxy saturation technique，WEST）；（7）模压工艺。其中（1）（4）（5）（6）是开模成型工艺，而（2）（3）（7）是闭模成型工艺。

目前，国内外主要大的叶片公司都采用真空导入树脂成型工艺（VRIP），即干法以及湿法真空袋压辅助成型工艺。这两种方法相对于其他方法而言，成本低、效率高、效果好。

真空导入树脂成型工艺（VRIP），俗称干法。该工艺是借助真空的驱动，在单面刚性模具上，铺设结构层、脱模介质以及导流介质，并用柔性真空袋膜密封整个模具，然后抽取真空，在真空负压的作用下，排除模腔中的气体，灌入树脂，并依靠导流介质的帮助，利用树脂的流动和渗透以实现树脂对结构层纤维及织物的浸渍，并在常温下达到固化的工艺方法。

湿法真空袋压辅助成型工艺，俗称湿法。该工艺包含了预浸料工艺和真空辅助工艺。

它是将已浸渍好的纤维布放入冷库中存放，取出后可直接在模具上进行铺设，并用滚筒除去气泡，依次铺设脱模介质、吸胶毡，然后用真空袋对上述系统进行密封，抽真空，加热固化。利用真空辅助是为了除去多余的气泡并吸取多余的树脂。这两种工艺在目前的叶片制造工艺中都得到广泛地采用。复合材料在风力发电中的应用主要是转子叶片、机舱罩和整流罩的制造。相对而言，机舱罩和整流罩的技术门槛较低，生产开发的难度不大。

8.4.4　机械传动系统材料

传动系统、变桨系统、偏航系统都是具有机械传动功能的系统。包括低速轴、高速轴、齿轮及齿轮箱等，主要的材料是耐磨的钢材，包括高碳钢、齿轮钢、轴承钢等，特别是轴承钢，在一些特殊领域，机械的运转对轴承的精度、性能、寿命和可靠性都提出了很高的要求。这些也是风力发电机寿命的关键因素。要使轴承达到这些要求，其材质是决定性因素之一。然而，21 世纪稍早时期，中国的高端轴承用钢还几乎全部依赖进口。世界轴承巨头美国铁姆肯、瑞典 SKF 几乎垄断了全球高端轴承用钢的研发、制造与销售。轴承钢是用来制造滚珠、滚柱和轴承套圈的钢。轴承钢有高而均匀的硬度和耐磨性，以极高的弹性极限。对轴承钢的化学成分的均匀性、非金属夹杂物的含量和分布、碳化物的分布等要求都十分严格，是所有钢铁生产中要求最严格的钢种之一。1976 年，国际标准化组织 ISO 将一些通用的轴承钢号纳入国际标准，将轴承钢分为：全淬透型轴承钢、表面硬化型轴承钢、不锈轴承钢、高温轴承钢等四类共 17 个钢号。轴承钢又称高碳铬钢，碳的质量分数 $w(C)$ 为 1% 左右，铬的质量分数 $w(Cr)$ 为 0.5%~1.65%。轴承钢又分为高碳铬轴承钢、无铬轴承钢、渗碳轴承钢、不锈轴承钢、中高温轴承钢及防磁轴承钢 6 大类。

高碳铬轴承钢 GCr15 是世界上生产量最大的轴承钢，碳的质量分数 $w(C)$ 为 1% 左右，铬的质量分数 $w(Cr)$ 为 1.5% 左右，从 1901 年诞生至今 100 多年来，主要成分基本没有改变，随着科学技术的进步，研究工作还在继续，产品质量不断提高，占世界轴承钢生产总量的 80% 以上。以至于轴承钢如果没有特殊的说明，一般就是指 GCr15。

轴承钢按化学成分、性能、使用加工工艺和用途等分为全淬透轴承钢、渗碳轴承钢、不锈轴承钢和高温轴承钢。全淬透轴承钢主要是高碳铬钢，如 GCr15，其碳的质量分数为 1% 左右、铬的质量分数为 1.5% 左右。为了提高硬度、耐磨性和淬透性，适当加入一些硅、锰、钼等，如 GCr15SiMn。这类轴承钢产量最大，占所有轴承钢产量的 95% 以上。渗碳轴承钢是碳的质量分数为 0.08%~0.23% 的铬、镍、钼合金结构钢，制成轴承零件后表面进行碳氮共渗，以提高其硬度和耐磨性，这种钢用于制造承受强冲击载荷的大型轴承，如大型轧机轴承、风机轴承、汽车轴承、矿机轴承和铁路车辆轴承等。不锈轴承钢有高碳铬不锈轴承钢，如 9Cr18、9Cr18MoV 等，和中碳铬不锈轴承钢，如 4Cr13 等，用于制作不锈耐腐蚀的轴承。高温轴承钢是在高温（300~500℃）下使用，要求钢在使用温度具有一定的红硬性和耐磨性，大多选用高速工具钢代用，如 W18Cr4V、W9Cr4V、W6Mo5Cr4V2、Cr14Mo4 和 Cr4Mo4V 等。

轴承钢的质量主要取决于以下四个因素：一是钢中的夹杂物含量、形态、分布和大小；二是钢中的碳化物含量、形态、分布和大小；三是钢中的中心疏松缩孔和中心偏析；四是轴承钢产品性能的一致性。这四个因素可以归纳为纯净度和均匀性指标。

其中，纯净度要求材料中的夹杂物尽量少，纯净度的好坏对轴承的疲劳寿命有直接影响；而均匀性则要求材料中的夹杂物和碳化物颗粒细小、弥散，这会影响到轴承制造中热处理后的变形、组织均匀性等。

提高轴承钢的纯净度，首先要做的就是控制钢中的氧含量，炼钢中用 ppm（每百万分之一质量浓度）来作为氧含量的单位，一般来说 8 个 ppm 的钢就属于好钢，而高端轴承所需要的则是 5 个 ppm 的顶级钢。此外，钛等有害元素等留在钢中易形成多棱角的夹杂物，会引起局部的应力集中，产生疲劳裂纹，也都是应该要尽力避免的。

目前，随着钢的高纯净度冶炼平台系统的完善，轴承钢纯净度有了很大的提高，夹杂物水平得到有效控制，国外发达国家的钢中氧含量已经控制在 5ppm 以下，所以钢中碳化物的含量、分布、大小等逐渐变成了当下制约轴承钢质量的主要因素。

近些年，中国已经造出高端轴承钢，并已经开始供应给瑞典、德国、日本等国，同时高端轴承钢的疲劳寿命也达到甚至超过日本和欧洲的同期水平。有了好钢，下一步要解决的就是轴承的问题，高端轴承研发涉及材料、设计、轴承制造装备、高精度机械加工、检测与试验等一系列技术难题，还需要力学、润滑理论、摩擦学、疲劳与破坏、热处理与材料组织等基础研究和交叉学科的支持，高端轴承技术具有极端的复杂性，掌握难度非常之大。目前国产轴承，相比于进口高端轴承，在精度、轴承振动、噪声与异音、可靠性、高速性能方面还有一定差距，高端轴承钢的生产还任重道远。

此外，传动机构中齿轮用齿轮钢等材料也存在类似的情况。这都需要钢铁企业根据风电等行业的需求进行技术优化从而提高产品质量。

8.4.5 支撑系统材料

8.4.5.1 风电塔筒材料

风电塔筒就是风力发电的塔杆，在风力发电机组中主要起支撑作用，同时吸收机组震动，采用的材料主要也是钢材。风电塔筒一般采用钢板结构，如：Q345D、Q345E、Q345D、Q345C。风力发电的塔筒对材料的质量要求主要与风电场环境的极限低温的温度有关。在冬季最低温度低于零下 30℃ 的北方地区，钢材性能要求能防止低温脆断裂，材料多次冲击抗力要强，避免应力集中，避免在低温情况下出现较大的冲击。

风电塔筒的生产工艺流程一般如下：数控切割机下料、厚板需要开坡口→卷板机卷板成型→点焊→定位→确认后进行内外纵缝的焊接→圆度检查→如有问题进行二次较圆、单节筒体焊接完成→采用液压组对滚轮架进行组对点焊→焊接内外环缝、直线度等公差检查→焊接法兰→进行焊缝无损探伤和平面度检查、喷砂、喷漆处理→完成内件安装和成品检验→运输至安装现场。

近年来，随着风电机组的大型化发展趋势及近海、海上风机的应用，塔筒的高度和截面尺寸随之增大，防腐、加工及运输等方面一系列问题亟待解决。复合材料具有防腐性能，后期维护，运输安装等方面的优势，但一般弹性模量相对钢材较低，为充分发挥钢和复合材料的优势，一些人提出了钢-复合材料组合风机塔筒结构方案。如筒体分为内筒体和外筒体，内筒体和外筒之间设有夹心层，外筒体外有聚氨酯涂层。

此外还有混凝土塔筒技术，Acciona Windpower 公司（以下简称 AWP）在南非开普敦举行的 Windaba 2015 年交易会开幕式期间宣布，其采用混凝土塔筒技术的风电机组安装容量已超过 1GW。该公司是 Acciona 集团旗下致力于风电机组设计和制造的子公司。AWP

公司独特的混凝土塔筒技术可通过提高轮毂高度使发电性能更优，并降低机组的运输成本和维护成本。同时，混凝土塔筒的生产也对风场当地的经济发展起到了推动作用。AWP公司在混凝土塔筒方面的经验可以追溯到2005年前，AWP公司在其AW1500平台上首次使用混凝土塔筒。此后，该公司对混凝土塔筒产品和制造过程进行了持续的完善和优化，尤其是"移动工厂"的发展过程中。这些技术已经在全球范围内进行了应用，使风电机组在不同的市场都具有成本效益和竞争力。截至2015年，AWP公司共安装了1045.5MW采用混凝土塔筒的机组，其中924MW（88%）为3MW机组，其余为1.5MW机组。从市场分布来看，采用混凝土塔筒的3MW机组分别应用在巴西（411MW）、墨西哥（225MW）、南非（138MW）、西班牙（84MW）、波兰（63MW）和美国（3MW）。该公司2016~2018年全球范围内新增超过800MW混凝土塔筒的安装项目。采用混凝土塔筒的风电机组特别适用于风切变较高的风场，在这类风场提高塔筒高度将带来更高的发电量。AWP公司的3MW平台的AW3000-100/116/125/132机型均可采用100m、120m和137.5m轮毂高度，而其1.5MW平台的AW1500-77/82机型则可采用100m塔筒。

8.4.5.2 风机基础材料

风机基础的材料主要和土建工程相关，陆上风力发电机的基础主要用到混凝土，工艺与高层建筑地基相似。现代大型风机至少50m，现在更是向更高的趋势发展，已经出现100m甚至更高的风力发电机，风机基础对风机安全和稳定越来越重要。近些年在我国陆地风电场建设快速发展过程中，人们已经注意到陆地风能利用所受到的一些限制，将目光逐渐转向了风速大、风向较稳定的海上风能。早在1990年，第一座海上风机在瑞典Baltic Sea海岸架设成功，人们已经看到了海上风电的巨大潜力。2006年我国颁布的《中华人民共和国可再生能源法》成为了推动我国海上风能利用的催化剂。根据国内外已经建成的海上风电场投资比例及一些研究成果，风机基础约占风电场总成本的20%~30%，是造成海上风电成本较高的原因之一，因此探讨合理的基础结构型式成为海上风电发展的重点。

风机发电效率除了结构等因素，其选址也至关重要。下面将针对风力发电机选址进行介绍。

8.5　风力发电机选址

风力发电机选址分为宏观选址和微观选址，下面将分别进行说明。

8.5.1　风电场宏观选址

风电场选址对风力机能否达到预期出力起着关键性作用。风能大小受多种自然因素的支配，特别是气候、地形和海陆。风速在空间上是分散的，在时间分布上也是不连续的，故对气候非常敏感。但风能在时间和空间分布上有很强的地域性，欲选择风能密度较高的风场址，除了利用已有的气象资料外，还要利用流体力学原理来研究大气运动规律。所以，首先选择有利的地形进行分析筛选，判断可能建风电场的地点，再进行短期（至少1年）的观测。并结合电网、交通、居民点等因素进行社会经济效益的计算。最后，确定最佳风电场的地址。

风电场场址还直接关系到风力机的设计或选型。一般要在充分了解和评价特定场地的风特性后，再选择或设计相匹配的风力机。

8.5.1.1 选址的基本方法

从风能公式可以看出，增加风轮扫风面积和提高来流风速都可增大所获得的风能。但增大扫风面积，带来了设计和制造上的不便，间接地降低了经济效益。相比而言，选择品位较高的风电场来提高来流风速是经济可行的。

选址一般分预选和定点两个步骤。预选是从 $1 \times 10^5 km^2$ 的大面积上进行分析，筛选出 $1 \times 10^4 km^2$ 较合适的中尺度区域；再进行考察，选出 $100km^2$ 的小尺度区域；然后收集气象资料，并设几个点观察风速。定点是在风速资料观测的基础上进行风能潜力的估计，做出可行性评价，最后确定风力机的最佳布局。

大面积分析时，首先应粗略按可以形成较大风速的气候背景，和气流具有加速效应的有利地形的地区进行划分，再按地形、电网、经济、技术、道路、环境和生活等特征进行综合调查。

对于短期的风速观测资料，应修正到长期风速资料，因为观测的年份可能是大风年或小风年，若不修正，有产生风能估计偏大或偏小的可能。修正方法采用以经验正交函数展开为基础的多元回归方法。

8.5.1.2 选址的技术标准

（1）风能资源丰富区。反映风能资源的主要指标有年平均风速、有效风能功率密度、有效风能利用小时数和容量系数。这些要素越大，风能则越丰富。根据我国风能资源的实际情况，风能资源丰富区定义为年平均风速为 6m/s 以上，年平均有效风能功率密度大于 $300W/m^2$，风速为 3~25m/s 的小时数在 5000h 以上的地区。

（2）容量系数较大的地区。风力机容量系数是指一个地点风力机实际能够得到的平均输出功率与风力机额定功率之比。容量系数越大，风力机实际输出功率越大。风电场选在容量系数大于 30% 的地区，有明显的经济效益。

（3）风向稳定地区。风向稳定的判定可以借助风玫瑰图，其主导风向频率在 30% 以上的地区可以认为是风向稳定地区。

（4）风速年变化较小地区。我国属于季风气候，冬季风大，夏季风小。但是在我国北部和沿海，由于天气和海陆的关系，风速年变化较小，最小的月份风速变化只有 4~5m/s。

（5）气象灾害较少地区。在沿海地区，选址要避开台风经常登陆的地点和雷暴易发生的地区。

（6）湍流强度小地区。湍流强度是风速随机变化幅度的大小，定义为 10min 内标准风速偏差与评价风速的比值。湍流强度是风电场的重要特征指标，是风电场风资源评估的重要内容，直接影响风力发电机组的选型。湍流对风力发电机组性能的影响主要体现在：减少功率输出，增加风力机的疲劳载荷，破坏风力机。湍流强度受大气稳定性和地面粗糙度的影响。所以在建风场时，要避开上风向有建筑和障碍物较大的地区。

8.5.2 风电场微观选址

风电场场址选择的优劣，对项目经济可行性起主要作用。决定场址经济潜力的主要因素之一是风能资源特性。在近地层，风在空间上是分散分布的，在时间分布上也是不稳定和不连续的。风速对当地气候十分敏感，同时，风速的大小、品位的高低又受到风场地形、地貌特征的影响，所以要选择风能资源丰富的有利地形进行分析，加以筛选。另外，还要结合地价、工程投资、交通、通信、并网条件、环保要求等因素，进行经济和社会效益的综合评价，最后确定最佳场址。

风力机具体安装位置的选择称为微观选址。作为风电场选址工作的组成部分，需要充分了解和评价特定的场址地形、地貌及风况特征后，再匹配风力机性能进行发电经济效益和荷载分析计算。具体影响因素如下：

（1）盛行风向：是指年吹刮时间最长的风向。可用风向玫瑰图作为标示风向稳定的方法，当主导风向占30%以上可认为是比较稳定的。这一参数决定了风力发电机组在风电场中的最佳排列方式，可根据当地的单一盛行风向或多风向，决定风力发电机组是矩阵排布，还是圆形或方形排布。

在平坦地区，风力机的安装布置一般选择与盛行风向垂直，但地形比较复杂的地区，如山区，由于局地环流的影响使流经山区的气流方向改变，即使相邻的两地，风向也往往会有很大的差别，所以风力机的布置要视情况而定，可安装在风速较大而又相对稳定的地方。

（2）地形地貌：可以分为平坦地形和复杂地形。平坦地形选址比较简单，通常只考虑地表粗糙度和上游障碍物两个因素。复杂地形分为两类：一类为隆升地形，如山丘、山脊和山崖等；另一类为低凹地形，如山谷、盆地、隘口和河谷等。

1）当气流通过丘陵或山地时，会受到地形影响，在山的向风面下部，风速减弱，且有上升气流；在山的顶部和两侧，流线加密，风速加强；在山的背风面，流线发散，风速急剧减弱，且有下沉气流。由于重力和惯性力作用，山脊的背风面气流往往形成波状流动。

2）山地影响，山对风速影响的水平距离，在向风面为山高的5~10倍，背风面为山高的15倍。山脊越高，坡度越缓，在背风面影响的距离就越远。背风面地形对风速影响的水平距离大致是与山高力和山的平均坡度半角余切的乘积成正比。

3）谷地风速的变化，封闭的谷地风速比平地小。长而平直的谷底，当风沿谷地吹时，其风速比平地强，即产生狭管效应，风速增大。当风垂直谷地吹时，风速亦较平地为小，类似封闭山谷。

4）地表粗糙度对风速的影响：复杂地形主要考虑地表粗糙度和地形特征的影响，主要因素体现在三个方面：地表粗糙度、地表粗糙度指数及上游障碍物。

①地表粗糙度：是指平均风速减小到零时距地面的高度，是表示地表粗糙程度的重要指标。地表粗糙度越大表明平均风速减小到零的高度越大。

②地表粗糙度指数：又称地表摩擦系数、风切变指数，也是表示地表粗糙程度的重要指标，其取值情况见 GB 50009—2012《建筑结构荷载规范》。地表粗糙度还会影响风力机运行的尾流、湍流特性，进而又会对风力机运行安全、技术性能以及下风向风力机可能利用的风速大小带来影响。

③上游障碍物：气流流过障碍物，如房屋、树木等，在下游会形成扰动区。在扰动区，风速不但会降低而且还会有很强的湍流，对风力机运行十分不利。因此，在选择风力

机安装位置时，必须避开障碍物下流的扰动区。气流受阻发生变形，这里把其分成以下四个区域：

Ⅰ区为稳定区，即气流不受障碍物干扰的气流，其风速垂直变化呈指数关系。

Ⅱ区为正压区，障碍物迎风面上由于气流的撞击作用而使静压高于大气压力，其风向与来风相反。

Ⅲ区为空气动力阴影区，气流遇上障碍物，在其后部形成扰流现象，即在该阴影区内空气循环流动而与周围大气进行少量交换。

Ⅳ区为尾流区，是以稳定气流速度的95%的等速曲线为边界区域。尾流区的长度约为17H（H为障碍物高度）。所以，选风电场时，应尽量避开障碍物至少17H以上。

湍流作用：湍流是风速、风向的急剧变化造成的，是风通过粗糙地表或障碍物时常产生的小范围急剧脉动，即平常所说的一股一股刮的风。湍流损失通常会造成风力机输出功率减小，并引起风力机振动，造成噪声，风力机的疲劳载荷也随着扰动的增加而增加。影响风力机使用寿命，因此要尽量减少湍流的影响。

湍流强度描述风速随时间和空间变化的程度，能够反映脉动风速的相对强度，是描述湍流运动特性的最重要特征量。湍流强度受大气稳定和地表粗糙度的影响，在建设风电场时应避开上风方向地形起伏和障碍物较大的地区；安装风力机时，应选在相对开阔无遮挡的地方，即以简单平坦的地形为好。在地形复杂的丘陵或山地，为避免湍流的影响．风力机可安装在等风能密度线上或沿山脊的顶峰排列。

在风电场布置风力机时，由于湍流尾流等因素的影响，风力机安装台数并不是越多越好，即风力机安装的间距并非越小越好。通常情况下，受风电场尾流影响后的湍流强度的取值范围在0.05~0.2之间。在复杂地形上建设风电场时，为保障风力机的安全运行，一般只要湍流强度在0.2就可满足风力机布置要求。因此，根据湍流强度的最大限值，就可初步拟定风电场微观布置的风力机最小安装间距，减少优化算法搜索的时间。

尾流效应：在风电场中，沿风速方向布置的上游风力机转动产生的尾流，使下游风力机所利用的风速发生变化。当风经过风力机时，由于风轮吸收了部分风能，且转动的风轮会造成湍流动能的增大，因此，风力机后的风速会出现一定程度的突变减少，这就是风力机的尾流效应。尾流造成的能量损失典型值为10%，一般其范围在2%~30%之间。尾流影响的因素主要有地形、机组间距离、风力机的推力特性以及风力机的相对高度等。

参 考 文 献

［1］Vaughn Nelson. Wind energy renewable energy &. the environment ［M］. Boca Raton：CRC Press, 2009.

［2］赵振宙，王同光，郑源．风力发电工程技术丛书风力机原理［M］．北京：中国水利水电出版社，2016.

［3］牛山泉．风能技术［M］．北京：科学出版社，2009.

［4］姚兴佳，宋俊．风力发电机组原理与应用［M］．北京：机械工业出版社，2011.

［5］赵渠森，赵攀峰．真空辅助成型工艺（VARI）研究［J］．纤维复合材料，2002, 19（1）：42-46.

［6］Correia N C, Robitaille F, Long A C. Analysis of the vacuum infusion moulding process：I Analytical formulation Composites ［Z］. 2005：1645-1656.

［7］ George Marsh. 复合材料——风能的首次实现者 ［J］. Reinforced plastics, 2003, 47 （5）：52-57.

［8］ 马振基，林育锋. 复合材料在风力发电上的应用与发展 ［J］. 高科技纤维与应用，2005，30 （4）：5-8.

［9］ 钱富江. 大型铝合金叶片金属型铸造工艺分析 ［J］. 特种铸造及有色合金，2005，25 （1）：57-58.

9 石墨烯材料与技术

9.1 石墨烯概述

石墨烯是一种二维晶体，由碳原子按照六边形进行排布，相互连接，形成一个碳分子，这种碳分子的结构非常稳定；其碳原子紧密地包裹在二维蜂窝晶格中，随着所连接的碳原子数量不断增多，这个二维的碳分子平面不断扩大，分子也不断变大。单层石墨烯只有一个碳原子的厚度，即 0.335nm，相当于一根头发的二十万分之一的厚度，1mm 厚的石墨中将近有 150 万层左右的石墨烯。由于其独特的单层原子结构，石墨烯具有许多新颖而独特的物理和化学性质，具有比表面积大、导电性好、力学性能优异等特点。石墨烯比最坚固的钢大约强 100 倍，可以非常有效地传导热和电，并且几乎是透明的。石墨烯具有非线性抗磁性，比石墨还大，可以被钕铁硼磁体悬浮。研究人员已经确定了材料中的双极晶体管效应、电荷的弹道传输和大量子振荡。

1859 年，本杰明·柯林斯·布罗迪（Benjamin Collins Brodie）发现了热还原氧化石墨的高度层状结构，经过多年的研究，2004 年，英国曼彻斯特大学的两位科学家安德烈·盖姆（Andre Geim）和康斯坦丁·诺沃消洛夫（Konstantin Novoselov）发现他们能用一种非常简单的方法得到越来越薄的石墨薄片。他们从高定向热解石墨中剥离出石墨片，然后将薄片的两面粘在一种特殊的胶带上，撕开胶带，把石墨片一分为二，不断重复操作使薄片越来越薄，得到了仅由一层碳原子构成的薄片（石墨烯）。此后，制备石墨烯的新方法多样，2006 年石墨烯生产相关的首批专利获得批准，专利名为《纳米级的石墨烯板》，详细的描述了第一个大规模石墨烯生产过程，2009 年，安德烈·盖姆和康斯坦丁·诺沃肖洛夫在单层和双层石墨烯体系中分别发现了整数量子霍尔效应及常温条件下的量子霍尔效应。现如今，我国石墨烯技术创新成果频出，产业化发展势头迅猛，但是，石墨烯产业化之路还存在其他一些问题，比如，石墨烯在某些性能方面本身也存在竞争性材料，如碳纤维、碳纳米管、硅材料等，其制备还存在着环境风险，氧化石墨烯制备过程中需要大量的酸、碱，材料本身具有较强的稳定性和极易扩散，对环境具有较大的风险，因此，石墨烯发展之路仍然任重而道远。

9.2 石墨烯的结构和基本性质

9.2.1 石墨烯的结构

石墨烯是一种由二维平面上的 sp^2 杂化碳原子构成，具有单层片状结构的新型碳材料，具有单原子层结构，在电学、光学、热学上具有许多普通碳材料所不具有的优异性能，且具有优异的机械性能。它的碳原子密集排列成规则的原子尺度铁丝网（六边形）。每个原子有 4 个键，1 个 σ 键与它的 3 个相邻原子各有 1 个，1 个 π 键位于平面之外，原子之间的距离约为 0.142nm。石墨烯的六方晶格可以看作 2 个交错的三角形晶格，这一观点被成功地用于计算单个石墨层的能带结构。

碳原子在周期表中处于第 6 位。每个碳原子含有 6 个电子，构成 $1s^2$、$2s^2$ 和 $2p^2$ 原子轨道，其中 2 个电子位在内壳层（1s），它们紧靠原子核，与碳原子的化学活性无关，而其余 4 个电子则分别位于 2s 和 2p 轨道的外壳层。由于碳原子中 2s 与 2p 的能级相差不大，这 4 个电子的波函数能够相互混合，这些轨道称为杂化轨道。在碳物质中，2s 与 2p 轨道的混杂导致形成 3 个可能的杂化轨道，即 sp、sp^2 和 sp^3。通常标记为 sp^n 杂化，$n = 1$，2，3。

石墨烯是碳原子以 sp^2 杂化轨道排列构成的单层二维晶体，其晶格呈六边形蜂巢状结构。每个碳原子与周围 3 个相邻碳原子以 sp^2 杂化轨道形成 3 个 σ 键。C—C 键的长度约为 0.142nm，键与键之间的夹角为 120°。每个碳原子贡献剩下的一个 p 轨道电子形成大 π 键。可见，构成六边形晶格结构的 C-C 键骨架由 σ 键参与构成，连接稳固，而形成 π 键的 p 轨道电子可以自由移动，赋予石墨烯优良的导电性。

石墨烯独特的二维蜂窝状结构和电子结构决定了其优异的电学性能。石墨烯的蜂窝状结构可以看作 2 个互相贯穿的三角形栅格。可以用 2+1 维的狄拉克方程对其进行描述，其中碳原子为 sp^2 杂化，在杂化轨道中，每个碳原子通过 σ 键与邻近的 3 个碳原子相连。石墨烯的价带（π电子）和导带（π电子）相交于费米能级处（K 和 K′点），是能隙为零的半导体，在费米能级附近其载流子呈现线性的色散关系，如图9-1（b）所示，而且石墨烯中电子的运动速度达到光速的 1/300，电子行为需要用相对论量子力学中的狄拉克方程来描述，电子的有效质量为 0，因此，石墨烯成为凝聚态物理学中独一无二的描述无质量狄拉克费米子（massless Dirac fermions）的模型体系，这种现象导致了许多新奇的电学性质。例如，在 4K 以下的反常量子霍尔效应（anomalous quantum Halleffects）、室温下的量子霍尔效应、双极性电场效应（ambipolarelectric field effects），特别是电子的高迁移率使得石

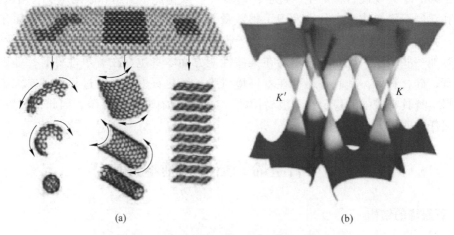

(a)   (b)

图 9-1　石墨烯独特的原子结构和电子结构

（a）石墨烯翘曲成 0D 富勒烯，卷成 1D 碳纳米管或者堆垛成 3D 的石墨；（b）非支撑单层石墨烯的能带结构

墨烯可以用于弹道输运晶体管（ballistic transistor），并且已经用它制造出晶体管原型器件，显示这种材料有可能取代 Si 基材料，为发展超高速计算机芯片带来突破。

需要指出的是，当前在世界范围内围绕石墨烯的研究热潮主要集中在这种两维材料的物理性质，特别是电子结构和电学性质。石墨烯的化学研究主要有以下几个方面：

（1）石墨烯的制备化学：大规模制备高质量的石墨烯晶体材料是所有应用的基础，发展简单可控的化学制备方法是最为方便、可行的途径，这需要化学家们长期不懈的探索和努力。

（2）石墨烯的化学修饰：将石墨烯进行化学改性、掺杂、表面官能化以及合成石墨烯的衍生物，发展出石墨烯及其相关材料（graphene andrelated materials），来实现更多的功能和应用。

（3）石墨烯的表面化学：由于石墨烯晶体独特的原子和电子结构，气体分子与石墨烯表面间的相互作用将表现出许多特有的现象，这将为表面化学特别是表面催化研究提供一个独特的模型表面；同时石墨烯具有完美的二维周期平面结构，可以作为一个理想的催化剂载体，金属石墨烯体系将为表面催化研究提供一个全新的模型催化研究体系。

由于石墨烯的表面结构和性质与石墨烯的厚度密切相关，为了调变其性能，需要对石墨烯厚度进行有效控制，即实现单层及多层石墨烯的制备。高温下碳可以溶解到大多数金属体相中并形成间隙杂质，如图 9-2 所示，当温度降低时，碳在金属中的溶解性降低并导致碳的表面偏析，在高温条件下（>1000℃）将金属 Ru 表面暴露在乙烯中，使得在 Ru 晶体中溶入一定量的碳，通过表面偏析过程在 Ru（0001）表面生成石墨烯，利用光发射电子显微镜（photoelectric emission electron microscope，PEEM）原位研究石墨烯的生长过程，发现在接近 800℃ 的条件下，石墨烯在 Ru（0001）表面上表现出层层生长的模式，在衬底表面完全覆盖单层石墨烯后开始第二层生长，形成双层石墨烯，利用高温（1000℃）分解 CH_4 制备了从单层到 10 层的石墨烯薄膜。因此，高温（>1000℃）CVD 过程结合低温表面偏析提供了一条有效的途径来制备从单层到少数层石墨烯，显示石墨烯厚度的可控性强。

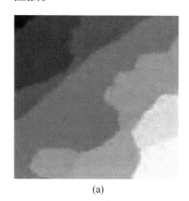
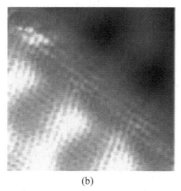

(a)　　　　　　　　　　　(b)　　　　　　　　　　(c)

图 9-2　外延生长的具有不同尺度的单层石墨烯结构

（a）纳米石墨烯/Ru（0001）的 STM 图像（100nm×100nm）；（b）微石墨烯/Ir（111）表面在台阶处的原子
分辨 STM 图像（5nm×5nm）；（c）支撑在 SiO_2 表面上的厘米大小的石墨烯薄膜

石墨烯是由碳原子组成的，是石墨材料中的一层或几层，如图 9-3 所示，构成石墨烯的碳原子紧密填充在蜂窝状的六边形点阵结构中。由于石墨烯中碳原子的 2s 轨道和 2p 轨道部分交叠致使 sp² 杂化，使得相邻碳原子之间形成夹角为 120° 的 σ 键，而剩余的一个 p 轨道则与相邻的碳原子的 p 轨道形成离域大 π 键。

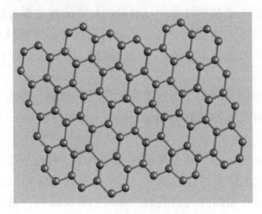

图 9-3　石墨烯的晶体结构

9.2.2　石墨烯的物理性质

石墨烯是一种超轻物质。经推算，石墨烯的面密度仅为 $0.77mg/m^2$。石墨烯是目前已知物质中强度和硬度最高的物质。实际上，石墨烯的力学性能有着显著的各向异性，在面内的弹性模量值与面外剪切模量值相差甚大。这是因为石墨烯层间的联系是弱相互作用（范德华力相互作用或者 π 电子之间的耦合作用），与面内碳原子之间的 a 结合键相比要弱得多。石墨烯既轻（低密度）又强，是理想的增强材料，比起其他无机或有机材料有明显的优势。可以预见，它在复合材料中的应用有着很好的前景。

（1）力学特性。石墨烯是已知强度最高的材料之一，同时还具有很好的韧性，且可以弯曲，石墨烯的理论杨氏模量达 1.0TPa，固有的拉伸强度为 130GPa。而利用氢等离子改性的还原石墨烯也具有非常好的强度，平均模量可达 0.25TPa。由石墨烯薄片组成的石墨纸拥有很多的孔，因此石墨纸显得很脆，然而，经氧化得到功能化石墨烯，再由功能化石墨烯做成的石墨纸则异常坚固强韧。

（2）电子效应。石墨烯具有特殊的电子学和电荷传输性质，这些特性使其在电子学相关器件上的应用有着巨大的潜力，是当前石墨烯研究及其产业应用的热点。石墨烯在室温下的载流子迁移率约为 $15000cm^2/(V \cdot s)$，这个数值不仅超过了锑化铟（InSb）的 2 倍，同时也超过了硅材料的 10 倍。相较于其他的材料，石墨烯的电子迁移率随着温度变化的影响不大，在 50～500K 间的任一温度下，该单层石墨烯的电子迁移率的范围都在 $15000cm^2/(V \cdot s)$ 左右。

除此之外，通过电场的作用，可以观察到电子载体和空穴载流子的半整数量子霍尔效应可以改变化学势，然而科学家在室温条件下就能够观察到了石墨烯的这种量子霍尔效应。石墨烯中的载流子遵循一种特殊的量子隧道效应，在碰到杂质时不会产生背散射，这是石墨烯局部区域超强导电性以及很高的载流子迁移率的原因。石墨烯中的电子和光子均没有静止质量，他们的速度是和动能没有关系的常数。

石墨烯是一种零距离半导体，因为它的传导和价带在狄拉克点相遇。在狄拉克点的六个位置动量空间的边缘布里渊区分为两组等效的三份。相比之下，传统半导体的主要点通常为 Γ，动量为零。

（3）热性能。石墨烯的热传导性能是非常优异的。纯的无缺陷的单层石墨烯的导热系数高，高于单壁碳纳米管和多壁碳纳米管，广泛应用于导热材料中，有很高的热导率，理论值高达 $6000W/(m \cdot K)$。这个值是室温下优良导电金属铜热导率的 10 倍多。碳的几种同素异构体都有很高的热导率，而石墨烯在已知材料中为最高。例如单壁碳纳米管的理论热导率约为石墨烯的 7/10。石墨烯的热导率比目前已知天然材料中热导率最高的金刚石还要高 1.5 倍。石墨是石墨烯的三维形式，其热导率［$1000W/(m \cdot K)$］比石墨烯小 5 倍。预期石墨烯由于高热导率而在微电子器件方面具有重大的应用前景。

（4）光学特性。石墨烯具有非常良好的光学特性，并且吸收率在较宽的波长范围内性能优越，外观看上去几乎是透明的状态。二维石墨烯在布里渊区 K 点处的能量与动量呈线性关系，载流子的有效质量为 0。狄拉克电子的线性分布使单层石墨烯对于从可见光到太赫兹波段的光都具有很高的吸收率，每层石墨烯仅可吸收 2.3% 的光，多层石墨烯的光吸收率与石墨烯的层数成正比。大面积的石墨烯薄膜同样具有优异的光学特性，且其光学特性随石墨烯厚度的改变而发生变化，这是单层石墨烯所具有的不寻常低能电子结构。室温下对双栅极双层石墨烯场效应晶体管施加电压，石墨烯的带隙可在 $0 \sim 0.25eV$ 间调整。施加磁场，石墨烯纳米带的光学响应可调谐至太赫兹范围。此外，狄拉克电子的超快动力学和泡利阻隔在锥形能带结构中的存在，赋予了石墨烯优秀的非线性光学性质：当入射光所产生的电场与石墨烯内碳原子的外层电子发生共振时，石墨烯内电子云相对于原子核的位置发生偏移，并产生极化，由此导致了石墨烯的非线性光学性质。石墨烯的非线性光学性质使之很容易变得对光饱和。石墨烯/氧化石墨烯层的光学响应可以调谐电。更密集的激光照明下，石墨烯可能拥有一个非线性相移的光学非线性克尔效应。

石墨烯的优良透光性和低反射率、高导电性和化学稳定性等综合性能显著优于传统的透明电极材料（例如氧化铟锡 ITO），使得它成为未来光学器件中透明电极材料的强有力候选者。

（5）其他性质。石墨烯可以吸附和脱附各种原子和分子。

9.2.3　石墨烯的化学性质

（1）化学性质。在化学性质上石墨烯和石墨是类似的，石墨烯不仅可以吸附各种原子和分子，同时也可以脱附这些原子和分子。石墨烯本身有很好的导电性，所以当这些原子或分子作为给体或者受体改变载流子的浓度时，石墨烯也不会受此控制。但当吸附其他物质时，如 H^+ 和 OH^- 时，会产生一些衍生物，使石墨烯的导电性变差，但并没有产生新的化合物。因此，可以利用石墨来推测石墨烯的性质。例如石墨烷的生成就是在二维石墨烯的基础上，每个碳原子多加上一个氢原子，从而使石墨烯中 sp^2 碳原子变成 sp^3 杂化。在实验室中可以通过化学改性的石墨制备石墨烯。但由于石墨烯是由蜂窝网状结构、单层的 sp^2 杂化原子组成，其最基本的化学键是 C＝C 双键，苯环是其基本结构单元，此外，石墨烯还含有边界基团和平面缺陷。

石墨烯的化学活性是制备石墨烯及其衍生物的基础。例如，从石墨制备氧化石墨烯是大规模合成石墨烯的重要途径；氟化可使石墨烯从导体转变为绝缘体，但仍保持其原有的化学稳定性和高力学性能；通过硼和氮元素对石墨烯面内或边缘进行有效的 p 型或 n 型掺杂，可赋予石墨烯新的电子学性能。

（2）化合性。氧化石墨烯（grapheneoxide，GO）是一种通过氧化石墨得到的层状材料。体相石墨经发烟浓酸溶液处理后，石墨烯层被氧化成亲水的石墨烯氧化物，石墨层间距由氧化前的 0.335nm 增加到 0.7~1.0nm，经加热或在水中超声剥离，很容易形成分离的石墨烯氧化物片层结构。XPS、红外光谱（IR）、固体核磁共振谱（NMR）等表征结果显示石墨烯氧化物含有大量的含氧官能团，包括羟基、环氧官能团、羰基、羧基等。羟基和环氧官能团主要位于石墨的基面上，而羰基和羧基则处在石墨烯的边缘处。

氮掺杂石墨烯或氮化碳（carbonnitride）是在石墨烯晶格中引入氮原子后变成氮掺杂的石墨烯，生成的氮掺杂石墨烯表现出较纯石墨烯更多优异的性能，呈无序、透明、褶皱的薄纱状，部分薄片层叠在一起，形成多层结构，显示出较高的比电容和良好的循环寿命。

（3）生物相容性。羧基离子的植入可使石墨烯材料表面具有活性功能团，从而大幅度提高材料的细胞和生物反应活性。石墨烯呈薄纱状与碳纳米管的管状相比，更适合于生物材料方面的研究。并且石墨烯的边缘与碳纳米管相比，更长，更易于被掺杂以及化学改性，更易于接受功能团。

（4）还原性。被氧化的石墨烯，可以在特定条件下，发生还原反应，驱除氧原子或含氧基团。可在空气中或是被氧化性酸氧化，通过该方法可以将石墨烯裁成小碎片。石墨烯氧化物是通过石墨氧化得到的层状材料，经加热或在水中超声剥离过程很容易形成分离的石墨烯氧化物片层结构。

（5）稳定性。石墨烯的结构非常稳定，C—C 键（carbon-carbon bond）的长度仅为 1.42。石墨烯内部的碳原子之间的连接很柔韧，当施加外力于石墨烯时，碳原子面会弯曲变形，使得碳原子不必重新排列来适应外力，从而保持结构稳定。石墨烯中的电子在轨道中移动时，不会因晶格缺陷或引入外来原子而发生散射。由于原子间作用力十分强，在常温下，即使周围碳原子发生挤撞，石墨烯内部电子受到的干扰也非常小。石墨烯的基本结构骨架非常稳定，一般化学方法很难破坏其苯环结构，使其在室温下具有良好的化学稳定性和惰性。在金属防腐蚀领域，将石墨烯用于为金属表面涂层，可有效防止金属和金属合金的氧化；在光电子器件中，也可利用石墨烯的化学稳定性和惰性来提高光电子器件的耐久性。

（6）高温氧化性。石墨烯主骨架参与的反应通常需要比较剧烈的条件，因此石墨烯的反应活性更多地集中在它的缺陷和边界官能团上。通过与石墨烯官能团的反应，可以将石墨烯进行氧化或碳化等。如石墨烯与活泼金属反应，可以打开部分双键，形成碳化合物。在高温下，石墨烯也容易被氧化，生成 CO、CO_2，或在 C 原子上生长部分含氧基团。

（7）芳香性。经过一定反应，石墨烯中可以形成具有苯环结构的碳氢化合物（芳香烃），具有芳香性，具有芳烃的性质。

（8）超疏水性和超亲油性。石墨烯不溶于水或有机溶剂，具有超疏水性，对于油脂具有很好的吸附作用，具有超亲油性。若对石墨烯掺杂亲水基团，使其具有部分亲水性，形成双亲性的石墨烯，可以均匀分散于水溶剂中。

可见，石墨烯特殊的化学性质，使其在防腐涂层、储能、光电转换、环保、污水净化、隐形等众多领域具有潜在的应用前景。

9.3 石墨烯制备

石墨烯结构是由碳六元环组成的二维周期蜂窝状点阵结构。它可以翘曲成零维的富勒烯，卷成一维的碳纳米管或者堆垛成三维的石墨，石墨烯是构成其他石墨材料的基本单元，其结构示意图如图 9-4 所示。对于石墨烯的制备，除去基于二维晶体的热力学稳定性的理论计算，其他证据显示单层石墨烯的独立存在似乎是不可能的事情，曼彻斯特的 Geim 和 Novoselov 在 2004 年通过微机械剥离法制备出单层石墨烯，迈出了石墨烯制备的关键一步。目前已探索出许多物理和化学制备方法，物理方法主要有胶带法、三辊磨剥法、球磨法、分散助剂辅助液相剥离法、超声剥离法、超临界 CO_2 辅助剥离法等。而化学方法主要有氧化还原法、化学气相沉积法、电化学剥离法等。

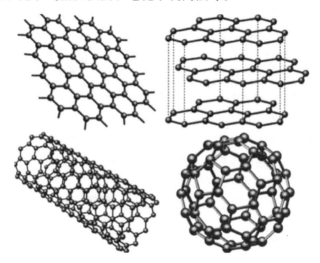

图 9-4　石墨烯的结构示意图

9.3.1 剥离法

稳定的三维石墨可看成由很多层石墨烯堆叠而成，各层之间通过范德华力弱结合。相邻两个片层之间的范德华力较弱，通过力学、化学、热学等方法破坏层间范德华力，从而获得多层甚至单层石墨烯，这种制备方法称为剥离法或分拆法。

根据剥离的方式主要可分为微机械剥离法、液相或气相直接剥离法来制备单层或多层石墨烯，此法原料易得，操作相对简单，合成的石墨烯的纯度高、缺陷较少。但缺点是耗时，难以控制最终结果，且难以大规模制备。

（1）粘黏法。粘黏法是对石墨进行预处理，再采用力学方法，通过人工或机械施加外力破坏石墨烯层间的范德华力，从而实现石墨烯片层的分离。

粘黏法操作简单，只使用黏性胶带从高定向热解石墨（highly oriented pyrolytic graphite，HOPG）中剥离一层石墨，之后在胶带之间反复粘贴，实现石墨片层的继续分离，直到获得原子尺寸的石墨烯薄层，最后将石墨烯片封装到基片上。

所制备得到的单层石墨烯纯度高，晶格结构近乎完美，但不能用于大规模生产，产量极低、厚度不均一、可控性不好。

（2）超薄切片法。超薄切片法也称刀刃剥离法，使用锋利的金刚石刀将石墨烯片从高定向热解石墨（HOPG）中剥离出来。该方法将 HOPG 包埋在环氧树脂或者其他树脂中，随后修正包埋块，将 HOPG 露出从而进行切削。同时，增加了刀具的超声振动，制备的石墨烯片层数更薄，质量更高。

（3）液相剥离法。液相剥离法能够获得高质量的单层石墨烯，这种方法是将粉末石墨分散在水或有机溶剂中，在液相中分离出石墨烯片层。由于过程中不存在化学作用，整个剥离过程中不发生氧化，也不产生平面缺陷。采用这种方法，单层石墨烯的产率可达 $1\% \sim 4\%$。

剥离过程中超声波处理时间的延长能增大石墨烯的产率，同时也引起缺陷的增加，有研究指出，这种缺陷不存在与石墨烯面内，而是位于石墨烯片的边缘。

据报道，液相下溶剂热剥离工艺能将石墨烯产率提升到 $10\% \sim 12\%$，且后续的进一步处理，可以将单层与双层石墨烯有效分离。

（4）超临界流体剥离法。超临界流体介于流体和气体之间，兼具气、液体特性，其黏度低而扩散系数高。超临界流体的高分散性和强渗透能力，使其易于进入石墨层间，形成插层结构，当快速泄压时，超临界 CO_2 发生显著膨胀，释放大量能量克服石墨层间作用力，得到单层或少层的石墨烯。

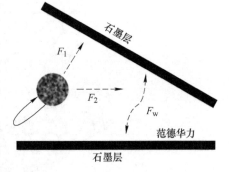

图 9-5 石墨烯剥离示意图

如图 9-5 所示，由于剧烈搅拌的 CO_2 分子的湍流，存在一个撞击石墨层的侧向力，这使得可以克服范德华力的作用来剥落石墨。

超临界 CO_2 流体剥离石墨制备石墨烯的方法具有独特的优势，能够最大程度上保持石墨烯的高纯度和晶体结构，整个过程绿色环保，方法较简单，具有工业前景。

9.3.2 氧化还原法

简言之，氧化还原法就是将石墨氧化，随后将氧化石墨烯（graphene oxide，GO）还原，获得还原氧化石墨烯（reduced graphene oxide，RGO）。

实验室制备常用的方法主要有 3 种：Hummers 法、Brodiets 法和 Staudenmaier 法。其中 Hummers 法安全性高，还原质量较好，是目前最常用的制备氧化石墨的方法。Hummers 法于 1958 年由 W. S. Hummers 等提出，将粉末石墨和硝酸钠加入浓硫酸中，在冰浴中冷却到 0℃。随后以高锰酸钾为氧化剂作氧化处理，最后用双氧水还原剩余的氧化剂，并过滤、洗涤和脱水，最后得到干燥的氧化石墨烯粉末。

在 GO 的制备过程中，由于氧原子和其他基团的引入，不可避免地破坏了原始石墨的原子结构，使剥离的氧化石墨烯失去部分原有的优异性质。因此，随后应对 GO 的原子结构进行修复还原。

实验室中，化学法是还原 GO 的主要方法之一；除此之外还有热处理和电化学方法。工业氧化还原石墨烯与实验室方法制备中有着较大的不同，在进行工业方法制备的过程中，其主要分为氧化合成、分离纯化、干燥制粉以及膨化炭化四个部分。与实验室制备石墨烯相比，工艺流程上需要考虑实验流程和生产质量等因素，同时浓硫酸的黏稠度和强酸性等性质也会对设备造成一定压力。

9.3.3 外延生长法

外延生长是通过晶格匹配从一个晶体生长到另一个晶体的方法。由于石墨烯产物的取向与衬底表面有一定的关系，所以称之为外延。根据衬底的不同，外延生长方法可分为碳化硅（SiC）外延生长和金属表面外延生长。虽然用这种方法制备的石墨烯，通过控制工艺参数（如升温速率）可以得到单层或多层的产品，但大规模制备石墨烯困难，产品不易转移，所需温度高，生产条件苛刻，导致制备成本高，无法实现批量生产。

金属表面外延生长法是将碳原子沉积在基体金属表面，形成均匀有序的沉积石墨烯。不同基质对覆盖层的生长结构有不同的影响。用这种方法制备的石墨烯具有转移方便、产物均匀、可大面积连续生长等优点，引起了研究者的广泛关注。在处理过程中，硅原子升华，剩余的碳原子重新组合形成石墨烯，也称为碳化硅石墨化。这种生长法可用于大规模生产高迁移率 SiC 衬底表面（$1000 \sim 10000 cm^2/(V \cdot s)$）。硅原子经过高温升华后，形成单个或少数石墨烯片。Si（0001）晶体表面生长速度较慢，在高温下生长会在短时间内停止。C（0001）晶面生长速率不受限制，可获得厚度为 5~100 层的石墨烯薄膜。通过控制加热温度可以制备出 1~3 层的石墨烯。用顶部生长机制对碳化硅晶体生长石墨烯过程的描述如下：

（1）当 SiC 在高温（1100℃）下加热时，SiC 分解，Si 从表面解吸，形成碳原子富集层；

（2）在 1200℃ 及以上温度加热单层（1200℃，2min）、双层（1250℃，2min），或者三层，以及更厚的（高于 2300℃，2min）石墨烯，产生石墨烯/SiC 的缓冲层。

然而，目前还没有合适的方法将石墨烯从 SiC 表面转移到其他衬底表面，而且高生长温度限制了其大规模应用。

SiC 有两个垂直于 C 轴的极性表面：一个是硅端，称为 Si 面；另一个是碳面，称为 C 面。两种不同极性表面的石墨烯外延生长过程和结构有很大的不同。当 Si 平面外延生长时，Si-C 衬底的下一层是一个缓冲层，它基本上是一个与衬底共价的缺陷石墨烯层。这一层又称为零层石墨烯，它没有石墨烯的键合结构。缓冲层上方的第一个石墨烯层似乎是孤立的石墨烯，它相对于衬底旋转 30°。多层石墨烯 AB 堆积，对于 C 面外延生长，没有富碳缓冲层。石墨烯与基底结合较弱。多层石墨烯在表面的无序旋转意味着石墨烯对衬底没有固定的取向。不过，它们仍然在约 0°~30° 择优取向，因而仍可称为外延生长。

9.3.4 化学气相沉积法

化学气相沉积法（chemical vapor deposition，CVD）能获得大面积、高质量载流子迁移率达到 $16000 cm^2/(V \cdot s)$、层数可控和带隙可调的石墨烯薄膜。CVD 法被认为是实现工业化大规模生产高质量石墨烯很有前途的方法。

CVD 是甲烷等碳源在高温和催化剂作用下气态反应，在固体基体表面分解，以固体形式沉积形成石墨烯材料的工艺技术。通过调节反应物类型、反应温度、保温时间、催化剂类型等因素，可以控制石墨烯层的数量和尺寸。根据生长机理的不同，可分为渗碳和表面生长两种，生长机理的不同是由碳在基体中的溶解度不同所致。当采用钴或镍等高碳溶度（>0.1 原子百分数）金属基体时，含碳反应物高温热解产生的碳原子扩散到基体中，冷却后从内部核化，然后生长形成石墨烯沉积在基体表面。这是渗碳和渗碳的机理。当采用铜等低碳溶解度（<0.001 原子百分数）金属基体时，高温热解生成的碳原子吸附在基体表面，形成片状石墨烯，形成连续生长的膜结构，这是表面生长机理。CVD 法可以满足石墨烯大面积生长、产品质量高、转移容易的要求，但制备成本高、所需温度高、能耗大、工艺复杂、设备要求严格、条件难以控制。

图 9-6 示出了用于制备石墨烯的化学气相沉积装置。反应装置的主要部分为一个电阻炉，石英管作为反应室；碳源采用乙醇，以金属箔（如铜箔、镍箔）为基体。在精密流量泵的驱动下，反应液通过毛细管输送到反应室。碳源在高温反应区分解碳原子，然后在金属基体上沉积生长，形成连续石墨烯薄膜。

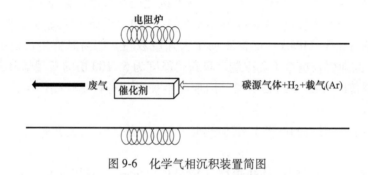

图 9-6　化学气相沉积装置简图

9.4　表　征　方　法

9.4.1　拉曼光谱

Raman 是利用光子与分子之间的非弹性碰撞获得的散射光谱，广泛应用于表征石墨烯 rGO 的层，缺陷和晶体结构等，是确定少层石墨烯的有效方法。

拉曼光谱显示了几个特征峰，图 9-7 是石墨和石墨烯对比的 Raman 光谱图。D 峰和碳结构的缺陷和部分结构紊乱有关，G 峰是 sp^2 碳结构 E2g 震动模式的一级散射，G 峰强度高。在 CO_2 辅助剥离法 Raman 图谱中，D 峰和 G 峰的比值（ID/IG）仅有 0.04，化学还原氧化石墨烯的值约为 1.1~1.5，液相剥离法的值约为 0.13~0.58。较低的 D 峰也能说明石墨烯的大尺寸结构和完整的平面结构。2D 峰源于双声子共振，它是辨别石墨烯层数的重要信息来源，随着石墨层数增加，峰位会右移，峰的叠加从双层开始出现。

Raman 是一种无损的检测表征手段，可以研究材料的性能与结构之间的关系，但是

Raman 仅限于观察少层石墨烯的结构，可以鉴别单层、双层等少于五层的石墨烯，对于多层石墨烯则无法分辨，具有一定的局限性。

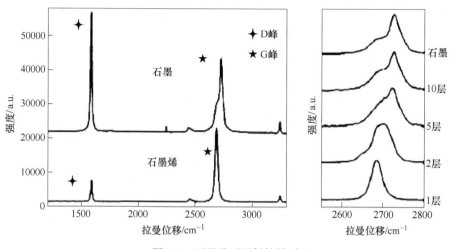

图 9-7　石墨及石墨烯拉曼对比

9.4.2　扫描电子显微镜

扫描电子显微镜（SEM）是一种直观地观察样品的微观表面结构的检测手段，且以具有高分辨率的图像的形式展现。其原理是每当扫描电子束照射在样品的表面上，便产生与之对应的一系列信号，其中最有用的信号就是二次电子信号。所获得的二次电子信号通过扫描电镜中的探测器收集起来全部转换为有用的电信号，然后将电信号进行放大处理后，同时调节荧光屏显示的亮度，就可得到试样表面的微观形貌的图像。石墨烯在 SEM 下很难成像，因其发射二次电子的能力较弱，但石墨烯有大量褶皱，这些褶皱会在 SEM 下清晰可见，如图 9-8 所示。

图 9-8　石墨烯 SEM 图像

9.4.3　透射电子显微镜

透射电子显微镜（TEM）是采用透过薄膜样品电子束成像来显示样品内部组织形态与结构的。因为 TEM 图像是电子束透过薄膜样品后产生的图像，因而要求样品必须制成超薄切片才能在 TEM 下观察。如果样品内部比较致密，则该处透过的电子量就比较少，而稀疏的地方就相反。石墨烯低分辨率的 TEM 照片可以看出石墨烯片层的轮廓，但无法判别石墨烯的层数。

采用高分辨率透射电子显微镜（high resolution transmission electron microscope，HRTEM）可以对石墨烯进行原子尺度的表征，将石墨烯悬浮在 Cu 网微栅上可以标定石墨烯层数并揭示其原子结构。石墨烯的 HRTEM 图像如图 9-9 所示，为了确定石墨烯层数，会进行石墨烯片层边缘的高分辨率成像，从而确定石墨烯层数。

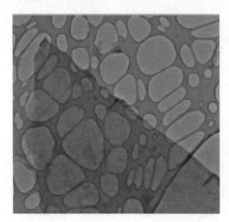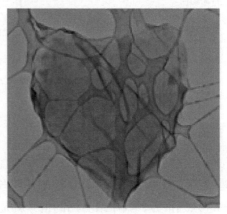

图 9-9　石墨烯的 HRTEM 图像

9.4.4　原子力显微术

原子力显微镜（atomic force microscopy，AFM）是利用原子与分子之间的相互作用，以原子分辨率观察物体表面形貌的一种新的实验技术。原子力显微镜可以用来表征石墨烯纳米片的厚度和层数。通过原子力显微镜测量石墨烯堆积边缘的尺寸，可以得到石墨烯的厚度信息。由于石墨烯特殊的二维物理性质导致水分子在其表面的吸附以及石墨烯与基体存在化学对比，有报道称石墨烯的厚度大多为 $0.6\sim1nm$，这可能导致无法区分单层、双层石墨烯或者皱纹。原子力显微镜（AFM）可以获得更精确的多层石墨烯信息。理论上，只有 10 层以下的可以称为石墨烯。为了进一步确定产物是石墨烯，可以用原子力显微镜对其层的尺寸和厚度进行详细的分析。

AFM 图像的三维图像可以直接反映表面光滑度的差异，其工作原理图如图 9-10（a）所示。为了进行比较，还包括了石墨表面的原子力显微镜图像和两种石墨烯表面的高度分布直方图。从图 9-10（b）可以看出，云母片上石墨烯的表面光滑度与劈裂石墨相似，而 SiO_2 衬底上石墨烯的表面粗糙度要大得多。原子力显微镜具有很高的垂直分辨率，可以用来测量石墨烯及其衍生物的厚度。利用原子力显微镜（AFM）研究了石墨烯在制备过程中的形成过程。

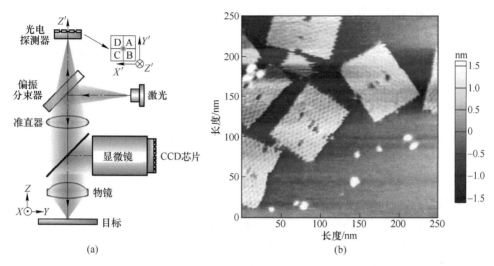

图 9-10　AFM 原理图及石墨烯的 AFM 图

（a）原子力显微镜工作原理图；（b）石墨烯的 AFM 照片

原子力显微镜可以获得识别石墨烯结构最直接的信息，可以直接观察石墨烯的表面形貌和厚度。这种方法的缺点是效率很低。此外，由于表面吸附物的存在其测得的厚度远大于实际厚度（0.6~1nm），而单原子层的理论厚度仅为仅为石墨片层间隙，约为 0.34nm。

9.4.5　X 射线光电子谱

X 射线光电子能谱（X-ray photoelectron spectroscopy，XPS）可用于石墨烯及其衍生物或复合材料的化学结构和组分的定性和定量分析。在 GO 的 C1s 谱图上，有 4 个特征峰，分别对应于碳碳双键和单键（C＝C，C—C）、环氧和烷氧基（C—O）、羰基（C＝O）和羧基（COOH）四个特征峰。通常用氧碳比来反映氧化石墨的氧化程度和还原程度。化学还原后的理论氧碳比（6.25%）一般高于实验结果（7.09%）。

XPS 可以用来表征天然石墨的氧化过程，如图 9-11（a）所示。黑色曲线为石墨的 XPS-C1s 光谱，采用改进的 Hummer 法制备了氧化石墨。从图 9-11 可以看出，sp^2 C1s 峰强度明显减弱，而相应的 O、S 元素峰值强度增强，说明天然石墨已被氧化。

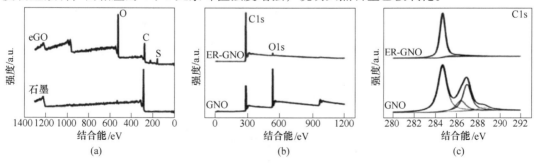

图 9-11　天然石墨氧化过程的 XPS 表征

（a）石墨和氧化石墨（eGO）；（b）氧化石墨和还原氧化石墨的 XPS 全谱图；

（c）氧化石墨和还原氧化石墨 C1s 的元素谱图

XPS 还可以用来表征氧化石墨的还原过程。在还原过程中，如图 9-11（b）所示随着产物中含氧基团的不断去除，可以看出与碳氧键相关的信号峰减弱，碳峰和碳氧峰的相对峰值强度显著增强。此外，XPS 光谱还可以反映出除碳氧键和碳碳键以外的其他信号峰，如图 9-11（c）所示可以用来监测石墨烯改性或复合材料的合成。

9.4.6　傅里叶红外光谱

在化学法制备石墨烯的过程中，天然石墨的氧化或氧化石墨的还原都会伴随着红外光谱，特征吸收峰会减弱或消失；石墨烯及其衍生物经过改性或组合后，在石墨烯及其复合材料的化学合成过程中，红外光谱和上峰的强度也会发生变化，从而产生新的特征吸收峰，因此，红外光谱可以用来监控石墨烯及其复合材料的化学合成过程。图 9-12（a）是将氧化石墨烯、聚苯胺（PANI）及其两者的红外光谱。显然，与还原前相比，还原后产物中含氧基团的吸收峰减弱，这为电化学还原的有效性提供了证据；此外在 1563cm^{-1}、1494cm^{-1}、1291cm^{-1} 和 1143cm^{-1} 处显示了与 PANI 相似的特征峰，这些结果都表明 GGO 和

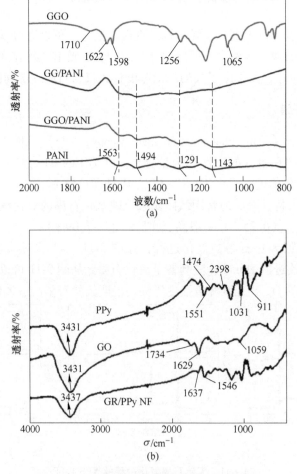

图 9-12　几种材料的红外光谱图和 FT-IR 图

（a）GGO、PANI、GGO/PANI 和 GG/PANI 的红外光谱图；（b）GO、PPy、GR/PPy NF 复合材料的 FT-IR 图

PANI 成功复合，并且 GGO 被还原。图 9-12（b）是 GO、PPy、GR/PPy NF 复合材料的傅里叶红外光谱（FR-IR）图。通过对比发现，对于 GR/PPy NF 复合材料，GO 含氧基团的吸收峰相对弱甚至消逝，表明 GO 被成功还原，另外 PPy 特征峰的存在证明 PPy 已成功插层到石墨烯纳米片中。

在化学法制备石墨烯的过程中，天然石墨的氧化或氧化石墨的还原都会伴随着红外光谱中特征吸收峰的减弱或消失；石墨烯及其衍生物经过改性或组合后，在石墨烯及其复合材料的化学合成过程中，红外光谱和上峰的强度也会发生变化，从而产生新的特征吸收峰，因此，红外光谱可以用来监控石墨烯及其复合材料的化学合成过程。

9.5 石墨烯应用

9.5.1 锂硫电池领域

锂硫电池具有较高的理论比容量（1675mA·h/g）和比能量（2600W·h/kg），单质硫无毒、成本低、自然储量丰富，被认为是最有前途的储能技术替代之一。然而，锂硫电池的商业化也面临着挑战：（1）硫正极中单质硫和固态还原产物硫化锂的绝缘性、多硫化物动力学转化缓慢；（2）多硫化物中间体溶于电解液形成的"穿梭效应"。这些问题会导致硫正极的利用率低、电池循环差，自放电严重。

石墨烯是碳原子以 sp^2 杂化键合形成的蜂窝状结构的单原子层厚度的二维晶体材料，自 2004 年被发现以来，因其材料物理性能吸引了全世界的目光。石墨烯在室温下具有高电子迁移率（15000cm^2/(V·s)），能提高电子与离子的传输能力，提高电池电化学性能。石墨烯的理论比表面积高达 2630m^2/g，高于锂电池中应用的炭材料如石墨、炭黑和碳纳米管等，石墨烯具有开放的二维平面空间，具有良好的柔韧性，可以诱导和容纳电极材料的均匀生长和沉淀，还可以形成石墨烯多孔网络结构负载电化学产物。与传统材料相比，石墨烯更容易作为基体，引入各种各样的客体，制备出难以计数的石墨烯复合材料，为离子储能提供了更大的研发平台。另外，可以调控石墨烯缺陷，引入官能团，对其掺杂改性，更利于吸附多硫化物，提高锂硫电池的循环性能。

9.5.1.1 锂硫电池正极材料的研究

碳材料具有从零维到三维的丰富尺寸结构：它的比表面积大、孔径分布广、化学稳定性强、导电性高、机械强度优异，作为硫的基体材料可以解决硫正极材料中的诸多问题。正因为如此，已有各式各样的碳材料如石墨烯等被广泛地应用在锂硫电池的正极。将硫和碳复合可以解决硫单质导电性差的问题，同时碳基体形成的多孔结构可以有效缓解硫的体积效应。通过对碳材料的结构和成分进行优化，来抑制多硫化物的穿梭效应。

（1）零维碳材料：最具代表性的就是多孔碳球结构材料，如核壳结构、卵黄壳结构的碳硫复合材料。这种结构可以为载流子提供足够的传输路径，与此同时可以保护材料内部结构的完整以及理化性质的稳定。

（2）一维碳材料：最具代表性的是碳纳米管（carbon nanotubes，CNT）、碳纳米纤维（carbon nanofibers，CNF）和碳纤维（carbon fiber，CF）。碳纳米管能成为硫载体，与其本身高电子电导、大比表面积、较高机械强度、多孔性、支撑结构稳定性等理化性质密不可分。

（3）二维碳材料：最具代表性的便是石墨烯。石墨烯不仅具有优异的导电性、较高的比表面积和良好的机械柔韧性，还能够有效改善硫正极的导电性，抑制多硫化物的穿梭。氧化石墨烯除了有与石墨烯类似的性质，也有其本身的特点。氧化石墨烯上有大量的官能团，其本身是一把双刃剑，这些含氧官能团会降低氧化石墨烯的电导率。现有通过还原剂、高温等处理来还原一部分官能团来恢复碳的 sp^2 石墨化结构，从而恢复其电子电导。

（4）三维碳材料：最具代表性的就是多孔碳材料。多孔碳内部具有较大的内部空间和孔径分布，作为硫正极基体，能够容纳活性物质硫并在一定程度上限制多硫化物的溶出。其中微孔碳（<2nm）可以通过较强的物理吸附小分子硫并储存小分子硫，小分子硫直接参与固-固转化，减少了长链多硫化物的穿梭效应。介孔碳可以容纳更多的硫，锂离子可以通过孔结构扩散到正极参与反应。

石墨烯基复合材料：碳材料间相互复合，例如石墨烯、碳纳米管复合提升了电解液的浸润性和电池的电化学性能。碳材料与金属化合物复合，例如过渡金属颗粒等，一方面提供足够多的活性吸附位点吸附多硫化物；另一方面碳材料本身的高电子电导，本身的大比表面积也对提高锂硫电池性能有很大帮助。

9.5.1.2　锂硫电池隔膜材料的研究

在锂硫电池中，隔膜将正负极隔开，避免了短路现象。隔膜中的孔主要负责离子传输，维持电池的正常循环反应。近年来对隔膜相关的多功能改性设计逐年增多，主要有以下途径：

（1）表面镀层隔膜：传统的聚烯烃隔膜存在电解质亲和力差、离子电导差等缺点。有研究人员对其进行了改性处理，涂覆了不同的石墨烯材料做成改性复合隔膜，通过涂层的本身物理屏障作用阻断多硫化物的扩散来提高电化学性能。

（2）抑制多硫化物扩散隔膜：通过在 PP 隔膜层添加以改性石墨烯为载体的功能化涂层来提高功能化涂层对多硫化物分子的特性吸附作用。

（3）改善正极侧隔膜：通过在正极和隔膜间进入高电子电导功能层（石墨烯基复合材料），可以降低电阻，减少极化导致的活性材料损失，从而提高锂硫电池性能。

（4）改善负极侧隔膜：负极锂枝晶现象严重影响了锂硫电池的商业化进程。通过对负极侧隔膜改性，能够控制锂离子浓度场的均匀分布，可以抑制多硫化物的不均匀沉积，有效避免了枝晶的生长。

9.5.2　超级电容器

超级电容器是一种介于传统电容器和电池之间的新型电化学储能装置，其融合了传统电容器的高功率特性和电池的高能量特性。超级电容器从储能机理上可分为双电层电容器（electric double layer capacitors，EDLCs）和法拉第赝电容器。在 EDLCs 中，其利用电极表面的离子吸附作用存储能量；而在赝电容器中，其利用电极活性材料与电解液间发生的氧化还原反应存储能量。

9.5.2.1　石墨烯基电化学双层电容器

石墨烯具有较大的理论比表面积，优异的导电性和良好的稳定性，作为超级电容器电极材料时，有利于形成稳定的界面双电层，因此基于石墨烯的超级电容器具有良好的电容特性。

石墨烯的理论比表面积为 $2675m^2/g$，理论电容量为 $550F/g$，这些优异的性质使其成为理想的电极材料。然而，在实际应用中，石墨烯电极的比表面积很难达到理想水平（RGO 的比表面积为 $300\sim1000m^2/g$），导致其比电容很低（$100\sim270F/g$，无机电解液；$70\sim120F/g$，有机电解液）。此外，在构建电极宏观聚集体的过程中，石墨烯极易发生层间堆叠而损失有效比表面积。因此，寻求克服或削弱层堆叠的方法，是解决石墨烯应用于双电层电容器的关键。

如图 9-13（a）所示，Luo 等将紧密叠合的二维石墨烯纸状结构转变为三维石墨烯团状结构，显著减小了石墨烯片层间的相互作用面积，从而弱化了层间的范德华力。与二维平面石墨烯相比，该石墨烯电极材料展现出了更高的比容量和倍率性能。在 $0.1A/g$ 的电流密度下，比容量可达 $150F/g$。Zhao 等通过模板定向化学气相沉积法合成了内在未堆叠的双层模板化石墨烯。Tamailarasan 等将石墨烯和碳纳米管物理混合，如图 9-13（b）所示，削弱了石墨烯片层间的面-面接触，从而提高混合电极材料的比表面积。当电流密度为 $2A/g$ 时，该混合电极材料的比容量可达到 $201F/g$，是单一石墨烯电极材料的 1.5 倍。

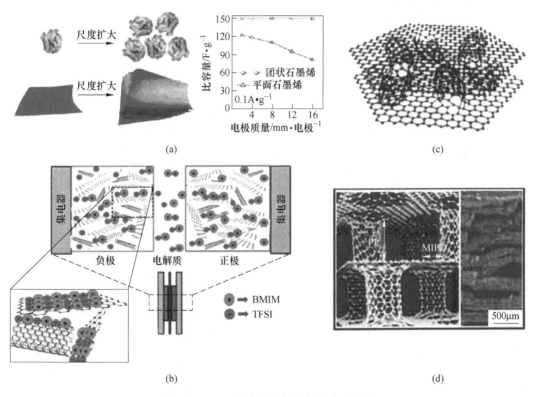

(a)

(b)

(c)

(d)

图 9-13　石墨烯作为电极材料的应用结构

（a）三维团状石墨烯和二维平面石墨烯结构示意图及其分别在 $0.1A/g$ 下比容量随电极质量的变化关系；
（b）石墨烯/碳纳米管物理混合材料用于双电层电容器示意图；（c）双层模板化石墨烯结构示意图；
（d）刷状的石墨烯/碳纳米管结构示意图及 SEM 照片

如图 9-13（c）所示，Zhao 等通过模板定向化学气相沉积法合成了内在未堆叠的双层模板化石墨烯。Dai 等通过在高度有序的热膨胀石墨层间生长阵列碳纳米管，制备得到刷状的石墨烯/碳纳米管结构，该结构的微观形貌如图 9-13（d）所示。

9.5.2.2 石墨烯基赝电容器

法拉第赝电容器的活性材料主要包括金属氧化物和导电聚合物两大类，在电极面积相同的情况下，法拉第赝电容可达到双电层电容的 10～100 倍，但其瞬间大电流充放电的功率特性不及双电层电容器。金属氧化物的导电性差，且在充放电过程中发生法拉第反应容易引起材料的体积变化，直接以其作为电极材料电极内阻大，材料利用率非常低，导致较差的循环性能和倍率性能。导电聚合物则由于材料本身的电化学稳定性与充放电过程中的体积变化问题，在赝电容器的应用中面临许多局限。通过制备石墨烯基复合材料为比电容较高的赝电容材料构建良好的电荷传递网络和稳定的骨架结构，不仅有利于提高赝电容材料的实用性，而且对超级电容器的发展具有重要意义。

目前，已有多种石墨烯的导电聚合物和石墨烯-金属氧化物复合材料应用于赝电容器。在复合材料中，石墨烯在纳米尺度上为电活性微粒的生长提供了支持矩阵。这复合材料电极拥有更大的比表面积，进而提高了电极的导电性和机械稳定性以及电化学性能。除了金属氧化物，导电聚合物作为赝电容材料也被广泛研究，当前报道的关于导电聚合物的文献中，由于聚苯胺（polyaniline，PANI）、聚吡咯（polypyrrole，PPY）及其衍生物具有高电导率，快速的氧化还原反应和高能量密度等优点，被认为是最理想的赝电容电极材料。将碳质材料作为支撑骨架与导电聚合物进行复合，防止聚合物在快速的法拉第反应过程中发生结构坍塌变形，并能有效改善该电极材料的循环性能。Zhang 等利用原位化学聚合法制备了化学改性石墨烯和 PANI 的复合物，如图 9-14 所示，PANI 主要吸附在石墨烯的表面和层间，因此石墨烯可为其提供有力的支撑骨架，并提高复合物的循环寿命。通过改变石墨烯与 PANI 之间的质量比，所得复合物 PAG80 的电容值可达 480F/g。范壮军课题组采用 KOH 作为化学活化剂一步碳化 PANI/GO 复合材料，制备了一种具有三明治结构的氮掺杂石墨烯/多孔碳复合材料，其质量和体积比容量分别能达到 481F/g 和 212F/cm。Xu 等将一维 PANI 纳米线与二维氧化石墨烯进行复合，制备了层次结构的复合物，在其微观结构中，PANI 纳米线垂直排列在氧化石墨烯表面，两者的协同效应赋予了该复合电极材料

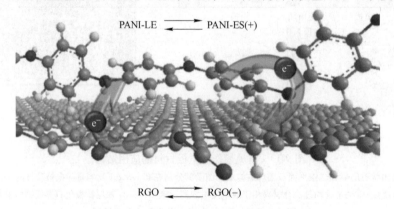

PANI-LE $\rightleftarrows$ PANI-ES(+)

RGO $\rightleftarrows$ RGO(−)

图 9-14 PANI/RGO 复合材料的形成机理

优异的电化学性能，在 1mol/L 的硫酸电解液中，其电容值可达 555F/g，高于相应的 PANI 纳米纤维的电容值。

9.5.3 水处理领域

石墨烯以独特的力学和电学特性被称为"神奇材料"，它与水的相互作用有趣，却也是令人困惑的：石墨烯表面排斥水分子，但当石墨烯薄膜浸入到水中时，毛细通道却允许水分子快速渗透。石墨烯与水之间的这种"若即若离"的关系令科学家着迷。近年来，科学家一直探索着将石墨烯家族作为新型材料在水处理中加以应用。一种石墨烯衍生物——氧化石墨烯（graphene oxide，GO）薄膜作为可用于过滤工艺的替代品，受到了大量的关注。氧化石墨烯的这一性质，能够为水处理领域的研究提供新的更广阔的思路。

（1）氧化石墨烯薄膜——海水淡化。

氧化石墨烯薄膜早已被证实可被用于过滤小型纳米粒子、有机分子以及大颗粒盐。然而对于尺寸更小的海水中的盐，则束手无策。原因在于氯化钠在水中溶解后，其离子会被水分子簇拥，周围形成一层"水膜"，即水合层。问题关键在于氧化石墨烯长时间浸泡在水中后会变形扩张，"筛孔"变大，小颗粒盐分会随水分子一同流过薄膜，所以很难进行有效的分离。若想要用于盐的筛选，就需要更细密的"筛子"。

研究人员对这些石墨烯薄膜进行了改进，发现了一种避免薄膜在水中膨胀的方法—利用环氧树脂在氧化石墨烯侧面筑墙加固，不仅有效地阻止了变形，还可以可精确控制薄膜的孔隙大小，阻挡盐分随水流过，同时水分子能通过这层屏障，据此过滤海水中盐分，将盐水变为淡水，脱盐应用十分理想。

（2）石墨烯类碳材料及其复合物——水处理中的优质吸附剂。

在水处理中，石墨烯类碳材料除了利用其过滤的作用外，还有一个重要的作用，就是吸附。作为水处理吸附剂，可吸附三类污染物；有机物、金属离子与无机阴离子。

石墨烯巨大的比表面积使它成为优质吸附剂。常见的石墨烯类碳材料除包括石墨烯和上述的氧化石墨烯外，还有还原氧化石墨烯。后两者的制备，常用石墨经氧化还原反应制得。

氧化石墨烯拥有大量的羟基、羧基、环氧基等含氧基团，是一种亲水性物质，与许多溶剂有着较好的相容性，通过静电作用、氢键或 π—π 键与污染物结合，进而去除染料废水中有机污染物。氧化石墨烯去除金属离子是由于氧化石墨烯表面的环氧基、羧基、羟基等含氧基团能与金属离子，尤其是多价的金属离子发生络合反应。

（3）石墨烯类碳材料+光催化材料＝水处理中的光反应催化剂。

石墨烯的复合材料可作为光催化剂对污染物进行光降解。这是由于石墨烯的化学结构使之具有较高的电子传输性能，在光电转化和光催化应用中，将石墨烯类碳材料与光催化材料结合，在水处理中可以发挥两种材料的协同效应。石墨烯类碳材料在复合材料中作为吸附剂、电子受体，有效增强了常见光催化材料对有机染料和重金属污染物的光降解效果。

TiO_2 稳定、无污染，是最佳的光催化材料之一，其光催化过程如图 9-15 所示。但由于光激发 TiO_2 产生的电子-空穴对极易复合，而石墨烯独特的电子传输特性可以降低光生载流子的复合，提高 TiO_2 光催化效率。例如 TiO_2/GO 复合物，用以处理亚甲基蓝。在紫外光和可见光下，吸附能力和光催化能力均有所提高。其原因是多方面的协同作用，包括复合物比表面积的增大，染料分子和芳香环之间的 π—π 键作用以及亚甲基蓝与石墨烯材料表面的含氧基团的作用。在光学特性方面，氧化石墨烯的加入使得 Ti—O—C 键形成，降低了 TiO_2 的能带间隙，也增强了对有机染料的光降解效果。

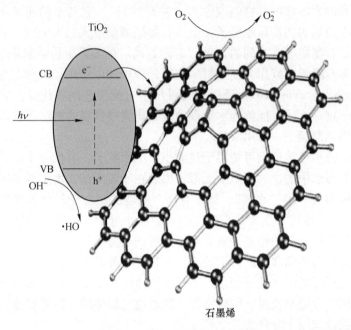

图 9-15　TiO_2 光催化过程图解

参 考 文 献

［1］刘海波，王成辉，周茜，等．石墨烯在金属基复合材料中的应用研究与进展 ［J］. 热加工工艺，2020，24：8-14.

［2］Li Z, Chen L, Meng S, et al. Field and temperature dependence of intrinsic diamagnetism in graphene：Theory and experiment ［J］. Physical review, 2015, 91 (9)：094429. 1-094429. 5.

［3］Geim A K. Graphene prehistory ［J］. Physica Scripta, 2012：014003.

［4］来常伟．石墨烯相关性质的表征 ［J］. 化学学报，2013，71 (9)：1201-1224.

［5］Novoselov K S, Geim A K, Morozov S V, et al. Two-dimensional gas of massless Dirac fermions in graphene ［J］. Nature, 2005, 438：197-200.

［6］Li X S, Cai W W, An J H, et al. Large-area synthesis of high-quality and uniform graphene films on copper foils ［J］. Science, 2009, 324：1312-1314.

［7］傅强，包信和．石墨烯的化学研究进展 ［J］. 科学通报，2009，54 (18)：2657-2666.

［8］朱宏伟，徐志平，谢丹．石墨烯——结构制备方法和性能 ［M］. 北京：清华大学出版社，2011.

［9］陈文胜，黄毅．石墨烯新型二维碳纳米材料 ［M］. 北京：科学出版社，2013.

［10］Zhang Y B, Tang T, Caglar G, et al. Direct observation of a widely tunable bandgap in bilay er graphene ［J］. Nature, 2009, 459 (7248)：820-823.

［11］Zhang H, Virally S, Bao Q L, et al. Z-scan measurement of the nonlinear refractive index of graphene ［J］. Optics Letters, 2012, 37 (11)：1856.

[12] Robinson J T, Burgess J S, Junkermeier C E. Properties of fluorinated graphene films [J]. Nano Lett, 2010, 10 (8): 3001.

[13] Zboril R, Karlicky F, Bourlinos A B. Graphene fluoride: a stable stoichiometric graphene derivative and its chemical conversion to graphene [J]. Small, 2010, 6 (24): 2885.

[14] Martins T B, Miwa R H, Da Silva A J R. Electron and transport properties of boron-doped graphene nanoribbons [J]. Phys Rev Lett, 2007, 98 (19): 196803.

[15] Blake P, BRIMICOMBE P D. Graphene-based liquid crystal device [J]. Nano Letters, 2008, 8 (6): 1704-1708.

[16] Novoselov K S, Geim A K, Morozov S V. Electric field effect in atom-ically thin carbon films [J]. Science, 2004, 306 (5696): 666.

[17] Ohashi Y, Koizumi T, Yoshikawa T. Size effect in the in plane electrical resistivity of very Thin Graphite Crystals [J]. Carbon, 1997, 1997 (180): 235-238.

[18] 王延相, 刘玉兰, 王丽民, 等. 由聚丙烯腈基碳纤维制备石墨烯薄膜的探索研究 [J]. 功能材料, 2011, 42 (3): 520-523.

[19] Lotya M, Hernandez Y, Coleman J N. Liquid phase production of graphene by exfoliation of graphite surfactant/water solutions [J]. Journal of the American Chemical Sciety, 2009, 131 (10): 3611-3620.

[20] Lotya M, King P J, Khan U. High-concen-tration, surfactant-stabilized gra-phene dispersions [J]. ASC Nano, 2010, 4 (6): 3155-3162.

[21] Zhang X Y, Colemanac AC, Katsonis N, et al. Dispersion of graphene in ethanol using a simple solvent exchange method [J]. Chemcial Communications, 2010 46 (40): 7539-7541.

[22] Pu N W, Wang C A, Sung Y. Production of few-layer graphene by super-critical CO_2 exfoliation of graphite [J]. Materials Letters, 2009, 63 (23): 1987-1989.

[23] Li L, Xu J C, Li G H. Preparation of graphene nanosheets by shear-assisted supercritical CO_2 exfoliation [J]. Chemical Engineering Journal, 2016, 284: 78-84.

[24] Contreras G J, Briones C F. Graphene oxide powders with different oxidation degree prepared by synthesis variations of the Hummers method [J]. Materials Chemistry and Physics, 2015, 153: 209-220.

[25] Zaaba N I, Foo K L, Hashim U, et al. Synthesis of graphene oxide using modified Hummers method: solvent influence [J]. Procedia Engineering. 2017, 184: 469-477.

[26] Muzyka R, Kwoka M, Smędowski L, et al. Oxidation of graphite by different modified Hummers methods [J]. New Carbon Materials, 2017, 32: 15-20.

[27] Zangwill A, Vvedensky D D. Novel growth mechanism of epitaxial graphene on metals [J]. Nano Letters, 2011, 11 (5): 2092-2095.

[28] Wu Y, Shen Z Y. Two-dimensional carbon leading to new photoconversion processes [J]. Chemical Society Reviews, 2014, 43 (13): 4281-4299.

[29] Ohta T, Bostwick A, McChesney J L, et al. Interlayer interaction and electronic screening in multilayer graphene investigated with angle-resolved photoemission spectroscopy [J]. Physical Review Letter, 2007, 98: 206802.

[30] Hase J, Millan-Otoy J E, First P N, et al. Interface structure of epitaxial grown on 4H-SiC (0001) [J]. Physcial Review B, 2008, 78: 205424.

[31] Sprinkle M, Hick S J, Tejeda A, et al. Multilayer epitaxial graphene grown on the SiC (0001) surface: strueture and electronic properties [J]. Journal of Physics D Applied Physics 43 (37): 374006.

[32] Bae S, Kim H, Lee Y, et al. Roll-to-roll production of 30-inch graphene films for transparent electrodes [J]. Nature Nanotechnology, 2010, 5: 574.

[33] Li X S, Magnuson C W, Venugopal A, et al. Ruoff. Graphene films with large domain size by a two-step chemical vapor deposition process [J]. Nano Letters, 2010, 10: 4328.

[34] Li X S, Magnuson C W, Venugopal A, et al. Large area graphene single crystals grown by low-pressure chemical vapor deposition of methane on copper [J]. Journal of the American Chemical Society 133 (9): 2816-2819.

[35] Li X S, Cai W W, AN J H, et al. Large-area synthesis of high-quality and uniform graphene films on copper foils [J]. Science, 2009, 324: 1312.

[36] Lee S, Lee K, Zhong Z H. Wafer scale homogeneous bilayer graphene films by chemical vapor deposition [J]. Nano Letters, 2010, 10: 4702.

[37] Yan K, Peng H L, Zhou Y, et al. Formation of bilayer bernal graphene: layer-by-layer epitaxy via chemical vapor deposition [J]. Nano Letters, 2011, 11: 1106.

[38] 邹志宇, 戴博雅, 刘忠范. 石墨烯的化学气相沉积生长过程工程学研究 [J]. 中国科学: 化学, 2013, 43 (1): 1-17.

[39] Wang L, Zhang X Y, Chan H L W, et al. Formation and healing of vacancies in graphene chemical vapor deposition (CVD) growth [J]. Journal of the American Chemical Society, 2013, 135 (11): 4476-4482.

[40] Titelman G I, Gelman V, Bron S, et al. Characteristics and microstructure of aqueous colloidal dispersions of graphite oxide [J]. Carbon, 2005, 43 (3): 641-649.

[41] Yang D, Velamakanni A, Bozoklu G, et al. Chemical analysis of graphene oxide films after heat and chemical treatments by X-ray photoelectron and Micro-Raman spectroscopy [J]. Carbon, 2009, 47 (1): 145-152.

[42] 张强, 黄佳琦. 低维材料与锂硫电池 [M]. 北京: 科学出版社, 2020.

[43] 杨全红, 孔德斌, 吕伟. 石墨烯电化学储能技术 [M]. 上海: 华东理工大学出版社, 2021.

[44] Tamailarasan P, Ramaprabhu S. Carbon nanotubes-graphene-solidlike ionic liquid layer-based hybrid electrode material for high performance supercapacitor [J]. The Journal of Physical Chemistry C, 2012, 116 (27), 14179-14187.

[45] Yusoff A R B M, Dai L, Cheng H M, et al. Graphene-based energy devices [M]. 北京: 机械工业出版社, 2019.

[46] 阮殿波. 石墨烯超级电容器 [M]. 上海: 华东理工大学出版社, 2020.

[47] 朱宏伟. 石墨烯膜材料与环保应用 [M]. 上海: 华东理工大学出版社, 2021.

10 其他能源材料与技术

10.1 概　　述

本章讲述海洋能源 A（潮汐能、波浪能及温差能）、海洋能源 B（盐差能及热核燃料和氢）、地热能及可燃冰等其他能源材料与技术。

地球表面积约为 $5.1×10^8 km^2$，其中陆地表面积为 $1.49×10^8 km^2$，占 29%；海洋面积达 $3.61×10^8 km^2$，以海平面计，全部陆地的平均海拔约为 840m，而海洋的平均深度却为 380m，整个海水的容积多达 $1.37×10^9 km^3$。一望无际的大海，不仅为人类提供航运、水源和丰富的矿藏，而且还蕴藏着巨大的能量，它将太阳能以及派生的风能等以热能、机械能等形式蓄在海水里，不像在陆地和空中那样容易散失。海洋能就是指依附在海水中的可再生能源，海洋通过各种物理过程接收、储存和散发能量，这些能量以潮汐能、波浪能、温差能、盐差能、海流能等形式存在于海洋之中，其中潮汐能占 3.9%、波浪能占 3.9%、温差能占 52.2%、盐差能占 39.2%、海流能占 0.8%，5 种海洋能理论上可再生的总量为 766 亿千瓦。目前估计技术上允许可用功率 64 亿千瓦，其中盐差能占 30 亿千瓦，温差能占 20 亿千瓦，波浪能占 10 亿千瓦，海流能占 1 亿千瓦。海洋能同时也涉及一个更广的范畴，包括海面上空的风能、海水表面的太阳能和海里的生物质能。图 10-1 为 2 种常见的海洋能利用方式。海洋能的利用是指利用一定的方法、设备把各种海洋能转换成电能或其他可利用形式的能。由于海洋能具有可再生性和不污染环境等优点，因此是一种亟待开发的具有战略意义的新能源。近海风能是风能地球表面大量空气流动所产生的动能。在海洋上，风力比陆地上更加强劲，方向也更加单一，据专家估测，一台同样功率的海洋风电机在一年内的产电量，能比陆地风电机提高 70%，其具体内容归于风能部分。

图 10-1　海洋能常见形式

海洋能有较稳定能源与不稳定能源之分。较稳定能源为温度差能、盐度差能和海流能。不稳定能源分为变化有规律与变化无规律两种。其中属于不稳定但变化有规律的有潮汐能与潮流能。人们根据潮汐潮流变化规律，编制出各地逐日逐时的潮汐与潮流预报，预测未来各个时间的潮汐大小与潮流强弱。潮汐电站与潮流电站可根据预报表安排发电运行。既不稳定又无规律的能源是波浪能。

海洋能源 A 的原理都是流体机械能的利用，其中海洋温差能是利用海洋表层温度加热低温工质的机械能推动汽轮机工作发电。海洋温差能是一种热能。低纬度的海面水温较高，与深层水形成温度差，可产生热交换。其能量与温差的大小和热交换水量成正比。潮汐能、潮流能、海流能、波浪能都是机械能。潮汐的能量与潮差大小和潮量成正比。波浪的能量与波高的平方和波动水域面积成正比。在河口水域还存在海水盐差能（又称海水化学能），入海径流的淡水与海洋盐水间有盐度差，若隔以半透膜，淡水向海水一侧渗透，可产生渗透压力，其能量与压力差和渗透能量成正比。

海洋能源 B 中，盐差能是利用化学电势发电，属于化学能，与电池原理相同。地热能则分为直接利用和地热发电，主要是把地壳中的热量通过换热器供给用户；热核燃料则是通过收集后进行核反应发电，氢及可燃冰，一般作为燃料，直接燃烧产热或燃料电池的燃料，本质是氧化反应。本章将分别对海洋能、地热能等分别进行说明。

10.2 潮 汐 能

10.2.1 潮汐能的发展

潮汐能指在涨潮和落潮过程中产生的势能。潮汐能的强度和潮头数量和落差有关。通常潮头落差大于 3m 的潮汐就具有产能利用价值。潮汐发电就是利用潮汐能的一种重要方式，潮汐能目前主要用于发电。

早在 12 世纪，人类就开始利用潮汐能。法国沿海布列塔尼省就建起了"潮磨"，利用潮汐能代替人力推磨。随着科学技术的进步，人们开始筑坝拦水，建起潮汐电站。法国在布列塔尼省建成了世界上第一座大型潮汐发电站，电站规模宏大，大坝全长 750m，坝顶是公路。平均潮差 8.5m，最大潮差 13.5m。每年发电量为 5.44 亿千瓦·时。

据初步估计，全世界潮汐能约有 10 多亿千瓦，每年可发电 2 万亿~3 万亿千瓦·时。我国的海岸线长度达 18000km，据 1958 年普查结果估计，至少有 2800 万千瓦潮汐电力资源，年发电量最低不下 700 亿千瓦·时。

世界著名的大潮区是英吉利海峡，那里最高潮差为 14.6m，大西洋沿岸的潮差也达 4~7.4m。我国的杭州湾的"钱塘潮"的潮差达 9m。据估计，我国仅长江口北支就能建 80 万千瓦潮汐电站，年发电量为 23 亿千瓦·时，接近新安江和富春江水电站的发电总量；钱塘江口可建 500 万千瓦潮汐电站，年发电量约 180 多亿千瓦·时，约相当于 10 个新安江水电站的发电能力。中华人民共和国成立后在沿海建过一些小型潮汐电站。例如，广东省顺德区大良潮汐电站（144kW）、福建厦门的华美太古潮汐电站（220kW）、浙江温岭的沙山潮汐电站（40kW）及象山高塘潮汐电站（450kW）。

10.2.2　潮汐能主要形式及相关材料

潮汐电站按能量形式可以分为两种：一种是利用潮汐的动能发电，利用涨落潮水的动能直接冲击水轮机发电；一种是利用潮汐的势能发电，在海湾修筑拦潮大坝，利用坝内外涨落潮的水位差发电。

潮汐电站按开发方式还可分为四种：一种是单库单向发电。它是在海湾（或河口）筑起堤坝、厂房和水闸，将海湾（或河口）与外海隔开，涨潮时开启水闸，潮水充满水库，落潮时利用库内与库外的水位差，形成强有力的水龙头冲击水轮发电机组发电。这种方式只能在落潮时发电，所以叫单库单向发电，发电站布置如图 10-2（a）所示。第二种是单库双向发电，如图 10-2（b）所示。它同样只建一个水库，采取巧妙的水工设计或采用双向水轮发电机组，使电站在涨、落潮时都能发电，也就是朗斯电站采用的形式，在涨潮的时候水从外海通过发电机组进入海湾或内河，落潮的时候海水以相反方向通过发电站，这样一来一去，潮水推动水轮机发电。当然这是适用于潮水比较急的地方。但这两种发电方式在平潮时都不能发电。第三种是双库双向发电，如图 10-2（c）所示。如果潮水比较缓，则可能采取类似水电站的方式，涨潮时开闸门，落潮时闭闸门，这样两边形成高度差发电。它是在有利条件的海湾建起两个水库，涨潮和落潮的过程中，两库水位始终保持一定的落差，水轮发电机安装在两水库之间，可以连续不断地发电。还有就是发电结合抽水蓄能型，这种电站是在潮汐电站水库水位与潮位接近且水头小时，用电网的电力抽水蓄能，涨潮时将水抽入水库，落潮时将水库内的水抽向海里，以增加发电的有效水头，提高发电质量。

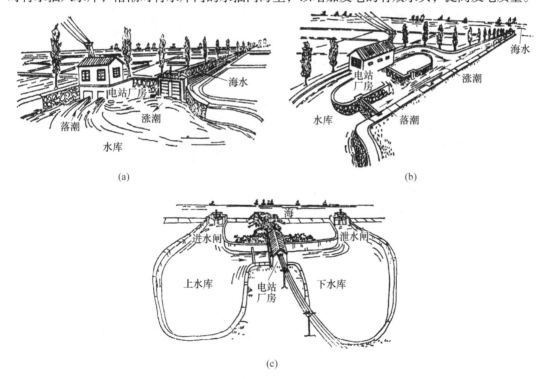

图 10-2　潮汐能发电站布置

（a）单库单向型潮汐发电站；（b）单库双向型潮汐发电站；（c）双库双向型潮汐发电站

潮汐能的使用有两个限制条件：潮差与地形。潮差不够，不适合建设发电站，海域太开阔也不行，因此只有潮差大的海湾、河口相对合适。但是不能每个海湾都设立一个潮汐电站，潮汐能利用对生态环境的影响也是很显而易见的。譬如类似水电站的模式，造成的后果就是该涨潮的时候不涨，该落潮的时候不落。至于水轮机对海底生态的影响，也需要进一步论证的。发电厂设备主要包括水轮发电机组、输配电设备、起吊设备、中央控制室和下层的水流通道及阀门等。

除了传统拦坝式潮汐能技术之外，英国、荷兰等国研究机构还开展了开放式潮汐能开发利用技术研究，提出了潮汐潟湖（tidal lagoon）、动态潮汐能（dynamic tidal power，DTP）等具有环境友好特点的新型潮汐能技术。英国潮汐潟湖电力公司（tidal lagoon power，TLP）在塞文河口附近的斯旺西海湾论证了建设潮汐潟湖电站的可能性，即利用天然形成半封闭或封闭式的潟湖，在潟湖围坝上建设潮汐电站，利用潟湖内外涨落潮时形成的水头推动涡轮机发电，由于无须在河口拦坝施工，因而对海域生态损害很小。2014 年，TLP 公司向英国政府申请建造世界上首个潮汐潟湖电站，如图 10-3 所示，该电站规划为双向潮汐发电，在电站设计寿命为 35a 的情况下，建造首个潮汐潟湖电站的发电成本约合1.68 元/（千瓦·时）。

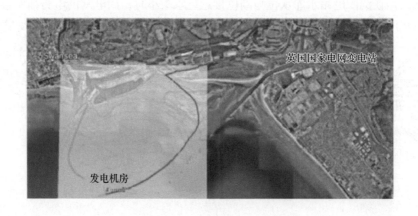

图 10-3　Swansea 潮汐潟湖电站规划

动态潮汐能理论由荷兰海岸工程师 KeesHulbergen 和 Rob Steijn 于 1997 年首次提出，垂直于海岸建造一个长度为 50~100km 的延伸到海中的坝体，在大坝远端建造一个长度不低于 30km 的与海岸平行潮汐能利用，与常规的水力发电、风力发电都有较好的类比性。在材料上主要为混凝土和钢材。材料和结构主要解决海水的冲击、气蚀和腐蚀问题。要求选用适应频繁启动和停止的开关设备；对双向机组，在设计主接线时的坝体，形成一个庞大的"T"形坝，"T"形坝的存在将干扰沿海岸平行传播的潮汐波，在坝体两侧引起潮汐相位差，从而产生水位差，并推动安装在坝体内的双向涡轮机进行发电（如图 10-4 所示）。

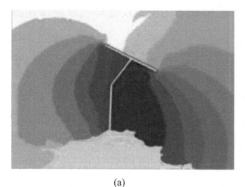 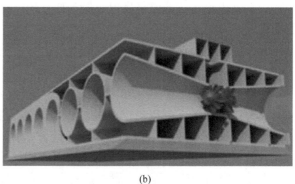

(a)　　　　　　　　　　　　(b)

图 10-4　动态潮汐能发电原理示意图
（a）"T"形坝；（b）沉箱和双向轮发电机组

10.3　波　浪　能

10.3.1　波浪能的发展

波浪能是指海洋表面波浪所具有动能和势能，是一种在风的作用下产生的、并以位能和动能的形式由短周期波储存的机械能。波浪能主要用于发电，同时也可用于输送和抽运水、供暖、海水脱盐和制造氢气。

波浪能来自风和海面的相互作用，风能变成波浪的势能与动能。能量大小取决于风速、风与海水作用时间及作用路程。海浪有惊人的力量，5m 高的海浪，每 $1m^2$ 压力就有 10t。大浪能把 13t 重的岩石抛至 20m 高处，能翻转 1700t 重的岩石，甚至能把上万吨的巨轮推上岸去。

波浪的类型包括：

（1）风浪：在风的直接吹拂作用下产生的水面波动（无风不起浪）；

（2）涌浪：由于风浪传播开去，出现在很远的海面，在无风海域的波浪；

（3）近岸浪：外海的波浪传到海岸附近的波浪一般平静海面，只有 0.001kW/m；在暴风巨浪时，波浪能可达 1000kW/m。

北大西洋的波浪功率较高，可达 80~90kW/m。我国波浪能理论储量为 7000 万千瓦左右，沿海波浪能能流密度为 2~7kW/m。每 1m 海岸线外波浪的能流足以为 20 个家庭提供照明。

10.3.2　波浪能原理及结构

波浪能原理：波浪能发电通过转换装置，先把波浪能转换为机械能，再最终转换成电能。

波浪能结构：

（1）波浪能采集系统：捕获波浪能量；

（2）机械能转换系统：把捕获的波浪能转换为某种特定形式的机械能；

（3）发电系统：与常规发电装置类似，用空气涡轮机或水轮机等设备将机械能传递给发电机转换为电能。

10.3.3　波浪能装置主要形式

10.3.3.1　振荡水柱波浪发电装置

作为目前世界上应用最广泛的波浪能转换装置，振荡水柱（oscillating water column，OWC）波浪发电装置的结构如图 10-5 所示，利用波浪的起伏带动 OWC 装置内水柱的振荡（即装置内自由水面的上下浮动）从而压缩气室（air column）内的空气，为防止排气口在水柱下降时倒流，可以设置并控制吸、排气阀相应开启和关闭，使交变气流整流成单向气流通过空气透平（turbine），带动发电机（generator）发电。

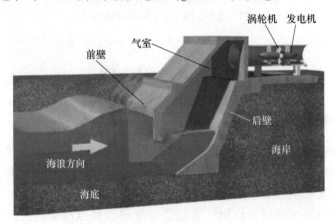

图 10-5　振荡水柱式发电装置

当该装置为连岸式的时候，即如图 10-5 所示，后墙面（back wall）与岸边和海底（Sea bed）连为一体，相当于一个钢混结构的防波堤，保护着海岸免于海浪的冲刷。当该装置与浮式结构相结合，远离岸时，又可以发挥浮式防波堤的作用。由于其特殊的结构形式，相比于其他波浪能转化装置，它具有以下优点：

（1）结构简单，没有太多的运动构件，因此可以减少转化过程中的能量损失；

（2）机械装置不跟海水直接接触，不易受到腐蚀；

（3）该装置的适应性强，可布置于海岸、近岸或离岸，可有效利用海洋空间。

10.3.3.2　点头鸭式波浪发电装置

点头鸭液压式装置简图如图 10-6 所示，通过某种泵液装置将波浪能转换为液体（油或海水）的压能或位能，再由油压马达或水轮机驱动发电机发电。波浪运动产生的流体动压力和静压力使靠近鸭嘴的浮动前体升沉并绕相对固定的回转轴往复旋转，驱动油压泵工作，将波浪能转换为油的压能，经油压系统输送，再驱动油压发电机组发电。点头鸭装置有较高的波浪能转换效率，但结构复杂，海上工作安全性差，未获实用。波浪进入宽度逐渐变窄、底部逐渐抬高的收缩波道后，波高增大，海水翻过导波壁进入海水库，波浪能转换为海水位能，然后用低水头水轮发电机组发电。聚焦波道装置已在挪威奥依加登岛 250kW 波浪能发电站成功应用。这种装置有海水库储能，可实现较稳定和便于调控的电能输出，是迄今最成功的波浪能发电装置之一。可同时将波浪的动能和势能转换，理论效率达90%以上，浮动主梁骨架上，可以并排放置多台设备，但对地形条件依赖性强，应用受到局限。

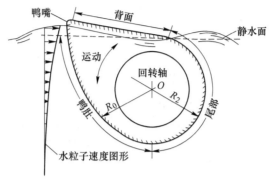

图 10-6　点头鸭液压式装置简图

10.3.3.3　漂浮气动式装置

美国波浪能发电装置研究开始较晚，但美国政府制定政策鼓励可再生能源的研究和发展，研制出了许多典型的海浪发电装置。美国海洋电力科技公司（Ocean Power Technology，OPT）成功研制的漂浮气动式装置是典型装置之一，其由一个水平环形浮标和圆柱体构成，采用锚链系泊的方式，放置在水深大于 35m 处。圆片型浮标在波浪涌动和浮力的作用下上下振荡，驱动液压系统产生电能，电力通过水下电缆输送到陆地上，Power Buoy 海浪发电装置的结构如图 10-7 （a）所示。葡萄牙的海浪发电研究开始的比较晚，大部分技术依靠引进。然而葡萄牙拥有着良好的地理优势，波浪能受到政府和科研机构的重视。2004 年，葡萄牙政府引进荷兰研制的"阿基米德"（Archimedes Wave Swing，AWS）海浪发电装置，它是典型的直驱式海浪发电装置，由浮体和固定在海底的基座组成。当波浪涌动时，圆柱形的浮体上下振荡，驱动直线发电机产生电能，工作原理如图10-7 （b）所示。

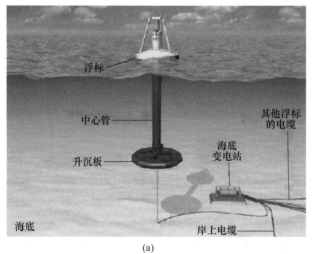

(a)

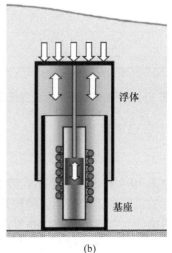

(b)

图 10-7　漂浮气动式装置

  1976 年，英国的威尔斯发明了能在正反向交变气流作用下单向旋转做功的对称翼汽轮机，省去了整流阀门系统，使气动式装置大为简化。通过对称翼汽轮机的工作原理可知，该型汽轮机已在英国、中国新一代导航灯浮标波浪能发电装置和挪威奥依加登岛 500kW 波浪能发电站获得成功的应用。采用对称翼汽轮机的气动式装置是迄今最成功的波浪能发电装置之一，其与振荡水柱式系统（oscillating water column）很接近；还有一种利用浮标的上下往复运动来带动发电机的浮标式波浪能发电装置（point absorber buoy）。

10.3.3.4 浮标式波浪能发电装置

  与一般的波能转换装置一样，浮标式波浪发电装置也包括三级能量转换：第一级是将波浪能转换为直接与海浪接触的中间部件的机械能或者海水的位能、压能；第二级是将上一级的能量转换为机械的动能；第三级是将上一级动能通过发电系统转换为电能。浮标式波浪发电装置组成简图如图 10-8 所示。

  图 10-9 所示为浮标式波浪发电装置示意图，该装置主要由浮标 1、浮筒 2、龙门架 3、圆齿条 4、旋转装置 5、换向定向系统 6、同步齿轮 7 以及发电机 8 等部分组成。龙门架固定于浮标上，圆齿条通过一个旋转装置 5 连接在龙门架上，此处可以解决浮标在垂直波浪力以及水平波浪力综合作用下产生绕浮筒转动的问题，充分保证了齿轮齿条的啮合。浮标在垂直波浪力作用下沿浮筒上下往复滑动，在浮标上镶嵌青铜轴瓦，保证了浮筒与浮标之间的耐磨性。浮筒通过锚固定与海床上。

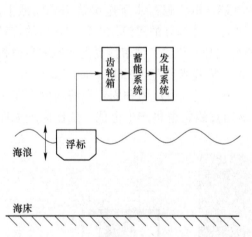

图 10-8 浮标式海浪发电装置组成简图

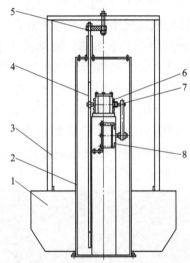

图 10-9 浮标式海浪发电装置简图
1—浮标；2—浮筒；3—龙门架；4—圆齿条；
5—旋转装置；6—换向定向系统；
7—同步齿轮；8—发电机

  由图 10-9 看出，在浮标式波浪发电装置中，一级能量机构是浮标，俘获波浪能转换为浮标的机械能，二级能量机构是齿轮箱和蓄能系统，将浮标的机械能转换为二级能量机构的机械能，三级能量机构是发电系统，将机械能转换为电能。

  龙门架安装在浮标上，齿条固定在龙门架上，浮筒通过锚固定于海床上，浮标在波浪的作用下上下往复运动，从而带动齿条在垂直方向上的往复运动，齿条通过浮筒内部的换向定向齿轮箱将其上下往复转动转换为齿轮箱输出轴沿同一个方向的转动，最后通过蓄能系统及发电机将机械能转变为电能输出。

10.3.3.5 "海蛇"波浪发电装置

"海蛇"波浪发电装置（surface attenuater）如图 10-10 所示由浮筒、连接单元和液压活塞三部分组成。为了收集不稳定的波浪能，需要波浪能发电装置通过两极能量转换将波浪能中的机械能转化为可以方便使用的电能。"海蛇"系统是近年来新兴的一种大功率波浪发电装置，发电功率可达 750kW，安装在距离海岸 2~10km，水深大于 50m 的海域。

图 10-10　海蛇式波浪发电装置

海蛇式波浪发电装置对不同波长波浪的能量吸收、转换效果是不同的，即海蛇的节距与波浪波长有一个最优匹配问题，波浪波长与海蛇节距匹配与否导致能量收获不同，当波浪波长与海蛇节距匹配时能量收获最大；当波浪波长为海蛇节距一倍时，能量收获仅为最大时的 1/3；当波浪波长小于海蛇节距时，能量收获为 0。由于海蛇节距是固定的，当海况变化后，无法始终保证能捕获最大能量，这便是海蛇式波浪发电装置的局限性。

10.3.3.6 振荡浪涌发电装置

振荡浪涌发电装置（oscillating wave surge converter）为一端固定在海底，一端随波浪摆动，通过液压泵驱动发电机的系统，如图 10-11 所示。2013 年，佐治亚理工科学家研制成功出一种结构简单、廉价易用的波浪纳米摩擦发电机。

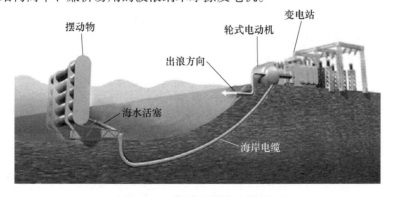

图 10-11　振荡浪涌发电装置

波浪能有个较大的优点是：海洋波浪在海里随时都有，昼夜不停。缺点则是许多新能源的通病：能量密度太低、输出不稳定。另外这些装置会产生电磁场，对海洋生物产生一些不良的影响。

10.3.3.7　越浪发电装置

越浪发电装置（overtopping device）如图 10-12 所示通过波浪传递过程中，波峰的水涌进浮体的水库，与平均海平面形成高度差，水向下流通过涡轮机驱动发电。

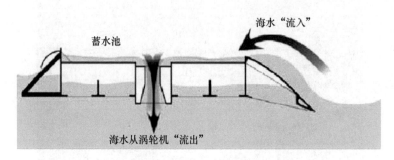

图 10-12　越浪发电装置

10.3.4　涡激振动发电

涡激振动（vortex induced vibration，VIV）发电通俗解释为：想象一个圆柱置于流水中，水流会绕过去，理想无黏无旋的情况下，流场会很稳定，能得出解析解（平行流流场势+偶极子流场势）；而实际情况下流体是有黏度的，因此会在圆柱表面减速，形成边界层，从而导致圆柱两侧边界层的发展是不对称的，因此产生了不对称的升力，进而产生了和流动垂直方向上的分力。在这种力的作用下，如果其恰好和圆柱的某个自然频率相吻合，则会激发剧烈的振动。

目前工程应用上总是要千方百计地减少 VIV，因为 VIV 高频，如果被激发就很剧烈，十分影响疲劳寿命。但如果换一种思路，倘若设计一种装置，激发出 VIV，那这种振动是否可以用来发电呢？

密歇根大学有研究组在做 VIV 发电。流速为 1.37m/s 的条件下，从左往右，他们布置了四个横向的柱子，如图 10-13 所示。在 VIV 的作用下，这四根柱子做上下往复运动，带动连杆以及水槽上方的机械传动装置进行发电。

这种 VIV 发电方式据说能量密度比用水轮机和波浪发电效率更高，$1m^3$ 的水可以发 51W 的电，并且在流速低于 0.5m/s 时就可以发电。但 VIV 非常难预测，湍流至今是流体力学领域里一个悬而未决的问题。这种方式仍处在实验室阶段。湍流随机性太高，难以得到精确解。

以上能量转换设备的材料包括混凝土、钢材，此外，由于工作环境的特殊性，对材料防腐等性能有很高要求，这与潮汐能相关装置的材料比较类似，同时由于介电弹性

图 10-13　涡激振动发电

体（dielectric elastomer，DE）的一些优点，DE 成为较为有前景的海洋能收集的应用材料。DE 膜状基材的上、下表面涂覆柔性电极后，施加一定电压，它会在静电力的作用下发生形变，厚度减小，电压的电能转换为弹性体的机械能。反之，通过外力使涂覆柔性电极的介电弹性体膜状基材产生较大形变，在极化的状态下，当弹性体恢复原状时，外力的机械能转换为电能。介电弹性体的能量收集作用主要应用在低频、大变形的能量源场合。普通的海洋能发电设备机械转换器多，刚度大，易腐蚀，稳定性较差，而介电弹性体的杨氏模量低，耐冲击，抗疲劳，易与机械能量源直接耦合，在理论上不需机械转换环节。因此，DE 的能量收集作用与海洋能发电十分契合。

　　介电弹性体发电机（dielectric elastomer generator，DEG）的发电原理是驱动原理的逆过程。DEG 可看作是可变电容装置，如图 10-14 所示，中间是 DE 膜，上、下两表面涂覆柔性电极，形成"三明治"结构。当 DE 受外力拉伸，即机械能输入，厚度减小，DE 的电容增大，此时在偏置电源作用下施加初始电荷 V_D。撤去外力后，DE 由于其本身的弹簧收缩力，DE 恢复原状，厚度增大，DE 膜上、下表面电极内的异性电荷因厚度增加被推离，同性电荷因面积减小被挤压靠近，提高了电荷电压，即电容减小，电荷不变，输出电压 $V(t)$ 增大。此时若通过接线端子引出，接在回路中，便能产生更大的电流，达到发电的效果。从能量的角度来说，外力的机械能转换为发出的电能。

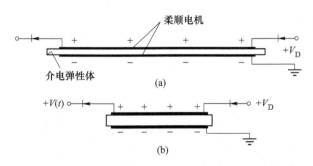

图 10-14　DEG 的发电原理
（a）拉伸状态；（b）收缩状态

10.4　海洋温差能发电

海洋温差能（ocean thermal energy conversion，OTEC）是指利用表、深层海水的温度差（20~24℃）进行发电的可再生能源技术，具有全年无休供电、无环境污染等特点，适用于夏威夷、中国南海等热带沿海地区。具体的工作过程为利用表层温海水（24~28℃）汽化液氨等低沸点工质，或者通过降低压强汽化表层温海水，从而驱动汽轮机发电，然后利用通过冷水管（cold water pipe，CWP）抽取上来的深层冷海水（4~5℃）冷凝工质的循环发电过程，如图 10-15 所示。

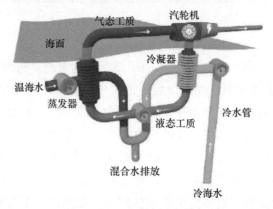

图 10-15　OTEC 工作原理

海洋温差能的主要利用方式为发电，首次提出利用海洋温差发电设想的是法国物理学家阿松瓦尔，1926 年，阿松瓦尔的学生克劳德试验成功海洋温差发电。1930 年，克劳德在古巴海滨建造了世界上第一座海水温差发电站，获得了 10kW 的功率。

温差能利用的最大困难是温差大小，能量密度低，其效率仅有 3% 左右，而且换热面积大，建设费用高，各国仍在积极探索中。

OTEC 系统的循环原理示意图如图 10-16 所示，系统循环方式主要有三种形式：朗肯循环（包括开式循环、闭式循环及混合式循环）、卡琳娜循环、上原循环。

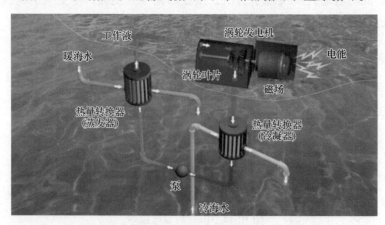

图 10-16　系统循环原理示意图

10.5 海洋盐度差能

10.5.1 盐差能的概念和形式

盐差能是由流入海洋的河水与海水之间形成含盐浓度之差造成的，因而在它们的接触面上所产生的一种物理化学能。海洋盐差能的产生是由于太阳辐射到海面上，造成水蒸气的蒸发，在海上形成高气压，这与大陆上方存在一定的压差，当水汽流向大陆上空时，冷暖干湿空气交汇，将以雨雪的形式降在陆地上，进而形成淡水，这使得其盐度与海水盐度存在相对较大的差异。盐差能通常是以半透膜以渗透压为表现形式的，它的能量大小是由江河入海径流量所决定的，它也与其他形式海洋能一样，是一种洁净的一次能源。

理论上，当海水的温度为20℃，盐度为35的时候，在淡水和盐水之间，放置一个半透膜，形成的渗透压达到24.8个大气压。盐差能的主要利用形式是发电，盐差能发电利用的是海水中盐分浓度和淡水间的化学电势差。若将这些能量利用起来，发电能量可达到0.65kW·h。据估算统计，全世界的海洋盐差能理论值可达到10^{10}kW。我国的盐差能也很大，约为$10×10^{8}$kW，主要集中分布在江河的出海处。此外，我国青海省等地的内陆盐湖也可以用于产生盐差能。

盐差能的利用研究时间较短。利用海洋盐差能可以发电，这个设想最初是由美国人在1939年提出的。1954年，第一套根据电位差原理运行的装置被建造出来。在1973年，第一份利用渗透压差发电的报告中也对此种发电技术进行了报道。在1975年，以色列人为了利用盐差能，建造并试验了一套渗透压法装置，并证明其发电的可行性。目前，在全球范围，盐差能发电技术仍处于起步阶段，离大规模工业化生产仍有很大差距。在盐差能发电技术研究领域，挪威、美国、以色列、瑞典和日本等国都进行并开展了这项发电技术，目的是用于缓解当今紧张的能源现状。

我国在1979年开始对盐差能进行系统的科学研究，第一篇关于盐差能利用的科研论文报道是在1981年被发表的。在1985年，干涸盐湖浓差发电装置被开发出来，这是由西安冶金建筑学院进行研制的，它的水轮机发电组发电功率可达0.9~1.2W，半透膜面积达到14m^2。在21世纪80年代，国内对于盐差能发电技术的研究报道仍然较少，这主要是由于当时对这项新型的发电技术的认识还不够全面。在我国的沿岸各江河入海口附近，都蕴藏着丰富的盐差能资源，我国的海域辽阔，海岸线长，入海的江河也多，入海的径流量也是很巨大的。据统计，我国沿岸全部江河多年的平均入海径流量达到$1.5×10^{12}$~$1.6×10^{12}$m^3，各大主要江河年入海径流量约为$1.4×10^{12}$~$1.5×10^{12}$m^3，据此可以推算，我国的沿岸盐差能理论储量可以达到$3.58×10^{15}$kJ。

现阶段，盐差能以发电为主要利用形式，它是指将不同盐浓度的海水之间的化学电位差能转换成水的势能为基本方式，之后再通过水轮机发电，达到发电的目的。盐差能发电的方法有很多，主要包含渗透压式、蒸汽压式和反电渗析法三种。其中，渗透压式是最受关注的。

（1）渗透压式。渗透压式是指在不同盐度的两种海水之间放置一层半渗透膜，通过这个膜会产生 1 个压力梯度，这使得水被迫从低盐度的一侧通过这个膜向高盐度的一侧渗透，进而达到稀释高盐度一侧水的目的。这个过程持续进行，直到膜的两侧水的盐度相等为止。利用这种方式进行发电的有美国俄勒冈大学研制出来的系统。

（2）蒸汽压式。蒸汽压式是指利用两种含盐量不同的溶液的蒸汽压也不同来产生能的方式。当温度相同的情况下，海水的蒸汽压比淡水小，那么在它们之间可以产生一定的蒸汽压差，产生出的蒸汽压差可以推动气流运动，进而来推动风扇涡轮发电。

在这一过程中，淡水不断蒸发的同时温度也随之降低，随之而来的是蒸汽压力也同时降低，水蒸气在海水里不断地凝结放热，使海水的温度和蒸汽压都随之升高，海水中蒸汽的流动被破坏。热能可以通过热交换器，不断地从海水传递到淡水，使海水和淡水达到相同温度，进而保持蒸汽流动的恒定性。

相比于其他方式，这种方式的最大优点是水的表面本身就可以起到渗透作用，而不需要任何膜的作用。但是，这种方式所需要的装置相对庞大，费用昂贵，这也是限制其发展的原因。目前，美国和日本等国的学者正在投入大量的精力来开发这种发电系统。

（3）反电渗析法。反电渗析法采用的是阴、阳离子渗透膜相间的浓淡电池。反电渗析器的分隔膜选择的是离子交换膜，进料液分别选择的是淡水和盐水。其原理是：在离子交换膜的两侧由于存在溶液浓度的不同，盐水中的离子会透过膜由盐水向着淡水的方向移动，这将导致在膜的两侧会产生一定的电势差，而当整个回路中接入外部负载时，电子会通过外部电路，从阳极传到阴极形成电流，产生电能。

这种发电方式是最有希望的技术，具有零排放、零污染，储藏范围广，能量密度高，工作时间久等优点，但是成本较高。近年来，随着膜材料制备技术的不断创新和发展，这种反电渗析技术也随之得到了迅猛发展。

10.5.2　我国海洋盐差能的开发

盐差能作为一种绿色能源，有着巨大的开发潜力，但是离其商业化的实际应用阶段还有很长的距离。我国盐差能的开发相对较慢。这主要有以下几个方面因素：

（1）盐差能受气候温度因素影响明显。这是因为盐差能功率的大小取决于沿海江河入海淡水流量的变化，虽然盐差能的优势是较少受气候条件限制，但却受到季节变换的影响。因此，盐差能的功率不稳定，在不同季节不同年份的变化很明显。

（2）受技术因素的限制。目前，尤其是渗透膜式盐差能的发电方法中的渗透压能法和反电渗析法，这两种方式能量转化效率低，而成本相对很高。同时，现在所研发的渗透膜的能量密度较小，其他技术也相对较为不成熟，不能满足盐差能利用的商业化需求。

（3）其他方面的影响。若想利用盐差能发电，则盐差能发电站的选址需要位于河海交汇处，而我国的这些地区多为经济发达的地区，人们的活动十分发达与活跃，在这些地区开发盐差能是否会对现有的正常经济活动造成影响，也是值得研究者思考的问题之一。

当前，盐差能发电离大规模的商业化推广利用仍有很大的距离，仍处于实验室的技术研发阶段。同时，由于一些不确定自然因素的限制，盐差能发电更是面临着各种阻力。虽然现在的技术还不是很成熟，但有关专家预测，盐差能发电作为一种新兴的绿色能源，有着很广阔的开发空间与发展前景，在 21 世纪，人类将步入开发海洋能源的新时代，盐差能被大规模的利用也将被实现，盐差能发电技术存在的一系列的经济、技术和环境的问题也将会在未来逐步得到解决。

10.6 热核燃料和氢

10.6.1 热核燃料与海水淡化

热核发电是利用受控热核反应使聚变能持续地释放并转换成电能的一种方式。从能源效率的观点来看，理想的一种方式是直接使用热能，核能利用的另一种形式是发电。

随着时代发展，随着第四代核能系统技术的一步步成熟和应用，核能有望除了供电以外，以非发电形式应用，如核能制氢、核能供暖、海水淡化等各种综合利用形式，在全球能源和水安全的可持续性发展方面起到一定作用。

人类社会生存和发展不可或缺的条件有淡水和能源资源。海水淡化是获取淡水资源的一种重要的途径，大规模化的海水淡化就需要消耗大量的能量。因此，从环保和可持续发展等角度，在未来，基于核能的海水淡化技术也将占有一定的位置。

利用核能进行海水淡化有一定的优点，由于核能可为海水淡化提供大量的廉价能源，海水淡化的成本随之可以降低；利用核能可缓解能源供求矛盾，优化能源结构；核能的利用也可解决大量燃烧化石燃料造成的环境污染问题，还可以减少海水排放所产生的余热浪费和热污染问题。在 20 世纪 90 年代，国际原子能机构和世界许多国家的广泛重视将核能应用于海水淡化技术，在过去的 10 年中，全世界对利用核能来实现海水淡化的兴趣不断增加。

目前，现有的海水淡化技术主要包括反渗透法、多效蒸馏法、热压缩多效蒸馏法和多级闪蒸法等方法，利用蒸发、膜分离等手段，将海水中的盐分分离出来，获得含盐量低的淡水技术。由于这几种技术都是利用热能或者电能来驱动的，因此，在技术上都可以实现并适用于与核反应堆耦合。

海水淡化中，主要是通过将核电站或低温核反应堆与海水淡化厂耦合来实现的。如图10-17 所示，核电站为海水淡化提供所需廉价能源（蒸汽与电力），海水淡化可使用核电站的海水取水、排水等设施，降低工程造价。核电站能同时提供电能和蒸汽，将蒸馏法与反渗透海水淡化结合后会更一步降低成本。此外，低温核供热反应堆仅提供蒸汽，不发电，很适合与多效蒸馏海水淡化耦合。

利用核能来海水淡化的关键是要保证安全。在过去十几年来，许多国家对核能海水淡化的技术给予越来越多的关注。包括中国在内的许多成员国参加了由国际原子能机构（international atomic energy agency，IAEA）组织的国际合作研究计划，提出了各自不同的应用于海水淡化系统的高安全性核反应堆方案。

10.6.2 海水制氢

利用海水资源取代部分淡水，并将其用于生产和生活中，已受到人们的关注。海水是世界上最丰富的资源，海水资源的合理利用能在一定程度上缓解淡水资源缺乏的危机。尤

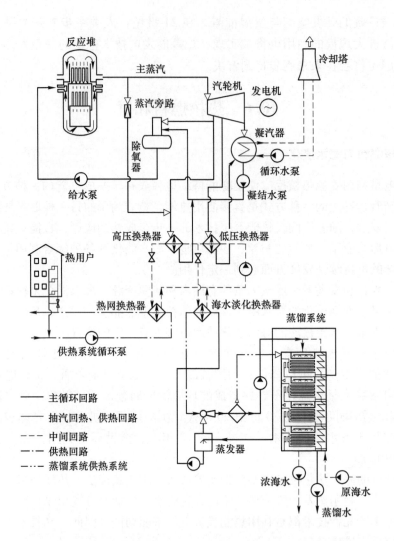

图 10-17 核能发电、海水淡化、供热三联产系统

其是在纯净的水难以获得的条件下，利用太阳能制氢，也只能通过电解海水来实现，海水也是电解水制氢的理想资源。

海水电解技术的优点是安全环保、经济适用和易操作。但是，这种方式也存在一些缺点，海水中的 NaCl 在电解过程中会在阳极析出氯气，抑制氧气产生。此外，氯气也会污染环境及影响人体健康。此外，这种方法还需要消耗大量的能量，工业电解池实际电压大多数是在 1.65~2.2V 之间，制氢能耗达到 4.2~4.7kW·h/m^3，电解效率达到 75%~80% 之间，因此，如何降低电解海水过程的操作电压也是需要思考和解决的问题。

2019 年，斯坦福大学研究人员开发了一种利用海水和电力生产清洁氢燃料的电解生产方法。这种新型电解方法可以生产清洁能源，燃烧时除了水蒸气外，也不会排放任何副产品。这种新方法是制氢的一个突破，也有望大幅降低氢气制造成本。

10.7　地　热　能

10.7.1　地热资源分布与特点

地热能是世界第三大可再生能源。地热能也叫地下热能，是一种以热量形式存在于地下的能源，它是来自地球内部的熔融岩浆和放射性元素衰变时所放出的热量。地热能可以分为两种，分别是浅层地热能和深层地热能。地热能也是一种可再生能源。地热能还是一种无污染或极少污染的清洁绿色能源，已经成为继煤炭、石油之后，尤为重要的一种替代型能源，它也属于太阳能、风能、生物质能等新能源家族。

地热能的能量巨大，地热资源集热、矿、水于一体，主要用于地热发电，除此之外，还可直接用于供暖、洗浴、医疗保健、休闲疗养、养殖、食品加工等方面。地热资源的开发利用也是一个新兴的产业，可带动相关产业发展，促进经济发展，提高人民生活质量。世界上有地热资源的国家都将其作为优先开发的新能源，我国的地热资源也非常丰富。

10.7.2　地热能的特点

地热能是相对持续、稳定、可靠的可再生能源，有廉价、环保等优点，其优点具体如下：

（1）地热能不受白天黑夜和季节变化的限制，且运行稳定，不需蓄能环节。可以直接利用从地热能井出来的高温热水或蒸汽来推动汽轮机，地热能利用率高，一年的72%时间都可用，比水力发电（42%）和风能（21%）以及太阳能（14%）高。

（2）地热发电所带来的碳排放比燃煤、燃油以及天然气能源进行发电所产生的 CO_2 和硫的氧化物排放量要低一个数量级大小。

（3）地热能设备的维护工作量小，硬件使用寿命长。

10.7.3　地热能的存储

地热资源可以按照储存形式分，可以分成以下几类：

（1）蒸汽型：温度较高的，以干蒸汽形式存在的，是最理想的地热资源。

（2）热水型：储存在地下 100~4500m 的地球浅处，可以肉眼直接看见的热水或者水蒸气形式存在。

（3）地压地热能：

储存在地下约 3~6km 处，也就是指在某些大型沉积盆地深处的高温、高压流体，其中通常会含有大量甲烷。

（4）干热岩地热能：

干热岩地热能是以干热岩体形式存在的，由特殊地质构造条件造成，温度很高，水分很少，甚至无水。

（5）岩浆热能：

这种类型是指储存在高温熔融岩浆体中的热能。

按照地热的温度不同，也可以将地热能分为三类：

（1）高温型：温度高于150℃。

（2）低温型：温度低于90℃。

（3）中温型：温度介于90～150℃。

其中，高温型主要用于发电，低温型和中温型地热能主要用于地热直接利用。在我国，现阶段地热能的利用主要集中在地热发电、地热采暖，以及种植和养殖业等方面。

10.7.4 地热能的利用

地热能在很早以前就开始被人们所利用，而对地热资源的真正认识，并进行大规模利用是在20世纪中期进行的。现在，许多国家为了提高地热利用率，采用梯级开发和综合利用方式对地热能进行开发。

地热能的利用可分为地热发电和直接利用两类，具体根据温度不同而不同。当温度在200～400℃时，用于直接发电及综合利用；温度在150～200℃时，可用于双循环发电、制冷、工业干燥、工业热加工等；温度在100～150℃时，可用于双循环发电、供暖、制冷、工业干燥、脱水加工、回收盐类、制作罐头食品等；温度在50～100℃时，可用于供暖、温室、家庭用热水、工业干燥；温度在20～50℃时，可用于沐浴、水产养殖、饲养牲畜、土壤加温、脱水加工等。

10.7.4.1 地热能直接利用

地热能直接利用存在多方面好处，地热能直接利用具有技术性、可靠性、经济性、环境的可接受性特点。

直接利用具有投资小、周期短的优势，且地热资源的利用无论高温或低温环境。地热发电利用的热效率为5%～20%，而直接利用的热效率为50%～70%。然而，地热能直接利用也存在缺点，它也会受到地域限制，一般在地热田的附近进行直接利用，很少会将地热蒸汽或热水进行远距离传输，与此相反，地热发电可将电力传送到很远的地方。

地热水从地热井中抽出直接供热，系统设备简单，建设与运行费用少，但大量开采后，局部会形成水漏斗，且深井越打越深，也会造成地面沉降。所以，直接使用地热水也存在诸多不足。为了有效解决这一问题，达到综合利用地热水的热能的目的，供暖和热水供应采用有热泵和回灌的新系统。

地源热泵是一种利用地下浅层地热资源把热从低温端提到高温端的设备。地源热泵具有节能效率高、可再生循环、应用范围广等优点，是一种既可供热又可制冷的高效节能空调系统。地源热泵消耗1kW的能量可为用户带来4kW以上的热量或冷量。

10.7.4.2 地热能发电

目前，大多数的地热发电是通过钻井抽取地下的地热流体作为高温热源进行发电，经过发电后的地热流体再灌回地下。从井口流出的地热流体一般有干蒸汽、以蒸汽为主或者以水为主的汽水混合物以及热水三种状态，依据地热流体的性质，可分为四种热力系统，如图10-18所示。

到目前为止，地热能发电历史已超过百年，世界上约有32个国家先后建立了地热发电站，总容量已超过800万千瓦。在世界上，最早利用地热发电的国家是意大利。在1812年，意大利就开始利用地热温泉提取硼砂，在1904年，利用干地热蒸汽进行发电实验，并建成了世界上第一座 80kW 的小型地热电站。世界上地热发电规模最大的国家是美国，美国最大的地热电站是利用干蒸汽发电的 Geysers 电站。新西兰是最早利用中、低温地热资源进行发电的国家，Wairakei 地热电厂运行已超过 50 年，运行地热机组容量已达 147MW。进入 21 世纪后，全球地热电站装机总量从 2000 年的 8.59GW 增加到 2017 年年底的 14.06GW。

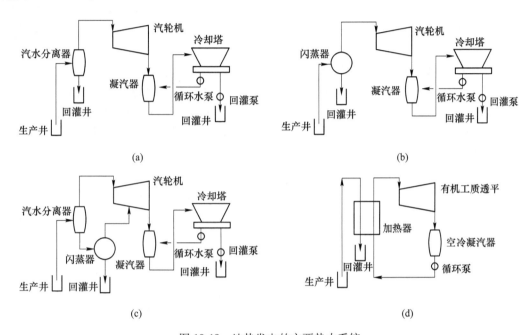

图 10-18　地热发电的主要热力系统
（a）干蒸汽热力系统；（b）一次闪蒸蒸汽热力系统；（c）二次闪蒸蒸汽热力系统；（d）双工质热力系统

在亚太地区，菲律宾拥有丰富的地热资源，2017 年，菲律宾的地热电站装机量达到 1868MW，约占其国内发电总量 20%。印度尼西亚拥有独特的地理位置，已探明的地热资源储量就达到了 270 万兆瓦。截止到 2017 年年底，印度尼西亚地热装机容量达到 1809MW。

此外，墨西哥、肯尼亚和土耳其等国家也开发了地热发电。随着全世界对洁净能源需求的增长，将会更多地使用地热资源，特别是在许多发展中国家地热资源尤为丰富。据预测，今后世界发展中国家理论上从火山系统就可取得 8000 万千瓦的地热发电量，规模相当之大，全发展潜力很大。

中国的地热资源大多是以低温为主的，中、高温地热资源分布在西藏、云南和台湾地区。我国高温地热发电开始于 20 世纪 70 年代，为缓解拉萨电力紧缺，在西藏地区进行的，先后建立羊八井、郎久、那曲三座地热电站。"十二五"期间，江西华电在西藏当雄县羊易村投资开建 2×16MW 的地热电站。1970 年 5 月，在广东丰顺建成了第一座设计容量为 86kW 的扩容法地热发电站，地热水温度 91℃，厂用电率 56%。此外，其他的热试验电场，如：江西温汤、山东招远、辽宁营日、北京怀柔等地，也都相继建成，容量可以从几十千瓦到一两百千瓦。

10.8 可 燃 冰

10.8.1 可燃冰简介

可燃冰的学名为天然气水合物，是一种在高压与低温条件下，由天然气和水分子合成的透明无色固态结晶物质，是一种新型烃类资源，以甲烷成分为主（约99%），也被称作天然气干冰、气体水合物、固体瓦斯等。

可燃冰从化学结构来看是由水分子所搭成的像笼子一样的多面体格架结构，在笼子格架中包含的气体以甲烷为主。可燃冰的密度接近并稍低于冰的，介电常数、剪切系数和热导率也都低于冰。在标准温压的条件下，$1m^3$ 的可燃冰可以释放出的天然气大约为 $160 \sim 180m^3$。它的能源密度是煤和黑色页岩的 10 倍、是天然气的 2~5 倍，预计可供全球人类使用约 1000 年。目前，全球有 100 多个地区与国家已得到了可燃冰实物样品，各国的专家也都正在对其开展勘探与研究。

可燃冰的形成是需要一定条件，需要充足的气和水。此外，一定的空隙结构也是其生长条件。地质构造，含水介质，pH 值这几个因素也是影响着可燃冰形成与否的重要因素。其形成在低温高压状态，适宜温度为 0~10℃，超过 20℃ 时会分解，压力需大于 10MPa，在 0℃ 时，在 30 个以上标准大气压才可能形成。

按其来源划分，可燃冰可以被分为 3 种：生物成气、热成气和非生物成气。其中，生物成气是由微生物在缺氧环境中分解有机物而产生；热成气是深层有机质发生热解作用，其长链有机化合物断裂分解所形成的；非生物成气则指的地球内部的原始烃类气体，或地壳内部经无机化学过程产生的烃类气体。

1810 年，人类在实验室里首次发现可燃冰。到 20 世纪 60 年代，在自然界中发现了可燃冰。可燃冰主要存在于高纬度地区的冻土地带和海洋中，比如俄罗斯的西伯利亚地区。在全球分布方面，其主要储存在海底下 0~1500m 松散的沉积岩中。目前，已发现的可燃冰大多分布在陆地永久冻土区，以及陆地边缘的海底深层砂砾区。目前，已经在 100 多个地区发现了可燃冰的存在。据科学家的推算，全球可燃冰的总能量可以高达约地球上所有化石燃料（包括煤、石油和天然气）的总能量的 2~3 倍。在国内，可燃冰主要分布于青海和西藏的冻土区，以及南海区域。

10.8.2 可燃冰的开采方法

目前，可燃冰的开采处于试验阶段，开采方法主要有 CO_2 置换法、综合法、添加化学试剂法、减压法、加热法等。

（1）加热法。加热法是将蒸气、热水、热盐水或其他热流体从地面泵入水合物地层并电磁和微波加热，使其温度上升、水合物分解（图 10-19）。该方法的适用范围为对水合物层比较密集的水合物藏开采用。该方法效率较低，热损失量大。此外，所获得的甲烷蒸气收集困难。因此，需要考虑热量损失的减小、管道的排布，收集甲烷蒸气效率的问题。

（2）减压法。为了实现促使水合物分解的目的，通过降低压力，使天然气水合物做稳定的相平衡曲线移动。

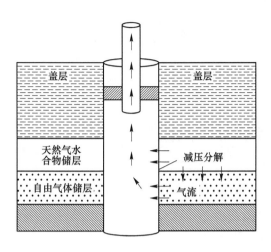

图 10-19　加热法开采原理图

这个方法不需要连续激发，成本低，适合于大面积开采用。

（3）CO_2 置换法。该方法是通过形成二氧化碳水合物放出的热量来实现天然气水合物分解的。如图 10-20 所示，这种方法是将 CO_2 通入天然气水合物储层，可以用于处理工业排放的 CO_2，对低碳经济的发展有利。

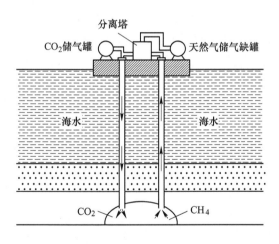

图 10-20　CO_2 置换法开采原理图

（4）综合法。综合法是通过综合利用降压法和热开采技术来实现对天然气水合物的开采，如图 10-21 所示。这种方法是先用热激法将天然气水合物分解，再用降压法来提取游离的气体。这种方法也具有良好的应用前景，以这种方法为核心技术的有加拿大 Mackensie 气田和俄罗斯 Messoyakha 气田。

（5）添加化学试剂法。这种方法是指从井孔向水合物储层泵入化学试剂来改变水合物形成的相平衡条件，使水合物稳定温度降低，如盐水甲醇、乙醇、乙二醇、丙三醇等，实现水合物的分解。

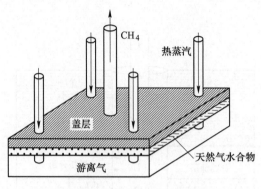

图 10-21　综合法开采原理图

10.8.3　可燃冰的研究和开发现状

10.8.3.1　国外可燃冰研究开发现状

可燃冰具有清洁、无污染、分布广、量大等优点，使得人们对可燃冰的开采存在热潮。至今，对可燃冰进行开采与分析的国家已有 30 多个。随着科技的发展与技术的进步，可燃冰开发技术正在日渐趋于成熟，改进与创新是可燃冰的安全商业化开采技术仍需考虑的。

（1）美国。根据统计，美国共计投资约为 3 亿美元于可燃冰的研究、开采方面。研究人员在 20 世纪 60 年代首次在东部的 Blake 海台和墨西哥湾发现了拟海底反射层，并在 1979 年和 1981 年分别进行了第二次深海勘察，取得了可燃冰岩心。在 1981 年，美国制订了有关可燃冰的 10 年研究计划，并投资了 800 万美元。美国还在 1989 年进行了可燃冰的高压低温实验和模拟研究。美国能源部在 1991 年还召开了关于可燃冰的学术讨论会，在 1994 年，美国能源部制订了有关甲烷水合物研究的项目。在 1998 年，天然气水合物被参议院定为国家发展的战略能源，列入到国家长期发展计划中。目前，美国已在 Mississippi 峡谷、太平洋 Oregon 西北边缘、Alaska 北坡等海域展开研究，并确定了海洋可燃冰分布，并评估了每个矿区的资源和开采年限。

（2）日本。日本对可燃冰的关注和重视始于 1992 年，在海洋可燃冰的研究方面起步相对较晚。日本地质调查局等机构在 1995 年投入 150 亿日元，建立了"推进可燃冰研究、开发初期计划"，并制订了 5 年的甲烷水合物研究和开发计划。

在 1998 年，日本石油公司联合美国、加拿大地质测量局，在加拿大西北部的三角洲地带进行第一次试钻，获得了可燃冰岩心。1999 年，在南海完成两口钻井。2000 年 1 月，日本通产省对南海海槽水深 0.95km 进行了勘探，证实了可燃冰资源的存在。目前，已经基本完成了对周边海域可燃冰的调查与评价。

（3）印度。印度在 1995 年制订了为期 5 年的"全国气体水合物研究计划"，印度是紧随美国之后提出研究可燃冰的国家，由国家投资 5600 万美元，用于对其周边域可燃冰进行研究。目前，印度已在 Oman 湾、东西海域、BAN 湾等多处发现可燃冰的存在。

（4）加拿大。在 1997~1999 年，加拿大的温哥华大学与加拿大地质调查局成立调查组，主要探讨可燃冰的生成机理、地质条件及富集率，采用的方式包括：地震、钻探、地球化学、多波束测量、海底深潜器及计算机模拟等。

上述大规模的国际合作及可燃冰基础和普查勘探等工作的进行，使人们从大视角、多方位地审视可燃冰在自然界的存在，并很有希望取得令世人瞩目的进展。

10.8.3.2 国内可燃冰研究开发现状

我国的可燃冰具有良好的蕴藏潜力，据预测，我国可燃冰资源量将超过 2000 亿吨油当量，具有很大的开发与利用前景。目前，在南海北部的储量就相当于陆上石油总量的50%左右。

我国对可燃冰的研究起步相对较晚，开始于 20 世纪 90 年代，但进展速度较快。地质科学院在 1997 年完成了对西太平洋可燃冰的调研，发现在西太平洋边缘海域，我国南海和东海海域，具有蕴藏可燃冰所需的地质条件。在"十一五"期间，设立了名为"可燃冰勘探开发关键技术"的项目，为可燃冰勘探开发提供条件，也为开展大规模工业化与实用化转化提供技术支持。2004 年，在广州成立了天然气水合物研究中心。2005 年，研制出了可燃冰模拟系统。2007 年，研究人员在南海北部获取到可燃冰样品。我国首艘自主研发的可燃冰综合调查船"海洋 6 号"在 2008 年 10 月于武昌试运行。在 2009 年于青藏高原五道沟永久冻土区结合青海省祁连山南缘永久冻土带确认有 350 亿吨油当量以上的"可燃冰"远景资源。此外，海洋地质学家根据可燃冰存在的必备条件，在东海找到了可燃冰存在的温度和压力范围，他们也结合了东海的地质条件，勾画出了可燃冰分布区，还对稳定带厚度进行计算，并对可燃冰的资源量作出了初步评估。

在 2012 年，我国"海洋六号"对南海区域的可燃冰进行了调查。在 2013 年，科研人员还在珠江口盆地东部海域首次勘探出高精度"可燃冰"，具有储量大、种类多、杂质少、深度浅 4 个特点。根据探测可知，可燃冰在南海北部储量就已经超过中国陆上石油总量的一半。在 2015 年，青岛海域实验室首次成功模拟可燃冰。在 2017 年，实现首次试开采可燃冰。根据中国战略规划对可燃冰勘探开发的安排，2006~2020 年为调查阶段，开发试生产阶段在 2020~2030 年进行，当到达 2030~2050 年，可燃冰将达到商业生产阶段。

10.8.4 可燃冰技术现状和挑战

目前，全世界开发和利用可燃冰资源的技术还不够成熟，还是仅处于试验阶段，距离大量开采还需要一段时间。目前，采用的几种开采可燃冰的方案都处于研发和验证阶段。虽然可燃冰作为新能源开采前景广阔，但仍面临着一些可能的挑战，如：开采方法及相关技术尚不成熟、对环境造成不利影响、开采成本较高等。由于可燃冰开采不当会发生泄漏，在无安全高效的开采技术条件下，将会造成大陆架边缘动荡，引发海底塌陷、滑坡、海啸等多种地质灾害。此外，在开采技术方面，也还没有找到一个适合现状的高效率、低风险的方法，这也是人们所面对的一个难题与挑战。勘查方面也存在一定的难度，如仍缺乏有效的方法来对冻土区水合物进行勘查识别，勘探找矿选区难度大，海域水合物地震勘查识别的精度和准确性也较低等。天然气水合物的开采需要高昂的成本与费用，可燃冰达到商业化开采情形还需很长的时间。

值得注意的是，在 2005 年，中科院广州能源所成功研制出了具有国际领先水平的可燃冰（天然气水合物）开采实验模拟系统，这将为我国可燃冰开采技术的研究提供先进的手段。这个系统能够有效地模拟海底可燃冰的生成与分解过程，并可实现对现有的开采技术进行系统的模拟评价。

我国的可燃冰商业开发有望在 2030 年进行，届时将给产业链的上中下游企业发展带来新一轮的投资机会。此外，加强政府引导，动员社会资本，助力可燃冰开发利用也很重要。在投入公共财政资金的同时，需要积极引导和动员社会资金，以满足可燃冰行业发展对资金的需求。

随着石油等能源的紧缺及需求的增长，也会引起国际竞争的进一步加剧，我国也需要加快对天然气水合物的开发利用速度，以适应社会经济的可持续发展。

参 考 文 献

［1］ Vaughn Nelson. Wind energy：Renewable energy and the environment ［M］. Boca Raton London New York，CRC Press.

［2］ 刘伟民，麻常雷，陈凤云，等．海洋可再生能源开发利用与技术进展 ［J］，海洋科学进展，2018，36（1）：1-18.

［3］ 姚兴佳．风力发电机组原理与应用 ［M］．北京：机械工业出版社，2011.03.

［4］ 王革华．新能源概论 ［M］．北京：化学工业出版社，2006.

［5］ 李全林．新能源与可再生能源 ［M］．南京：东南大学出版社，2008.

［6］ 王明华，李在元，代克化．新能源导论 ［M］．北京：冶金工业出版社，2014.

［7］ 翟秀静，刘奎仁，韩庆．新能源技术 ［M］．北京：化学工业出版社，2010.

［8］ 杨天华．新能源概论 ［M］．北京：化学工业出版社，2013.

［9］ 刘德兴，郑艳娜，张佳星．振荡水柱波浪发电装置的应用进展研究 ［J］. Advances in Marine Sciences，2014，1：21-26.

［10］ 宁克信．干涸盐湖浓差能实验发电装置设计原理 ［J］．海洋工程，1990，12（2）：50-56.

［11］ 田明．反电渗析法海洋盐差能发电过程研究 ［D］．天津：河北工业大学，2015.

［12］ 周庆伟，白杨，张松，等．海洋盐差能资源调查与评估方法探讨 ［J］．海洋开发与管理，2016，33（1）：82-85.

［13］ 褚同金．海洋能资源开发利用 ［M］．北京：化学工业出版社，2004.

［14］ 王燕，刘邦凡，段晓宏．盐差能的研究技术、产业实践与展望 ［J］．中国科技论坛，2018（5）：49-56.

［15］ 化学化工大辞典编委会，化学工业出版社辞书部．化学化工大辞典（上）［M］．北京：化学工业出版社，2003.

［16］ 王建强，戴志敏，徐洪杰．核能综合利用研究现状与展望 ［J］．中国科学院院刊，2019，34（4）：460-468.

［17］ 韩基文．核能海水淡化 ［J］．锅炉制造，2010（2）：42-45.

［18］ 娄月．活性炭辅助海水电解制氢的研究 ［D］．沈阳：东北大学，2008.

［19］ 靳爱民．斯坦福大学开发一种利用海水和电力生产清洁氢燃料的技术 ［J］．石油炼制与化工，2019，50（7）：79.

［20］ 王小毅，李汉明．地热能的利用与发展前景 ［J］．能源研究与利用，2013（3）：44-48.

［21］ 齐晶晶，席静，王静，等．地热能的研究综述 ［J］．山东化工，2019，48（3）：62-63.

［22］ 王仲颖，任东明，高虎．中国可再生能源产业发展报告 2007 ［J］．中国科技论坛，2008（2）：26.

［23］ 田甜．论地热能开发与利用 ［J］．现代装饰（理论），2012（10）：34.

［24］ 王贵玲，张发旺，刘志明．国内外地热能开发利用现状及前景分析 ［J］．地球学报，2000（2）：134-139.

［25］周支柱．地热能发电的工程技术［J］．动力工程学报，2009（12）：1160-1163.

［26］莫一波，黄柳燕，袁朝兴，等．地热能发电技术研究综述［J］．东方电气评论，2019，33（2）：76-80.

［27］丁蟠峰，杨富祥，程遥遥．可燃冰的研究现状与前景［J］．当代化工，2019，48（4）：815-818.

［28］冯望生，宋伟宾，郑箭的，等．可燃冰的研究与开发进展［J］．价值工程，2013，32（8）：31-33.

［29］徐迪．可燃冰采出气预处理工艺及液化流程模拟［D］．大庆：东北石油大学，2016.

［30］张庆阳，赵洪亮．可燃冰：战略新能源［J］．世界环境，2017（2）：82-85.

［31］宗新轩，张抒意，冷岳阳，等．可燃冰的研究进展与思考［J］．化学与黏合，2017，39（1）：51-55，64.

［32］李坤．机械设计及理论［D］．哈尔滨：哈尔滨工业大学，2012.

［33］袁榜，余海涛，胡敏强．用于海浪发电永磁圆筒型直线发电机的结构优化与分析［J］．微电机，2011，44（3）：33-36.

［34］Bing L, Zhu M, Kai X, et al. A practical engineering method for fuzzy reliability analysis of mechanical structures［J］. Reliability Engineering & System Safety, 2000, 7（3）：311-315.

［35］王志波．新型海浪发电装置的设计与研究［D］．上海：上海交通大学，2013.

［36］Liu Y, Pastor J. Power absorption modeling and optimization of a point absorbing wave energy converter using numerical method［J］. Journal of Energy Resources Technology, 2014, 136（2）：119-129.

［37］Renzi E, Doherty K, Henry A, et al. How does Oyster work? The simple interpretation of Oyster mathematics［J］. European Journal of Mechanics-B/Fluids, 2014, 47：124-131.

［38］Chau F P, Yeung R W. Inertia and damping of heaving compound cylinders［C］// Abstract for the 25th international workshop on water waves and floating bodies, Harbin, China. 2010：1-4.

［39］Kofoed J P, Frigaard P, Friis-Madsen E, et al. Prototype testing of the wave energy converter wave dragon［J］. Renewable energy, 2006, 31（2）：181-189.

［40］Bernitsas M M, Raghavan K, Ben-Simon Y, et al. Vivace（Vortex induced vibration aquatic clean energy）：A new concept in generation of clean and renewable energy from fluid flow［C］//25th International Conference on Offshore Mechanics and Arctic Engineering. 2008.

［41］Raghavan K, Bernitsas M M. Experimental investigation of Reynolds number effect on vortex induced vibration of rigid circular cylinder on elastic supports［J］. Ocean Engineering, 2011, 38（5-6）：719-731.

［42］Lee J H, Xiros N, Bernitsas M M. Virtual damper-spring system for VIV experiments and hydrokinetic energy conversion［J］. Ocean Engineering, 2011, 38（5-6）：732-747.

冶金工业出版社部分图书推荐

书　名	作　者	定价（元）
能源与环境	冯俊小	35.00
能源利用与环境保护	刘　涛	33.00
能源与动力工程专业课程实验指导书	金秀慧	28.00
能源与动力工程专业课程实验指导书	金秀慧	28.00
能源与动力工程实验	仝永娟	30.00
沼气发酵检测技术	苏有勇	18.00
电力能源与环境概论	曾　芳	45.00
新能源汽车技术与应用	魏　玲	49.00
能源综合利用与环保	本钢集团有限公司	78.00
钢铁制造流程能源高效转化与利用	张欣欣	82.00
化石能源走向零排放的关键——制氢与 CO_2 捕捉	乔春珍	18.00
大型循环流化床锅炉及其化石燃料燃烧	刘柏谦	29.00
能源消费结构评价与优化	黄光球	62.00
新能源导论	王明华	46.00
燃料及燃烧（第 2 版）	韩昭沧	40.00
直接乙醇燃料电池催化剂材料及电催化性能	郭瑞华	49.00
燃料电池（第二版）	王林山	29.00
耐火材料与燃料燃烧（第 2 版）	陈　敏	49.00
太阳能热利用技术（第 2 版）	孙如军	32.00
太阳能电池材料的设计合成及性能优化研究	卢　珍	58.00
太阳能级多晶硅合金化精炼提纯技术	罗学涛	69.00